全国水利行业规划教材　高职高专水利水电类
中国水利教育协会策划组织

工程水力学

主　编　者建伦　张春娟　余金凤
副主编　谭志伟　陈明杰　陈旭彤
　　　　徐文秀　邢菊香　徐水平
主　审　张耀先

黄河水利出版社
·郑州·

内容提要

本书是全国水利行业规划教材，是根据中国水利教育协会全国水利水电高职教研会制定的工程水力学课程教学大纲编写完成的。全书共分11章，内容包括：工程水力学概论，静水压力计算，水流运动的基本原理，水流型态与水头损失计算，管流水力计算，明渠恒定均匀流水力计算，明渠恒定非均匀流水力计算，泄水建筑物水力计算，泄水建筑物下游消能计算，渠系连接建筑物水力计算，渗流基础。各章配有例题、常用图表、技能训练题。

本书适用于水利工程、水文水资源工程、给水排水、水利工程监理、城市水利、港航、水土保持、水电站动力设备、水电站建筑、治河与防洪等专业，并可用于成人专科学校以及普通本科院校的高等职业技术学院同类专业教学，还可供水利水电工程技术人员阅读参考。

图书在版编目(CIP)数据

工程水力学/者建伦，张春娟，余金凤主编.—郑州：黄河水利出版社，2009.9 (2014.1 重印)
全国水利行业规划教材
ISBN 978-7-80734-715-6

Ⅰ.工… Ⅱ.①者…②张…③余… Ⅲ.水工建筑物-水力学-高等学校：技术学校-教材 Ⅳ.TV135

中国版本图书馆CIP数据核字(2009)第151924号

组稿编辑：王路平 电话：0371-66022212 E-mail：hhslwlp@163.com
马 翀 66026749 machong2006@126.com

出 版 社：黄河水利出版社
地址：河南省郑州市顺河路黄委会综合楼14层 邮政编码：450003
发行单位：黄河水利出版社
发行部电话：0371-66026940、66020550、66028024、66022620(传真)
E-mail：hhslcbs@126.com
承印单位：黄河水利委员会印刷厂
开本：787 mm×1 092 mm 1/16
印张：18.75
字数：430千字 印数：8 001—12 000
版次：2009年9月第1版 印次：2014年1月第3次印刷
2011年6月修订

定价：32.00元

前 言

本书是根据《教育部、财政部关于实施国家示范性高等职业院校建设计划、加快高等职业教育改革与发展的意见》(教高[2006]14号)、《教育部关于全面提高高等职业教育教学质量的若干意见》(教高[2006]16号)等文件精神,由全国水利水电高职教研会拟定教材编写规划,在中国水利教育协会指导下,由全国水利水电高职教研会组织编写的第二轮水利水电类专业规划教材。第二轮教材以学生能力培养为主线,具有鲜明的时代特点,体现出实用性、实践性、创新性的教材特色,是一套理论联系实际、教学面向生产的高职高专教育精品规划教材。

本书在编写过程中力求概念清晰、深入浅出、联系实际,理论上以适当够用为度,不苛求学科的系统性和完整性。力求结合专业,突出实用,体现高职高专教育的特色。在传承经典、成熟的理论基础上,编入了新规范、新技术、新材料。

本书特色如下:

(1)均采用我国《水利技术标准汇编》和《室外给水设计规范》(GB 50013—2006)中推荐的计算方法、公式,使学生毕业后就能直接参与工程水力计算。

(2)每章前都设有“职业技能”,目的是让学生清楚该章应该学会的职业技能是什么。每章后面都设有“本章考试内容”,包括记公式、会计算、记概念。明确具体地告诉学生每章应记住哪些公式和概念,避免了通常使用的“掌握、理解”等比较笼统的说法。

(3)每章都配有卡通画片,用卡通人物、动物的插话讲述重要的需要记忆的知识点,以增强学生对知识点的记忆和兴趣。

考虑到高职高专的新设专业和各学院课程教学学时的差异,带*号章节为选讲内容。

本书编写人员及分工如下:杨凌职业技术学院张春娟(第一章),山西水利职业技术学院徐文秀(第二章),河南水利与环境职业学院徐水平(第三章),山东水利职业学院者建伦(第四、五章),安徽水利水电职业技术学院陈明杰(第五章),黑龙江农垦林业职业技术学院张永伟(第六章),浙江同济科技职业学院陈旭彤(第七章),广西水利电力职业技术学院余金凤(第八章),内蒙古机电职业技术学院邢菊香(第九章),北京农业职业学院杨林林(第十章),长江工程职业技术学院陈一华(第十一章)。

本书由者建伦、张春娟、余金凤担任主编,者建伦负责全书统稿,由谭志伟、陈明杰、陈旭彤、徐文秀、邢菊香、徐水平担任副主编,由黄河水利职业技术学院张耀先教授主审。

对在教材出版工作中各院校领导、专家以及黄河水利出版社所给予的支持、帮助表示诚挚的感谢。

由于编者水平有限,不足之处在所难免,恳请读者批评指正。

编 者

2009年6月

导读与解答

你好同学：

当你打开这本书时，会怎样想呢？喜欢从事水利工作吗？喜欢学习工程水力学吗？学习工程水力学有什么用啊？怎样学习工程水力学呢？这一系列的问题会不会一一涌入你的脑海，在这里编者与你共同探讨。

大家都知道，人第一要做自己喜欢的事，第二要喜欢自己做的事。大家都会首先选择自己喜欢的专业去学习，如果做不到而进入了自己不喜欢的专业，那也没什么了不起，就走第二步，这个世界上只有少数人在少数时间有幸能做自己喜欢的事，大多数人还是要学会并且要培养自己去喜欢自己所做的事。不仅是学习，即便是毕业后进入社会工作时，也不会任自己选择，只能是学会喜欢自己所从事的工作，不然，总是抱着一种低调的心态去工作，那样的一生你会觉得有意思吗？再谈谈学习的劲头，现在一般院校的同学，如果能拿出高考前一半的学习劲头来，老师足也、家长足也。“读书无用论”是一种浅薄的说法，不仅现在要批判，将来也要批判。读书是继承前人的智慧，开拓今人的智慧，不仅仅是像表面上看到的学得一点知识那样的简单，更重要的是通过不断的学习，使人的大脑得以训化而不断进化。现代人大脑要比遥远的早期人类大脑的重量重得多，这是不断学习导致大脑进化的结果。就一个人来讲，经过十几年的在校学习、训化，其大脑的发达程度和一个没有受过教育的人比较，不可同日而语。即使同样受过多年教育，但一个铆足了劲儿学习，一个只要求说得过去就行，结果也是天壤之别。所谓“天道酬勤”，耕种就会有收获。成功是一个多元函数，其中一个重要的变量就是“努力学习，不言放弃”。在校期间是人生的黄金时段，万不可用与事业无关的其他一些自觉浪漫、潇洒的事情去打发时间。既然我们进入了水利的大门，就无可选择地要学会喜欢学习水利类课程，尽可能多地学会几种职业技能，为将来进入社会做好铺垫。

学习工程水力学的用途：一是培养同学们的职业技能，如计算水对建筑物的压力，设计城镇给水排水管网，设计灌溉管、渠，进行泵站、电站的水力计算，虹吸管、渡槽、洞涵、消能的水力计算等；二是为专业及后续专业课如水工建筑物、给水排水、水文学、城市水务、水电站、港航、农业排灌等打下理论基础。同时，工程水力学也是水利类专升本、考取研究生的考试课程。

学习工程水力学的方法：课堂上认真听讲、做笔记，独立、认真、按时完成作业，浏览水力学精品课程网站。每章前面的“职业技能”是要求同学们掌握的实际水力计算技能。每章后的“本章考试内容”是考试复习提纲，涵盖了将来在工程中要进行的水力计算内容。

祝同学们学习圆满成功！

编　者

2009 年 6 月

目 录

第一章　工程水力学概论

职业技能

会测定与计算液体的密度、容重；清楚液体的黏滞性、理想液体、表面力及质量力的概念。

第一节　工程水力学的定义、用途、简史

一、工程水力学的定义、用途

工程水力学是研究液体的机械运动规律及应用这些规律解决工程实际问题的一门科学。工程水力学的研究对象是以水为代表的液体，其基本原理不仅适用于水，也适用于与水的性质相似的液体（油、汞、酒精等）和可以忽略压缩性（即流速小于音速）的气体。

工程水力学的用途是用其理论解决水利工程中的实际问题，书中第一～四章是理论，第五～十一章是利用理论解决工程实际问题，常见工程水力学问题以水利枢纽工程为例予以说明。图 1-1 为水利枢纽布置示意图，其建筑包括混凝土坝（见图 1-2）、土坝（见图 1-3）、泄洪闸（见图 1-4）、发电站、船闸等。对于挡水坝，为了坝的安全，须计算水对坝的作用力、水通过坝基的渗流量、溢洪道流量及尺寸，以及防止闸、坝后泄流冲刷河道的消能计算，闸门尺寸及过流能力计算，泄洪隧洞尺寸及过流能力计算，坝前水面曲线计算（以估算建坝后水库的淹没范围）。其他工程问题还有水池、水箱、水管、船舶、液体中浮体和潜体等的压力计算，管流、明渠流、堰流、孔口流、射流、流速、流量、水深等的水力计算，以及给水排水、道路桥涵、农田排灌、水力发电、防洪排涝、河道整治、水资源工程、环境保护工程、港口工程、航运、交通、石油化工中的水力计算等问题。现代工程水力学学科衍生了一些新的分支，如研究河床演变问题的动床水力学，在计算机基础上产生出的计算水力学，研究环保问题产生出的环境水力学，以及生态水力学、随机水力学等。

工程水力学研究的水利工程实际问题基本可归为以下几个方面：①计算水流对建筑物的作用力；②计算建筑物的输水能力及尺寸；③水流机械能的利用和损失；④计算河渠水面曲线；⑤建筑物下游水流衔接与消能；⑥建筑物的渗流。此外，还有一些特殊水力学问题，如管、渠非恒定流，高速水流中的空蚀、振动、掺气，挟沙水流，波浪运动等。

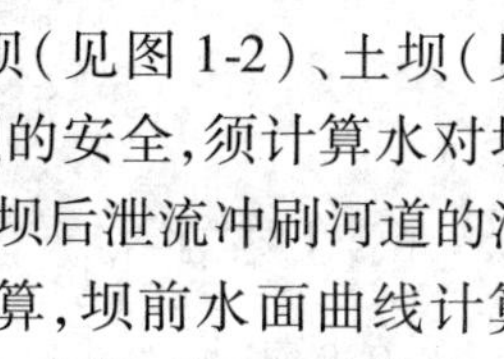

学习工程水力学的目的：一是培养同学们的职业技能，如计算水对建筑物的压力，设计城镇给水排水管网，设计灌溉管、渠，进行泵站、电站的水力计算，虹吸管、渡槽、洞涵、消能的水力计算等，为走向工作岗位奠定坚实的业务基础；二是为专业及后续专业课如水工建筑物、给水排水、水文学、城市水务、水电站、港航、农业排

灌等打下理论基础。同时,工程水力学也是专升本、考取研究生的考试课程。

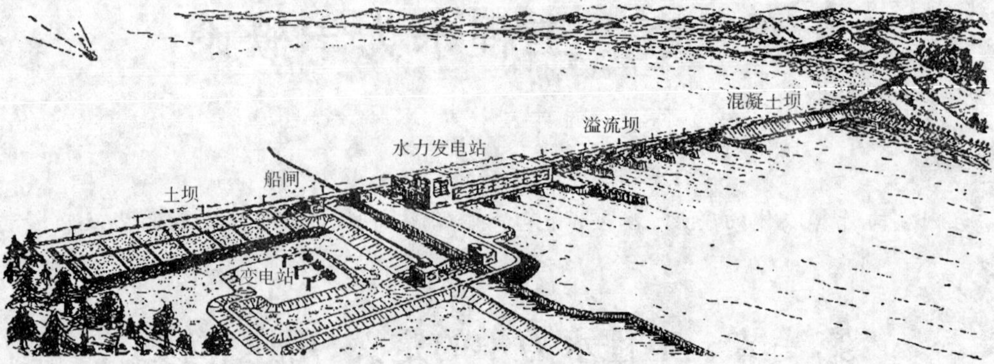

图 1-1 三峡水利枢纽

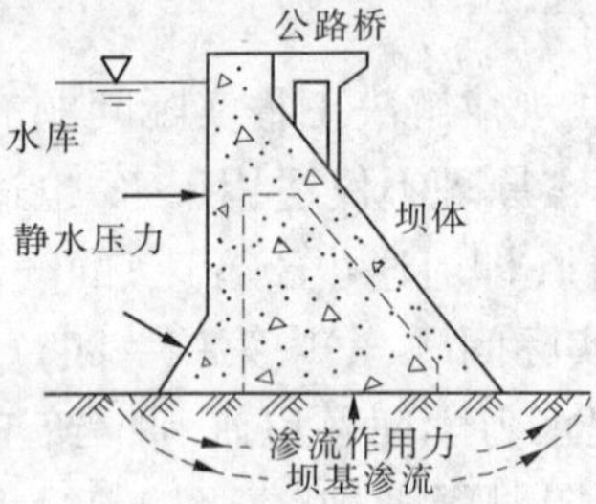

图 1-2 混凝土坝

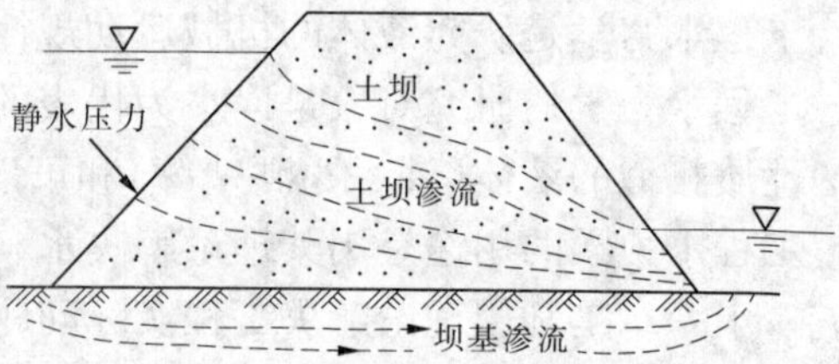

图 1-3 土坝

二、工程水力学发展简史

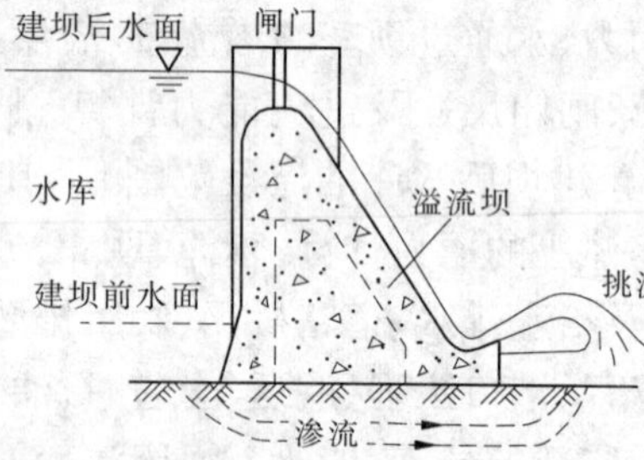

图 1-4 溢流坝

4 000 年前的大禹治水就已表现出古人的治水智慧。公元前 400 余年,中国的墨翟在《墨经》中已有了浮力与所排液体体积之间关系的设想。公元前 250 年,阿基米德在《论浮体》中阐明了浮体和潜体计算方法。15 世纪,意大利人达·芬奇在实验水力学方面取得进展。1586 年德国数学家斯蒂文提出水静力学方程。15 世纪以前,工程水力学都被认为是一种技艺,而未发展成为一门科学。17 世纪中叶,法国帕斯卡提出液压等值传递的帕斯卡原理。至此,水静力学已初具雏形。工程水力学作为学科而诞生始于水静力学。

18 世纪中叶,水力学才成为一门独立学科。欧拉和伯努利是这一领域杰出的先驱者。18 世纪末和整个 19 世纪形成了两个相互独立的研究方向:一是运用数学分析的理论流体力学;二是依靠试验的应用水力学。开尔文、瑞利、斯托克斯、兰姆等人的工作使理论水平达到相当的高度,而谢才、达西、巴赞、弗朗西斯、曼宁等人则在应用水力学方面进行了大量的试验研究,提出了各种实用的经验公式。

19 世纪末,流体力学有了新发展,如雷诺理论及试验研究,雷诺的因次分析,弗劳德的船舶模型试验，空气动力学的研究等。

20 世纪初的重要突破是普朗特的边界层理论，它把无黏性理论和黏性理论在边界层概念的基础上联系起来。20 世纪蓬勃发展的经济建设提出了越来越复杂的水力学问题：高浓度泥沙河流的治理；高水头水力发电的开发；输油干管的敷设；采油平台的建造；河流、湖泊、海港污染的防治等。水力学的研究方向不断拓展，现代水力学课程已由水利类专业重要的专业基础课拓展为土木工程、环境工程、动力机械、生物化学，以至人才流、物资流、资金流、信息流等专业或领域的重要专业基础课，所有与流体或与流动有关的问题，都需用到工程水力学的基本理论。

第二节　液体的物理力学性质

自然界的物质有三种存在形式，即固体、液体和气体。固体分子间距小，内聚力大，所以能保持固定形状和体积，能承受拉力、压力和剪切力。液体与固体相比较，其分子间距大，内聚力小，易发生变形或流动，不能自身保持固定形状。气体与液体相比，气体分子间距更大，内聚力更小，可以任意扩散到其所占据的那部分空间，极易膨胀和压缩。

液体的主要物理力学性质包括惯性、万有引力特性、黏滞性、压缩性、表面张力特性和汽化压强。

一、惯性

液体与自然界其他物体一样具有惯性。惯性是物体所具有的反抗改变其原有运动状态的一种物理力学性质，其大小可以用质量来量度。质量越大的物体，惯性越大，反抗改变其原有运动状态的能力也就越强。质量为 m、加速度为 a 的物体，其惯性力为

$$F = -ma \tag{1-1}$$

负号表示惯性力的方向与加速度的方向相反。单位体积液体的质量称为密度，即

$$\rho = \frac{m}{V} \tag{1-2}$$

式中　ρ——液体的密度，kg/m^3；

m——液体的质量，kg；

V——液体的体积，m^3。

因为液体的体积随温度和压强的变化而变化，故其密度也随温度和压强的变化而变化，但变化很小，实用中可看做常数。工程中常采用温度为 4 ℃、压强为一个大气压时水的密度值，其值 $\rho = 1\ 000\ kg/m^3$。不同温度条件下水的密度见表 1-1。

本书采用我国推荐使用的国际单位制（SI），它的基本单位为：长度 m，时间 s，质量 kg，其他是导出单位。例如，力的单位为牛顿（N），1 牛顿力的定义为：使质量为 1 千克的物体得到 1 米/秒^2 加速度的力，即 $1\ N = 1\ kg \cdot m/s^2$，“N”就是由基本单位相乘而得出的导出单位。

表 1-1 不同温度条件下水的物理性质(1 个标准大气压)

温度(℃)	容重 γ (kN/m^3)	密度 ρ (kg/m^3)	动力黏滞系数 μ ($\times10^{-3}Pa\cdot s$)	运动黏滞系数 ν ($\times10^{-6}m^2/s$)	体积压缩系数 β ($\times10^{-9}/Pa$)	体积弹性系数 K ($\times10^{9}Pa$)	表面张力系数 σ (N/m)	汽化压强 (kN/m^2)
0	9.805	999.9	1.781	1.785	0.495	2.02	0.075 6	0.60
5	9.807	1 000.0	1.518	1.519	0.485	2.06	0.074 9	0.87
10	9.804	999.7	1.306	1.306	0.476	2.10	0.074 2	1.18
15	9.798	999.1	1.139	1.139	0.465	2.15	0.073 5	1.70
20	9.789	998.2	1.002	1.003	0.459	2.18	0.072 8	2.34
25	9.777	997.0	0.890	0.893	0.450	2.22	0.072 0	3.17
30	9.764	995.7	0.798	0.800	0.444	2.25	0.071 2	4.24
40	9.730	992.2	0.653	0.658	0.439	2.28	0.069 6	7.38
50	9.689	988.0	0.547	0.553	0.437	2.29	0.067 9	12.16
60	9.642	983.2	0.466	0.474	0.439	2.28	0.066 2	19.91
70	9.589	977.8	0.404	0.413	0.444	2.25	0.064 4	31.16
80	9.530	971.8	0.354	0.364	0.455	2.20	0.062 6	47.34
90	9.466	965.3	0.315	0.326	0.467	2.14	0.060 8	70.10
100	9.399	958.4	0.282	0.294	0.483	2.07	0.058 9	101.33

二、万有引力特性

万有引力特性是指任何物体之间具有相互吸引力的性质,其吸引力称为万有引力。地球对物体的吸引力称为重力(或重量),对于质量为 m 的液体,其重量为

$$G=mg \tag{1-3}$$

式中 G 的单位为 N 或 kN; g 为重力加速度,单位为 m/s^2,一般取 $g=9.8\ m/s^2$。

单位体积液体的重量称为容重,即

$$\gamma=\frac{G}{V} \tag{1-4}$$

式中 γ 的单位为 N/m^3 或 kN/m^3。工程水力学中,容重有时也称为重度或重率。

将式(1-3)代入式(1-4),可得到容重与密度的关系为

$$\gamma=\frac{G}{V}=\frac{mg}{V}=\rho g \tag{1-5}$$

液体的容重与密度一样随温度和压强的变化而变化,但变化量很小。工程中常将水的容重视为常数。采用温度为 4 ℃、压强为一个大气压时水的容重:$\gamma=9\ 800\ N/m^3$ 或 $\gamma=9.8\ kN/m^3$。不同温度条件下水的容重见表 1-1。

【例 1-1】 已知某液体的体积为 5 m^3,密度为 13 600 kg/m^3,求该液体的质量、重量和容重。

解：

液体的质量　　$m=\rho V=13\ 600\times 5=68\ 000(\text{kg})$

液体的重量　　$G=mg=68\ 000\times 9.8=666\ 400(\text{N})=666.4\ \text{kN}$

液体的容重　　$\gamma=\rho g=13\ 600\times 9.8=133\ 280(\text{N/m}^3)=133.28\ \text{kN/m}^3$

三、黏滞性

（一）黏滞性

摩擦力是自然界中普遍存在的物理现象。两块具有不同运动速度叠放在一起的木板，在其接触面上存在着阻碍两木板相对运动的摩擦力，同样，具有不同流速的相邻两流层（即两层水流），在其接触面上也存在着阻碍两流层做相对运动的摩擦力（见图 1-5（c）），工程水力学把液体中存在着阻碍相邻两流层做相对运动的摩擦力这一特性称做液体的黏滞性。其摩擦力称为液体的内摩擦力或摩擦阻力。单位面积上的摩擦阻力称为黏滞切应力或切应力，以 τ 表示。自然界中所有的液体都有不同程度的黏滞性，黏滞性是液体的一种固有物理属性，

如果忽略液体的黏滞性，则各流层就无流速差，因而沿液流横断面垂线上的流速分布均相同，如图 1-5（a）所示（图中箭杆表示流速大小方向）；实际液流各流层之间有切应力，因而各流层有流速差，经测试，其断面垂线上的流速分布如图 1-5（b）所示，流速由渠底到水面沿 y 轴逐渐增大，紧靠固体边界有一层极薄水层被吸附在壁面上不流动，该水层通过黏滞性切应力阻碍其上面水层的流动，使其流速变小，该流动水层又阻碍其上面水层的流动，如此逐层影响上去。离固体边界近，τ 大流速小，离固体边界远，τ 小流速大，因此形成了图 1-5（b）所示的流速分布规律。

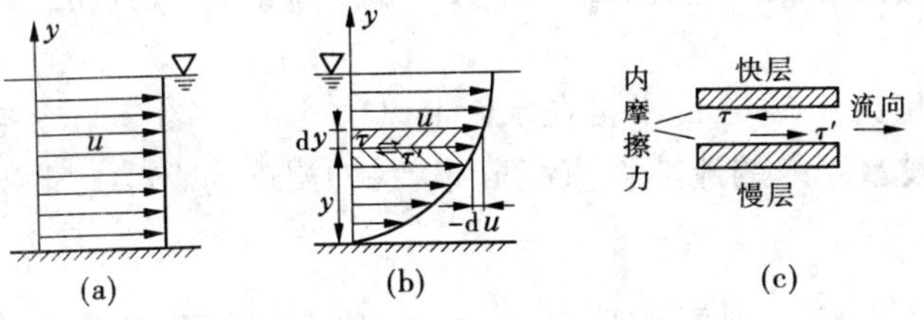

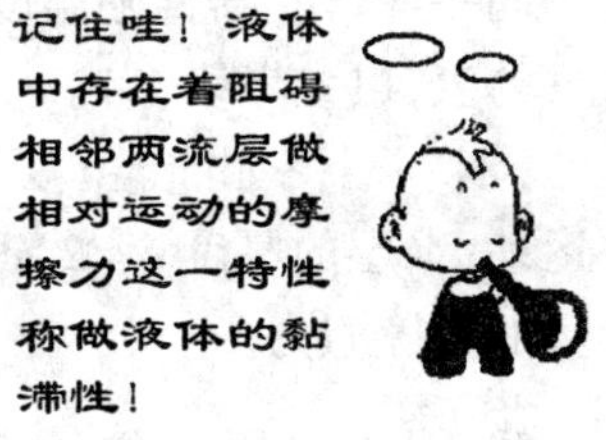

图 1-5　液流横断面垂线上的流速分布图、切应力图

液体要保持流动，就要克服在流动过程中的摩擦阻力而作功，因此消耗液流机械能，这种消耗的机械能称为液流的能量损失。所以，黏滞性是引起液体能量损失的根源。

（二）牛顿内摩擦定律

1686 年牛顿根据试验提出液体内摩擦定律即牛顿内摩擦定律：相邻两流层接触面上产生的内摩擦力 T 与流层间接触面面积 A 和流速梯度 $\frac{\mathrm{d}u}{\mathrm{d}y}$ 的乘积成正比，并与液体的种类、性质有关，可表示为

$$T=\mu A\frac{\mathrm{d}u}{\mathrm{d}y}\tag{1-6}$$

单位面积上的内摩擦力称为黏滞切应力或切应力，用 τ 表示，则

$$\tau = \frac{T}{A} = \mu \frac{\mathrm{d}u}{\mathrm{d}y} \tag{1-7}$$

式中 μ——动力黏滞系数，$\mathrm{N \cdot s/m^2}$ 或 $\mathrm{Pa \cdot s}$；

$\frac{\mathrm{d}u}{\mathrm{d}y}$——流速梯度，反映流速沿 y 方向的变化程度，1/s。

式(1-7)表明，液体的切应力 τ 随 μ 和 $\frac{\mathrm{d}u}{\mathrm{d}y}$ 增大、减小。

τ 随 $\frac{\mathrm{d}u}{\mathrm{d}y}$ 按直线规律分布的液体称为牛顿流体，如水、酒精、苯、油类、水银、空气等；否则为非牛顿流体，如泥浆、血浆、牛奶、颜料、油漆、淀粉糊等。内摩擦定律只适用于牛顿流体。

动力黏滞系数 μ 是液体的物理属性，它反映了液体黏滞性的大小。μ 值大，黏滞性大；μ 值小，黏滞性小。μ 的大小与液体的种类和温度有关。不同温度条件下的 μ 值见表 1-1。

液体的黏滞性还可以用另一种形式的黏滞性系数来度量，即运动黏滞系数 ν

$$\nu = \frac{\mu}{\rho} \tag{1-8}$$

ν 的单位为 $\mathrm{m^2/s}$ 或 $\mathrm{cm^2/s}$，大小也与液体的种类和温度有关。不同温度条件下的 ν 值见表 1-1。

设水的温度为 t，以℃计，则水的运动黏滞系数可用如下经验公式计算

$$\nu = \frac{0.017\,75}{1 + 0.033\,7\,t + 0.000\,221\,t^2} \tag{1-9}$$

同一液体黏滞性随温度的升高而降低，不同温度时的动力黏滞系数 μ 与运动黏滞系数 ν 的值，可参考表 1-1。

【例 1-2】 如图 1-6 所示，面积为 0.5 $\mathrm{m^2}$ 的平板在水面上以速度 $u = 1$ m/s 沿水平方向运动，水层的厚度 $\delta = 2$ mm，假设水层内的流速按直线分布，水的温度为 10 ℃，求平板受到的摩擦阻力。

解：因为水层内的流速按直线分布，则流速梯度 $\frac{\mathrm{d}u}{\mathrm{d}y} = \frac{1\,000\ \mathrm{mm/s}}{2\ \mathrm{mm}} = 500/\mathrm{s}$，查表 1-1，动力黏滞系数 $\mu = 1.306 \times 10^{-3}\ \mathrm{Pa \cdot s}$。根据牛顿内摩擦定律，平板所受的摩擦阻力为

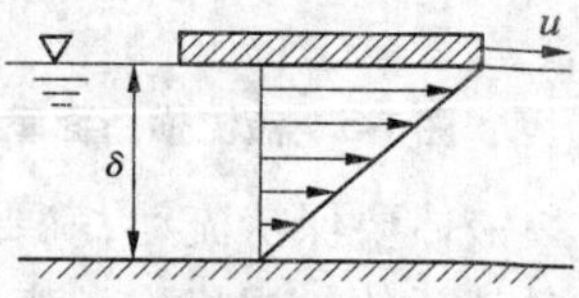

图 1-6

$$T = \mu A \frac{\mathrm{d}u}{\mathrm{d}y} = 1.036 \times 10^{-3} \times 0.5 \times 500 = 0.259(\mathrm{N})$$

四、压缩性

液体受压后体积缩小，压力撤除后又恢复原状的性质称为液体的压缩性或弹性，压缩性的大小可用体积压缩系数 β 或体积弹性系数 K 来表示。β、K 随温度变化，但变化较小，其值见表 1-1。设液体原体积为 V，当所受压强的增值为 $\mathrm{d}p$ 时，体积压缩值为 $\mathrm{d}V$，则体积压缩系数为

$$\beta = -\frac{\frac{\mathrm{d}V}{V}}{\mathrm{d}p} \tag{1-10}$$

体积压缩系数 β 值越大，表示越易压缩。由于液体的体积总是随压强的增大而减小，所以 $\mathrm{d}V$ 与 $\mathrm{d}p$ 的符号总是相反的，为使 β 为正值，式(1-10)右端取负号。β 的单位为 $\mathrm{m^2/N}$ 或 1/Pa。

体积压缩系数的倒数称为体积弹性系数，用 K 表示为

$$K = \frac{1}{\beta} = -\frac{\mathrm{d}p}{\frac{\mathrm{d}V}{V}} \tag{1-11}$$

K 的单位为 Pa，K 值越大，表明液体越不易压缩。

液体的体积压缩系数 β 和体积弹性系数 K 与液体的种类和温度有关，水在不同温度条件下的 β 值和 K 值见表 1-1。在普通水温情况下，压强每增加一个标准大气压，水的体积比原体积缩小约 1/21 000，可见水的压缩性很小。一般工程认为液体不可压缩。某些特殊问题，如水击问题（见第五章）要考虑水的压缩性。

五、表面张力特性

液体表面张力是指液体表面的液体分子一侧受液体分子的引力，另一侧受其他介质的引力，因两侧引力不同，液体分子受到向密度大介质一侧的拉力，这种拉力称为表面张力。表面张力使得液体表面形成拉紧收缩的趋势。液体表面的这种特性，称为表面张力特性。表面张力不仅存在于液体的自由表面上，也存在于密度不同的两种液体的接触面上。

表面张力的大小可以用液体表面上单位长度所受的张力即表面张力系数 σ 来表示，σ 随温度、液体种类、液体表面接触情况而变化，σ 值见表 1-1。

工程中接触到的水面一般较大，表面张力较小，其影响可以忽略不计。只在小尺寸情况下，如研究微小水滴的形成与运动、小尺度水力模型中的水流、水舌较薄而且曲率较大的堰流、细管中的水或土壤空隙中水的运动等，必须考虑表面张力的影响。

水力学实验室中常使用盛有水或水银的细玻璃管作测压计，由于其直径较小，液体表面张力的影响较明显，如图 1-7 所示，水的引力小于管壁的引力，靠近管壁的水分子受到的管壁的引力大于其内侧水分子的引力，使水分子沿管壁上移，拉动细管内液面形成下凹、液体上升。反之，水银引力大于管壁引力，表面张力将使细管内液面上凸、液体下降。这种现象也称为毛细管现象。

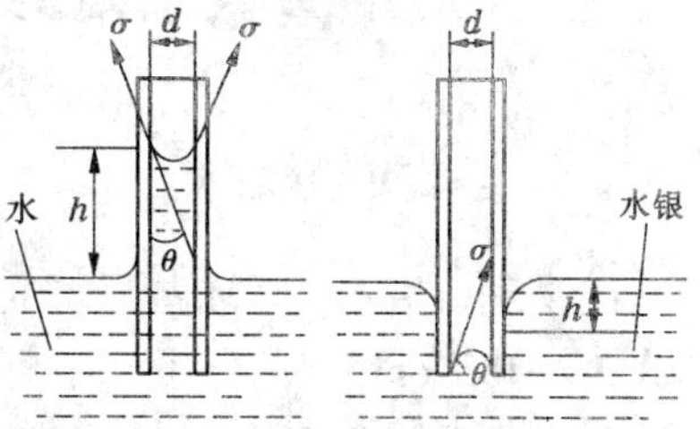

图 1-7

若以 θ 表示液面与固体壁面的接触角，沿管壁圆周上表面张力的垂直分力应与升高或降低液柱的重量相等，可得毛细管升、降的液柱高度 $h = 4\sigma\cos\theta/\gamma d$。一般情况下，水与玻璃的接触角 $\theta \approx 0°$，水银与玻璃的接触角 $\theta \approx 139°$，这时玻璃管中水面高出容器水面的高度 h 为

$$h = \frac{29.8}{d} \tag{1-12}$$

水银表面的降低高度为

$$h = \frac{10.15}{d} \tag{1-13}$$

式(1-12)、式(1-13)中，d 为玻璃管的内径，d 和 h 均以 mm 计。为了减小毛细管作用引起的压强量测的误差，测压管的内径不宜小于 10 mm。

六、汽化压强

物质从液态变为气态称为汽化，其逆过程即气态变为液态称为凝结。在任何温度下汽化和凝结都同时发生，当在一定温度下，汽化量与凝结量达到同样多，不再随持续进行的汽化和凝结而改变时，其液面的蒸汽达到饱和，称为饱和蒸汽，而压强称为饱和蒸汽压强或汽化压强。此时的液面及液体内部会逸出好多气泡（即沸腾），此时的温度称为沸点。汽化压强值随温度、液体种类而变化。液体的汽化压强随温度的升、降而增大、减小，其值见表 1-1。

当水面压强为一个大气压、温度为 100 ℃时，水会沸腾。随着液面压强的降低，液体汽化压强会减小，沸点降低。青藏高原上气压低，温度 84 ~ 87 ℃水就会沸腾，就是这个原因。水利工程中，水流也会因局部区域压强降低至汽化压强，水流内部释放出大量气泡，这种现象是“冷沸”，也称为空化。空化破坏了水流的连续性，同时，若有大量气泡的水体流动到压强较高区域，气泡会迅速溃灭并产生极大的瞬时冲击力，可以造成建筑物表面严重破坏。

上面我们讨论了液体的六个主要物理力学性质，它们都不同程度地影响着液体的运动，其中惯性、万有引力特性、黏滞性对水流运动起着主要作用，压缩性、表面张力特性和汽化压强只对某些特殊的水流运动产生影响。

第三节　连续介质和理想液体的概念

一、连续介质的概念

现代物理研究指出，常温下每立方厘米水中约含有 3×10^{22} 个水分子，相邻分子间距离约为 3×10^{-8} cm，可见分子间距离相当微小，在很小的体积中包含有难以计数的分子。

工程水力学只需研究水流的宏观运动规律，不需研究其微观运动。因此，1753 年瑞士学者欧拉（Euler）提出了连续介质概念：忽略水分子的微观运动及其间隙，将液体视为一种连续充满其所占空间毫无空隙的连续体。工程水力学所研究的即为这种液体。

连续介质概念为流体力学的发展起到了巨大作用。液流中的一切物理量（如速度、压强、密度等）都可以视为空间坐标和时间的连续函数，这样，在研究液体运动规律时，就可以利用连续函数的分析方法。长期的生产和科学试验表明，利用连续介质概念所得出的液体运动规律的基本理论符合客观实际。

在连续介质概念基础上，工程中还认为液体是均质的，液体质点的物理性质在液体内各部分和各方向都是相同的，即液体具有均质等向性。

二、理想液体的概念

一般的水利工程不考虑液体的压缩性、表面张力特性和汽化压强，考虑液体的黏滞性，但在研究液体运动规律时黏滞性会使问题变得复杂难解。所以，研究中，可以先忽略液体的黏滞性，即液体的黏滞系数 $\mu=0$，这种忽略黏滞性的液体称为理想液体。先分析理想液体的运动规律，再根据实际情况对液体黏滞性的影响进行修正，得到实际液体的运动规律。这是工程水力学的一个重要研究方法。

第四节　作用在液体上的力

液体运动状态的改变是力的作用结果。按作用方式，力可分为表面力和质量力两大类。

一、表面力

作用在液体表面上，大小与受作用的表面积成比例的力称为表面力。如固体边界与液体之间的摩擦力，边界对液体的反作用力，一部分液体对相邻的另一部分液体在接触面上的水压力等。表面力又可以分为垂直于作用面的压力和平行于作用面的切力。单位面积上的压力称为压强(或压应力)，单位面积上的切力称为切应力。

二、质量力

质量力是作用在每个液体质点上，其大小与液体的质量成比例的力。如重力、惯性力都属于质量力。在均质液体中质量与体积成正比，故质量力又可以称为体积力。

单位质量液体所受到的质量力，称为单位质量力，以符号 f 表示。质量为 m 的均质液体所受的总质量力为 F，则单位质量力为

$$f=\frac{F}{m} \tag{1-14}$$

若总质量力 F 在直角坐标轴上的投影分别为 F_x、F_y、F_z，则单位质量力 f 在相应坐标上的投影分量 X、Y、Z 可表示为

$$X=\frac{F_x}{m},\quad Y=\frac{F_y}{m},\quad Z=\frac{F_z}{m} \tag{1-15}$$

单位质量力与加速度的单位相同，为米/秒^2(m/s^2)。

第五节　工程水力学的研究方法

研究工程水力学有三种最基本的方法，即理论分析、试验研究、数值模拟和数值计算。

一、理论分析

应用数学、物理中的理论研究液体的运动及作用在液体上的力，建立水流机械运动的

基本方程。理论分析法比较成熟。但实际水流运动非常复杂，还难以完全用理论分析的方法解决实际工程问题。

二、试验研究

试验研究的基本目的：一是检验理论分析成果的正确性；二是当有些水力学问题在理论上暂时还不能完全得到解决时，通过试验可以寻找到一些经验性的规律，以满足解决实际工程问题的需要。试验研究是水力学研究的一个极其重要的方法，也是对理论分析的补充。现阶段水力学的试验研究主要有以下三种方式。

（一）原型观测

在野外或水利工程现场，对天然或工程中的水流运动现象直接进行观测，收集第一手资料，总结水流运动的基本规律，检验理论分析成果，为工程设计施工提供依据。

（二）模型试验

在实验室内，依据水力相似理论，把实际工程按一定比例缩小为模型，在模型上模拟相应的实际水流运动，得出模型水流的规律性。然后再把模型试验成果按照相似关系换算为原型的成果，以满足工程设计的需要。模型试验法可以检验工程设计的合理性，并为修改设计提供可靠的依据，在工程实践中得到广泛应用。

（三）系统试验

野外观测经常受时间和其他自然条件的限制，难以按人们的要求去实现或预演各种水流现象，从而由大量观测资料中去总结水流运动的规律，这时可以在实验室内小规模地造成某种水流运动，进行系统的试验观测，从中找出水流运动的规律。

三、数值模拟和数值计算

随着计算机技术的迅速发展，利用计算机进行数值模拟和数值计算求解基本方程来指导和解决工程水力学问题，是一种快速、简便、节省投资的研究方法。所谓数值模拟和数值计算，是采用各种离散化方法（有限差分法、有限元法等），建立各种数学模型，通过计算机进行数值计算和数值试验，最终获得其数值解。近二三十年来，这一方法得到很大发展，已形成专门学科——计算流体力学。

数值模拟和数值计算需要通过理论分析来建立，数值计算的不少参数需要经过模型试验来提供，而理论分析和数值计算的成果也需要通过物理模型进行验证。这三种研究方法必须互相结合，共同推动水力学学科的进一步发展。

本章考试内容

记公式：$\rho=\frac{m}{V}$；$\gamma=\frac{G}{V}$；$\tau=\mu\frac{du}{dy}$；$\rho_{水}=1\ 000\ \text{kg/m}^3$；$\gamma_{水}=9.8\ \text{kN/m}^3$。

会计算：重量、质量。

记概念：密度、容重、黏滞性、理想液体、黏滞力、表面力、质量力、压力、切力、压强、切应力。

技能训练题

1-1 液体在静止状态下是否存在黏滞性？为什么？

1-2 何谓理想液体？

1-3 水流能量损失的根源是什么？

1-4 体积为 1.5 m^3 的水银，已知水银的容重为 133.28 kN/m^3，其重量为多少？

1-5 体积为 1.5 m^3 的水银，已知水银的密度为 13.6×10^3 kg/m^3，其质量为多少？

1-6 一个大气压下，4 ℃时，1 L 水的重量和质量各为多少？

第二章　静水压力计算

职业技能

熟练计算静水对平面壁和曲面壁建筑物的压力、管道及容器内的压强。

第一节　静水压强及其特性

一、静水压力与静水压强

在实际工程和生活中，液体有两种静止状态：一是液体相对于地球处于静止状态，称为绝对静止状态，如水库、蓄水池中的水；二是液体相对于地球有运动，但液体质点之间、质点与边壁间没有相对运动，称为相对静止状态，如行驶中的水罐车中的水。以上两种静止状态的液体，其质点间都无相对运动，黏滞性不起作用（无内摩擦力），同时静止液体又不能承受拉力（否则会流动），故静止液体相邻两部分之间以及液体与固体壁面之间的表面力只有压力。例如当开启图 2-1 所示的闸门时，拖动闸门需要很大的拉力，其主要是水给闸门作用了很大的压力，使闸门紧贴壁面所致。

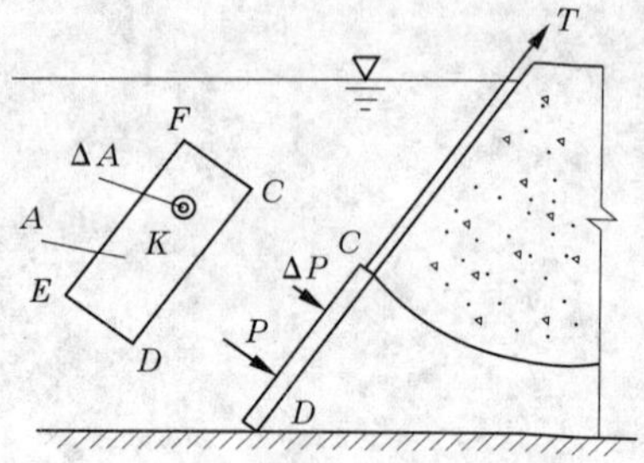

图 2-1

实践证明，静止液体对壁面的总压力大小不仅与受压面的面积有关，还与壁面所处方位有关，且壁面上各处所受压力一般是不同的（壁面水平时例外）。为了研究静止液体压力在受压面上的分布情况，下面引入静水压力及点静水压强的概念。

水力学中把静止液体产生的压力称为静水压力，用大写字母 P 表示。在图 2-1 所示的平板闸门上任取一点 K，围绕 K 点取一微小面积 ΔA，作用于该面积上的静水压力为 ΔP，当 ΔA 趋近于零时，则平均压强 $\Delta P/\Delta A$ 的极限称为 K 点的静水压强，用小写字母 p 表示，即

$$p = \lim_{\Delta A \to 0} \frac{\Delta P}{\Delta A} \tag{2-1}$$

注：水力学中的压强，如果不特别说明，一般指点压强。

二、静水压强的两个基本特性

静水压强有两个基本特性：

（1）静水压强的方向永远垂直并指向受压面。因静止液体不能承受剪切力和拉力，如果静水压强的方向不是垂直并指向作用面，则液体将受到剪切力（斜向力沿作用面方

向的分力）或拉力（力的方向背离作用面），液体将不能保持静止状态而产生流动，因此静水压强的方向必然垂直并指向作用面。

（2）静止液体中任一点所受各个方向的压强大小相等。为证明这一特性，在静止液体中取微小四面体 $OABC$，如图 2-2 所示。取四面体的三个边 OA、OB、OC 相互垂直且分别与 OX、OY、OZ 轴重合，长度分别为 dx、dy、dz。作用于四面体的四个面 OBC、OAC、OAB 及 ABC 上的平均静水压强分别为 p_x、p_y、p_z 及 p_n，四面体所受的质量力仅有重力。以 dA 代表 $\triangle ABC$ 的面积，由于液体处于静止状态，所以四面体在三个坐标方向上所受外力的合力均等于 0，即

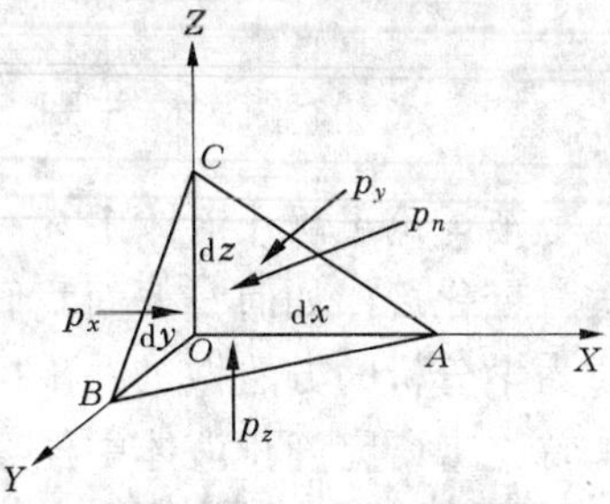

图 2-2

$$\frac{1}{2}p_x dydz - p_n dA\cos(n,x) = 0$$

$$\frac{1}{2}p_y dxdz - p_n dA\cos(n,y) = 0$$

$$\frac{1}{2}p_z dxdy - p_n dA\cos(n,z) - \frac{1}{6}\gamma dxdydz = 0$$

当 dx、dy、dz 趋于零时，p_x、p_y、p_z 和 p_n 即为作用于 O 点而方向不同的静水压强。因 $\frac{1}{6}\gamma dxdydz$ 属于三阶微量，可以忽略不计，且由于

$$dA\cos(n,x) = \frac{1}{2}dydz$$

$$dA\cos(n,y) = \frac{1}{2}dxdz$$

$$dA\cos(n,z) = \frac{1}{2}dydx$$

则有

$$p_x = p_y = p_z = p_n$$

由于 p_n 的方向是任意的（四面体的斜面 $\triangle ABC$ 可任意取），所以上式就说明作用于 O 点各个方向的静水压强的大小均相等。

静水压强的第二特性表明，静止液体中各点压强的大小仅随空间位置的变化而变化，或者说仅是空间坐标的函数，即 $p = p(x,y,z)$。例如，在图 2-3 中的边壁转折处 B 点，对不同方位的受压面来说，其静水压强的作用方向不同（各自垂直于它的受压面），但静水压强的大小是相等的，即 $p_B = p'_B$。

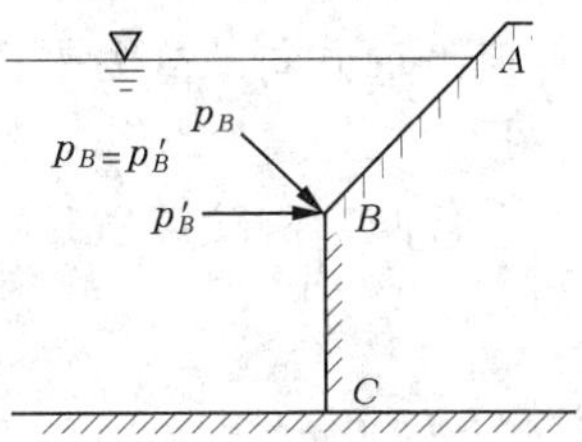

图 2-3

静水压强的两个特性对后面研究静止液体的力学规律是非常重要的。

第二节　静水压强的基本规律

一、静水压强基本方程

上节讨论了静止液体中某一点的压强特性，那么静止液体中各点的压强大小与什么有关？变化规律如何？下面我们以绝对静止状态的液体（质量力仅有重力）为研究对象，通过力学分析的方法做进一步探讨。

首先来研究静止液体中任意两点的压强关系。如图 2-4 所示，在质量力仅有重力的静止液体中选同一铅垂线上的任意 1、2 两点，两点高差为 Δh，对应的水深分别为 h_1 和 h_2。以 1 点、2 点为圆心，分别取水平微小面积 ΔA，则再取 ΔA 为底面积、Δh 为高的铅直小液柱作为脱离体。

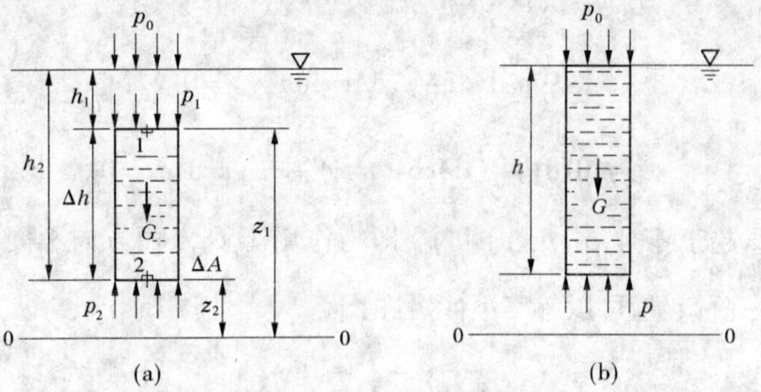

图 2-4

因脱离体为铅直静止状态，故其侧面水压力为水平平衡力（水平方向上合力为零），与垂直压强 p_1、p_2 无关，故只分析垂直力。由受力分析可知，脱离体铅垂方向上共受三个力：

（1）小液柱的自重（即重力）：$G=\gamma\Delta h\Delta A$，方向铅直向下；

（2）小液柱上表面所受静水总压力：因 ΔA 很小，可认为该面积上各点的压强相等，所以静水总压力为 $p_1\Delta A$，方向铅直向下；

（3）小液柱底面所受静水总压力：$p_2\Delta A$，方向铅直向上。

则铅垂方向的静力平衡方程为

$$p_2\Delta A-p_1\Delta A-\gamma\Delta h\Delta A=0$$

方程两边同除以 ΔA 并整理得

$$p_2-p_1=\gamma\Delta h$$

或

$$p_2=p_1+\gamma\Delta h \tag{2-2}$$

式(2-2)即静水压强基本方程，它适用于所有牛顿流体。为方便理解和记忆，可将式(2-2)改写为

$$p_{下}=p_{上}+\gamma\Delta h \tag{2-3}$$

式(2-3)表明，在质量力仅有重力的静止液体中，深处的压强比浅处大，下面一点的压

强等于上面一点的压强加上两点之间液体产生的压强 $\gamma\Delta h$。

需要注意的是，如果上下两点间存在不同种类的液体，计算两点的压强差时应将两点间各液层厚度与其相应液体容重的乘积相加。

由式(2-2)还可看出，淹没深度相等的各点静水压强相等，故水平面即是等压面。但必须注意，这一结论只适用于质量力仅有重力的同类且连通的流体。

下面再来研究液面下任意一点压强的大小。取脱离体如图 2-4(b)所示，上点位于液面，若液面压强以 p_0 表示，则 $p_{上}=p_0$，下点为液面下任意一点，$p_{下}=p$，$\Delta h=h$，则式(2-3)可写成

$$p=p_0+\gamma h \tag{2-4}$$

式(2-4)是常用的测算密闭容器中点压强的静水压强基本方程，它表明，在质量力仅有重力的静止液体中，液面下任意一点的压强由两部分组成，一部分是从液面传来的表面压强，另一部分是水深为 h 的液体产生的压强。

由式(2-4)可知，表面压强可以不变大小地传递到液体中的各个部分。当表面压强由某种方式增大或减小时，液体中各部分的压强也随之增大或减小，这就是帕斯卡原理。静止液体的这一压强传递特性是制作油压千斤顶、水压机等多种机械的原理。

在水利工程中，大多数水工建筑物是开敞式的(表面压强为大气压)，建筑物各部分所受大气压力相互抵消，为简化计算，通常不考虑作用于水面的大气压强，只计算液体产生的压强数值，则此时静水压强可用式(2-5)计算

$$p=\gamma h \tag{2-5}$$

上面各式中，任一点的位置是用水深 h 来表示的，工程中也常用位置高度来表示某点的位置。取某一水平面 0—0 作为基准面，任一点距基准面的铅垂距离即为该点的位置高度，用 z 来表示。由图 2-4(a)可知，任意 1、2 两点的位置高差就等于其水深之差，即 $z_1-z_2=\Delta h$，则式(2-2)可写为

$$p_2-p_1=\gamma(z_1-z_2)$$

整理得

$$z_1+\frac{p_1}{\gamma}=z_2+\frac{p_2}{\gamma} \tag{2-6}$$

式(2-6)是静水压强基本方程的另一种表达式，它表明：

(1)在质量力仅有重力的静止液体中，位置高度 z 愈大，压强愈小；位置高度 z 愈小，压强愈大。

(2)在均质($\gamma=$常数)、连通、质量力仅有重力的静止液体中，同一水平面($z=C$)必为等压面($p=C$)，这就是通常所说的连通器原理。

应用连通器原理时应注意，并不是任意一水平面都是等压面，如果液体中间被气体或另一种液体隔离，或不是同一种液体，则同一水平面上各点压强并不相等。例如，在图 2-5 中，1—2、4—5—6 是等压面，而 2—3 虽然在同一水平面上，但因 2、3 点处的液体不同，所以不是等压面。

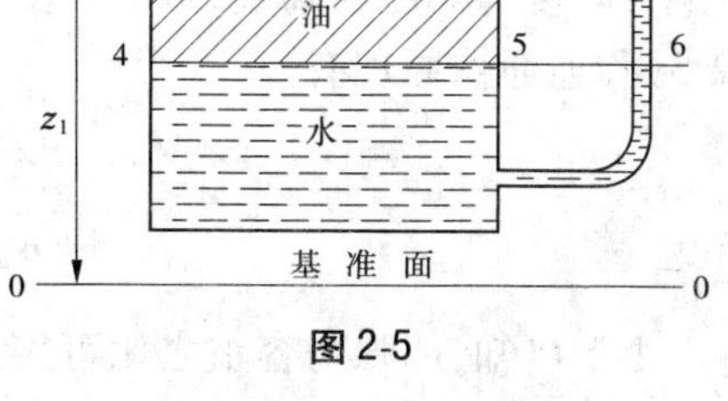

图 2-5

注意：静水压强基本方程适用于各种牛顿流

体,计算时应注意采用相应流体的容重。几种常见流体的容重见表2-1。

表2-1 常见流体容重

流体名称	温度（℃）	容重（kN/m³）	流体名称	温度（℃）	容重（kN/m³）
蒸馏水	4	9.8	水银	0	133.28
汽油	15	6.664～7.35	润滑油	15	8.72～9.02
酒精	15	7.778 3	空气	20	0.011 8

【例2-1】 求水库中水深为5 m、10 m处的静水压强。

解:因水库表面压强为大气压,水的容重为 $\gamma=9.8\ \text{kN/m}^3$,则

水深为5 m处

$$p=\gamma h=9.8\times5=49(\text{kPa})$$

水深为10 m处

$$p=\gamma h=9.8\times10=98(\text{kPa})$$

【例2-2】 求液面为大气压的蒸馏水和水银中深度为1 m处的静水压强各为多少。

解:由表2-1可知,清水和水银的容重分别为 $9.8\ \text{kN/m}^3$ 和 $133.3\ \text{kN/m}^3$,则

蒸馏水中深度为1 m处的静水压强

$$p=\gamma h=9.8\times1=9.8(\text{kPa})$$

水银中深度为1 m处的静水压强

$$p=\gamma h=133.3\times1=133.3(\text{kPa})$$

二、静水压强基本方程式的意义

(一)静水压强基本方程式的几何意义

所谓几何意义,就是用几何上的高度概念来诠释静水压强方程式。为了能直观反映静水压强方程式的几何高度概念,在如图2-6所示盛有某种液体的容器中任选1、2两点,在其相应位置高度(z_1 和 z_2)的边壁上开两个小孔,孔口处各连接一垂直向上的开口玻璃管(通常称为测压管)。经观察发现,两测压管中均有液柱上升,且两管中液面齐平。称测压管中液柱上升高度为测压管高度,以 $h_测$ 表示,根据式(2-5)和连通器原理有

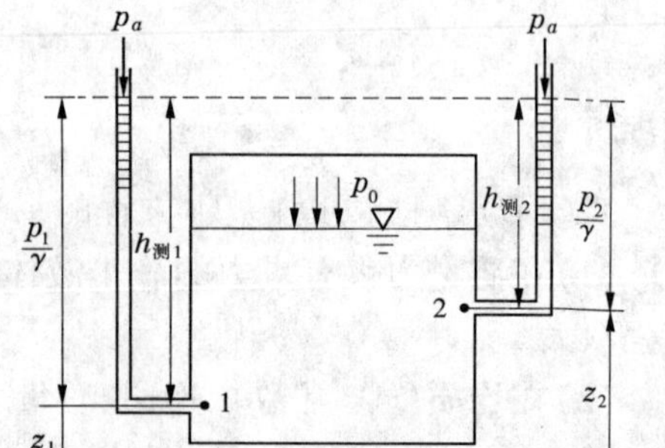

图2-6

$$p_1=\gamma h_{测1},\quad p_2=\gamma h_{测2}$$

因此

$$h_{测1}=\frac{p_1}{\gamma},\quad h_{测2}=\frac{p_2}{\gamma}$$

由上可知,压强与容重之比可用几何高度(测压管高度)来表示。测压管高度与测点

处压强的大小及管中液体的容重有关,对同一种液体,测压管高度与压强成正比。

水力学中常把高度称做“水头”,如位置高度 z 称为位置水头,测压管高度 $h_{测}\left(\frac{p}{\gamma}\right)$称为压强水头,$z+\frac{p}{\gamma}$则称为测压管水头。

由式(2-6)可知,图 2-6 中 1、2 两点的测压管水头应相等,即两管中液面应齐平。所以,式(2-6)的几何意义可表述为:质量力仅有重力的静止液体中,任意一点对同一基准面的测压管水头都相等(为一常数),或者说各测压管中液面位于同一水平面上,即

$$z+\frac{p}{\gamma}=C \tag{2-7}$$

常数 C 值的大小随基准面位置而变,基准面选定,C 值即可确定。

(二)静水压强基本方程式的物理意义

由物理学可知:质量为 m、位置高度为 z 的物体,其位置势能(简称位能)为 mgz。它反映了重力对物体作功的本领。对于液体,因其内部存在压力,且压力也有作功的本领,因此液体还具有压力势能。例如,在图 2-6 中,1 点处质量为 m 的液体在压力作用下上升至测压管液面,压力势能转化为位置势能,因其上升高度为$\frac{p_1}{\gamma}$,说明压力对液体所作功的大小为 $mg\frac{p_1}{\gamma}$,这说明质量为 m、压强为 p 的液体,其压力势能为 $mg\frac{p}{\gamma}$。所以,处于静止状态、质量为 m 的液体,其总势能为

$$mgz+mg\frac{p}{\gamma}$$

为方便研究计算,水力学中常取单位重量液体作为研究对象,单位重量液体所具有的势能称为单位势能。因$\frac{mgz}{mg}=z$,$\frac{mg\frac{p}{\gamma}}{mg}=\frac{p}{\gamma}$,$\frac{mgz+mg\frac{p}{\gamma}}{mg}=z+\frac{p}{\gamma}$,所以 z 称为单位位能,$\frac{p}{\gamma}$称为单位压能,$z+\frac{p}{\gamma}$称为单位总势能,简称单位势能,用 $E_{势}$ 表示。

根据以上定义,静水压强基本方程式的物理意义为:质量力仅有重力的静止液体中,任意点对于同一基准面的单位势能为一常数,即

$$E_{势}=z_1+\frac{p_1}{\gamma}=z_2+\frac{p_2}{\gamma}=\cdots=C \tag{2-8}$$

第三节 静水压强的表示方法及测算

一、静水压强的单位

在水力学中,压强有三种单位,即应力单位、大气压和液柱高。

(一)应力单位

从压强的定义出发,用单位面积上的力来表示,如 kN/m^2 或千帕(kPa)等。

(二)以大气压表示

地球表面大气所产生的压强,称为大气压强。物理学中规定:以海平面的平均大气压 760 mm 高水银柱为 1 标准大气压(英文大气压缩写为 atm),其应力单位数值为

$$1\ \text{atm}=1.033\ \text{kgf/cm}^2$$

上式中 kgf/m^2 为我国工程单位制中的压强单位,工程界为了计算简便,取大气压强的整数值,称之为工程大气压(符号为 p_a)。注:工程计算中均使用工程大气压。

$$1\ \text{工程大气压}=1.0\ \text{kgf/cm}^2=98\ \text{kN/m}^2$$

(三)以液柱高度表示

由于一般液体的容重可看做常量,液柱高 $h=\dfrac{p}{\gamma}$ 即能反映压强的大小。因水的容重大家比较熟悉,所以水利工程中常用水柱高作为压强单位。

因 10 m 水柱产生的压强为 $9.8\ \text{kN/m}^3\times10\ \text{m}=98\ \text{kPa}$,即 1 工程大气压。而 1 工程大气压相应的水银柱高度为

$$h=\frac{p}{\gamma}=\frac{98\ \text{kN/m}^2}{133.3\ \text{kN/m}^3}=0.735\ \text{m}=735\ \text{mm}$$

所以三种压强单位间的换算关系为:1 工程大气压 = 98 kPa,相当于 10 m 水柱或 0.735 m 水银柱。

需要注意的是:用液柱高度为单位表示压强时,必须在数值后面写明相应的液柱类型,如 10 m 水柱,或 0.735 m 水银柱。

【例 2-3】 某点压强为 0.5 工程大气压,若用应力单位和水柱单位表示,其数值为多少?

解:根据三种压强单位的换算关系有

用应力单位表示

$$\frac{0.5\ \text{工程大气压}}{1\ \text{工程大气压}}\times98\ \text{kPa}=49\ \text{kPa}$$

用水柱表示

$$\frac{0.5\ \text{工程大气压}}{1\ \text{工程大气压}}\times10\ \text{m 水柱}=5\ \text{m 水柱}$$

二、绝对压强、相对压强、真空及真空值

量度压强的大小,根据起算的基准(即零点)不同,分为绝对压强和相对压强两种。

(一)绝对压强

前面已提到 1 工程大气压 = 98 kPa,地球上所有物体都受到这一压强,在计算物体所受压强时,计入大气压所求得的压强称为绝对压强,以 $p_{绝}$ 表示。如:当液面为大气压时,求水深为 10 m 处的绝对压强,则 $p_{绝}=p_a+\gamma h=98+9.8\times10=196(\text{kN/m}^2)$。

(二)相对压强

在计算物体所受压强时,不计入大气压所求得的压强称为相对压强,以 $p_{相}$ 表示。如:当液面为大气压时,求水深为 10 m 处的相对压强,则 $p_{相}=\gamma h=9.8\times10=98$

(kN/m²)。显然,$p_{相}$ 与 $p_{绝}$ 相差一个大气压强。$p_{相}$ 不计入大气压,$p_{绝}$ 计入大气压,即

$$p_{绝}=p_{相}+p_a \tag{2-9}$$

或

$$p_{相}=p_{绝}-p_a \tag{2-10}$$

因所有物体都受大气压强,因此计算时不再计入大气压强这部分相同值,所以如果不特指,工程中求某点压强均是指相对压强,其符号也不加脚标,直接以 p 表示。

(三)真空、真空值及真空高度

实践中常会遇到绝对压强小于大气压的情况,通常说出现了负压,即相对压强为负值,水力学中把这种情况称做真空现象。

下面通过一个简单的试验来认识和理解真空现象。取一端装有橡皮球的开口玻璃管,先挤压橡皮球将球内一部分气体排出,再将玻璃管插入盛水的敞口容器中,如图 2-7 所示。观察发现,容器中的水被吸到玻璃管内,管中水面高于容器中水面。若管内表面压强为 p_0,管中水面上升高度以 h_1 表示,根据连通器原理和静压方程可得

$$p_0+\gamma h_1=p_a=0$$

$$p_0=-\gamma h_1$$

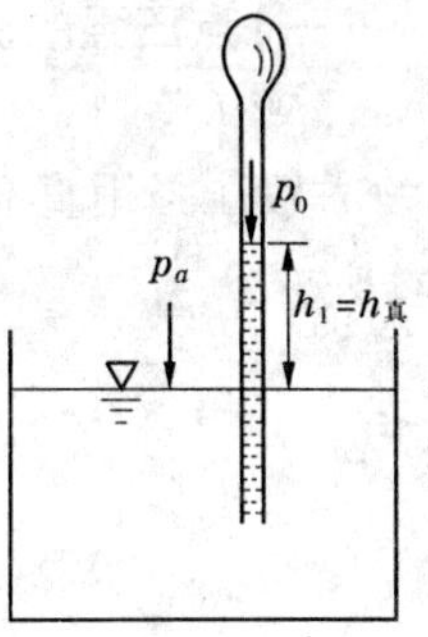

图 2-7

由上式可知,玻璃管中水面相对压强 p_0 为负值,说明玻璃管中出现了真空,且 p_0 绝对值越大,玻璃管中水面上升高度就越大。

工程中常用相对压强的绝对值即真空值(真空压强),或水柱上升高度 h_1 来度量真空的大小。真空值以 p_v(或 $p_真$)表示,其与绝对压强及相对压强的关系为

$$p_{真}=-p_{相}=p_a-p_{绝}\quad (p_{相}<0) \tag{2-11}$$

水柱上升高度 h_1 也称吸上高度或真空高度,常以 $h_真$ 表示,其计算式为

$$h_{真}=-\frac{p_{相}}{\gamma}=\frac{p_{真}}{\gamma} \tag{2-12}$$

图 2-8 为绝对压强、相对压强及真空值关系示意图。从图中可以看出,当绝对压强大于大气压时,相对压强是绝对压强超出大气压的部分;当绝对压强小于大气压时,其不足一个大气压的部分就是真空值;当绝对压强为零时,真空值达到最大。工程中利用离心泵、虹吸管吸水时,泵内或虹吸管内理论最大真空值为一个大气压,理论最大吸程不可能超过 10 m。

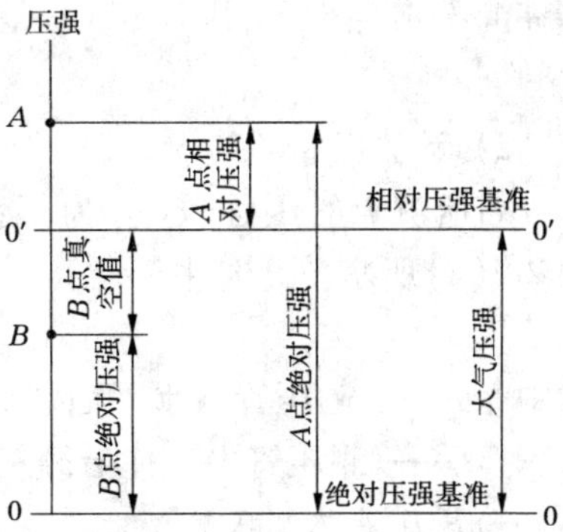

图 2-8

【例 2-4】 图 2-8 中 A 点相对压强为 24.5 kN/m²,B 点相对压强为 −24.5 kN/m²,求 $p_{A绝}$、$p_{B绝}$ 和 $p_{B真}$。

解:因 $p_{绝}=p_{相}+p_a$,$p_{真}=-p_{相}$,所以

$$p_{A绝}=p_{A相}+p_a=24.5+98=122.5(\text{kN/m}^2)$$

$$p_{B绝}=p_{B相}+p_a=-24.5+98=73.5(\text{kN/m}^2)$$

$$p_{B真}=-p_{B相}=-(-24.5)=24.5(\text{kN/m}^2)$$

【例 2-5】 求水库水深为 2.5 m 处的绝对压强和相对压强。

解:因水库水面为大气压,则

$$p_{绝} = p_a + \gamma h = 98 + 9.8 \times 2.5 = 122.5(\text{kPa})$$

$$p_{相} = \gamma h = 9.8 \times 2.5 = 24.5(\text{kPa})$$

三、静水压强测量仪及静水压强的测算

静水压强的测算有两种情况:一是测算点压强,二是测算两点压强差。工程实际中用于测量压强的仪器很多,可分为液柱式测压仪、金属测压仪、电测仪等,各种仪器的量测值一般为相对压强值。下面重点介绍液柱式测压仪的测算原理。

(一)点压强的测算

1. 测压管

一般压强用直立测压管,如图 2-9(a)所示;某点压强较小时,可用斜测压管,如图 2-9(b)所示。

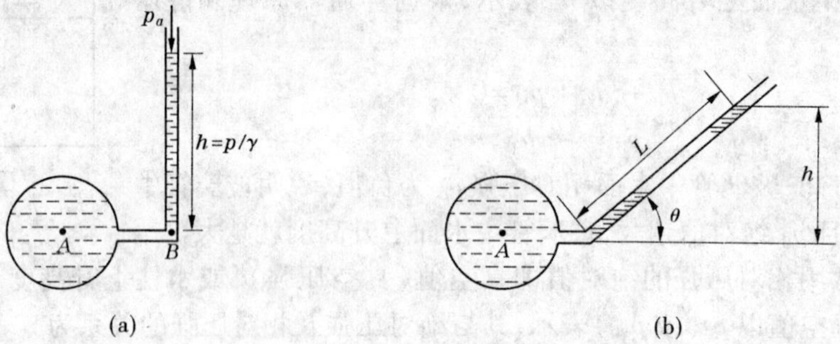

图 2-9 测压管

1) 直立测压管

直立测压管是最简单也最常用的测压装置,管中液柱高度即反映了所测点的相对压强 p 的大小,即

$$p = \gamma h$$

2) 斜测压管

若所测点的压强较小,为了提高测量精度,可将测压管倾斜放置以增大测距,如图 2-9(b)所示。此时用于计算压强的测压管高度 $h = L\sin\theta$,则被测点压强为

$$p = \gamma h = \gamma L\sin\theta$$

式中 θ—— 测压管与水平面的夹角;

L——测压管中液柱沿倾斜方向的长度。

3)轻质液体测压管

压强较小时,也可以在测压管中装入与所测点液体互不相溶的轻质液体,如各种油类。因轻质液体容重小,相同压强下其液柱上升高度就大,从而可增大测距,提高测量精度。

2. U 形水银测压计

若所测点压强较大,可采用 U 形水银测压计, 如图 2-10 所示。由连通器原理可知,

图 2-10 中 1—2 为等压面，若水银容重以 γ_m 表示，则根据静压方程有

$$p_1 = p_A + \gamma a$$
$$p_2 = \gamma_m h$$

因 $p_1 = p_2$，所以有

$$p_A + \gamma a = \gamma_m h$$

即
$$p_A = \gamma_m h - \gamma a$$

可见，对于 U 形水银测压计，只要测出两水银面高差 h 及安装高度 a，就可计算出某点的压强。

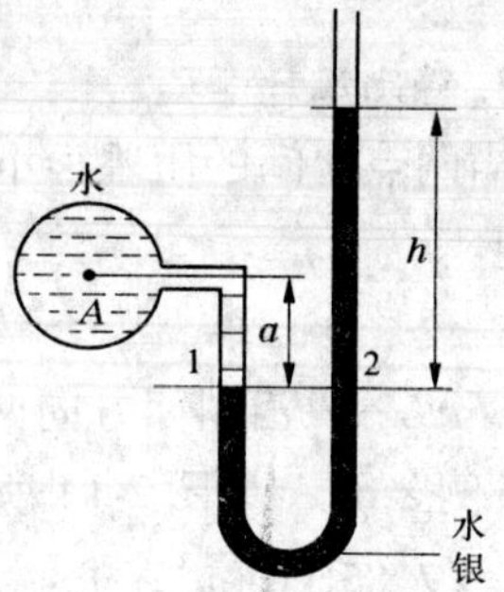

图 2-10　U 形水银测压计

（二）两点压差测算

测量两点压差的仪器称为压差计或比压计。常用的压差计有空气压差计和水银压差计。

1. 空气压差计

如图 2-11 所示，空气压差计即倒 U 形管上部为空气（其压强可大于或小于大气压）。因空气的容重很小，则可认为两管中液面压强相等。根据图 2-11 中各尺寸几何关系及静压方程可知

$$p_A = p_0 + \gamma\Delta h + \gamma(h_2 - \Delta z)$$
$$p_B = p_0 + \gamma h_2$$

所以
$$p_A - p_B = \gamma(\Delta h - \Delta z)$$

当 A、B 位于同一高程时

$$p_A - p_B = \gamma\Delta h$$

2. 水银压差计

图 2-12 所示为水银压差计装置，取图中 1—2 等压面，由静压方程可得

$$p_1 = p_A + \gamma(z_A + \Delta h)$$
$$p_2 = p_B + \gamma z_B + \gamma_m \Delta h$$

因 $p_1 = p_2$，则

$$p_A - p_B = \gamma(z_B - z_A) + (\gamma_m - \gamma)\Delta h$$

若 A、B 同高，则

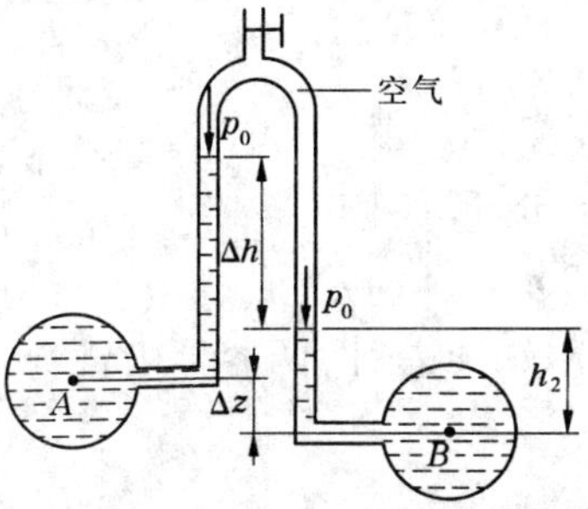

图 2-11　空气压差计

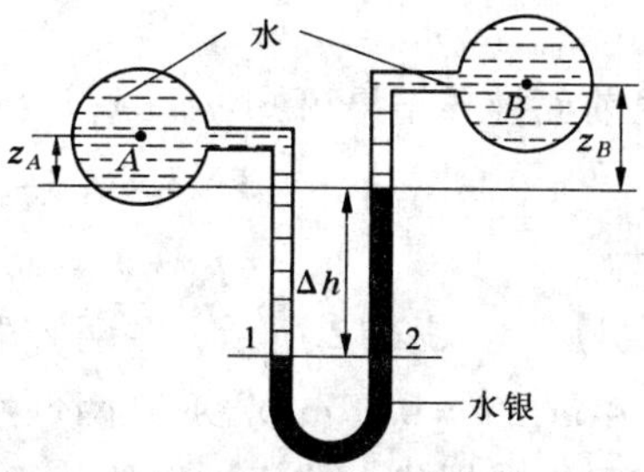

图 2-12　水银压差计

$$p_A - p_B = (\gamma_m - \gamma)\Delta h$$

3. 斜比压计

当两点之间的压差很小时,为提高测量精度,同样可将比压计倾斜放置,如图 2-13 所示,则

$$p_A - p_B = \gamma \Delta L \sin\theta$$

式中　ΔL——沿斜面方向两测管读数差。

【例 2-6】　如图 2-14 所示装置中,$h_{水} = 30$ cm,水的容重为 $\gamma = 9.8$ kN/m^3,油的容重为 $\gamma_{油} = 7.85$ kN/m^3。求:(1)密闭容器内表面压强 p_0 的相对压强值;(2)U 形管中油柱的高差 $h_{油}$。

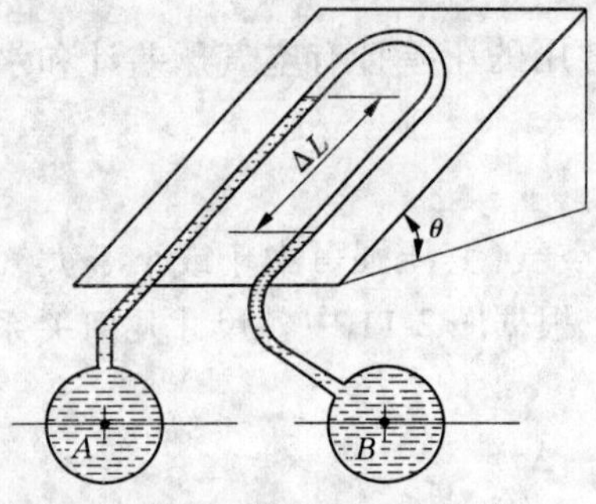

图 2-13　斜比压计

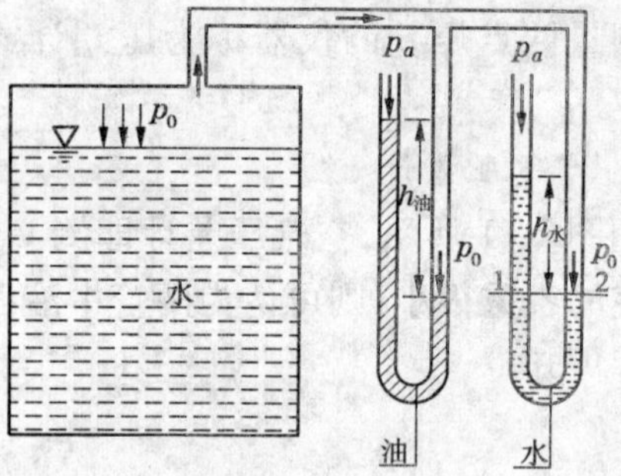

图 2-14

解:(1)在图 2-14 中右侧 U 形管上取 1—2 等压面,因容器内与 U 形管密封端表面压强可看做相等,根据静压计算原理有

$$p_{0相} = \gamma h_{水} = 9.8 \times 0.3 = 2.94(\text{kPa})$$

(2)因两 U 形管与容器连通端表面压强相同,所以

$$\gamma h_{水} = \gamma_{油} h_{油}$$

则有

$$h_{油} = \frac{\gamma h_{水}}{\gamma_{油}} = \frac{9.8 \times 0.3}{7.85} = 0.374(\text{m}) = 37.4 \text{ cm}$$

【例 2-7】　图 2-10 的水银测压计,$h = 30$ cm,$a = 15$ cm。试推算 A 点的相对压强 p_A 和绝对压强 $p_{A绝}$。

解:由前面推导结果可知:$p_A = \gamma_m h - \gamma a$,代入已知数据可得

$$p_A = 133.3 \times 0.3 - 9.8 \times 0.15 = 38.52(\text{kPa})$$

绝对压强为

$$p_{A绝} = p_A + p_a = 38.52 + 98 = 136.52(\text{kPa})$$

【例 2-8】　如图 2-12 所示,在两容器间连接一水银压差计,两容器内皆为水,$\Delta z = z_B - z_A = 0.4$ m,$\Delta h = 0.3$ m,求 A、B 两点的压强差。

解:将已知数据代入前面推得的公式,有

$$\begin{aligned} p_A - p_B &= (\gamma_m - \gamma)\Delta h - \gamma \Delta z \\ &= (133.3 - 9.8) \times 0.3 - 9.8 \times 0.4 = 33.1(\text{kPa}) \end{aligned}$$

4. 金属压力表

除液体测压计外，在各种给水、排水设施上，常使用各种类型的金属压力表来测量液体的压强，其中使用较多的是一种管环式压力表（又称弹簧式压力表），其构造如图 2-15 所示。其弹簧由椭圆形横剖面的铜管或钢管制成，并弯曲成具有弹性的环状管，管的一端固定且与被测量的液体相连，管的另一端为封闭的自由端，通过连杆、传动系统与表针相连。当大于大气压的液体进入弹簧管后，由于环状管具有弹性，其自由端受压而发生变形向外伸张，带动指针转动，在表盘的刻度上指示压力读数；当进入弹簧管的压力液体为负压时，原理一样，只是作用方向相反，弹簧管变形向内收缩，表针指示真空读数。须指出，金属压力表所指示的压力读数都是相对压强。

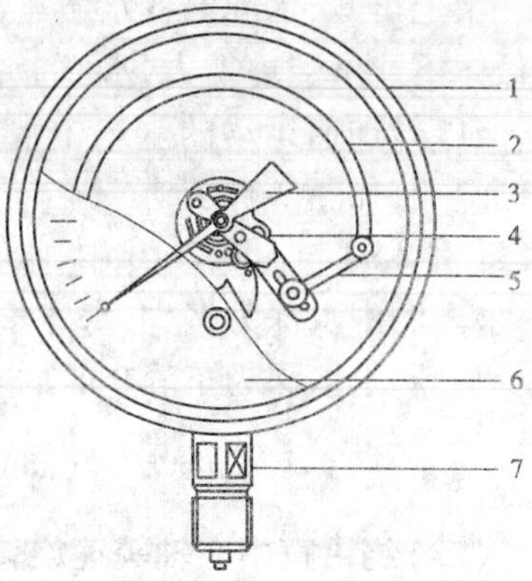

1—机座；2—弹簧管；3—指针；4—上夹板；5—连杆；6—表盘；7—接头

图 2-15 弹簧式压力表

压力表盘上标有压强单位 MPa（10^6 Pa）和精度等级，如普通压力表为 2.5 级，表示该表的测值与实际值的误差不超出实际值的 ±2.5%。

另有隔膜式压力表、风箱式压力表，原理与此相同，不再介绍。一般来说，金属压力表精度不高，灵敏度偏低，须定期率定才可使用。

四、液体的相对平衡

（一）液体在水平方向做等加速运动的相对平衡

前面所研究的静止液体所受到的质量力只有重力，液体相对于地球是静止的。当液体随同容器在水平方向做等加速运动时，其受到的质量力除重力外，还有惯性力。这种状况下液体虽然相对容器是静止的，但相对地球是运动的，称为相对静止液体或相对平衡液体，其仍可以用静力平衡原理进行分析。

如图 2-16 所示，如果水车是静止的，则车内水面是水平的。当车以加速度 a 沿水平方向向右运动时，车内水面不会再保持水平面，而是呈向后升高的斜平面。这是为什么呢？其原因是水车向右做加速运动时，水体质点仍要保持原静止状态，即牛顿惯性定律所描述的：物体具有保持其原有运动状态的特性。在这种惯性的作用下，物体就会产生一种与加速度方向相反的力，以图保持原来的运动状态，这种力称为惯性力，其大小等于物体的质量与加速度的乘积，即 ma（如汽车刚发动向前运动时，人体会自然向后倾倒，即是惯性力作用的结果）。

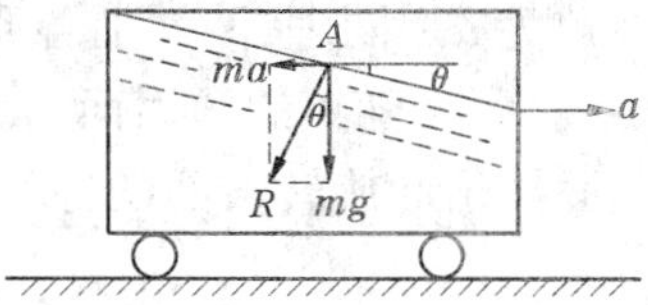

图 2-16

在图 2-16 中，水面上质量为 m 的 A 质点，除受到铅直向下的重力 mg 外，还受到水平向左的惯性力 ma，二力的合力为 R，由力的三角形法则知，R 与铅直线（mg）的夹角 θ 为

$$\theta = \arctan \frac{ma}{mg} = \arctan \frac{a}{g} \tag{2-13}$$

由上可知，水面上各水质点都受到一个与铅直方向成 θ 角的力 R 的作用，因静止状态的液体不能承受剪切力，水面上各水质点要保持其平衡状态只能承受与其所在面垂直的力，所以做加速运动的水车中水面不再是水平面，而应该是与 R 垂直、与水平面夹角为 θ 的倾斜面，如图 2-16 所示。

【例 2-9】 在图 2-16 中，水车厢高 $H=1$ m，长 $L=4$ m，若车以加速度 $a=1$ m/s^2 行驶，求车厢中水深为多少，水才不会溢出。

解：所求水深为车静止时的水深，即倾斜水平中点 1/2 车长处的水深。

$$h=H-\frac{L}{2}\tan\theta=H-\frac{L}{2}\frac{a}{g}=1-\frac{4}{2}\times\frac{1}{9.8}=0.8(\mathrm{m})$$

（二）绕铅直中心轴等速旋转容器中的液体平衡

图 2-17 所示为盛有水的直立圆筒容器，以等角速度绕中心轴 z 旋转，由于液体的黏滞性作用，与容器边壁接触的液体首先被带动而旋转并逐渐发展至中心，使所有液体质点都绕 Oz 轴旋转。当运动稳定后，液体和容器均保持相同的旋转角速度，液面则形成一个漏斗旋转面，液体质点相对容器处于静止状态。

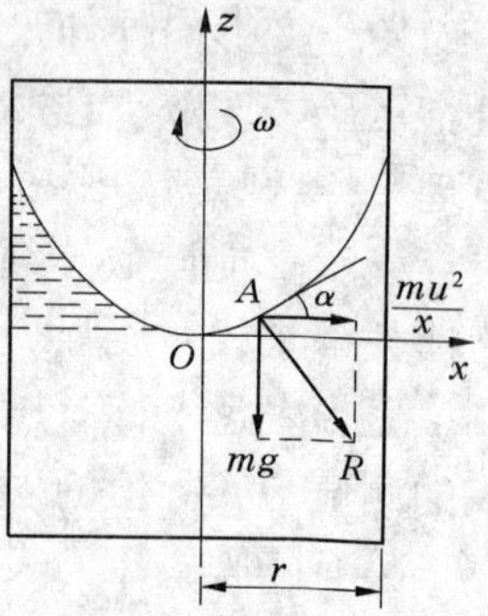

图 2-17

观察液面上质量为 m 的 A 质点，A 质点距 z 轴的水平距离为 x，向心加速度为 $a=\frac{u^2}{x}$，则 A 质点将受到与向心力反向的离心惯性力 $m\frac{u^2}{x}=mx\omega^2$。同时，受到铅直向下的重力 mg 作用，二力的合力为

$$R=\sqrt{(mx\omega^2)^2+(mg)^2}=m\sqrt{(x\omega^2)^2+g^2}$$

合力 R 与铅垂直线的夹角为

$$\alpha=\arctan\frac{mx\omega^2}{mg}=\arctan\frac{x\omega^2}{g} \tag{2-14}$$

因静水压强的方向垂直指向作用面，故 R 须垂直于 A 质点处的切线，切线与水平方向的夹角为 α。同理，液面上各质点都受到力 R 的作用，各质点所受的力 R 都须垂直于该点的切线，而 α 随 x 的增大而增大，即愈向上，α 愈大，因此形成旋转面。

下面导出此旋转液面的方程式。由高等数学知，曲线 $z=f(x)$ 上各点的切线斜率

$$\tan\alpha=\frac{\mathrm{d}z}{\mathrm{d}x}$$

则

$$\frac{\mathrm{d}z}{\mathrm{d}x}=\tan\alpha=\frac{mx\omega^2}{mg}=\frac{x\omega^2}{g}$$

得

$$\frac{g}{\omega^2}\mathrm{d}z=x\mathrm{d}x$$

积分得

$$\frac{gz}{\omega^2}=\frac{x^2}{2}+C$$

在液面最低处，即坐标原点 $x=0$，$z=0$ 处，积分常数 $C=0$，上式变为

$$z=\frac{\omega^2x^2}{2g} \tag{2-15}$$

式(2-15)表明,液面绕中心铅直轴的旋转抛物面,在边壁处($x=r$),水面高于轴心处($x=0$)的高度 $H=\frac{\omega^2r^2}{2g}$,此高度与转速 ω 的平方成正比,旋转速度越大,液面的高差就越大。利用这个原理,可以测定旋转轴的转速。

【例 2-10】 如图 2-17 所示,筒高 $H=2$ m,半径 $r=0.5$ m,求旋转液面上边缘刚好达到筒上边缘,旋转液面底部刚好露出筒底时的旋转轴的转速。

解:当液面上边缘正好处于筒上边缘,液面底部正好露出筒底时,液面上边缘的坐标为 $x=r=0.5$ m,$z=H=2$ m。

由公式

$$z=\frac{\omega^2x^2}{2g}$$

则

$$\omega=\sqrt{\frac{2gz}{x^2}}=\sqrt{\frac{2\times9.8\times2}{0.5^2}}=12.52(\text{rad/s})$$

转速

$$n=\frac{60\omega}{2\pi}=\frac{60\times12.52}{2\times3.14}=120(\text{r/min})$$

第四节　作用于平面壁上的静水总压力

在实际工程中,经常需要计算建筑物与液体接触面上所受静水总压力。例如,确定闸门启闭力,校核闸、坝的稳定等,都需要知道作用于整个受压面上的静水总压力。求静水总压力就是计算受压面上各部分所受作用力的合力,主要确定静水总压力的大小、方向和作用点位置。水工建筑物的受压面一般分为平面和曲面,本节只研究受力条件较简单的平面壁上静水总压力的计算方法。要求壁面上静水总压力(合力),首先得知道受压面各部分力(即各分力),下面来研究平面壁上静水压强(各分力)的分布规律。

一、静水压强分布图

表示受压面上静水压强分布规律的几何图形,称为静水压强分布图。工程中一般只需画出相对压强分布图。

绘制压强分布图的一般原则:静水中任一点压强的大小由 $p=\gamma h$ 计算;压强的方向根据静水压强第二特性确定(垂直指向受压面);用带箭头的线段表示压强的大小和方向,箭杆长度代表压强的大小,箭头指向表示压强的方向。

因工程中常利用矩形平面壁的静水压强分布图来求总压力,所以下面重点介绍矩形平面壁上静水压强分布图(剖面图)的绘制方法。

因静水压强 p 与水深 h 为线性函数关系,对于矩形平面壁,沿水深方向静水压强大小必呈直线分布,只要绘出两个点的压强,即可确定直线的位置和斜率。具体做法如下:

(1)选择受压面纵剖面线的两端点,按 $p=\gamma h$ 分别计算其压强的大小。

(2)按一定比例绘出两箭杆长度(代表两点压强大小),箭头方向垂直指向两点所在受压面。

(3)标注两点压强大小,连接两箭杆尾部,在封闭图形中标示各点压强大小及方向,如图 2-18 所示。

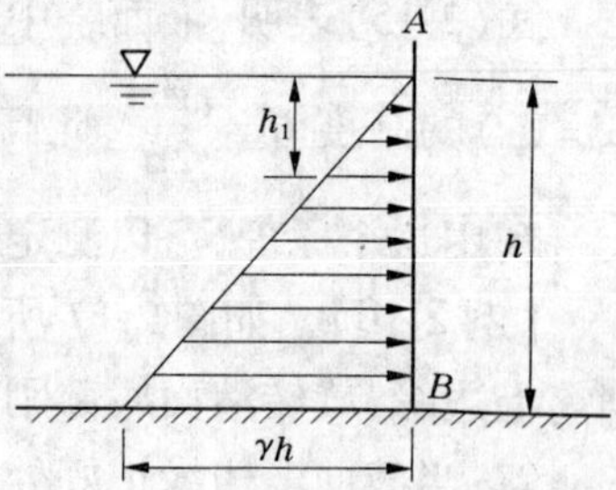

图 2-18

图 2-19 中,图(a)为倾斜放置的矩形平面壁压强分布图,图(b)为折转面的压强分布图形(注意折点处压强的绘制),图(c)为受压面迎水面及背水面均受水压力的情况(图形由两面的压强分布图叠加合并而成)。分析以上各图可知:各种情况下平面壁上静水压强分布均为平行分布力系;当受压面顶端与水面齐平时,压强分布图为三角形;当受压面上下两端均淹没在水面以下时,其压强分布图为梯形;受压面两面都受压时,压强分布图则为矩形(各点压强均为 γ 乘以上下游水位差)。

若受压面为曲面,各点压强方向垂直于该点的切线且指向曲率中心,其压强分布不再是平行分布力系,如图 2-19(d)所示。

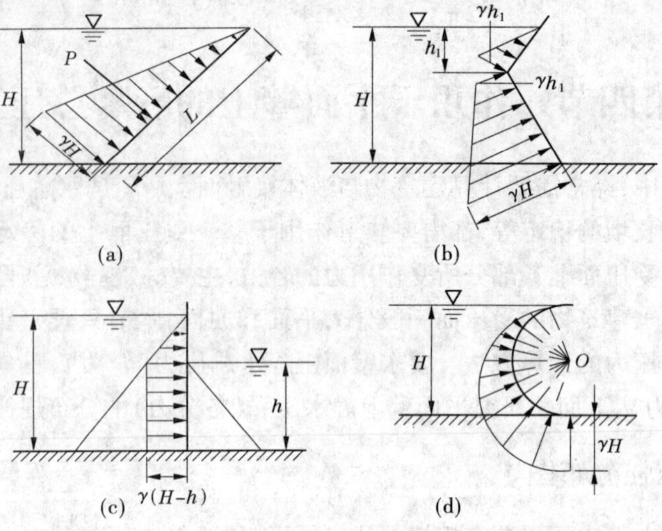

图 2-19

二、图解法求作用于矩形平面壁上的静水总压力

因平面壁上静水压强分布为平行分布力系,由工程力学可知,作用于平面壁上的静水总压力大小就等于压强分布图的体积。因矩形平面壁上压强分布图形状规则,可很容易地根据静水压强分布图求出静水总压力,这种利用压强分布图计算总压力的方法,称为图解法。

(一)静水总压力的大小

图 2-18、图 2-19 中的静水压强分布图均是静水压强分布图的剖面图形。对于矩形平面壁,整个受压面上的静水压强分布图为一棱柱体,压强分布图的剖面图即为棱柱体的底,棱柱体的高即受压面宽度 b,若压强分布图的面积用 Ω 表示,则棱柱体的体积即作用

于矩形平面壁上的静水总压力，其大小为

$$P=\Omega b \tag{2-16}$$

例如图 2-20 中，宽为 b，高为 L，倾斜放置的矩形平板闸门 $ABEF$，其静水压强分布图的剖面图为梯形，梯形上、下底分别为 A、B 点的压强大小，即 γh_1 和 γh_2，则作用于闸门上的静水总压力为

$$P=\Omega b=\frac{1}{2}\gamma(h_1+h_2)bL$$

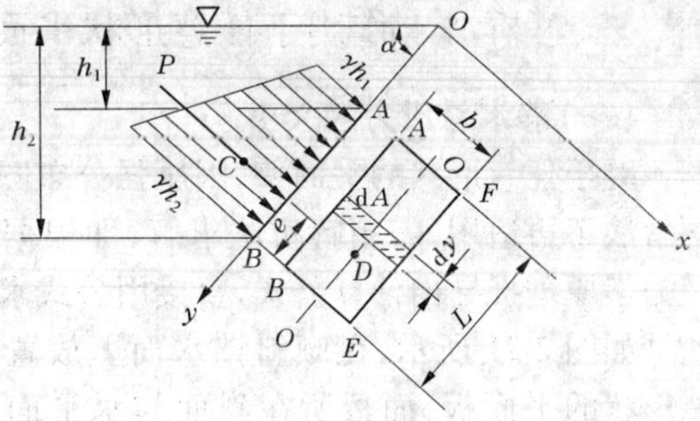

图 2-20

(二)静水总压力的方向及作用点位置

由于平行力系的合力方向与各分力方向相同，所以矩形平面壁上静水总压力的方向必然垂直指向受压面。

静水总压力的作用点即总压力作用线与受压面的交点，称为压力中心，用 D 表示。因受压面纵向对称轴两侧所受水压力相同，故 D 必位于受压面纵向对称轴上（见图 2-20）。又由工程力学知，总压力的作用线必然通过压强分布图的形心，可见压力中心的位置与压强分布图形有关。若压力中心位置用 D 至受压面底边缘的垂直距离 e 表示，则

当压强分布图为梯形时 $$e=\frac{L}{3}\frac{2h_1+h_2}{h_1+h_2} \tag{2-17}$$

当压强分布图为三角形时 $$e=\frac{L}{3} \tag{2-18}$$

式中 h_1、h_2——受压面上、下边缘的水深；

L——受压面长度。

由上可知，图解法求矩形平面壁上静水总压力的步骤如下：

(1)绘制静水压强分布图。

(2)求静水总压力的大小 $P=\Omega b$。

(3)确定压力中心位置。

【例 2-11】 图 2-20 中，已知 $h_1=3$ m，$h_2=6$ m，闸门宽 $b=2$ m、长 $L=5$ m，水的容重 $\gamma=9.8$ kN/m^3，求闸门所受的静水总压力。

解：(1)绘制压强分布图如图 2-20 所示。

(2)求静水总压力的大小

$$P=\Omega b=\frac{1}{2}\gamma(h_1+h_2)bL=\frac{1}{2}\times 9.8\times(3+6)\times 2\times 5=441(\text{kN})$$

(3)确定压力中心位置

$$e=\frac{L}{3}\frac{2h_1+h_2}{h_1+h_2}=\frac{5}{3}\times\frac{2\times 3+6}{3+6}=2.22(\text{m})$$

三、解析法求作用于任意形状平面壁上的静水总压力

(一)静水总压力的大小

对于任意形状的平面壁,因压强分布图形状不规则,要准确求出其体积很困难,所以图解法不再适用,需用解析法求解,即根据数学及力学原理推导出计算公式,直接用公式求解。

如图 2-21 所示,在倾斜挡水面上放置一任意形状的平面板,面板所在斜面与水平面的夹角为 α,面板面积为 A,形心为 C,形心淹没深度为 h_C。

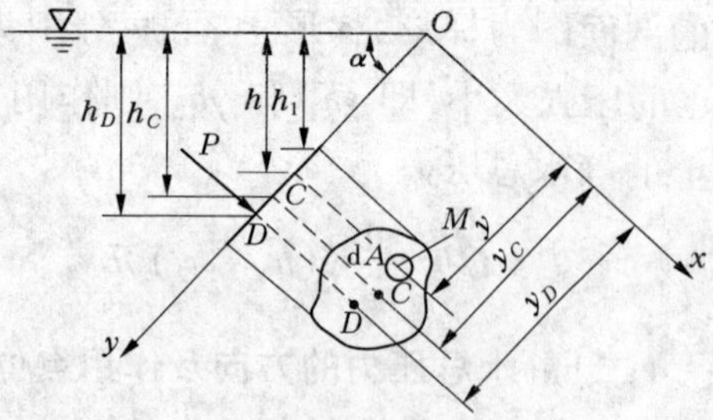

图 2-21

以面板所在平面为直角坐标平面 xOy,取坐标平面与水面的交线为 x 轴,y 轴取在面板范围以外。将 xOy 坐标平面绕 y 轴转 90°后,可看到其与面板的相对位置,如图 2-21 所示。下面来分析作用于面板上的静水总压力大小和作用点位置。

在面板上任选一点 M,围绕 M 取一微分面积 $\mathrm{d}A$,设 M 点在液面以下的淹没深度为 h,则 M 点的静水压强为 $p=\gamma h$。因微小面积 $\mathrm{d}A$ 上的压强可视为相等,所以作用在 $\mathrm{d}A$ 上的静水总压力为 $\mathrm{d}P=\gamma h\mathrm{d}A$。由于平行力系的合力等于各分力的代数和,所以作用于整个面板上的静水总压力可通过积分求得

$$P = \int_A \mathrm{d}P = \int_A \gamma h \mathrm{d}A = \int_A \gamma y \sin\alpha \mathrm{d}A = \gamma \sin\alpha \int_A y \mathrm{d}A$$

由工程力学可知,上式中 $\int_A y\mathrm{d}A$ 为面板对 Ox 轴的面积矩,它等于面板面积与形心坐标 y_C 的乘积,即 $\int_A y\mathrm{d}A = y_C A$,若用 p_C 代表形心点的静水压强,则有

$$P = \gamma \sin\alpha y_C A = \gamma h_C A = p_C A \tag{2-19}$$

式(2-19)表明:对于任意形状的平面壁,静水总压力的大小等于受压面形心处压强与受压面面积的乘积。受压面形心点的压强相当于受压面的平均压强。

(二)静水总压力的方向及作用点位置

进一步来分析静水总压力作用点即压力中心 D 的位置。根据合力矩定理,面板上静水总压力对 Ox 轴的力矩应等于各微小面积上的力对 Ox 轴的力矩之和。各分力对 Ox 轴的力矩之和可写为

$$\int_A y\mathrm{d}P = \int_A y\gamma h \mathrm{d}A = \int_A y\gamma y \sin\alpha \mathrm{d}A = \gamma \sin\alpha \int_A y^2 \mathrm{d}A$$

所以有

$$P y_D = \gamma \sin\alpha \int_A y^2 \mathrm{d}A$$

上式中 $\int_A y^2\mathrm{d}A$ 为面板对 Ox 轴的惯性矩,以 I_x 表示。因 I_x 不仅与面板形状有关,还与 Ox 轴位置有关,直接求解很不方便,因此可先计算出面板对其形心轴(过形心与 Ox 平行的轴)的惯性矩 I_C,再根据平移轴定理求出 I_x,即 $I_x = I_C + y_C^2 A$,所以有

$$Py_D = \gamma \sin\alpha (I_C + y_C^2 A)$$

将式(2-19)代入上式并整理可得

$$y_D = y_C + \frac{I_C}{y_C A} \tag{2-20}$$

因式(2-20)中$\frac{I_C}{y_C A}$一般大于零(受压面为水平面时因 $I_C = 0$,所以$\frac{I_C}{y_C A} = 0$),故一般情况下有 $y_D > y_C$,即压力中心 D 总在受压面形心 C 以下。当受压面为水平面时,$y_D = y_C$(水平面上所有点的 y 坐标都相同),且因受压面上压强均匀分布,故 D 点与 C 点重合。

常见平面图形的面积、形心及 I_C 计算公式见表 2-2。

表 2-2 常见平面图形的 A、y_C 及 I_C

几何图形		A	y_C	I_C
矩形	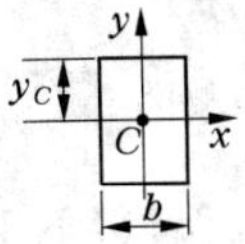	bh	$\frac{h}{2}$	$\frac{bh^3}{12}$
三角形	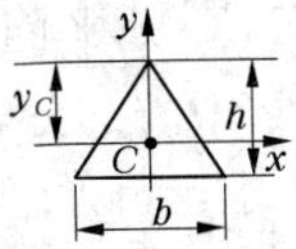	$\frac{bh}{2}$	$\frac{2h}{3}$	$\frac{bh^3}{36}$
梯形	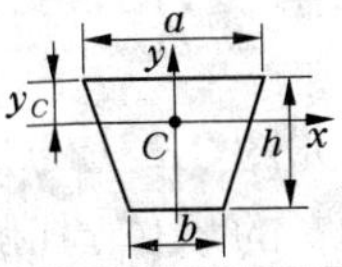	$\frac{h(a+b)}{2}$	$\frac{h}{3}\left(\frac{a+2b}{a+b}\right)$	$\frac{h^3}{36}\left(\frac{a^2+4ab+b^2}{a+b}\right)$
圆	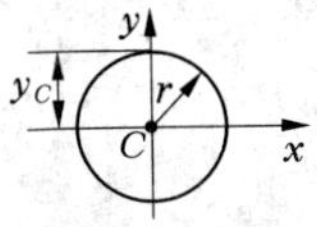	πr^2	r	$\frac{1}{4}\pi r^4$
半圆	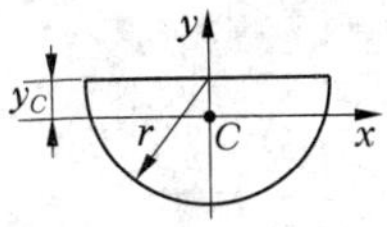	$\frac{1}{2}\pi r^2$	$\frac{4r}{3\pi} = 0.424\ 4r$	$\frac{9\pi^2-64}{72\pi}r^4 = 0.109\ 8r^4$

注:表中 r 为圆的半径;a、b 为受压面的上、下底宽度;h 为受压面的高。

同理,将静水压力对 Oy 轴取力矩,可求得压力中心的另一个坐标 x_D。但因实际工程中的受压面大多具有与 Oy 轴平行的对称轴,且对称轴两侧所受压力相同,则压力中心 D 必位于对称轴上。

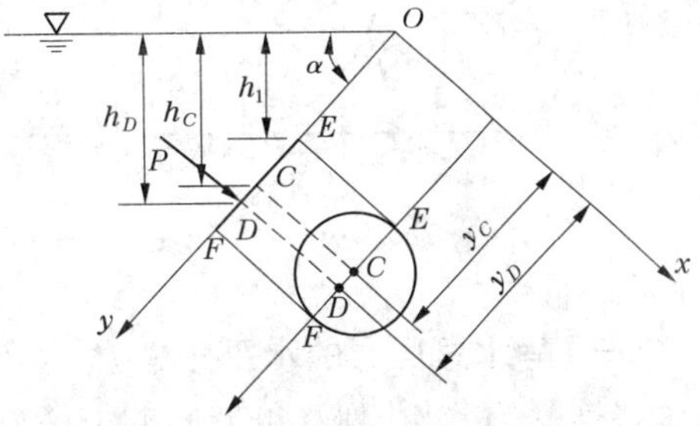

图 2-22

【例 2-12】 如图 2-22 所示一圆形平板闸门,半径 $r = 0.5$ m,$\alpha = 45°$,闸门上边缘距水面深度为 1 m,求闸门所受的静水总压力。

解:根据图及已知条件有

$$h_C = 1 + r\sin\alpha = 1 + 0.5\sin45° = 1.35(\text{m})$$

$$P = \gamma h_C A = 9.8 \times 1.35 \times 0.5^2 \times 3.14 = 10.39(\text{kN})$$

$$I_C = \frac{\pi r^4}{4} = \frac{1}{4} \times 3.14 \times 0.5^4 = 0.049(\text{m}^4)$$

$$y_C = \frac{1}{\sin\alpha} + r = \frac{1}{\sin45°} + 0.5 = 1.91(\text{m})$$

$$y_D = y_C + \frac{I_C}{y_C A} = 1.91 + \frac{0.049}{1.91 \times 3.14 \times 0.5^2} = 1.94(\text{m})$$

第五节　作用于曲面壁上的静水总压力

一、静水总压力的两个分力

水工建筑物中常碰到受压面为曲面的情况,如拱坝坝面、弧形闸门、弧形闸墩及边墩等。因曲面壁上各点静水压强的方向互不平行(见图2-19(d)),则平面壁上求各力代数和确定总压力的方法不再适用。为便于计算,可根据工程力学中力的分解和合成原理,先分别计算水平方向和铅垂方向的分力,再根据求合力的法则,求出静水总压力。

工程中常见的曲面壁多为二向曲面(柱面),现以弧形闸门为例,讨论二向曲面壁静水总压力的计算问题。

取图2-23(a)中弧形闸门下部水体为脱离体,其剖面图如图2-23(b)所示。从图2-23(c)可看出,所取脱离体是以截面 ABC 为底,高为闸门宽度 b 的水体,其侧面为铅垂平面(AC),底面为水平面(BC)。脱离体受力分析如图2-23(b)所示,图中各符号意义如下:

P'——闸门对水体的反作用力,与闸门所受静水总压力 P 等值反向;

P'_x、P'_z——P'的水平分力和铅直分力;

P_{AC}、P_{BC}——作用在 AC、BC 面上的静水总压力;

G——脱离体水重。

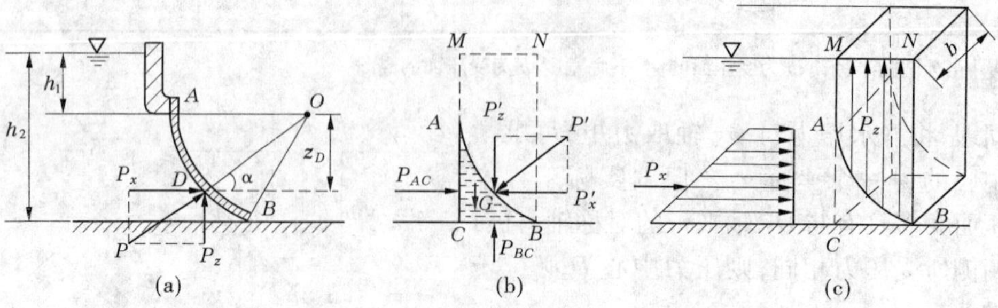

图2-23

(一)静水总压力的水平分力 P_x

根据受力分析,列水平方向的平衡方程得

$$P'_x = P_{AC}$$

根据作用力与反作用力大小相等、方向相反的原理，闸门所受水平分力为

$$P_x = P_{AC} \tag{2-21}$$

因 AC 为曲面的铅直投影面，则由式(2-21)可知，曲面壁上静水总压力的水平分力等于其铅直投影面上受到的静水总压力。又因 AB 的铅直投影面 AC 为矩形平面(见图 2-23(c))，因此求弧形闸门静水总压力的水平分力就归结为求矩形平面壁上的静水总压力问题。

(二)静水总压力的铅直分力 P_z

图 2-23(b)中脱离体铅直方向的平衡方程式为

$$P_z' = P_{BC} - G$$

由于 BC 是淹没深度为 h_2 的水平面，其上各点压强都等于 γh_2，若以 A_{BC} 表示其面积，则有

$$P_{BC} = \gamma h_2 A_{BC} = \gamma V_{MCBN}$$

式中　V_{MCBN}—— 以 $MCBN$ 为底、b 为高的棱柱体体积，如图 2-23(c)所示。

脱离体的重量等于其体积乘以水的容重，即

$$G = \gamma V_{ACB}$$

式中　V_{ACB}—— 以 ACB 为底、b 为高的棱柱体体积，如图 2-23(c)所示。

所以，P_z'的计算式可写为

$$P_z' = P_{BC} - G = \gamma V_{MCBN} - \gamma V_{ACB} = \gamma V_{MABN}$$

式中　V_{MABN}——以 $MABN$ 为底、b 为高的棱柱体体积，通常称为压力体。

由图 2-23(c)可知，压力体由顶面、底面和侧面组成，顶面为水面或水面的延展面，底面为曲面本身，侧面为由曲面边线向水面所作的铅直面。压力体体积用 $V_{体}$ 表示，棱柱体底面 $MABN$ 称为压力体剖面，其面积以 $\Omega_{剖}$ 表示，则

$$V_{体} = \Omega_{剖}\, b$$

$$P_z' = \gamma V_{体} = \gamma \Omega_{剖}\, b$$

因 P_z 与 P_z'大小相等、方向相反，所以

$$P_z = \gamma \Omega_{剖}\, b = \gamma V_{体} \tag{2-22}$$

由式(2-22)可知，求解 P_z 的关键在于正确求出 $\Omega_{剖}$，而求 $\Omega_{剖}$ 的关键又在于正确绘出压力体剖面图。

(三)压力体剖面图的绘制

简单曲面的压力体剖面图由四条边(见图 2-23(c))或三条边(水面与曲面顶部齐平时)围成，复杂曲面壁(凹凸方向不同)的压力体剖面图由简单曲面的压力体剖面图合并而成。简单曲面的压力体剖面图绘制方法如下：

(1)画出曲面本身(一般忽略壁面厚度，只画一条弧线，简称“本身”)。

(2)由弧线两端点向水面线或其延长线作铅垂线(简称“垂线”)。

(3)用水面线或其延长线封闭图形(简称“封闭”)。

(4)在封闭图形内用一组带箭头的相互平行的铅直线表示 P_z 的大小和方向。曲面上部有水，P_z 方向向下；曲面下部有水，P_z 方向向上；曲面上、下都有水时，应分开绘制后将图形合并，根据合并结果确定 P_z 的方向。

对于复杂曲面，可在曲面与铅垂面相切处将曲面分成几部分，各部分按简单曲面分别绘制后，再将图形重合而方向相反的部分抵消，所剩图形即为 P_z 的压力体剖面图。

二、静水总压力 P

求得水平分力 P_x 和铅直分力 P_z 后，按力的合成法则，作用在曲面上的静水总压力P 为

$$P = \sqrt{P_x^2 + P_z^2} \tag{2-23}$$

由图 2-23(a)可知，总压力的方向指向曲面的内法线方向，其作用线与水平线的夹角 α 为

$$\alpha = \arctan \frac{P_z}{P_x} \tag{2-24}$$

总压力的作用点即总压力作用线与曲面的交点 D，D 点位于曲面的纵向对称轴上，其在铅垂方向的位置以该点至受压面曲率中心的铅垂距离 z_D 表示，由图 2-23(a)知

$$z_D = R\sin\alpha \tag{2-25}$$

【例 2-13】 试绘制图 2-24 中各曲面壁上的压力体剖面图。

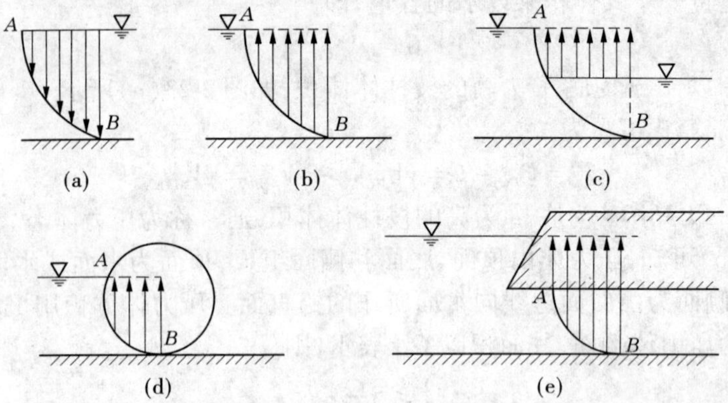

图 2-24

【例 2-14】 某溢流坝上弧形闸门如图 2-25 所示。已知闸门宽度 $b=8$ m，圆弧半径 $R=6$ m，闸门轴心 O(圆心)与水面齐平，圆心角为 45°。求作用在闸门上的静水总压力。

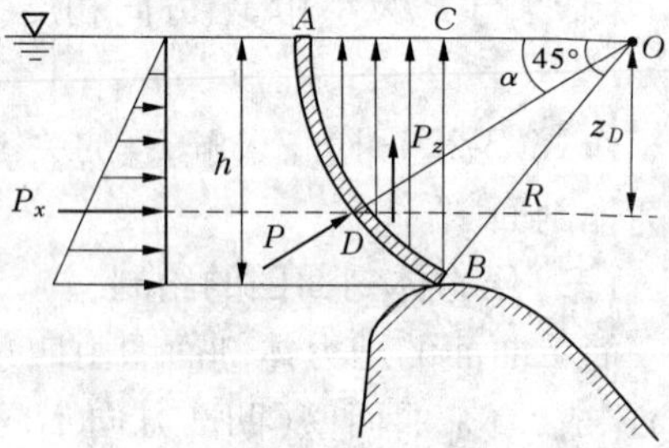

图 2-25

解：闸前水深

$$h = R\sin45° = 6\sin45° = 4.24(\text{m})$$

水平分力

$$P_x = \gamma h_C A_x = \frac{1}{2}\gamma h^2 b = \frac{9.8 \times 4.24^2 \times 8}{2} = 704.72(\text{kN})$$

铅直分力等于压力体 ABC 内的水重。压力体 ABC 的体积等于扇形 AOB 的面积减去三角形 BOC 的面积再乘以宽度 b。

扇形 AOB 面积 $= \frac{45}{360}\pi R^2 = \frac{45}{360} \times 3.14 \times 6^2 = 14.13(\text{m}^2)$。

三角形 BOC 面积 $= \frac{1}{2}\overline{BC}\ \overline{OC} = \frac{1}{2}hR\cos45° = \frac{1}{2} \times 4.24 \times 6\cos45° = 9(\text{m}^2)$。

压力体 ABC 的体积 $V_{体} = \Omega\, b = (14.13 - 9) \times 8 = 41.04(\text{m}^3)$。

因此，铅直分力 P_z 为

$$P_z = \gamma V_{体} = 9.8 \times 41.04 = 402.19(\text{kN})$$

作用在闸门上的静水总压力 P 为

$$P = \sqrt{P_x^2 + P_z^2} = \sqrt{704.72^2 + 402.19^2} = 811.41(\text{kN})$$

总压力的作用线与水平线的夹角 α 为

$$\alpha = \arctan\frac{P_z}{P_x} = \arctan\frac{402.19}{704.72} = 30°$$

总压力作用点 D 与闸门轴心 O 的铅直距离为

$$z_D = R\sin\alpha = 6 \times \sin 30° = 3(\text{m})$$

【例 2-15】 如图 2-26 所示，输水钢管某管段内压强为 p，假设管壁各处受压均匀（各点压强均为 p），管径为 D，若管壁允许拉应力为 $[\sigma]$，求管壁厚度 δ 至少应为多少?（不考虑管道自重和水重产生的应力）

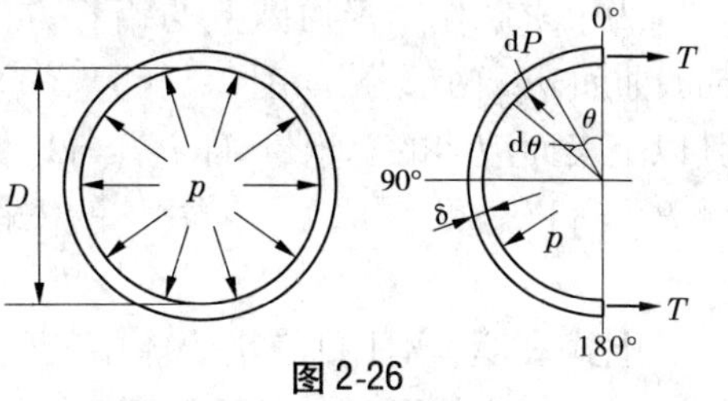

图 2-26

解: 取 1 m 长的半圆管段作为脱离体，进行受力分析，管壁截面上所受拉力为 $2T$，则

$$2T = 2 \times \delta \times 1 \times [\sigma] = 2\delta[\sigma]$$

图 2-26 中，取微分角度 $d\theta$，其对应弧长和微分弧面积分别为

$$dl = \frac{D}{2}d\theta \quad dA = dl \times 1 = \frac{D}{2} \times d\theta \times 1$$

dA 上受到的水压力为

$$dP = pdA = p \times \frac{D}{2} \times d\theta \times 1$$

将 dP 分解为水平水压力和铅直水压力，铅直水压力与拉力 $2T$ 相互垂直，故只分析水平水压力与 $2T$ 的关系，微分弧面积上的水平水压力为 $dP_x = dP\sin\theta$，总压力

$$P_x = \int_{0°}^{180°} dP_x = \int_{0°}^{180°} pdA\sin\theta = \int_{0°}^{180°} p\frac{D}{2}d\theta\sin\theta = p\frac{D}{2}\int_{0°}^{180°}\sin\theta d\theta = pD$$

半圆管段是静止的，故合力为 0，即 $2\delta[\sigma] - pD = 0$

则所需管壁厚度至少应为 $\delta = \dfrac{pD}{2[\sigma]}$

第六节　浮力、浮体的平衡与稳定

一、浮力

任何一个物体完全浸没在静止液体中，物体的整个表面均承受液体的压力。根据上节所述有关曲面上静水总压力水平分力 P_x 的计算方法，对于浸没在静止液体中的任何一个物体（其表面为封闭的曲面），在任一水平轴 x 轴上，该物体向 y 轴正、负两个方向投影

的面积都相等，则水平方向的压力大小相等，但方向相反，互相抵消，如图 2-27(a)所示，即该物体水平方向的总压力等于零，表明物体在静水中不会作水平位移。

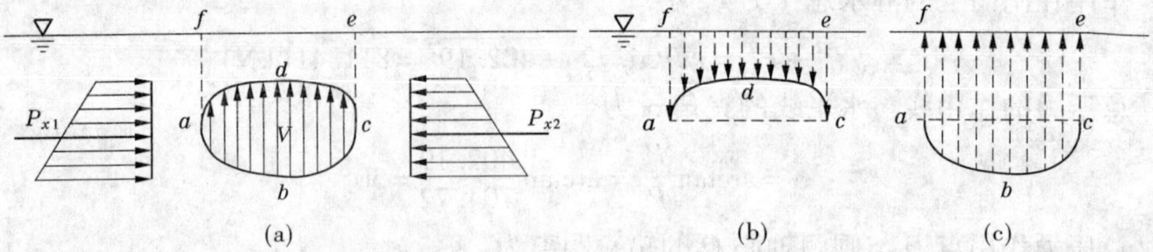

图 2-27

为了求解作用于物体上的铅直方向的总压力，可用一个水平面将物体表面分为曲面 adc、曲面 abc 两部分，如图 2-27(b)、(c)所示。作用于上半部分曲面 adc 上的铅直压力等于其以上表面液体的总重量，即 $P_{z1}=\gamma V_{adcef}$，方向向下；而作用于下半部分曲面 abc 上的竖直压力 $P_{z2}=\gamma V_{abcef}$，方向向上。若物体的体积为 V，则物体承受的铅直方向的静水总压力为

$$P_z=P_{z2}-P_{z1}=\gamma V_{abcd}$$

上式表明，物体在静止液体中所受曲面压力 P 的铅直分力 P_z 即为浮力，其大小等于物体在液体中排开液体的重量，方向向上，P_z 的作用点在物体的形心(即被物体所排开液体的重心)，简称浮心。这即是阿基米德定理，即漂浮或沉没在静水中的物体所受液体的浮力的大小等于被排开液体的重量，方向向上，作用点在排开液体的形心上。

通常，由于物体的质量多呈不均匀分布，所以物体的重心与浮心不一定重合。

二、物体在静止液体中的沉浮

(一)物体在静水中的三种状态

(1)当 $G>P_z$ 时，物体下沉，称为沉体。

(2)当 $G<P_z$ 时，物体上浮，称为浮体。

(3)当 $G=P_z$ 时，物体可以潜没于水中任何位置而保持平衡，称为潜体。

(二)浮体的稳定

浮体的稳定性是指浮体受外力的作用而倾斜后，所具有的恢复其原有平衡状态的能力。浮体所排开液体的重心，称为浮心。浮体与液面相交的平面，称为浮面。浮体的最大浸没深度，称为吃水深度。对于质量分布不均匀的物体，浮体的重心与浮心不重合，通过重心 D 和浮心 C 的直线 $n—n$，称为浮轴，如图 2-28(a)所示。重心与浮心的距离称为偏心距，用 e 表示。

当浮体的重心位于浮心之下时，重力和浮力组成的力偶总是抵抗使其倾倒的外力的干扰，撤除干扰后，自身有恢复平衡的能力。这种状态称为稳定平衡。而当重心位于浮心之上时，就需要满足一定条件，才可保持平衡，下面就讨论此种情况。

在正常情况下浮轴呈铅垂状态，如图 2-28(a)所示。如果受风浪等因素干扰，浮体就会倾斜。当浮体倾斜时，由于浸没水中的部分的浮体形状也发生了变化，原浮心 C 偏离浮轴移至 C'处，如图 2-28(b)所示。显然，浮体倾斜后，浮心虽然发生偏离，但浮力 P_z'与原来的浮力 P_z仍然相等，即 $P_z'=P_z$；通过新浮心 C'点的新浮力 P_z' 的作用线与浮轴 $n—n$

的交点 M,称为定倾中心;定倾中心 M 与原浮心 C 的距离,称为定倾半径,以 ρ 表示,其中 $CD=e$,$CM=\rho$,当浮体倾角 α 较小($\alpha<10°$)时,在实际应用上可近似认为 C 点是绕 M 点做圆弧运动,M 点在浮轴上的位置是不变的。当 $\rho>e$ 时,重力和浮力所产生的力偶可以使浮体恢复平衡,称为稳定平衡;$\rho=e$ 时,重力和浮力总在一条垂线上,称为随遇平衡;$\rho<e$ 时,重力和浮力所产生的力偶总是增加物体的倾覆,称为不稳定平衡。

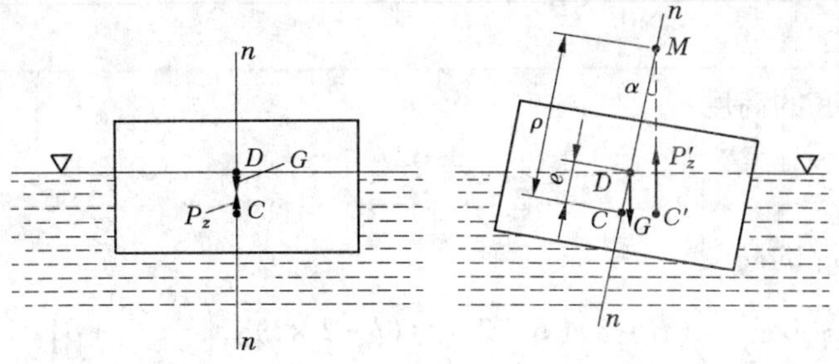

图 2-28

概括为:

(1)浮体的稳定条件:

①$G=P_z$(重力与浮力相等);

② $\rho\geqslant e$,即定倾中心高于重心。

定倾半径 ρ 可按式(2-26)计算($\alpha<10°$)

$$\rho=\frac{I}{V} \tag{2-26}$$

式中 V——浮体浸没的体积,又称排水量(压力体);

I——浮面对倾斜时的水平轴(垂直于纸面)的惯性矩。

(2)浮体的稳定性可以有以下三种情况:

① $\rho>e$,为稳定平衡;

② $\rho=e$,为随遇平衡;

③ $\rho<e$,为不稳定平衡。

不难看出,浮体的稳定性还与浮面形状有关。当排水量一定时,浮面愈宽,I 愈大,浮体稳定性愈好。但过宽的船舶灵活性差,且阻力也大,因此船体一般都做成长条形。浮体与潜体的平衡稳定性,对于潜艇、船舶及沉井浮运等都具有重要的意义。

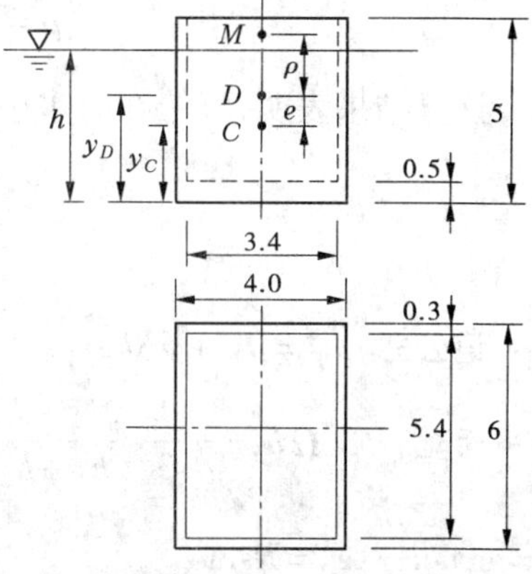

图 2-29 (单位:m)

【例 2-16】 如图 2-29 所示,钢筋混凝土沉箱的长 $l=6$ m,宽 $B=4$ m,高 $H=5$ m,底厚 $\delta=0.5$ m,侧壁厚 $t=0.3$ m,钢筋混凝土的重度 $\gamma_s=23.5$ kN/m^3,水的重度 $\gamma=10.1$ kN/m^3。试验算沉箱浮运的稳定性。

解:(1)计算沉箱的重力 G:

$$G=\gamma_s[H\times B\times l-(H-\delta)(B-2\times t)(l-2\times t)]$$

$$=23.5\times[5\times4\times6-(5-0.5)(4-2\times0.3)(6-2\times0.3)]=878.43(\text{kN})$$

(2) 计算沉箱的吃水深度 y:

由 $G=P_z$(平衡条件)可知

$$P_z=\gamma V=10.1\times(6\times4\times y)=242.4y$$

$$y=\frac{G}{242.4}=\frac{878.43}{242.4}=3.62(\text{m})$$

(3)偏心距 e:

浮心 C 距箱底的高度

$$y_C=\frac{y}{2}=\frac{3.62}{2}=1.81(\text{m})$$

重心 D 距箱底的高度

$$Gy_D=H\times B\times l\times\gamma_s\times\frac{H}{2}-(H-\delta)(B-2\times t)(l-2\times t)\gamma_s\left(\frac{H-\delta}{2}+\delta\right)$$

$$=5\times4\times6\times23.5\times\frac{5}{2}-(5-0.5)(4-2\times0.3)(6-2\times0.3)\times23.5\left(\frac{5-0.5}{2}+0.5\right)$$

得

$$y_D=1.95(\text{m})$$

$$e=y_D-y_C=1.95-1.81=0.14(\text{m})$$

$$y_D>y_C$$

这一计算结果表明沉箱的重心高于浮心,需作平衡稳定验算。

如图 2-29 所示,沉箱绕其纵轴(长轴)的惯性矩小于绕其横轴(短轴)的惯性矩。因此,只需要验算绕长轴的平衡稳定性。

绕长轴的惯性矩

$$I_0=l\times\frac{B^3}{12}=6\times\frac{4^3}{12}=32(\text{m}^4)$$

沉箱排水量

$$V=l\times B\times y=6\times4\times3.62=86.88(\text{m}^3)$$

沉箱定倾半径

$$\rho=\frac{I_0}{V}=\frac{32}{86.88}=0.37(\text{m})>e$$

计算结果表明,沉箱在海水中漂浮可满足平衡稳定性条件。

本章考试内容

记公式:$p_{下}=p_{上}+\gamma\Delta h$;$p_a=98$ kPa 相当于 10 m 水柱高;$p_{绝}=p_{相}+p_a$;$p_{真}=-p_{相}$;矩形平面壁:$P=\Omega b$,$e=\frac{L}{3}\frac{2h_1+h_2}{h_1+h_2}$,$P=p_CA$;曲面壁:$P_x=P_{AC}$,$P_z=\gamma A_{剖}b$,$P=\sqrt{P_x^2+P_z^2}$,$\alpha=\arctan\frac{P_z}{P_x}$,$z_D=R\sin\alpha$。

会计算:静水压强的测算;平面壁与曲面壁上的静水总压力方向、作用点位置。

记概念：静水压强两特性，三种单位的换算；绝对压强、相对压强及真空概念；形心与压力中心的区别；静水压强分布图及压力体剖面图的绘制步骤。

技能训练题

2-1　静水压强基本规律有几种表示方法？各自的含义是什么？

2-2　什么是相对压强、绝对压强及真空压强(真空值)？它们之间的关系如何？理论上的最大真空值是多少？

2-3　静水压强分布图一般应是相对压强分布图还是绝对压强分布图？绘制压强分布图的意义是什么？

2-4　压力体图与压强分布图有何区别？绘制压力体图时铅直分力的方向如何确定？

2-5　受压面形心、压强分布图形心与压力中心有何区别？

2-6　在如图 2-30 所示的装置情况下，半径为 r 的两个半球面(不考虑球壁厚度)所受的铅直总压力如何求解？其所受铅直总压力的大小、方向是否相同？

2-7　半径为 r 的三个球体，如图 2-31 所示，其所受的浮力是否相同？为什么？

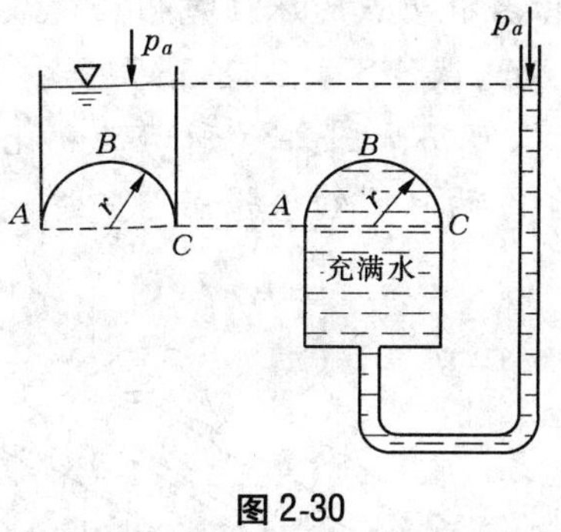

图 2-30

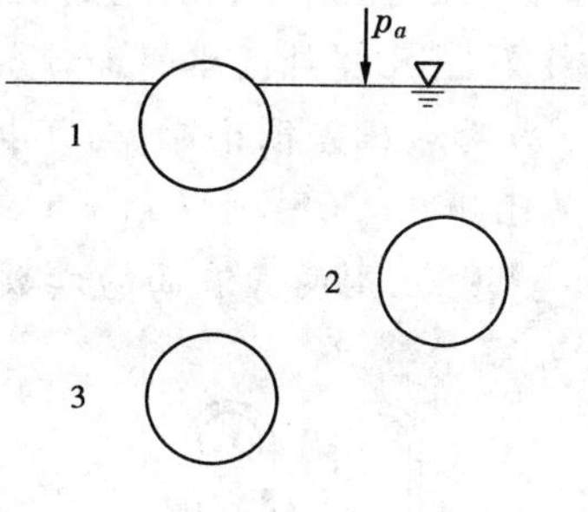

图 2-31

2-8　如图 2-32 所示某蓄水池深 14 m，试确定护岸 AB 上 1、2 两点的静水压强值，并绘出压强的方向。

2-9　试求出如图 2-33 所示的容器壁面上 1 ~5 点的静水压强的大小(以各种单位表示)，并绘出静水压强的方向。

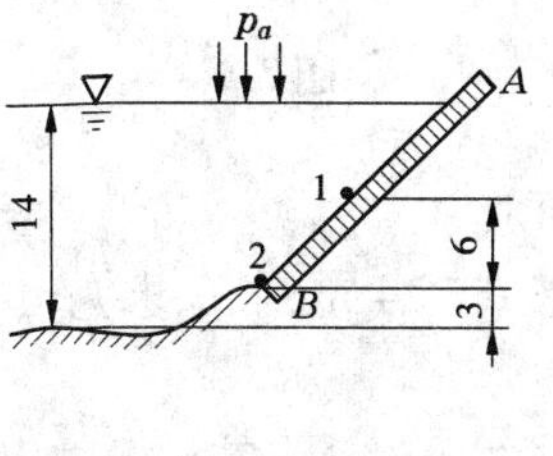

图 2-32　(单位:m)

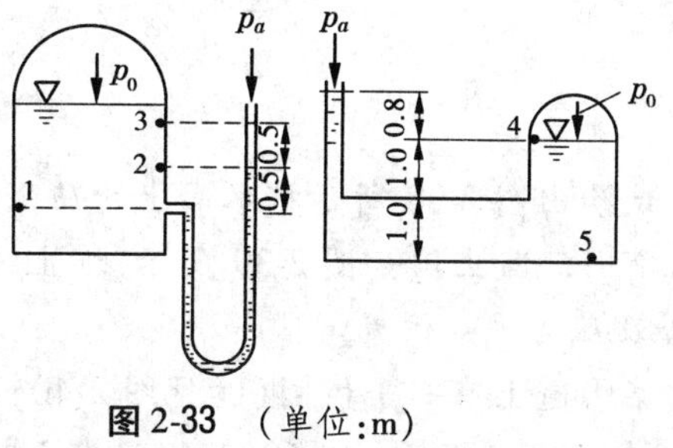

图 2-33　(单位:m)

2-10　测得某点的绝对压强为 200 mm 水银柱高，若以 kPa 为单位，则其绝对压强、相对压强及真空值各为多少？

2-11　已知某容器(见图 2-34)中 A 点的相对压强为 0.8 工程大气压,若在此高度处安装测压管,问至少需要多长的玻璃管?如果改装水银测压计,水银柱高度 h_p 为多少?(已测得 $h'=0.2$ m)

2-12　测量容器中 A 点压强值的装置如图 2-35 所示。已知 $z=1$ m,$h=2$ m,求 A 点的相对压强,并用绝对压强和真空高度来表示。

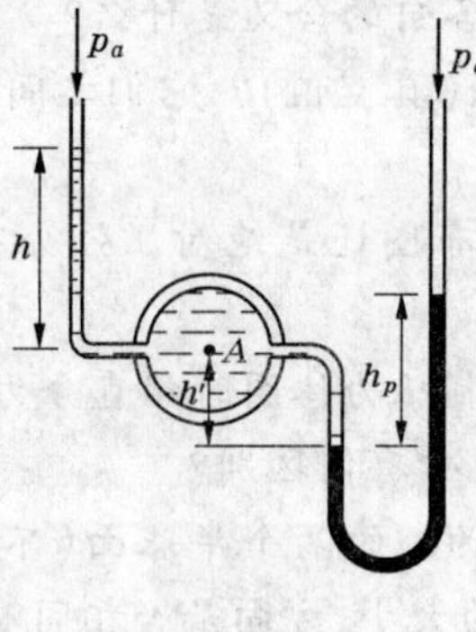

图 2-34

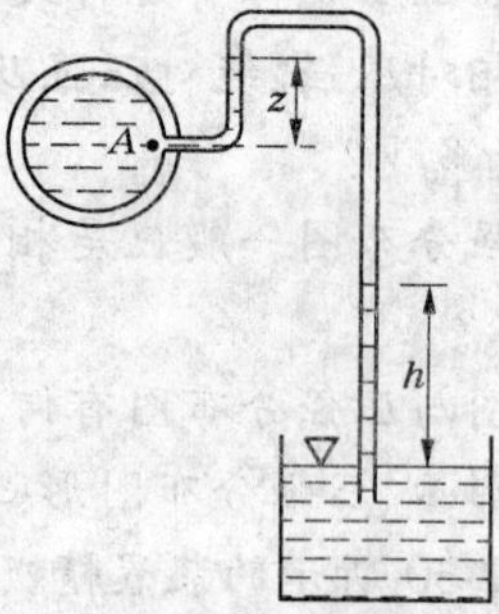

图 2-35

2-13　如图 2-36 所示,用水银比压计测量两容器中两点的压强差值。已知 1、2 两点位于同一高度上,比压计两水银面读数差 $h=350$ mm,试计算 1、2 两点的压强差。

2-14　当两点压差很小时,为了提高测量精度,可用如图 2-37 所示的斜比压计来测量压差。若已知 $\theta=30°$,测得 $L_1=5$ cm,试计算 B、A 两点间的压强差。若将此比压计直立起来($\theta = 90°$),则两管液面的读数差为多少?

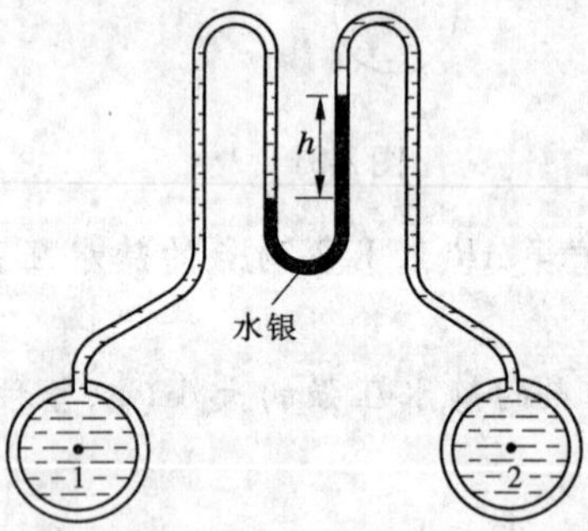

图 2-36

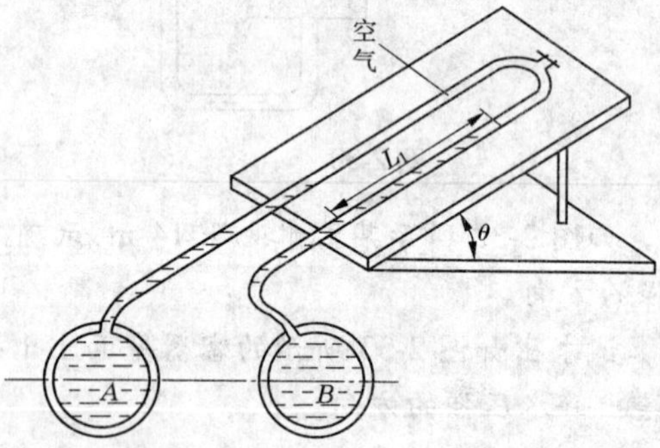

图 2-37

2-15　试绘出图 2-38 所示挡水面上的压强分布图。

2-16　有一混凝土坝如图 2-39 所示,坝上游水深 $h=24$ m,求每米宽坝面所受的静水总压力大小及压力中心位置。

2-17　某渠道上有一平板闸门(见图 2-40),闸门在水深 $h=2.5$ m 下工作,闸门宽度 $b=4.0$ m。求当闸门倾角 $\alpha=60°$和闸门直立时其受到的静水总压力。

2-18　在渠道侧壁上开有圆形放水孔如图 2-41 所示,放水孔直径 $d=0.5$ m,孔顶至水面深度 $h=2$ m,试求放水孔盖板上的静水总压力大小及作用点位置。

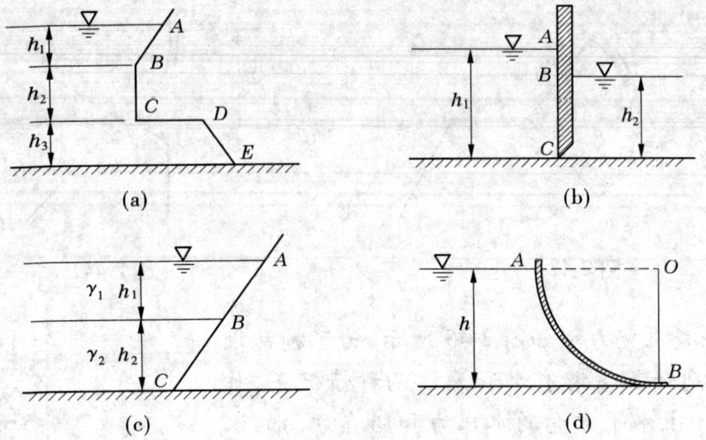

图 2-38

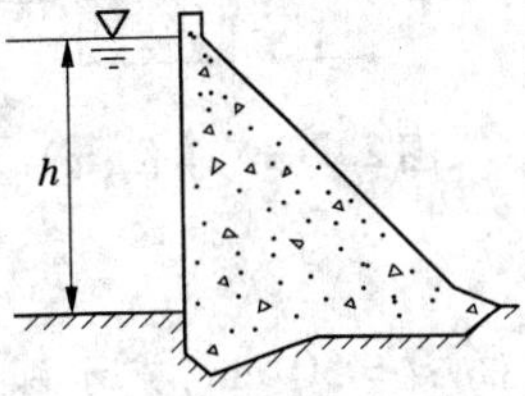

图 2-39

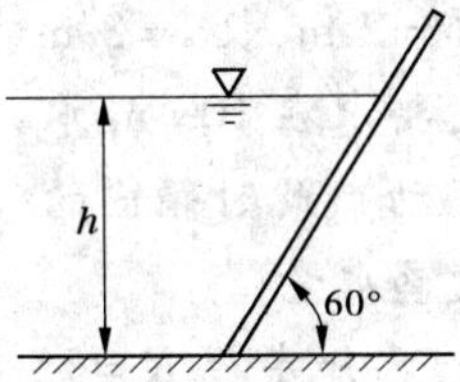

图 2-40

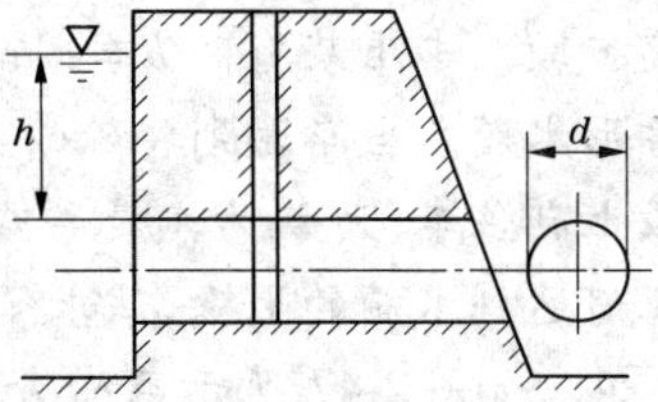

图 2-41

2-19　试绘制图 2-42 中各曲面壁的压力体剖面图及其铅直投影面上的压强分布图。

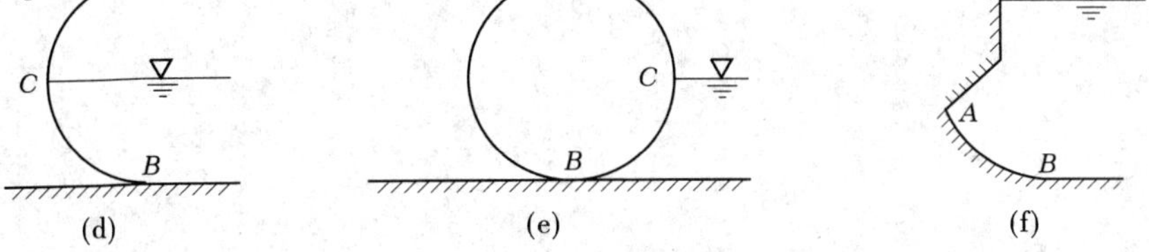

图 2-42

2-20　有一弧形闸门如图 2-43 所示，已知 $h=3$ m，$\varphi=45°$，闸门宽度 $b=1$ m，求作用在弧形闸门上的静水总压力大小、方向及压力中心位置。

2-21　某弧形闸门 AB，宽度 $b=4$ m，圆心角 $\varphi=45°$，半径 $R=2$ m，闸门的转轴与水面齐平（见图 2-44），求作用在闸门上的静水总压力大小、方向及压力中心位置。

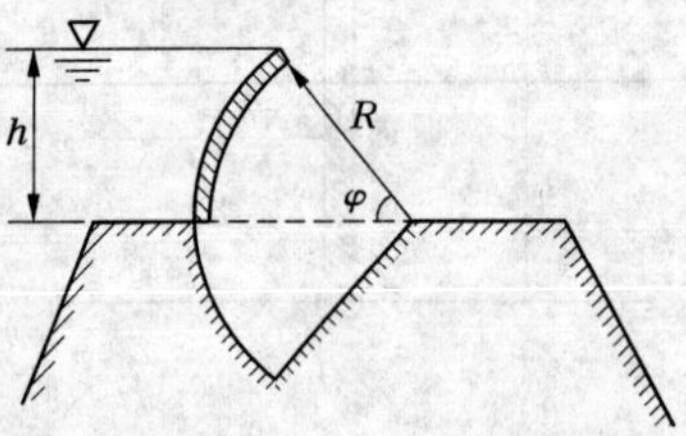

图 2-43

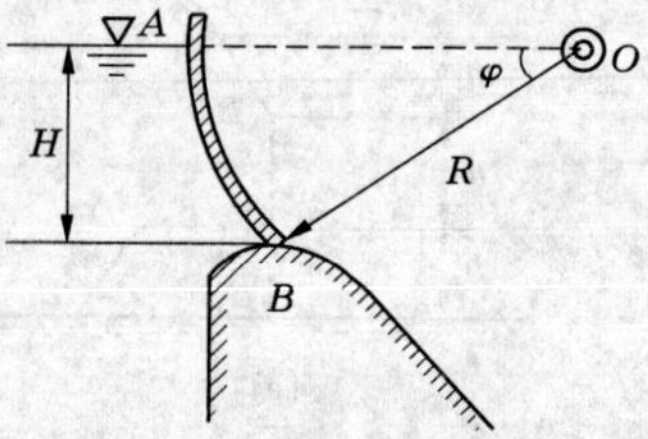

图 2-44

2-22　某混凝土重力坝如图 2-45 所示，为了校核坝的稳定性，试分别计算下游有水和无水两种情况下，作用于 1 m 长坝体上水平方向的水压力和铅直方向的水压力。

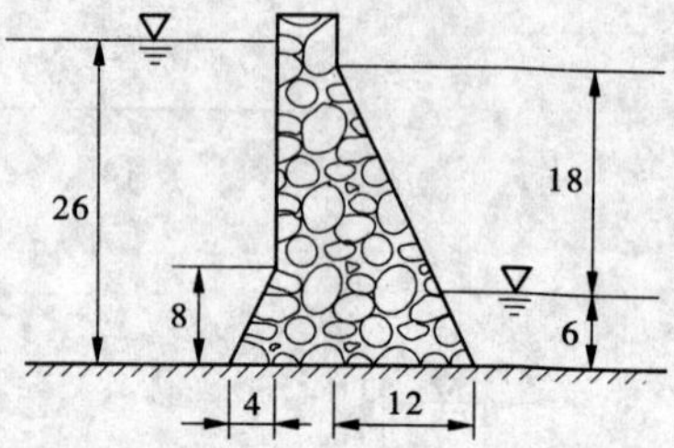

图 2-45　(单位：m)

2-23　如图 2-46 所示，某工地运水汽车以 30 km/h 的速度行驶。车上装有高 $h=1$ m、宽 $b=2$ m、长 $l=3$ m 的长方形水箱。当车遇到特殊情况时，要求在 100 m 水平路段上刹住车(可认为车是等减速运动)，此时箱内的水面正好达到水箱的上缘，试求箱内的盛水量。

2-24　如图 2-47 所示离心分离器，已知半径 $R=15$ cm，高 $H=50$ cm，充水深度 $h=30$ cm。若容器绕 z 轴以等角速度 ω 旋转，试求容器以多大的极限转数旋转时，才不致使水从容器中溢出。

图 2-46　(单位：m)

图 2-47

第三章　水流运动的基本原理

职业技能

熟练应用恒定总流连续性方程、能量方程、动量方程进行水力计算。

上一章阐述了静水压力计算的基本理论及其工程应用。但在自然界和工程实际中，液体多处于运动状态。因此，从本章开始将转入水流运动规律及其工程应用的研究。

我们研究水流的机械运动，水流运动也要遵循物体机械运动的普遍规律，如在物理学或理论力学中已学习过的质量守恒定律、动能定理和动量定理等，在公式推导中需用高等数学微积分的概念。

本章是工程水力学的理论核心内容，介绍水流运动的基本概念，应用力学普遍定律推导恒定流连续性方程、能量方程、动量方程等基本方程，并讨论它们在实际工程问题中的应用，为今后各章如管流、明渠水流、堰闸水流等的学习奠定理论基础。

第一节　水流运动的基本概念

一、描述水流运动的两种方法

水流运动的特征可用流速、压强、加速度等物理量来表征。这些物理量通称为水流的运动要素，运动要素随时间、空间位置不断发生变化。水力学中描述水流运动通常采用两种方法——迹线法和流线法。

(一)迹线法与流线法

(1)迹线法又叫拉格朗日(Lagrange)法，就是像物理学中研究固体运动那样，把液体中单个质点作为研究对象，通过对每个水流质点运动轨迹的研究来获得液体质点群运动的规律。运用迹线法研究液体运动实质上与研究一般固体力学方法相同，所以也称为质点系法。由于质点运动的轨迹十分复杂，而且水流中质点数众多，显然，用这种方法来研究水流运动是非常困难的。

(2)流线法又叫欧拉(Euler)法，就是把充满液体质点的固定空间作为研究对象，不再跟踪每个质点，而是把注意力集中在考察分析水流中的各个不同水质点在通过固定空间点时的运动要素(如流速、压强)的变化情况，来获得整个液体运动的规律。水流运动时在同一时刻每个质点都占据一个空间点，只要搞清楚每个空间点上运动要素随时间的变化规律，就可以了解整个水流的运动规律了。由于流线法是以流动的空间作为研究对象，而且通常把液体流动所占据的空间

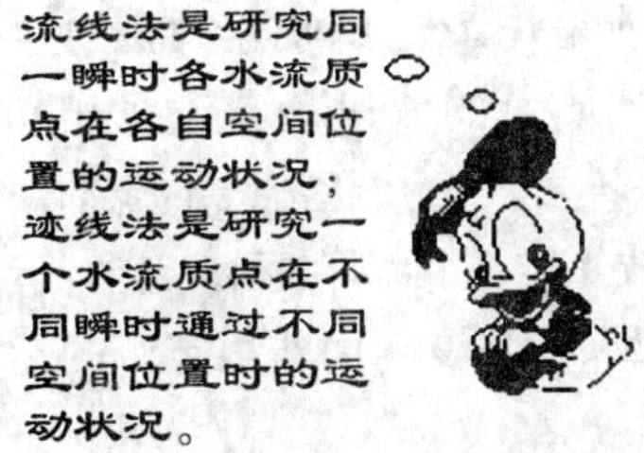

称为流场，所以流线法还称为流场法。

(二)迹线与流线

用迹线法描述液体运动，是研究个别液体质点在不同时刻的运动情况，如果把液体质点在运动过程中不同时刻所占据的空间位置描绘出来，就得到水流质点的轨迹连线，称之为迹线，也就是液体质点运动的轨迹线。如树叶在水中漂浮所描绘出来的轨迹。

用流线法描述液体运动，是考察同一时刻液体质点在不同空间点的运动方向和速度，如果把这些液体质点按一定规律连接起来就形成一条条线，这些表示水流运动方向的线就是流线。它是指某一瞬时在流场中绘出的一条空间曲线，该曲线上所有液体质点在该时刻的流速矢量都与这一曲线相切。借助流线可以清晰地看出水流各质点的流动方向。

从以上可以看出，迹线法和流线法的主要区别在于描述水流运动时着眼点不同。迹线法着眼于水流质点本身的运动特性，而流线法着眼于水流运动时所占据的空间点的运动属性，却不考虑该点是哪个水流质点通过的。而流线和迹线也是两个完全不同的概念，流线是同一瞬时描述流动场中水流质点流动方向的曲线，迹线则是指同一水质点在一段时间内所流经的轨迹。在实际工程中，一般需要了解在某位置上的水流运动情况，没有必要研究每个质点的运动轨迹，所以在水力学中常采用流线法来描述水流运动。

流线可用下述方法绘制：设想某一瞬时，在流场中任取一点 A_1，该液体质点的流速矢量为 u_1（见图 3-1），沿矢量 u_1 的方向取一微小线段 Δl_1 得到点 A_2，点 A_2 的流速矢量为 u_2，再沿 u_2 的方向取一微小线段 Δl_2 得到 A_3……继续作下去，就构成一条折线 $A_1A_2A_3A_4\cdots$ 若折线上相邻各点的距离趋近于零，那么折线 $A_1A_2A_3A_4\cdots$ 将成为一条曲线，此曲线即为流线。

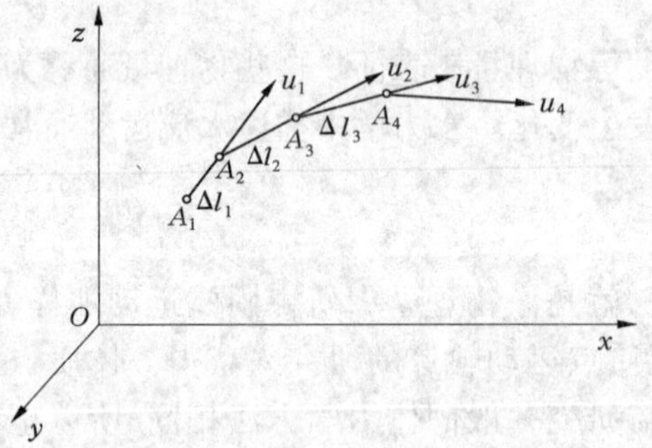

图 3-1

据流线的概念，可知流线有以下特征：

(1)流线上所有各质点的切线方向就代表了该点的流动方向，一个水流质点只能有一个流动方向。所以，流线既不能相交，也不能是折线，而只能是一条光滑的连续曲线。

(2)流线上的液体质点只能沿着流线运动。这是因为水质点的流速是与流线相切的，在流线上不可能有垂直于流线的速度分量，所以液体质点不可能有横越流线的流动。

(3)恒定流的流线形状不随时间发生变化，且流线与迹线重合。因为在恒定流中，运动要素不随时间发生变化，故不同时刻的流线，其位置和形状保持不变。而非恒定流的运动要素随时间发生变化，所以其流线一般与迹线不重合。

某一瞬时，在运动液体的整个空间绘出的一系列流线所构成的图形，称为流线图(见图3-2)，它可形象地描绘出该瞬时整个液流的流动趋势。流线图具有以下两个特点：

(1)流线图的疏密程度反映该时刻流场中各点的速度大小。流线密的地方流速大，流线稀的地方流速小。

(2)流线的形状受到固体边界形状影响，距离边界愈近，边界的影响愈大，流线的形状愈接近边界的形状。

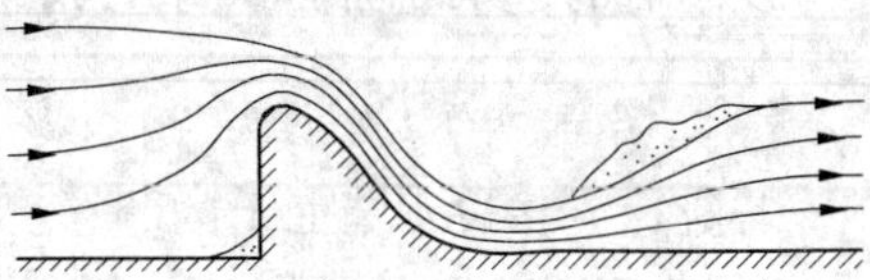

图3-2

掌握了流线的特征和流线图的特点，就不难绘出各种边界条件下的流线图形。

二、水流运动的基本要素

为了研究问题的方便，在欧拉法的基础上，水力学从不同的角度对液体的运动进行分类，并建立了有关液体运动的基本概念，从而为更好地解决实际问题奠定了理论基础。下面分别介绍。

(一)流管、元流、总流、过水断面

1. 流管

在流场中任取一封闭曲线，通过封闭曲线上各点画出许许多多条流线所构成的管状结构，称为流管。根据流线特征，流管内液体质点不能穿越流管壁流动，如图3-3(a)所示。

2. 元流

充满以流管为边界的一束液流称为元流，元流也叫微小流束(见图3-3(b))。元流过水断面面积很微小，各点的运动要素在同一时刻一般可认为是相等的。由于元流的外包面是流管，所以元流与束外液体无能量、质量和动量的交换。

3. 总流

由无数元流组成的、具有一定边界尺寸的实际水流，称为总流。如管流和明渠水流。

4. 过水断面

与元流或总流流线正交的、过水的那部分液流横断面，称为过水断面。当流线相互平行时，过水断面为平面；否则过水断面为曲面(见图3-4)。

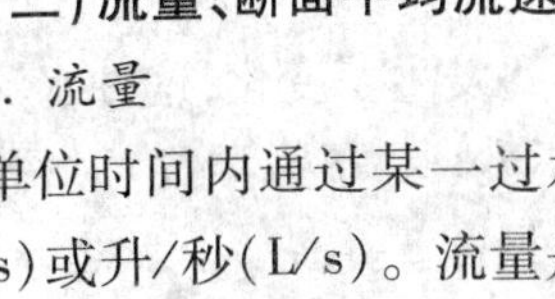

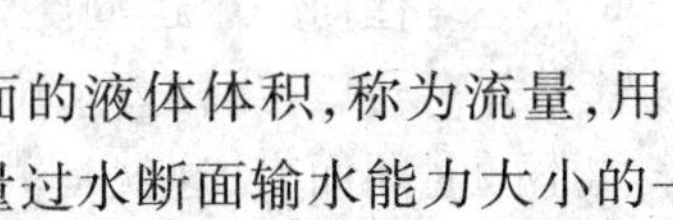

图3-3

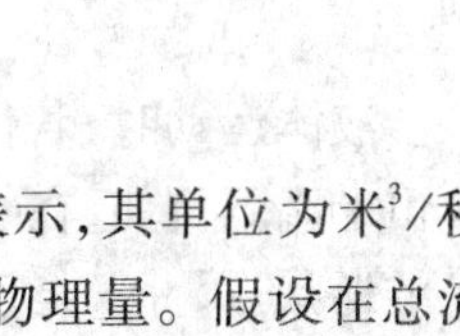

图3-4

(二)流量、断面平均流速

1. 流量

单位时间内通过某一过水断面的液体体积，称为流量，用 Q 表示，其单位为米^3/秒(m^3/s)或升/秒(L/s)。流量是衡量过水断面输水能力大小的一个物理量。假设在总流

中任取一微小流束，其过水断面面积为 dA，dA 上同一时刻各点的流速相等，都为 u，在 dt 时段内通过过水断面 dA 的液体体积为 $u\mathrm{d}t\mathrm{d}A$，则单位时间内通过该微小流束过水断面的流量为

$$\mathrm{d}Q = u\mathrm{d}A$$

设总流的过水断面面积为 A，则总流的流量应等于无数个微小流束的流量之和，即

$$Q = \int_Q \mathrm{d}Q = \int_A u\mathrm{d}A \tag{3-1}$$

若流速 u 在过水断面上的分布已知，则可通过积分求得通过该过水断面的流量。

2. 断面平均流速

在总流过水断面上各点的流速 u 大小不相同，一般在近壁处较小，且断面流速分布又十分复杂。为使研究方便，实际工程中通常引入断面平均流速的概念。

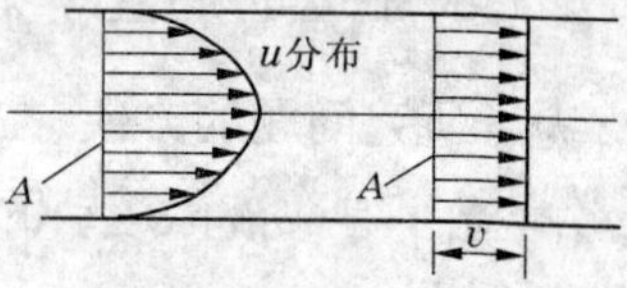

图 3-5

设想过水断面上各点的流速都均匀分布，且等于 v（见图 3-5），按这一流速计算所得的流量与按各点的真实流速计算所得的流量相等，则把流速 v 定义为该断面的平均流速，即

$$Q = \int_A u\mathrm{d}A = vA \tag{3-2}$$

所以

$$v = \frac{\int_A u\mathrm{d}A}{A} = \frac{Q}{A} \tag{3-3}$$

可见，总流的流量 Q 等于断面平均流速 v 与过水断面面积 A 的乘积。断面平均流速的概念，使对水流运动的分析得以简化。因为在实际应用中，有时并不一定需要知道总流过水断面上的流速分布，仅需要了解断面平均流速沿流程与随时间的变化情况。

三、水流运动的类型

（一）恒定流与非恒定流

根据液流的运动要素是否随时间变化，可将液流分为恒定流与非恒定流。

液体运动时，运动要素不随时间而改变的水流称为恒定流。换句话说，在恒定流情况下的任一空间点上，无论哪个液体质点通过，其运动要素都不随时间而变化，它只是空间坐标的连续函数，因此它们对时间的偏导数为零。如就流速和动水压强而言，可表示为

$$\left.\begin{aligned} u &= u(x,y,z) \\ p &= p(x,y,z) \end{aligned}\right\} \tag{3-4}$$

则

$$\frac{\partial u}{\partial t} = 0, \quad \frac{\partial p}{\partial t} = 0$$

液体运动时，若任何空间点上有任何一个运动要素随时间发生了变化，这种水流称为非恒定流。例如，在水箱侧壁上开有孔口，当箱内水位保持不变（即 H 为常数）时，孔口泄流的形状、尺寸及运动要素均不随时间而变，这就是恒定流（见图 3-6(a)）。反之，箱中水

位由 H_1 连续下降到 H_2，此时，泄流形状、尺寸、运动要素都随时间而发生了变化，这就是非恒定流（见图 3-6(b)）。

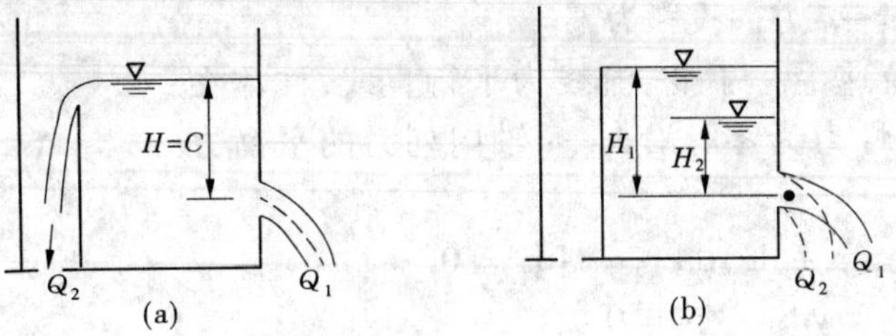

图 3-6

恒定流是实际工程中最常见的一类水流运动，如天然河道中的水流。由于恒定流时运动要素不随时间而改变，则流线形状也不随时间而变化，此时，流线与迹线重合，水流运动的分析比较简单。本章只研究恒定流。

（二）均匀流与非均匀流

1. 定义

在恒定流中，可根据液流断面平均流速是否沿程变化，将液流分为均匀流与非均匀流。同一流线上液体质点流速的大小和方向均沿程不变的流动，称为均匀流。如液体在直径不变的长直管中的流动，或在断面形状、尺寸沿程不变的长直渠道中的流动。当液流流线上各质点的运动要素沿程发生变化，流线不是彼此平行的直线时，称为非均匀流。液体在收缩管、扩散管或弯管中的流动，以及液体在断面形状、尺寸改变的渠道中的流动，均为非均匀流。

2. 均匀流的特征

(1)流线是一组互相平行的直线，过水断面为平面。

(2)过水断面大小沿流程不变，各过水断面流速分布相同，断面平均流速相等。

(3)同一均匀流过水断面上的动水压强分布规律与静水压强的分布规律相同，即在同一过水断面上各点测压管水头为一常数。

一般情况下，实际液体中某点的动水压强与受压面方向有关，过水断面动水压强的分布规律与静水压强的分布规律也有所不同，但在某些特殊情况下，如均匀流和渐变流中却可以认为动水压强具有与静水压强同样的特性，实际液体中某点的动水压强与受压面方向无关，且过水断面上动水压强的分布符合静水压强直线分布规律。下面来证明这一特性。

3. 均匀流中过水断面上的动水压强分布规律

对于均匀流，流线为一组平行直线，因而过水断面为平面。在均匀流过水断面沿 n—n 轴上任意两相邻流线间取一长为 $\mathrm{d}l$、高为 $\mathrm{d}z$、底面积为 $\mathrm{d}A$、与铅垂方向夹角为 θ 的微小柱体（见图 3-7），设该微小柱体两端面形心点处的动水压强分别为 p 与 $p+\mathrm{d}p$。下面分析沿 n—n 轴向作用于微小柱体上的力。

(1)柱体两端面上的动水压力分别为 $p\mathrm{d}A$ 和 $(p+\mathrm{d}p)\mathrm{d}A$。

(2)柱体自重沿 n—n 方向的分力为

$$dG\cos\theta = \gamma dl dA \cos\theta = \gamma dA dz$$

(3)柱体侧面上的动水压力以及水流的内摩擦力均与轴线 n—n 正交,故沿 n—n 方向投影为零。

(4)均匀流中流速沿程不变,流线为平行直线,柱体在 n—n 方向所受的惯性力为零。沿 n—n 轴向列力的平衡方程,得

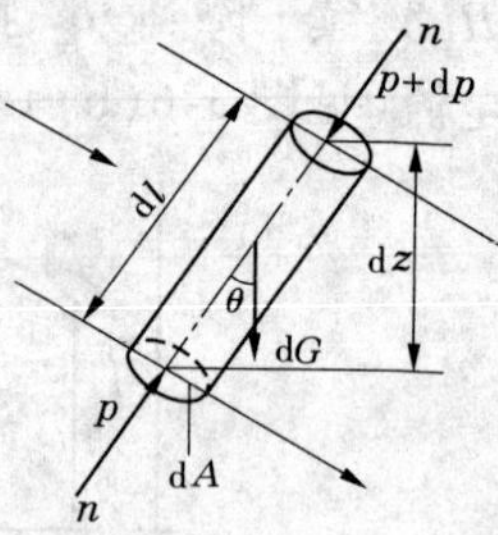

图 3-7

$$pdA - (p + dp)dA - \gamma dA dz = 0$$

化简后得

$$\gamma dz + dp = 0$$

积分后得

$$z + \frac{p}{\gamma} = C \tag{3-5}$$

式(3-5)表明,均匀流过水断面上的动水压强分布规律与静水压强分布规律相同,即在同一过水断面上各点相对于同一基准面的测压管水头(或单位势能)为一常数,但对于不同的过水断面测压管水头是不相同的。

4. 渐变流与急变流

在非均匀流中,根据流线的不平行程度和弯曲程度,可将其分为渐变流与急变流。渐变流是指流线接近于平行直线的流动。此时,各流线的曲率很小(即曲率半径 R 较大),流线间的夹角也很小,它的极限情况就是流线为平行直线的均匀流。由于渐变流中流线近似平行,故可认为渐变流过水断面近似为平面。过水断面上的离心惯性力的影响可以忽略,过水断面动水压强仍存在 $z + \frac{p}{\gamma} = C$ 的关系。渐变流与均匀流受力情况基本一致,其同一过水断面上的动水压强分布规律也近似符合静水压强分布规律,即同一过水断面上各点相对于同一基准面的测压管水头相等。上述关于均匀流或渐变流过水断面上动水压强分布规律的结论,只适用于有一定固体边界约束(如管壁和渠壁)的水流。当液体从管道末端流入大气时,出口附近的液体也符合均匀流或渐变流的条件,但因该断面周界均与大气相通,断面周界上各点的动水压强为零,因而此种情况下过水断面上的动水压强分布不符合静水压强分布规律。

急变流是指流线的曲率较大,流线之间的夹角也较大的流动。此时,流线已不再是一组平行的直线,因此过水断面为曲面。如管道转弯、断面扩大或收缩使水面发生急剧变化的水流,均为急变流。在急变流中,因流线的曲率较大,液体质点做曲线运动而产生的离心惯性力的影响已不能忽略。因此,过水断面上动水压强的分布规律将不再服从静水压强分布规律。

应当指出,图 3-8 的管道中,实际急变流发生在局部范围,都应占有一段管道的长度,但为了简化计算,认为急变流发生在一个断面上,不占有管道长度,所以成为图 3-8 的流动状况。

(三)有压流、无压流、射流

根据液流在流动过程中有无自由表面,可将其分为有压流与无压流。液体沿流程整个周界都与固体壁面接触,而无自由表面的流动称为有压流。它主要是依靠压力作用而流动,其过水断面上任意一点的动水压强一般与大气压强不等。例如,自来水管和水电站

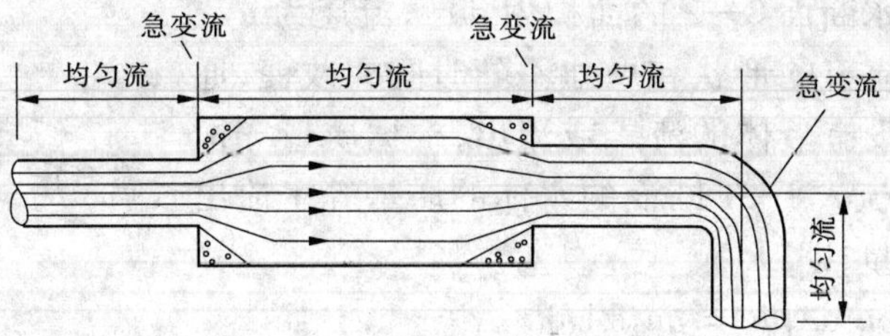

图 3-8

的压力管道中的水流，均为有压流。

若液体沿流程一部分周界与固体壁面接触，另一部分与空气接触，具有自由表面的流动，称为无压流。它主要是依靠重力作用而流动，因无压流液面与大气相通，故又可称为重力流或明渠流。例如，河渠中的水流和未充满管道断面中的水流，均为无压流。

水流从管道末端的喷嘴流出，射向某一固体壁面的流动，称为射流。射流四周均与大气相接触。

（四）一元流、二元流、三元流

在工程实际中，水流的运动一般很复杂，它的运动要素是空间位置坐标和时间的函数（对于恒定流，则仅是空间位置坐标的函数）。根据液流运动要素依据空间自变量的个数，可将液流分为一元流、二元流和三元流。

如果水流运动要素只与一个空间自变量有关，这种水流称为一元流。例如，引入断面平均流速的管流和明渠水流就是一元流，其断面平均流速只是流程坐标的函数，即 $v=v(s)$。对于总流，严格地讲都不是一元流，但若把过水断面上与点的坐标有关的运动要素（如流速、压强等）进行断面平均，用断面平均流速去代替过水断面上各点的流速，这时总流也可视为一元流。

如果水流运动要素与两个空间自变量有关，这种水流称为二元流。例如，水流在宽浅的矩形明渠中流动，当两侧边界对流动的影响忽略不计时，水流中任一点的流速只与决定该点所在断面位置的流程坐标和该点距渠底的铅垂距离有关，属于二元流。

如果水流运动要素与三个空间自变量有关，这种水流称为三元流。严格来讲，任何实际水流都是三元流，如天然河道以及断面形状、尺寸沿程变化的人工渠道中的水流。

从理论上讲，只有按三元流来分析水流现象才符合实际，但此时水力计算较为复杂，难以求解。因此，在实际工程中，常结合具体水流运动特点，采用各种平均方法（如最常见的断面平均法），将三元流简化为一元流或二元流，由此而引起的误差，可通过修正系数来加以校正。

第二节　恒定总流连续性方程

水流运动和其他物质运动一样，也必须遵循质量守恒定律。恒定流连续性方程，实质上就是质量守恒定律在水流运动中的具体体现。

在恒定流中任取一段微小流束作为研究对象（见图 3-9），设过水断面 1—1 的面积为

dA_1，流速为 u_1，过水断面 2—2 的面积为 dA_2，流速为 u_2。考虑到恒定流微小流束的形状和尺寸不随时间而改变，通过微小流束的侧壁没有液体的流入或流出，根据质量守恒定律，在 dt 时段内，流入 1—1 断面的水体的质量等于流出 2—2 断面的水体质量，即

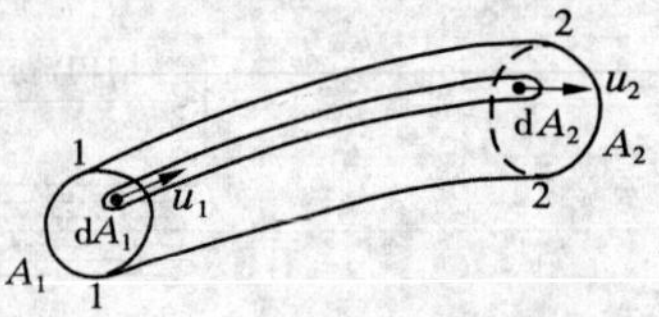

图 3-9

$$\rho u_1 dA_1 dt = \rho u_2 dA_2 dt$$

一般认为水是不可压缩和连续的，ρ 为常数。于是

$$u_1 dA_1 = u_2 dA_2$$

或
$$u_1 dA_1 = u_2 dA_2 = dQ = 常数 \tag{3-6}$$

式(3-6)即为恒定流微小流束的连续性方程。

总流是无数个微小流束的总和，想得到总流断面上的流量，只需将微小流束的连续性方程在总流过水断面上积分，就可得到总流连续性方程，即

$$\int_Q dQ = \int_{A_1} u_1 dA_1 = \int_{A_2} u_2 dA_2$$

得
$$Q = v_1 A_1 = v_2 A_2 = 常数 \tag{3-7}$$

或
$$\frac{v_2}{v_1} = \frac{A_1}{A_2} \tag{3-8}$$

式(3-7)即为恒定总流的连续性方程。式中的 v_1 与 v_2 分别表示过水断面 A_1 及 A_2 的断面平均流速。连续性方程表明：

(1)对于不可压缩的恒定总流，流量沿程不变。

(2)任意两个过水断面的平均流速的大小与过水断面面积成反比。断面大的地方流速小，断面小的地方流速大。

上述总流的连续性方程是在流量沿程不变的条件下建立的，当沿程有流量汇入或分出的情况时，其连续性方程分别为：

有流量汇入时(见图 3-10(a))

$$Q_1 + Q_3 = Q_2 \tag{3-9}$$

有流量分出时(见图 3-10(b))

$$Q_1 = Q_2 + Q_3 \tag{3-10}$$

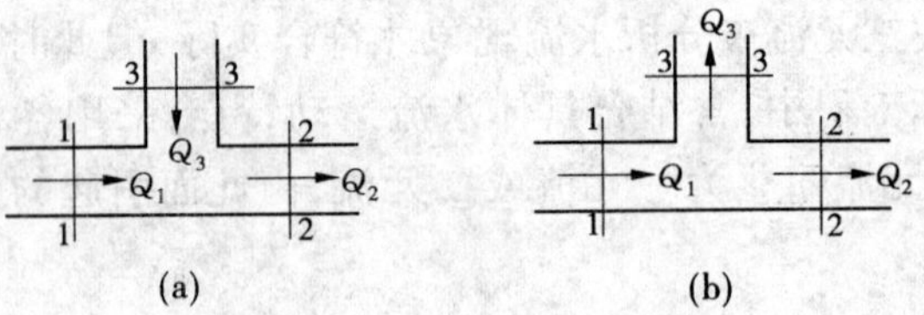

图 3-10

【例 3-1】 直径 d 为 100 mm 的输水管道中有一变截面管段(见图 3-11)，若测得管内流量 Q 为 10 L/s，变截面弯管段最小截面处的断面平均流速 $v_0 = 20.3$ m/s，求输水管的断面平均流速 v 及最小截面处的直径 d_0。

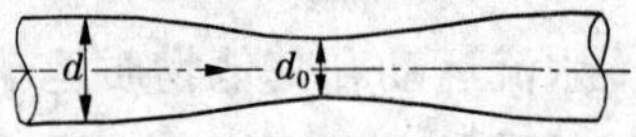

图 3-11

解:由式(3-7)

$$v = \frac{Q}{\frac{1}{4}\pi d^2} = \frac{10 \times 10^{-3}}{\frac{1}{4} \times 3.14 \times 0.1^2} = 1.27(\text{m/s})$$

根据式(3-8) $$d_0^2 = \frac{v}{v_0}d^2 = \frac{1.27}{20.3} \times 0.1^2 = 0.000\ 626$$

故 $$d_0 = 0.025\ 0 \text{ m} = 25 \text{ mm}$$

【例 3-2】 有一河道在某处分为两支:内江和外江,如图 3-12 所示。为便于引水灌溉农田,在外江设溢流坝一座,用于抬高上游水位。已测得上游河道流量 $Q = 1\ 400\ \text{m}^3/\text{s}$,通过溢流坝的流量 $Q_1 = 350\ \text{m}^3/\text{s}$。内江过水断面面积 $A_2 = 380\ \text{m}^2$,求通过内江的流量 Q_2 及 2—2 断面的平均流速。

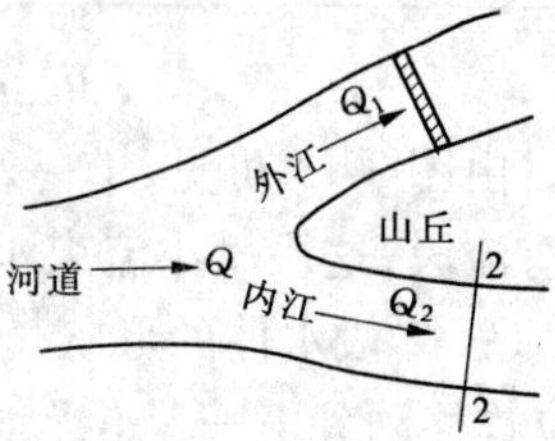

图 3-12

解:根据连续性方程

$$Q_2 = Q - Q_1 = 1\ 400 - 350 = 1\ 050(\text{m}^3/\text{s})$$

则 2—2 断面的平均流速为

$$v_2 = \frac{Q_2}{A_2} = \frac{1\ 050}{380} = 2.76(\text{m/s})$$

第三节　恒定总流的能量方程

恒定流的连续性方程虽然揭示了液流断面平均流速与过水断面面积之间的关系,但却不能解决工程实际中常涉及到的作用力和能量问题。为此,还需进一步研究液体运动所遵循的其他规律。恒定流的能量方程就是应用能量转化与守恒原理,分析液体运动时动能、压能和位能三者之间的相互关系。它为解决实际工程的水力计算问题奠定了理论基础。

一、恒定流微小流束的能量方程

由物理学动能定理可知,运动液体动能的增量,应等于同一时段内作用于运动液体上各外力对液体作功的代数和,即

$$\sum M = \frac{1}{2}mu_2^2 - \frac{1}{2}mu_1^2$$

式中 $\sum M$ ——所有外力对物体作功的代数和;

u_1 ——物体处于起始位置时的速度;

u_2 ——在外力作用下,物体运动到新位置时的速度;

m ——运动物体的质量。

下面就根据动能定理来分析恒定流微小流束的能量方程。

在实际液体恒定流中取出一段微小流束,选取断面 1—1 与断面 2—2 之间的水体作

为研究对象（见图3-13）。设微小流束过水断面1—1与过水断面2—2的面积分别为 dA_1 和 dA_2，其断面形心点的位置高度分别为 z_1 和 z_2，动水压强分别为 p_1 和 p_2，相应的速度为 u_1 和 u_2。对于微小流束由原来的1—2位置移动到了新位置1′—2′，则1—1断面与2—2断面所移动的距离分别为

$$dl_1 = u_1 dt$$

$$dl_2 = u_2 dt$$

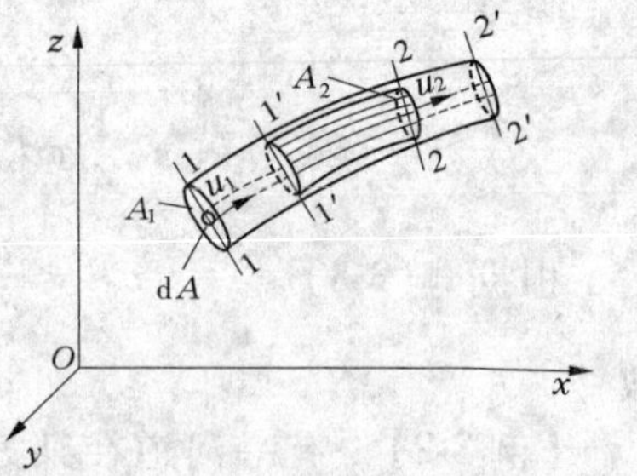

图3-13

由图3-13可见，1′—2是 dt 时段内运动液体始末共有流段，这段微小流束水体虽有液体质点的流动和替换，但由于所选的微小流束为恒定流，1′—2段水体的形状、体积和位置都不随时间发生变化。所以，要研究微小流束从1—2位置移动到1′—2′位置的动能变化，只需研究微小流束从1—1′位置移动到2—2′位置的运动就可以了。下面就对其进行分析。

（一）作用在微小流束上的外力及其所作的功

1. 重力作功

设微小流束段1—1′和2—2′的位置高度差为 $z_1 - z_2$，重力对共有段1′—2不作功，于是液体从1—1′位置移动到2—2′位置时重力所作的功为

$$G(z_1 - z_2) = \gamma dQdt(z_1 - z_2)$$

2. 动水压力作功

作用于微小流束上的动水压力有两端断面上的动水压力和微小流束侧表面上的动水压力。由于微小流束侧表面上的动水压力与水流运动方向垂直，因此不作功。

作用于过水断面1—1上的动水压力 $p_1 dA_1$ 与水流运动方向相同，因此为正功；作用于过水断面2—2上的动水压力 $p_2 dA_2$ 与水流运动方向相反，因此为负功。于是压力所作的功为

$$p_1 dA_1 dl_1 - p_2 dA_2 dl_2 = p_1 dA_1 u_1 dt - p_2 dA_2 u_2 dt = dQdt(p_1 - p_2)$$

3. 阻力作功

对于实际液体，由于黏滞性的存在，液体运动时必须克服内摩擦阻力，消耗一定的能量，因此阻力所作的功为负功。设阻力对单位重量液体所作的功为 h'_w，则对于所研究的微小流束由1—1′位置移动到2—2′位置时，阻力所作的功为

$$-\gamma dQdt h'_w$$

那么外力对微小流束所作的功，应等于上述三项外力所作功的代数和，即

$$\gamma dQdt(z_1 - z_2) + dQdt(p_1 - p_2) - \gamma dQdt h'_w$$

（二）动能的增量

在恒定流条件下，共有流段1′—2的质量和各点的流速不随时间而变化，所以动能也不随时间变化，因此微小流束段动能的增量就等于流段2—2′段动能与1—1′段动能之差。根据质量守恒定律，流段2—2′段与1—1′段的质量是相等的，即 $m = \rho dV = \rho dQdt = \frac{\gamma}{g} dQdt$，于是动能的增量可表示为

$$\frac{1}{2}mu_2^2 - \frac{1}{2}mu_1^2 = \frac{\gamma \mathrm{d}Q\mathrm{d}t}{2g}(u_2^2 - u_1^2) = \gamma \mathrm{d}Q\mathrm{d}t\left(\frac{u_2^2}{2g} - \frac{u_1^2}{2g}\right)$$

(三)微小流束的能量方程式

根据动量定理,则有

$$\gamma \mathrm{d}Q\mathrm{d}t(z_1 - z_2) + \mathrm{d}Q\mathrm{d}t(p_1 - p_2) - \gamma \mathrm{d}Q\mathrm{d}th'_w = \gamma \mathrm{d}Q\mathrm{d}t\left(\frac{u_2^2}{2g} - \frac{u_1^2}{2g}\right)$$

将以上各项同时除以 $\gamma \mathrm{d}Q\mathrm{d}t$,整理后得单位重量液体功和能之间的关系式

$$z_1 + \frac{p_1}{\gamma} + \frac{u_1^2}{2g} = z_2 + \frac{p_2}{\gamma} + \frac{u_2^2}{2g} + h'_w \tag{3-11}$$

这就是不可压缩实际液体微小流束的能量方程,该式是由瑞士的物理学家和数学家伯诺里(Bermoulli)在1738年首次推导出来的,故又称为恒定流微小流束的伯诺里方程。

二、恒定总流的能量方程

微小流束的能量方程只能反映微小流束内部或边界上各点的流速和压强的变化,为了解决工程实际问题,还需将微小流束的能量方程加以推广,得出恒定总流的能量方程。

设通过微小流束液体的体积为 $\mathrm{d}Q$,则单位时间内通过微小流束液体的重量为 $\gamma \mathrm{d}Q$,给公式(3-11)各项分别乘以 $\gamma \mathrm{d}Q$,并分别积分,就可得到单位时间内通过总流两过水断面的总能量之间的关系式,即

$$\gamma\int_Q\left(z_1 + \frac{p_1}{\gamma}\right)\mathrm{d}Q + \gamma\int_Q\frac{u_1^2}{2g}\mathrm{d}Q = \gamma\int_Q\left(z_2 + \frac{p_2}{\gamma}\right)\mathrm{d}Q + \gamma\int_Q\frac{u_2^2}{2g}\mathrm{d}Q + \gamma\int_Q h'_w\mathrm{d}Q \tag{a}$$

由上式可见,共有三种形式积分,现分别加以分析:

(1)势能类积分。表示单位时间内通过总流过水断面的液体势能的总和。若所取的总流过水断面符合均匀流或渐变流条件,则断面上各点的单位势能 $z + \frac{p}{\gamma} =$ 常数,积分是可能的,则有

$$\gamma\int_Q\left(z + \frac{p}{\gamma}\right)\mathrm{d}Q = \gamma\left(z + \frac{p}{\gamma}\right)\int_Q\mathrm{d}Q = \left(z + \frac{p}{\gamma}\right)\gamma Q \tag{b}$$

(2)动能类积分。表示单位时间内通过总流过水断面动能的总和。一般情况下,总流过水断面上各点的流速是不相等的,且分布规律不易确定,所以直接积分该项较困难。因此,可考虑用断面平均流速 v 代替断面上各点的流速 u,即用 $\frac{\gamma}{2g}\int_A v^3\mathrm{d}A$ 来代替 $\frac{\gamma}{2g}\int_A u^3\mathrm{d}A$,但二者实际并不相等。根据数学上有关平均值的性质,有 $\int_A u^3\mathrm{d}A > \int_A v^3\mathrm{d}A$(此式是可证的),用平均流速代替积分号里的点流速需要乘以一个大于1的修正系数 α,才能使之相等,于是动能类积分为

$$\frac{\gamma}{2g}\int_A u^3\mathrm{d}A = \frac{\gamma}{2g}\alpha v^3 A = \frac{\alpha v^2}{2g}\gamma Q \tag{c}$$

式中的 α 称为动能修正系数,表示过水断面上实际流速积分与按断面平均流速积分计算所得结果之比,即

$$\alpha = \frac{\int_A u^3 \mathrm{d}A}{v^3 A}$$

α 值取决于总流过水断面上的流速分布情况，流速分布愈均匀，α 值愈接近于 1。当水流为均匀流或渐变流时，一般可取 $\alpha = 1.05 \sim 1.10$，实际工程计算中，常取 $\alpha = 1.0$。

(3)损失能量类积分。表示单位时间内总流从 1—1 过水断面流到 2—2 过水断面间的机械能损失的总和。设 h_w 为总流单位重量液体在这两断面间的平均机械能损失，则

$$\gamma\int_Q h'_w \mathrm{d}Q = h_w \gamma Q \tag{d}$$

将式(b)~式(d)代入式(a)，同时各项除以 γQ 整理后得

$$z_1 + \frac{p_1}{\gamma} + \frac{\alpha_1 v_1^2}{2g} = z_2 + \frac{p_2}{\gamma} + \frac{\alpha_2 v_2^2}{2g} + h_w \tag{3-12}$$

式(3-12)即为不可压缩液体恒定总流的能量方程(伯诺里方程)。它能够反映总流各断面上单位重量液体的平均位能、平均压能和平均动能之间的能量转化关系，是水力学中三大基本方程之一。该式表明机械能沿程减小，水流机械能转化成热能而损失掉。

三、能量方程的意义

(一)能量方程的物理意义

从能量方程的建立过程可知，能量方程中各项都是表示过水断面上单位重量水体所具有的不同形式的能量，其共有四项：

z——单位重量液体的位能(位置势能或重力势能)；

$\frac{p}{\gamma}$——单位重量液体的压能(压强势能)；

$z + \frac{p}{\gamma}$——总流过水断面上单位重量液体的平均势能，即位置势能与压强势能之和；

$\frac{\alpha v^2}{2g}$——单位重量液体的动能；

h_w——总流单位重量液体的能量损失；

$z + \frac{p}{\gamma} + \frac{\alpha v^2}{2g}$——单位重量液体的总机械能，通常用 H 或 E 表示。

(二)能量方程的几何意义

能量方程中的各项表示了某种高度，因为都具有长度的单位，可以用几何线段表示，所以在水力学上习惯称为水头。

z——总流过水断面上某点的位置高度(相对于某基准面)，称为位置水头；

$\frac{p}{\gamma}$——压强水头，p 为相对压强时，也叫测压管高度；

$z + \frac{p}{\gamma}$——测压管水头，以 H_p 表示；

$\frac{\alpha v^2}{2g}$——流速水头，也是液体以速度 v 垂直向上喷射到空中时所达到的高度（不计空气阻力）；

$z+\frac{p}{\gamma}+\frac{\alpha v^2}{2g}$——总水头，以 H 或 E 表示，所以总水头与测压管水头之差等于流速水头；

h_w——水头损失或损失水头。

式(3-12)表明，对于不可压缩恒定流动，在不同的过水断面上，位置水头、压强水头和流速水头之间可以互相转化，在转化过程中能量有所损失。

设 H_1 和 H_2 分别表示总流任意两过水断面上液流所具有的总水头，根据能量方程式

$$H_1 = H_2 + h_w$$

即

$$H_1 - H_2 = h_w \tag{3-13}$$

可见，因为水流在流动过程中要产生能量损失，所以水流只能从总机械能大的地方流向总机械能小的地方。据此可以判断水流的流向。对于理想液体，$h_w = 0$，则 $H_1 = H_2$，即总流中任何过水断面上总水头保持不变。

(三)能量方程的图示——水头线

由于总流能量方程中各项均表示单位重量液体所具有的能量或水头，且各项的单位都是长度单位，因此可用几何线段来表示，使能量沿流程的转化情况更形象、更直观地体现出来。图3-14为一段总流机械能转化的图示。首先选取基准面0—0，并画出总流的中心线。总流各断面中心点离基准面的高度就代表了该断面的位置高度 z，所以总流的中心线就表示位置水头 z 沿程的变化，即位置水头线。

在各断面的中心上作铅垂线，并在铅垂线上截取高度等于中心点压强水头 p/γ 的线段，得到测压管水头 $(z+p/\gamma)$，即各断面上测压管水面离基准面的高度，如将各断面的测压管水头用线连起来，就得到测压管水头线。测压管水头线反映了水流势能沿流程的变化情况。测压管水头线和位置水头线之间的铅垂距离反映了压强水头沿流程的变化情况。如测压管水头线在轴心线位置以上，压强为正；反之为负。

在铅垂线所标示的测压管水头线以上截取高度等于流速水头 $\frac{\alpha v^2}{2g}$ 的线段，得到该断面的总水头 $H = z+\frac{p}{\gamma}+\frac{\alpha v^2}{2g}$，各断面总水头的连线称为总水头线，它反映了液流总机械能沿流程的变化情况。

根据能量方程，实际液体一定存在水头损失，因而总水头线为一条逐渐下降的直线或曲线。任意两个断面间总水头线下降的高度就是它们之间水流的水头损失。总水头线沿流程的下降情况可用单位流程上的水头损失表示，即用水力坡度 J 来表示。当总水头线为直线时

$$J = \frac{H_1 - H_2}{L} = \frac{h_w}{L} \tag{3-14}$$

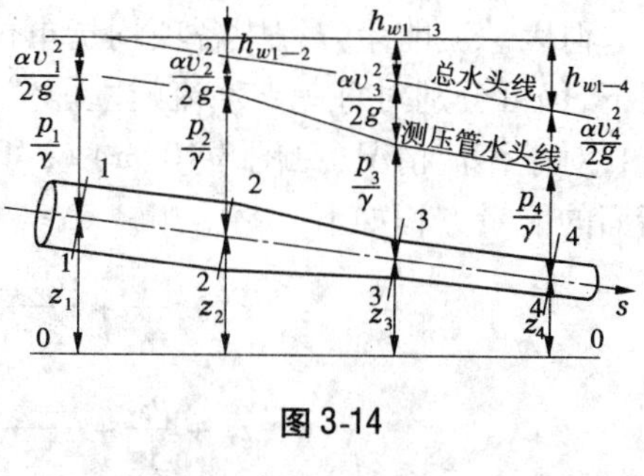

图3-14

当总水头线为曲线时，水力坡度为变值，在

某一断面处可表示为

$$J = \frac{\mathrm{d}h_w}{\mathrm{d}L} = -\frac{\mathrm{d}H}{\mathrm{d}L} \tag{3-15}$$

因为总水头增量 dH 一定为负值,为使水力坡度为正值,式(3-15)中要加负号。

由于总流几何边界条件的沿程变化必将引起动能和势能的相互转化,所以测压管水头线可以沿程下降或上升,也可沿程不变。它沿流程的变化情况可用单位流程上测压管水头的降低值或升高值表示,即用测压管坡度 J_p 来表示。当测压管水头线为直线时

$$J_p = \frac{\left(z_1 + \frac{p_1}{\gamma}\right) - \left(z_2 + \frac{p_2}{\gamma}\right)}{L} \tag{3-16}$$

当测压管水头线为曲线时

$$J_p = -\frac{\mathrm{d}H_p}{\mathrm{d}L} \tag{3-17}$$

对于河渠中的渐变流,其测压管水头线就是水面线。能量方程的这种图示方法,常运用于长距离有压输水管道的水力设计中,用来帮助分析水流现象,找出实际水流的沿程变化规律。

第四节　能量方程的应用

在能量方程推导过程中,都已给出各种限制条件及注意事项,可归纳如下。

一、能量方程的应用条件及注意事项

(一)能量方程的应用条件

实际液体恒定总流的能量方程式是水力学中最常用的基本方程之一,能解决很多工程实际问题。从该方程的推导可以看出,能量方程式(3-12)有一定的适用范围,应满足以下条件:

(1)水流必须是恒定流、均质不可压缩,且总流流量沿程不变。

(2)所取过水断面 1—1、2—2 应在均匀流或渐变流区域,以符合断面上各点测压管水头等于常数,且作用的质量力只有重力等条件,但两个断面间可以是急变流。

(3)所取 1—1、2—2 过水断面之间,没有其他机械能的输入与输出。

但因总流能量方程中各项均指单位重量液体的能量,所以在水流有分支或汇入的情况下,仍可分别对每一支水流建立能量方程式。

对于汇流情况(见图 3-10(a)),可建立 1—1 断面与 2—2 断面和 3—3 断面与 2—2 断面的能量方程如下

$$\left.\begin{aligned} z_1 + \frac{p_1}{\gamma} + \frac{\alpha_1 v_1^2}{2g} &= z_2 + \frac{p_2}{\gamma} + \frac{\alpha_2 v_2^2}{2g} + h_{w1-2} \\ z_3 + \frac{p_3}{\gamma} + \frac{\alpha_3 v_3^2}{2g} &= z_2 + \frac{p_2}{\gamma} + \frac{\alpha_2 v_2^2}{2g} + h_{w3-2} \end{aligned}\right\} \tag{3-18}$$

对于分流情况(见图 3-10(b)),可建立 1—1 断面与 2—2 断面和 1—1 断面与 3—3

断面的能量方程如下

$$\left.\begin{aligned} z_1 + \frac{p_1}{\gamma} + \frac{\alpha_1 v_1^2}{2g} &= z_2 + \frac{p_2}{\gamma} + \frac{\alpha_2 v_2^2}{2g} + h_{w1-2} \\ z_1 + \frac{p_1}{\gamma} + \frac{\alpha_1 v_1^2}{2g} &= z_3 + \frac{p_3}{\gamma} + \frac{\alpha_3 v_3^2}{2g} + h_{w1-3} \end{aligned}\right\} \tag{3-19}$$

(二)能量方程的注意事项

为了更方便、快捷地应用能量方程解决实际问题,能量方程在应用时应注意以下几点:

(1)列能量方程必须按照“三选一列”的原则,三选,即选“1—1、2—2 两个过水断面”、选“计算点”、选“0 基准面”,一列,即对所选计算点列能量方程。

(2)1—1、2—2 两过水断面必须取在均匀流或渐变流段,而且要选在已知条件多处。一般计算点要选在水面或管轴线上。

(3)为简化计算,压强 p 一般采用相对压强,也可采用绝对压强,但须统一压强标准。

(4)不同过水断面的动能修正系数 α 不相等,且不等于 1.0。但实际计算中,为简化计算,一般取 $\alpha_1 = \alpha_2 = 1.0$。当行近流速水头较小时,可将其忽略不计。

(5)未知数多时可与连续方程和动量方程联解(后面讲动量方程)。

【例 3-3】 图 3-15 为水流经溢流坝前后的水流纵断面图。设坝的溢流段较长,上下游每米宽的流量相等。当坝顶水头为 1.5 m 时,上游 1—1 断面的流速 v_1 =0.8 m/s,坝址 2—2 断面的水深为 0.42 m,下游 3—3 断面处的水深为 2.2 m。

(1)分别求断面 1—1、2—2、3—3 处单位重量水体的势能、动能和总机械能。

(2)求断面 1—1 至断面 2—2 的水头损失和断面 2—2至断面 3—3 的水头损失。

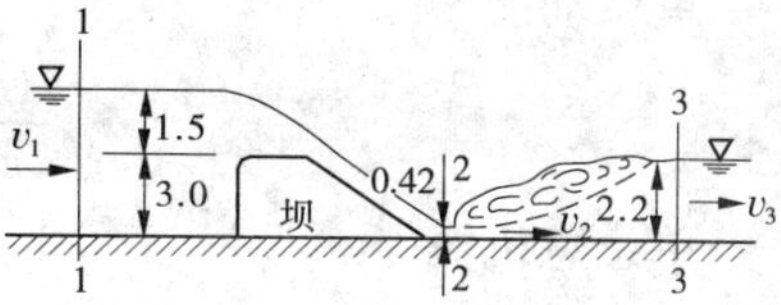

图 3-15 (单位:m)

解:(1)列 1—1 断面和 2—2 断面连续性方程

$$A_1 v_1 = A_2 v_2$$

$$v_2 = \frac{A_1 v_1}{A_2} = \frac{b h_1}{b h_2} v_1 = \frac{h_1}{h_2} v_1 = \frac{4.5}{0.42} \times 0.8 = 8.57(\mathrm{m/s})$$

列 1—1 断面和 3—3 断面连续性方程

$$A_1 v_1 = A_3 v_3$$

$$v_3 = \frac{A_1 v_1}{A_3} = \frac{b h_1}{b h_3} v_1 = \frac{h_1}{h_3} v_1 = \frac{4.5}{2.2} \times 0.8 = 1.64(\mathrm{m/s})$$

以河床底部为基准面,计算点选在自由表面上,取 $\alpha_1 = \alpha_2 = \alpha_3 = 1.0$,计算各断面能量。

1—1 断面:

单位势能

$$z_1 + \frac{p_1}{\gamma} = 4.5 + 0 = 4.5(\mathrm{m})$$

单位动能

$$\frac{v_1^2}{2g} = \frac{0.8^2}{19.6} = 0.032\ 6(\text{m})$$

单位总机械能

$$H_1 = z_1 + \frac{p_1}{\gamma} + \frac{v_1^2}{2g} = 4.5 + 0.032\ 6 = 4.53(\text{m})$$

2—2 断面:

单位势能

$$z_2 + \frac{p_2}{\gamma} = 0.42 + 0 = 0.42(\text{m})$$

单位动能

$$\frac{{v_2}^2}{2g} = \frac{8.57^2}{19.6} = 3.75(\text{m})$$

单位总机械能

$$H_2 = z_2 + \frac{p_2}{\gamma} + \frac{{v_2}^2}{2g} = 0.42 + 3.75 = 4.17(\text{m})$$

3—3 断面:

单位势能

$$z_3 + \frac{p_3}{\gamma} = 2.2 + 0 = 2.2(\text{m})$$

单位动能

$$\frac{{v_3}^2}{2g} = \frac{1.64^2}{19.6} = 0.137(\text{m})$$

单位总机械能

$$H_3 = z_3 + \frac{p_3}{\gamma} + \frac{{v_3}^2}{2g} = 2.2 + 0.137 = 2.34(\text{m})$$

(2)计算水头损失

$$h_{w1-2} = H_1 - H_2 = 4.53 - 4.17 = 0.36(\text{m})$$
$$h_{w2-3} = H_2 - H_3 = 4.17 - 2.34 = 1.83(\text{m})$$

【例 3-4】 一水位不变的敞口水箱,通过下部一条直径 $d = 200$ mm 的管道向外供水(见图 3-16),已知水箱水位与管道出口断面中心高差为 3.5 m,管道的水头损失为 3 m。试求管道出口的流速和流量。

解:设以通过出口断面的水平面 0—0 为基准面,选取水箱自由表面 1—1 断面和管道出口 2—2 断面作为计算断面,计算点分别选在 1—1 断面的水面上和 2—2 断面的轴线上,列 1—1 断面和 2—2 断面的能量方程

$$z_1 + \frac{p_1}{\gamma} + \frac{\alpha_1 {v_1}^2}{2g} = z_2 + \frac{p_2}{\gamma} + \frac{\alpha_2 {v_2}^2}{2g} + h_w$$

式中:$z_1 = 3.5$ m;$\frac{p_1}{\gamma} = 0$;$z_2 = 0$;$\frac{p_2}{\gamma} = 0$;$h_w = 3$ m。

由于水箱水面比管道出口断面大得多,其断面平均流速比管道出口平均流速小得多,

故可认为 $\frac{\alpha_1 v_1^2}{2g} \approx 0$,取 $\alpha_2 = 1.0$ 带入能量方程,得

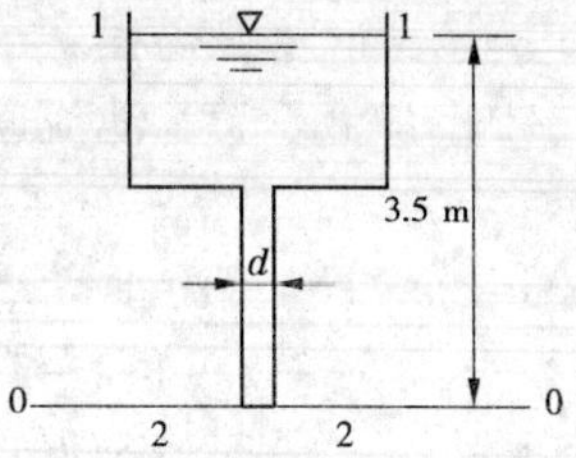

图 3-16

$$3.5 + 0 + 0 = 0 + 0 + \frac{v_2^2}{2g} + 3$$

整理后得 $$\frac{v_2^2}{2g} = 0.5$$

则管道出口流速为

$$v_2 = \sqrt{2g \times 0.5} = \sqrt{2 \times 9.8 \times 0.5} = 3.13(\text{m/s})$$

管中流量为

$$Q = v_2 A_2 = v_2 \times \frac{\pi}{4}d^2 = 3.13 \times \frac{3.14}{4} \times 0.2^2 = 0.098\ 3(\text{m}^3/\text{s})$$

【例 3-5】 一水泵(见图 3-17)的抽水量 $Q = 30$ L/s,吸水管的直径 $d = 150$ mm,水泵进口允许真空值 $p_v = 6.8$ m,吸水管内的水头损失 $h_w = 1.0$ m。试求此水泵在水面上的安装高度 h_s。

解:取水池 1—1 断面为基准面,以 1—1 断面和水泵进口处 2—2 断面作为计算断面,计算点分别选在水池水面和 2—2 断面的中心点上,列出其能量方程

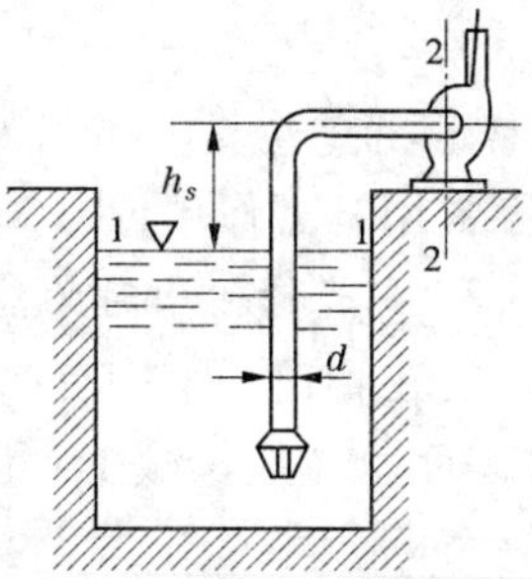

图 3-17

$$z_1 + \frac{p_1}{\gamma} + \frac{\alpha_1 v_1^2}{2g} = z_2 + \frac{p_2}{\gamma} + \frac{\alpha_2 v_2^2}{2g} + h_{w1-2}$$

式中:$z_1 = 0$;$\frac{\alpha_1 v_1^2}{2g} \approx 0$;$z_2 = h_s$;取 $\alpha_2 = 1.0$。

按相对压强计算

$$\frac{p_1}{\gamma} = 0;\frac{p_2}{\gamma} = -6.8\ \text{m}$$

将以上条件代入能量方程

$$0 + 0 + 0 = h_s - 6.8 + \frac{v_2^2}{2g} + h_{w1-2}$$

$$v_2 = \frac{Q}{A_2} = \frac{Q}{\frac{\pi}{4}d^2} = \frac{0.03}{\frac{3.14}{4} \times 0.15^2} = 1.699(\text{m/s})$$

所以水泵安装高度 $$h_s = 6.8 - \frac{1.699^2}{2 \times 9.8} - 1.0 = 5.653(\text{m})$$

(三)有能量输入与输出的能量方程

在实际工程中,有时会遇到沿程两个断面有能量输入与输出的情况,如水泵向水流提供能量把水提到一定高度,水轮机从水流获得能量,带动发电机发电等。

1. 有能量输入时的能量方程

若在管道系统中有一水泵(见图 3-18),水泵工作时,通过水泵叶片转动对水流作功,使水流能量增加。设单位重量水体通过水泵后所获得的外加能量为 H_t,则总流的能量方程(3-13)改为

$$H_1 + H_t = H_2 + h_{w1-2} \tag{3-20}$$

式中　H_t——水泵扬程。

当不计上下游水池流速时,有

$$H_t = z + h_{w1-2} \tag{3-21}$$

式中　z——上、下游水位差;

h_{w1-2}——1—1、2—2 断面之间(不包括水泵)全部管道的水头损失。

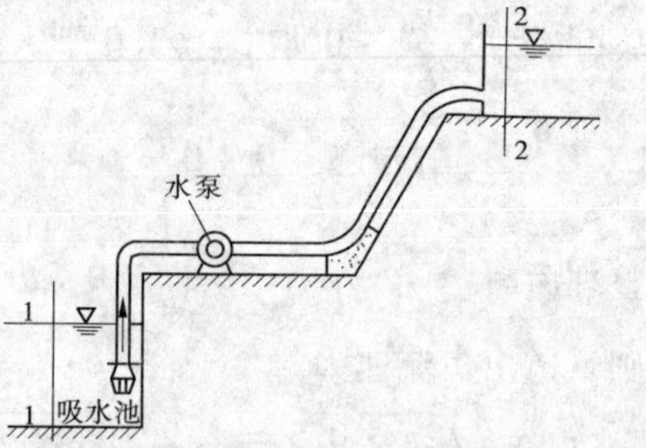

图 3-18

单位时间内动力机械给予水泵的功称为水泵的轴功率,用 N_P 表示。设单位时间内通过水泵的水流重量为 γQ,那么在单位时间内水泵获得的总能量为 γQH_t,称为水泵的有效功率。由于水流通过水泵时有漏损和水头损失,再加上水泵本身的机械磨损,所以水泵的有效功率小于轴功率。两者的比值称为水泵的效率 η_p,因此有

$$N_P = \gamma Q \frac{H_t}{\eta_p} \tag{3-22}$$

式中:γ 的单位是 N/m^3, Q 的单位是 m^3/s, H_t 的单位是 m, N_P 的单位是 W(即 N · m/s)。功率常用马力作单位,1 马力 =735 W。

2. 有能量输出时的能量方程

若在管道系统中有一水轮机(见图 3-19),由于水流驱使水轮机转动,对水力机械作功,因而水流能量减少。设单位重量水体给予水轮机的能量为 H_t,则总流的能量方程为

$$H_1 - H_t = H_2 + h_{w1-2} \tag{3-23}$$

式中　H_t——水轮机的作用水头;

h_{w1-2}——1—1、2—2 断面之间全部管道的水头损失,但不包括水轮机系统内部的能量损失。

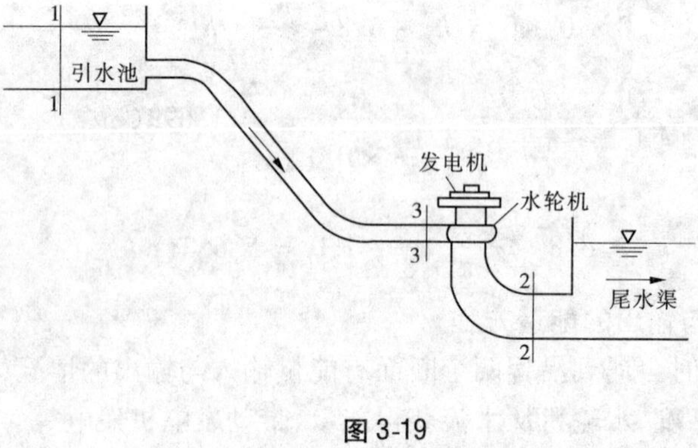

图 3-19

由水轮机主轴发出的功率又称为水轮机的出力 N_t。设单位时间内通过水轮机的水流总重量为 γQ,那么单位时间内水流对水轮机作用的总能量为 γQH_t。由于水流通过水轮机时有漏损和水头损失,再加上水轮机本身的机械磨损,所以水轮机的出力要小于水流

给水轮机的功率。两者的比值称为水轮机的效率，用 η_t 表示，因此有

$$N_t = \eta_t \gamma Q H_t \tag{3-24}$$

式中：γ 的单位是 N/m³，Q 的单位是 m³/s，H_t 的单位是 m，N_t 的单位是 W（即 N · m/s）。

二、能量方程的应用举例

如何利用能量方程式来分析和解决具体水力学问题，以下通过几个应用实例来说明。

（一）毕托管测流速

毕托管是一种常用的测量流体点流速的仪器，用以量测流速水头和流速。它是亨利 · 毕托在 1703 年首创的，其测量原理就是能量的转化和守恒原理。若在运动液体（如管流）中放置一根测速管，如图 3-20 所示，它是弯成直角的两端开口的细管，一端正对来流，置于测定点 B 处，另一端垂直向上。由于测速管的阻滞流速等于零，B 点的运动质点动能全部转化为压能，使得测速管中液面升高至 $\frac{p'}{\gamma}$。常把 B 点称为滞止点或驻点。另一方面，在 B 点上游同一水平流线上相距很近的 A 点未受测速管的影响，流速为 u，其测压管高度 $\frac{p}{\gamma}$ 可通过同一过水断面壁上的测压管测定。应用恒定流理想液体沿流线的伯诺里方程于 A、B 两点，由于 A、B 两点很近，忽略水头损失，则有

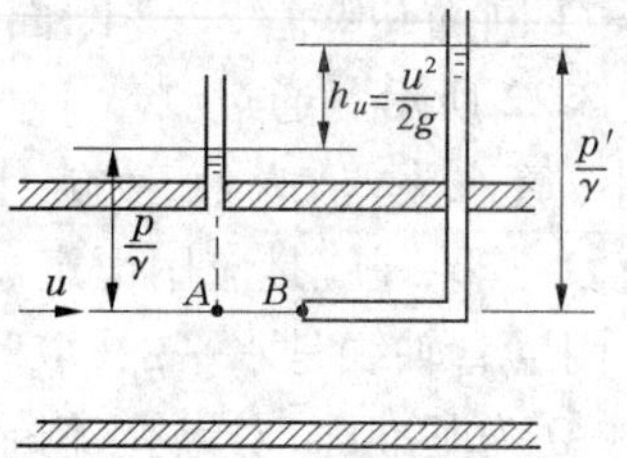

图 3-20

$$\frac{p}{\gamma} + \frac{u^2}{2g} = \frac{p'}{\gamma}$$

整理得

$$\frac{u^2}{2g} = \frac{p'}{\gamma} - \frac{p}{\gamma} = h_u \tag{3-25}$$

由此说明了流速水头等于两测速管的液面差 h_u。这是流速水头几何意义的另一种解释。

由式（3-25）得流速

$$u = \sqrt{2g\frac{p'-p}{\gamma}} = \sqrt{2gh_u} \tag{3-26}$$

根据这个原理，可将测压管与测速管组合制成一种测定点流速的仪器，称为毕托（H. Pitot）管。其构造如图 3-21 所示，其中与前端迎流孔相通的是测速管，与侧面顺流孔（一般有 4 ~ 8 个）相通的是测压管。考虑到实际液体从前端小孔至侧面小孔的黏性效应，还有毕托管放入后对流场的干扰，以及前端小孔实测到的流速与测压管高度 $\frac{p'}{\gamma}$ 不是一点的值，而是小孔截面的平均值，会造成一定误差，所以引入修正系数 ζ，即

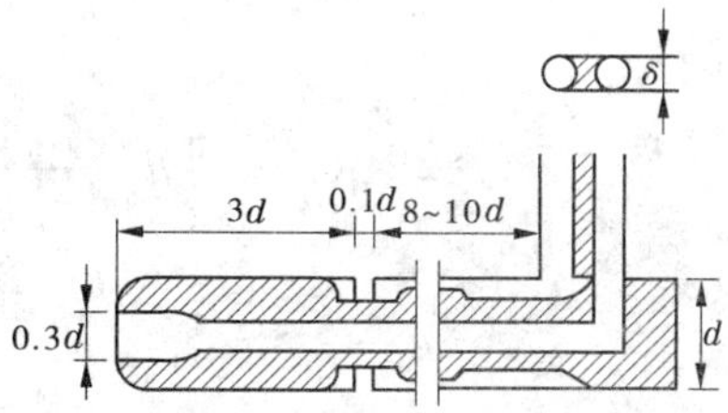

图 3-21

$$u = \zeta\sqrt{2g\frac{p'-p}{\gamma}} = \zeta\sqrt{2gh_u} \tag{3-27}$$

式中 ζ 值由试验测定，一般为 0.98 ~ 1.0。

(二)文德里流量计与文德里量水槽*

1. 文德里流量计

文德里流量计是用于测量管道中流量大小的一种装置，包括收缩段、喉管和扩散段三部分，安装在需要测定流量的管道中。在收缩段进口前 1—1 断面和喉管 2—2 断面分别安装测压管，如图 3-22 所示。通过测量 1—1 断面和 2—2 断面测压管水头差 Δh 值，就能计算出管道通过的流量 Q，其原理就是应用恒定总流的能量方程。

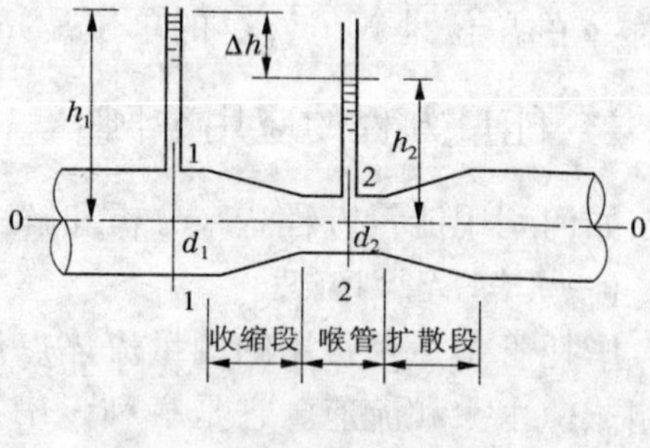

图 3-22

因为管轴线是水平的，取管轴线所在的水平面 0—0 为基准面，对渐变流断面 1—1、2—2 列能量方程（取 $\alpha_1 = \alpha_2 = 1.0$，暂不考虑水头损失），有

$$0 + \frac{p_1}{\gamma} + \frac{v_1^2}{2g} = 0 + \frac{p_2}{\gamma} + \frac{v_2^2}{2g} + 0$$

式中 $\frac{p_1}{\gamma} = h_1$，$\frac{p_2}{\gamma} = h_2$，$h_1 - h_2 = \Delta h$，则

$$\frac{p_1}{\gamma} - \frac{p_2}{\gamma} = \frac{v_2^2}{2g} - \frac{v_1^2}{2g} = \Delta h \tag{a}$$

根据连续性方程，有

$$v_2 = \frac{A_1 v_1}{A_2} = \left(\frac{d_1}{d_2}\right)^2 v_1 \tag{b}$$

将式(b)代入式(a)，得

$$\Delta h = \frac{v_1^2}{2g}\left[\left(\frac{d_1}{d_2}\right)^4 - 1\right]$$

整理后得

$$v_1 = \frac{1}{\sqrt{\left(\frac{d_1}{d_2}\right)^4 - 1}}\sqrt{2g\Delta h}$$

因此

$$Q = A_1 v_1 = \frac{\pi}{4} d_1^2 \frac{1}{\sqrt{\left(\frac{d_1}{d_2}\right)^4 - 1}}\sqrt{2g\Delta h} = \frac{\pi d_1^2 d_2^2}{4\sqrt{d_1^4 - d_2^4}}\sqrt{2g\Delta h}$$

令

$$K = \frac{\pi d_1^2 d_2^2}{4\sqrt{d_1^4 - d_2^4}}\sqrt{2g}$$

则

$$Q = K\sqrt{\Delta h} \tag{3-28}$$

实际上，液体存在水头损失，通过文德里流量计的实际流量要比式(3-28)理论计算出的流量偏小。通常给式(3-28)乘以一个小于 1 的修正系数 μ 来修正，则实际流量为

$$Q = \mu K\sqrt{\Delta h} \tag{3-29}$$

式中　μ——文德里流量计的流量系数，一般为0.95～0.98。

如果1—1、2—2断面的动水压强很大，这时可在文德里管上直接安装水银压差计(见图3-23)。由压差计原理可知

$$\frac{p_1}{\gamma}-\frac{p_2}{\gamma}=\frac{\gamma_m-\gamma}{\gamma}\Delta h=12.6\Delta h$$

这样

$$Q=\mu K\sqrt{12.6\Delta h} \tag{3-30}$$

式中　Δh——水银压差计两支管中水银面的高差。

【例3-6】　有一文德里管如图3-24所示，若水银压差计的指示为360 mmHg，并设从截面A流到截面B的水头损失为0.2 m水头。$d_1=300$ mm，$d_2=150$ mm。试求此时通过文德里管的流量是多少。

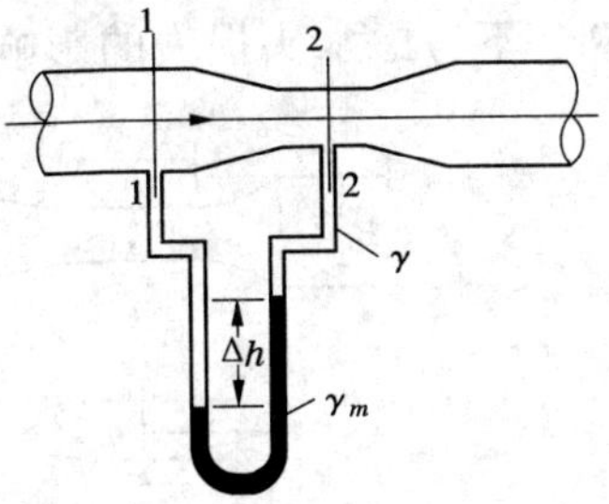

图3-23

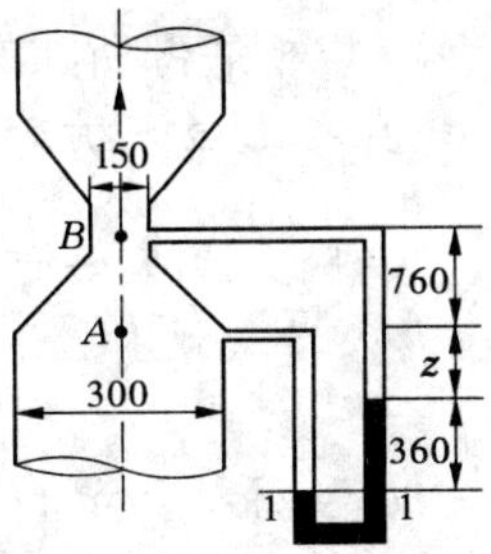

图3-24　(单位:mm)

解：以截面A为基准面列出截面A和截面B的伯诺里方程

$$0+\frac{p_A}{\gamma}+\frac{v_A^2}{2g}=0.76+\frac{p_B}{\gamma}+\frac{v_B^2}{2g}+h_w$$

由此得

$$\frac{p_A}{\gamma}-\frac{p_B}{\gamma}=\frac{v_B^2}{2g}-\frac{v_A^2}{2g}+0.76+0.2 \qquad ①$$

由连续性方程

$$v_AA_A=v_BA_B$$

$$v_A=v_B\frac{A_B}{A_A}=v_B\left(\frac{d_B}{d_A}\right)^2 \qquad ②$$

水银压差计1—1为等压面，则有

$$p_A+(z+0.36)\gamma=p_B+(0.76+z)\gamma+0.36\gamma_{汞}$$

$$\frac{p_A}{\gamma}-\frac{p_B}{\gamma}=0.76-0.36+0.36\times\frac{\gamma_{汞}}{\rho g}=0.40+0.36\times\frac{133\ 400}{9\ 806}=5.3(\mathrm{mH_2O}) \qquad ③$$

将式③和式②代入式①中得

$$5.3=\frac{v_B^2}{2g}\left[1-\left(\frac{d_B}{d_A}\right)^4\right]+0.96$$

解得

$$v_B = \sqrt{\frac{2g(5.3-0.96)}{1-\left(\frac{d_B}{d_A}\right)^4}} = \sqrt{\frac{2\times 9.80\times(5.3-0.96)}{1-\left(\frac{0.15}{0.3}\right)^4}} = 9.53(\mathrm{m/s})$$

$$Q = v_B\frac{\pi}{4}d_B^2 = 9.53\times\frac{\pi}{4}\times 0.15^2 = 0.168(\mathrm{m^3/s})$$

2. 文德里量水槽

文德里量水槽用来量测渠道和河道中的流量，它的形状与文德里管相似，由上游做成喇叭口的收缩段、中间束窄的喉管以及下游放宽到原有渠道的扩散段三部分组成（见图 3-25）。两者的区别在于：在文德里管中，喉管部分压能转化为动能，通过量测由此产生的压力差来确定流量；而在文德里量水槽中，是位能转化为动能，通过量测由此产生的水位差来确定流量。下面来分析文德里量水槽的原理。如图 3-25 所示，令 1—1 断面为收缩段进口，2—2 断面为最小的喉管断面，两断面的水宽、渠宽、断面平均流速分别为 h_1、B_1、v_1 和 h_2、B_2、v_2。以槽底部所在的水平面为基准，不考虑水头损失的影响，取 $\alpha_1 = \alpha_2 = 1.0$，对断面 1—1、2—2 写能量方程，有

$$h_1 + \frac{v_1^2}{2g} = h_2 + \frac{v_2^2}{2g}$$

因为

$$v_1 = \frac{Q}{A_1}, v_2 = \frac{Q}{A_2}$$

所以

$$h_1 + \frac{Q^2}{2gA_1^2} = h_2 + \frac{Q^2}{2gA_2^2}$$

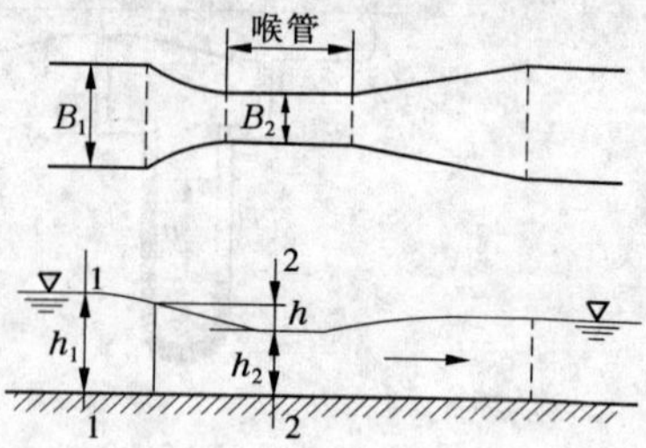

图 3-25

整理后得

$$Q = A_2\sqrt{\frac{2g(h_1-h_2)}{1-\left(\frac{A_2}{A_1}\right)^2}}$$

将 $A_1 = B_1h_1, A_2 = B_2h_2, h = h_1 - h_2$ 代入上式，得

$$Q = B_2h_2\sqrt{\frac{2gh}{1-\left(\frac{B_2h_2}{B_1h_1}\right)^2}} \tag{3-31}$$

考虑到水头损失的影响，对式(3-31)进行修正。以 μ 表示文德里量水槽的流量系数，一般取 0.96 ~ 0.99。则

$$Q = \mu B_2h_2\sqrt{\frac{2gh}{1-\left(\frac{B_2h_2}{B_1h_1}\right)^2}} \tag{3-32}$$

第五节　恒定总流的动量方程

利用前面介绍的连续性方程和能量方程，已经能够解决许多实际水力学问题，但对于

某些较复杂的水流运动问题，尤其是涉及到计算水流与固体边界间的相互作用力问题，如水流作用于闸门的动水总压力，以及水流经过弯管时，对管壁产生的作用力等计算问题，用连续性方程和能量方程则无法求解，而必须建立动量方程来解决这些问题。

动量方程实际上就是物理学中的动量定理在水力学中的具体体现，它反映了水流运动时动量变化与作用力间的相互关系，其特点是可避开计算急变流范围内水头损失这一复杂的问题，使急变流中的水流与边界面之间的相互作用力问题较方便地得以解决。

一、动量方程式的推导及注意事项

(一)动量方程式的推导

由物理学可知，动量定理可表述为：运动物体在单位时间内动量的变化量等于物体所受各外力的合力。下面根据动量定理，推导恒定总流的动量方程。在不可压缩的恒定流中，截取一渐变流流段1—2(见图3-13)。设1—1断面的过水断面面积为A_1，平均流速为v_1，2—2断面的过水断面面积为A_2，平均流速为v_2。取坐标如图3-13所示，经过dt时段后，流段由原来的1—2位置运动到了新的位置1′—2′处，从而动量发生了变化。设其动量的变化为dK，它应等于时段末流段1′—2′的动量$K_{1'-2'}$与时段初流段1—2的动量K_{1-2}之差。则

$$\mathrm{d}K = K_{1'-2'} - K_{1-2} = (K_{1'-2} + K_{2-2'}) - (K_{1-1'} + K_{1'-2}) = K_{2-2'} - K_{1-1'}$$

如按平均流速计算任意断面的动量就等于通过断面的质量ρQ乘以平均流速v，即ρQv。但实际断面上的流速是不均匀的，而按实际流速通过断面的动量，应对所有微小流速的动量$\rho \mathrm{d}Qu$进行积分才能求得实际总流动量，研究表明按平均流速通过的动量ρQv并不等于实际动量，需引入一个动量修正系数β来加以修正才能相等，即

$$\int_Q \rho \mathrm{d}Qu = \int_A \rho u \mathrm{d}Au = \int_A \rho\beta v \mathrm{d}Av = \beta\rho vv\int_A \mathrm{d}A = \beta\rho vvA = \beta\rho Qv \tag{3-33}$$

由此

$$\beta = \frac{\int_A u^2 \mathrm{d}A}{Qv} = \frac{\int_A u^2 \mathrm{d}A}{v^2 A}$$

由此可见，动量修正系数是表示单位时间内通过总流过水断面的单位质量液体实际动量与单位时间内以相应的断面平均流速通过的动量的比值。同样可以证明β值大于1，且其大小取决于过水断面的流速分布。通常在渐变流中$\beta = 1.02 \sim 1.05$。在工程实际中，为简便起见，一般采用$\beta = 1.0$。根据式(3-33)可知，在dt时段内：

从2—2断面流出的动量为

$$K_{2-2'} = \beta_2 \rho Q v_2 \mathrm{d}t$$

从1—1断面流进的动量为

$$K_{1-1'} = \beta_1 \rho Q v_1 \mathrm{d}t$$

则dt时段内1—1断面与2—2断面之间水体动量的变化量为

$$\mathrm{d}K = K_{2-2'} - K_{1-1'} = \beta_2 \rho Q v_2 \mathrm{d}t - \beta_1 \rho Q v_1 \mathrm{d}t$$

单位时间内1—1断面与2—2断面之间水体动量的变化量为

$$\frac{\mathrm{d}K}{\mathrm{d}t} = \frac{\beta_2 \rho Q v_2 \mathrm{d}t - \beta_1 \rho Q v_1 \mathrm{d}t}{\mathrm{d}t} = \beta_2 \rho Q v_2 - \beta_1 \rho Q v_1 = \rho Q(\beta_2 v_2 - \beta_1 v_1)$$

由动量定理知 $\frac{dK}{dt}$ 应等于1—1断面与2—2断面之间水体所受各外力的合力$\sum F$,则得

$$\sum F = \rho Q(\beta_2 v_2 - \beta_1 v_1) \tag{3-34}$$

式(3-34)即为恒定总流的动量方程。它表明,单位时间内作用于所研究总流流段上的所有外力,等于从总流流段下游断面流出的动量与上游断面流入的动量之差。式(3-34)为沿任意方向流动水流的动量方程,实际计算中需要将其投影到 x 、y 、z 三坐标轴方向上列动量方程,式(3-35)便是动量方程的投影式

$$\left.\begin{aligned}\sum F_x &= \rho Q(\beta_2 v_{2x} - \beta_1 v_{1x})\\ \sum F_y &= \rho Q(\beta_2 v_{2y} - \beta_1 v_{1y})\\ \sum F_z &= \rho Q(\beta_2 v_{2z} - \beta_1 v_{1z})\end{aligned}\right\} \tag{3-35}$$

式中的 v_{2x}、v_{2y}、v_{2z} 和 v_{1x}、v_{1y}、v_{1z} 分别为总流下游过水断面2—2和上游过水断面1—1的平均流速 v_2 和 v_1 在三个坐标方向上的投影。$\sum F_x$、$\sum F_y$、$\sum F_z$ 为作用在1—1断面与2—2断面间液体上的所有外力在三个坐标轴方向投影的代数和。

(二)列动量方程式的注意事项

(1)列动量方程必须按照"取、选、标"的原则。取,即取"脱离体";选,即选" x、y 坐标系";标,即在脱离体图上以箭头标注"力和速度"。在此基础上才可以列 x、y 方向的动量方程(一般有过水断面上的动水压力、脱离体的重力、固体边界表面对脱离体的作用力)。

(2)列 x、y 方向动量方程时,力和速度的投影与坐标轴方向一致取正,反之取负。

(3)选取脱离体时,1—1、2—2过水断面要取在渐变流段,且要已知条件多并包含待求量。过水断面的动量修正系数均可取1.0。

(4)列动量方程时,输入和输出的流量须相等,一定是流出的动量减去流入的动量。

(5)未知数多时,可与连续性方程和能量方程联解。

实际上,动量方程也可以推广应用于沿程水流有分支或汇合的情况。例如,对某一分叉管路(见图3-10(b)),可以把管壁以及上下游过水断面所组成的封闭段作为脱离体来应用动量方程。此时,对该脱离体建立 x 方向的动量方程应为

$$\rho Q_2 \beta_2 v_{2x} + \rho Q_3 \beta_3 v_{3x} - \rho Q_1 \beta_1 v_{1x} = \sum F_x \tag{3-36}$$

式中 v_{1x}、v_{2x}、v_{3x}——1—1、2—2、3—3三个过水断面上的平均流速在 x 方向的投影;

$\sum F_x$——作用于脱离体上的各外力的合力在 x 方向的投影。

同理可建立 y 方向的动量方程。

二、动量方程应用举例

【例3-7】 管路中一段水平放置的等截面弯管,直径 d 为200 mm,弯角为45°(见图3-26)。管中1—1断面的平均流速 v_1 =4 m/s,其形心处的相对压强 p_1 =1大气压。若不计管流的水头损失,求水流对弯管的作用力 R 。

解:按照"取、选、标"的原则,取渐变流过水断面1—1、2—2以及管内壁所围成的水

体为脱离体；选坐标系如图3-26所示；在脱离体上标注各力和速度箭头。R' 是弯管对水流的反作用力（与 R 等值反向），其方向可以先假设，求出结果为正则假设正确，为负则与假设反向。R'_x、R'_y 为 R' 在 x、y 轴上的分力。作用在两断面上的动水压力分别为 $P_1 = p_1A_1$，$P_2 = p_2A_2$。作用在控制面内的水流重力，因与所研究的水平面垂直，故不必考虑。总流的动量方程（3-34）在 x 轴与 y 轴上的投影为

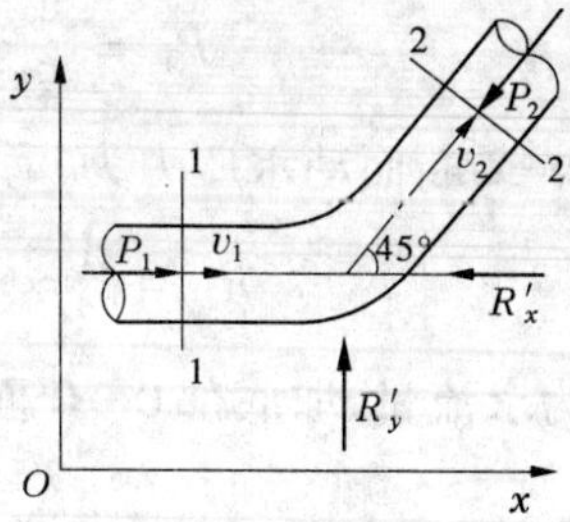

图 3-26

$$\left.\begin{aligned}\rho Q(\beta_2 v_2\cos45° - \beta_1 v_1) &= p_1A_1 - p_2A_2\cos45° - R'_x\\ \rho Q(\beta_2 v_2\sin45° - 0) &= 0 - p_2A_2\sin45° + R'_y\end{aligned}\right\}$$

则

$$\left.\begin{aligned}R'_x &= p_1A_1 - p_2A_2\cos45° - \rho Q(\beta_2 v_2\cos45° - \beta_1 v_1)\\ R'_y &= p_2A_2\sin45° + \rho Q\beta_2 v_2\sin45°\end{aligned}\right\} \qquad (a)$$

式中

$$Q = \frac{1}{4}\pi d^2 v_1 = \frac{1}{4} \times 3.14 \times 0.2^2 \times 4 = 0.126(\mathrm{m^3/s})$$

由 $A_1v_1 = A_2v_2$，得 $v_1 = v_2 = 4$ m/s 。

对断面1—1和断面2—2列能量方程得

$$p_2 = p_1 = 1\ \text{大气压} = 98\ \mathrm{kN/m^2}$$

则

$$p_2A_2 = p_1A_1 = p_1\frac{1}{4}\pi d^2 = 98 \times \frac{1}{4} \times 3.14 \times 0.2^2 = 3.077(\mathrm{kN})$$

取

$$\beta_1 = \beta_2 = 1$$

将它们代入式(a)得

$$R'_x = 3\,077 - 3\,077 \times \frac{\sqrt{2}}{2} - 1\,000 \times 0.126 \times 4 \times \left(\frac{\sqrt{2}}{2} - 1\right) = 1\,048.85(\mathrm{N}) = 1.05\ \mathrm{kN}$$

$$R'_y = 3\,077 \times \frac{\sqrt{2}}{2} + 1\,000 \times 0.126 \times 4 \times \frac{\sqrt{2}}{2} = 2\,532.15(\mathrm{N}) = 2.53\ \mathrm{kN}$$

R_x 与 R'_x，R_y 与 R'_y 分别大小相等，方向相反。则水流对弯管的作用力

$$R = \sqrt{R_x^2 + R_y^2} = \sqrt{1.05^2 + 2.53^2} = 2.74(\mathrm{kN})$$

【例3-8】 某溢流坝（见图3-27），上游渐变流断面1—1处的水深 $h_1 = 2$ m，下游渐变流断面2—2处的水深 $h_2 = 0.8$ m，若忽略水头损失，试求水流作用于1 m坝宽上的水平推力。

解：建立 x 轴坐标方向，并选取渐变流断面1—1、2—2之间水体为脱离体。脱离体内水体沿 x 轴方向所受的外力有：断面1—1、2—2上的动水压力 P_1 和 P_2；溢流坝对水流的作用力 F，它实际上是水流对溢流坝水平推力 F' 的反作用力。取动量修正系数 $\beta_1 = \beta_2 = 1.0$，列出 x 轴方向上的动量方程为

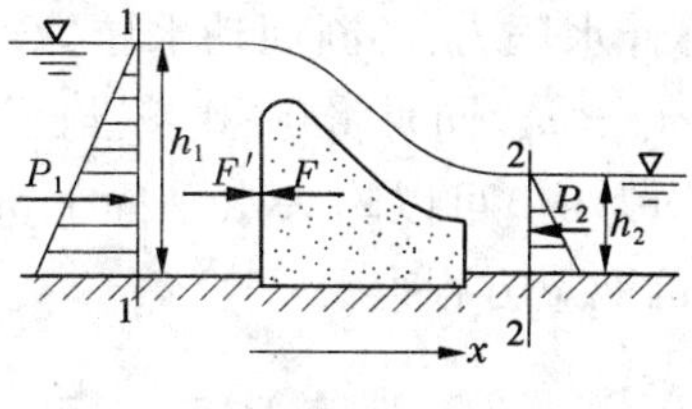

图 3-27

$$\rho Q(v_2 - v_1) = P_1 - P_2 - F$$

则

$$F = P_1 - P_2 - \rho Q(v_2 - v_1) \qquad (a)$$

1—1断面动水压力为

$$P_1 = \frac{1}{2}\gamma h_1^2 b = \frac{1}{2} \times 9.8 \times 2^2 \times 1 = 19.6(\text{kN})$$

2—2 断面动水压力为

$$P_2 = \frac{1}{2}\gamma h_2^2 b = \frac{1}{2} \times 9.8 \times 0.8^2 \times 1 = 3.136(\text{kN})$$

为求流量,取底部 0—0 面为基准面,列出 1—1 断面和 2—2 断面上的能量方程为

$$h_1 + \frac{v_1^2}{2g} = h_2 + \frac{v_2^2}{2g} \tag{b}$$

由连续性方程可得

$$v_2 = \frac{A_1}{A_2}v_1 = \frac{2}{0.8}v_1 = 2.5v_1 \tag{c}$$

将式(c)代入式(b),得 $2 + \frac{v_1^2}{2g} = 0.8 + \frac{(2.5v_1)^2}{2g}$

故

$$v_1 = \sqrt{\frac{2g \times (2 - 0.8)}{2.5^2 - 1}} = 2.12(\text{m/s})$$

$$v_2 = 2.5v_1 = 5.3(\text{m/s})$$

$$Q = v_1 A_1 = 2.12 \times 2 \times 1 = 4.24(\text{m}^3/\text{s})$$

将已求得的 P_1、P_2、v_1、v_2 及 Q 值代入式(a)得

$$F = 19.6 - 3.136 - 1 \times 4.24 \times (5.3 - 2.12) = 2.981(\text{kN})$$

因 F 为正值,说明所设 F 方向正确,所以作用于坝体上的水平推力 $F' = 2.981$ kN,方向与 F 相反。

【例 3-9】 水流从喷嘴中水平射向一相距不远的静止固体壁面,接触壁面后分成两股并沿其表面流动,其水平图如图 3-28 所示。设固壁及其表面液流对称于喷嘴的轴线。若已知喷嘴出口直径 d 为 40 mm,喷射流量 Q 为 0.025 2 m^3/s,求液流偏转角 θ 分别等于 60°、90°与 180°时射流对固壁的冲击力 R,并比较它们的大小。

解:利用动量方程求冲击力。取渐变流过水断面 0—0、1—1、2—2 以及液流边界面所围的水体为脱离体;选水平方向为 x 方向;将流速及固壁对水体的作用力 R' 标在图中。因液流对称于喷嘴的轴线,垂直方向的分力相互抵消掉,故 R' 位于喷嘴轴线上。因各过水断面较小,不计水压力,各断面动水压力近似为大气压,即 $p_1 = p_2 = p_3 = p_a$。同时将 0—0 基准面选在水平面,则位置高度 z 均为 0。可以略去水平面上液流的能量损失,则由总流的能量方程得

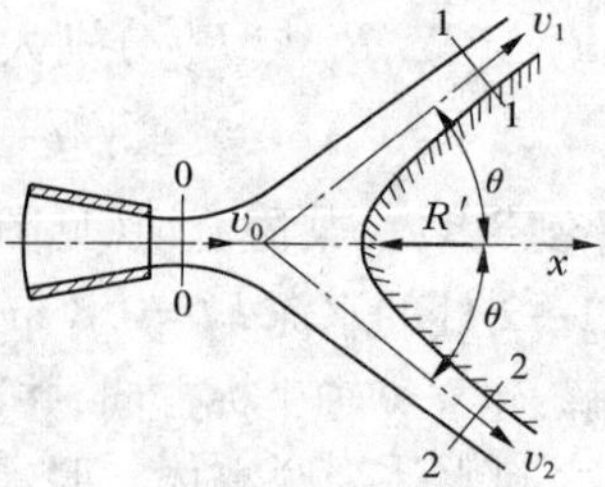

图 3-28

$$v_1 = v_2 = v_0 = \frac{Q}{\frac{1}{4}\pi d^2} = \frac{0.025\,2}{\frac{1}{4} \times 3.14 \times 0.04^2} = 20(\text{m/s})$$

因液流对称于 x 轴,故 $Q_1 = Q_2 = Q/2$。取 $\beta_1 = \beta_2 = 1$。总流的动量方程(3-34)在 x 轴上的投影为

$$\frac{\rho Q}{2}v_0\cos\theta + \frac{\rho Q}{2}v_0\cos\theta - \rho Q v_0 = -R'$$

得

$$R' = \rho Q v_0(1 - \cos\theta) \tag{a}$$

而 $R = -R'$,即两者大小相等,方向相反。

由式(a),当 $\theta = 60°$时

$$R = R' = 1\ 000 \times 0.025\ 2 \times 20 \times (1 - \cos 60°) = 252(\text{N})$$

当 $\theta = 90°$时

$$R = R' = 1\ 000 \times 0.025\ 2 \times 20 \times (1 - \cos 90°) = 504(\text{N})$$

当 $\theta = 180°$(固壁凹向射流)时

$$R = R' = 1\ 000 \times 0.025\ 2 \times 20 \times (1 - \cos 180°) = 1\ 008(\text{N})$$

由此可见,三种情况以 $\theta = 180°$(固壁凹向射流)时的 R 值最大。斗叶式水轮机的叶片形状就是根据这一原理设计的,以求获得最大的冲击力与输出功率。当然,此时叶片并不固定而是做圆周运动,有效作用力应由相对速度决定。

本章考试内容

记公式:$Q = v_1A_1 = v_2A_2$;$z_1 + \frac{p_1}{\gamma} + \frac{\alpha_1 v_1^2}{2g} = z_2 + \frac{p_2}{\gamma} + \frac{\alpha_2 v_2^2}{2g} + h_w$;$\sum F_x = \rho Q(\beta_2 v_{2x} - \beta_1 v_{1x})$。

会计算:Q、v、p、P、F_x、F_y。

记概念:流线、迹线、元流(微小流束)、总流、过水断面、流量、断面平均流速;恒定流与非恒定流;均匀流、渐变流及其特征,动水压强分布规律;水头线、水力坡度与水头损失。

技能训练题

3-1 流线法和迹线法都是用来描述液体运动的,两者有何区别?

3-2 流线和迹线的区别在哪里?

3-3 有人认为均匀流和渐变流一定是恒定流,急变流一定是非恒定流,这种说法对吗? 为什么?

3-4 有一变直径圆管,已知1—1断面和2—2断面的直径分别是 d_1 和 d_2。当两断面平均流速之比为1:2时,其直径成什么比例?

3-5 某给水管路的直径 $d = 200$ mm,若每小时通过水的体积为300 m^3,试求管内流量及断面平均流速。

3-6 某管道如图3-29所示,已知过水断面上流速分布为 $u = u_{max}\left[1 - \left(\frac{r}{r_0}\right)^2\right]$,$u_{max}$ 为管轴线处的最大流速,r_0 为圆管半径,u 是距管轴线 r 处的流速。试求管道的断面平均流速 v。

3-7 如图3-30所示一压力管中,已知 $d_1 = 200$ mm,$d_2 = 150$ mm,$d_3 = 100$ mm,第三段管中的平均流速 $v_3 = 2$ m/s。试求管中的流量 Q 及断面平均流速 v。

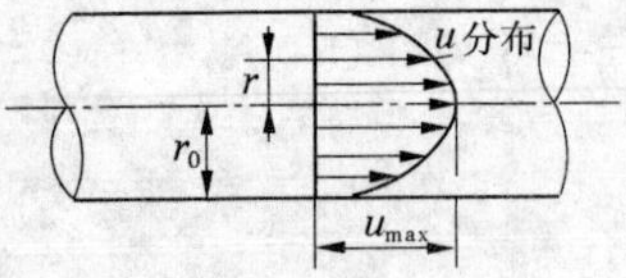

图 3-29

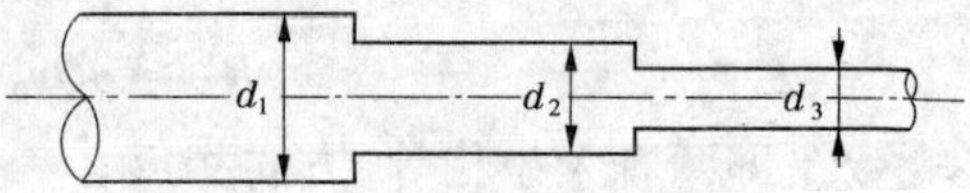

图 3-30

3-8 有一倾斜放置的渐变管如图 3-31 所示，$A—A$、$B—B$ 两个过水断面形心点的高差为 1.0 m。$A—A$ 断面管径 $d_A = 150$ mm，形心点 $p_A = 68.5$ kN/m^2。$B—B$ 断面管径 $d_B = 300$ mm，形心点 $p_B = 58$ kN/m^2，断面平均流速 $v_B = 1.5$ m/s。试求：(1)管中水流的方向；(2)两断面之间的能量损失；(3)通过管道的流量。

3-9 如图 3-32 某水管，已知管径 $d = 100$ mm，当阀门全关时，压力计读数为 0.5 大气压。当阀门开启后，保持恒定流，压力计读数降至 0.2 大气压。若压力计前段的水头损失为 $2\dfrac{v^2}{2g}$，试求管中的流速和流量。

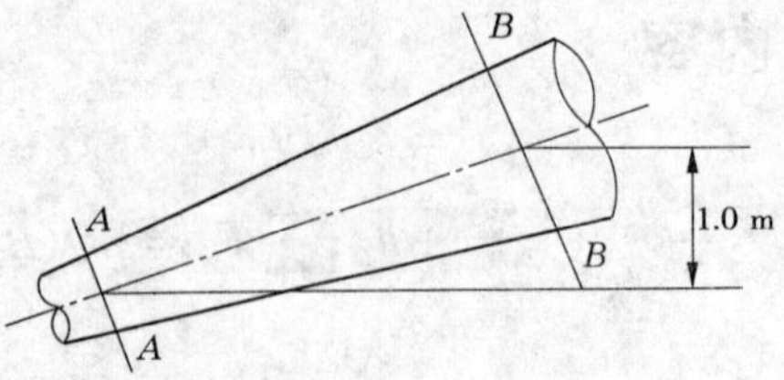

图 3-31

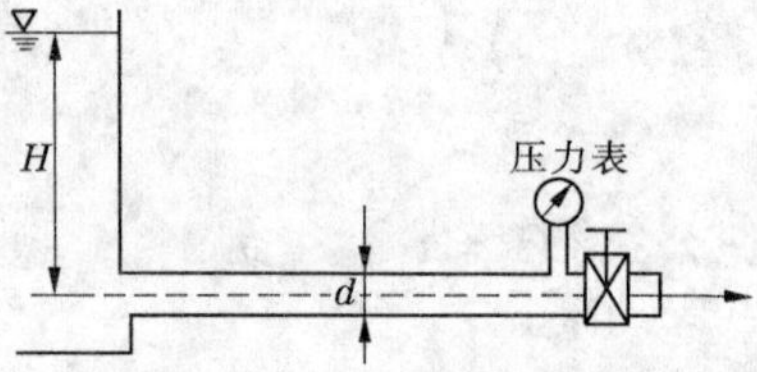

图 3-32

3-10 水轮机的锥形尾水管如图 3-33 所示。已知 $A—A$ 断面管径 $d_A = 0.6$ m，断面平均流速 $v_A = 5$ m/s。出口 $B—B$ 断面管径 $d_B = 0.9$ m，由 A 到 B 的水头损失为 $0.2\dfrac{v_A^2}{2g}$。试求当 $z = 5$ m 时，$A—A$ 断面的真空度。

3-11 某泵站的吸水管路如图 3-34 所示。已知管径 $d = 150$ mm，流量 $Q = 40$ L/s，水头损失(包括进口)为 1.0 m。若限制水泵进口前 $A—A$ 断面的真空度不超过 7 m 水柱，试确定水泵的最大安装高度 h_s。

3-12 图 3-35 所示为一水平安装的文德里流量计。已知管道 1—1 断面压强水头 $\dfrac{p_1}{\gamma} = 1.1$ m，管径 $d_1 = 100$ mm，喉管 2—2 断面压强水头 $\dfrac{p_2}{\gamma} = 0.4$ m，管径 $d_2 = 50$ mm，水头损失 $h_w = 0.3\dfrac{v_1^2}{2g}$。试求：(1)通过管道的流量 Q；(2)该文德里流量计的流量系数 μ。

3-13 图 3-36 为一倾斜安装的文德里流量计。管轴线与水平面的夹角为 α。已知管道直径 $d_1 = 150$ mm，喉管直径 $d_2 = 100$ mm。今测得水银压差计的液面差 $\Delta h = 20$ cm，不计水头损失。试求：(1)通过管道的流量 Q；(2)若改变倾斜角度 α 值，问通过管道的流量 Q 是否变化？为什么？

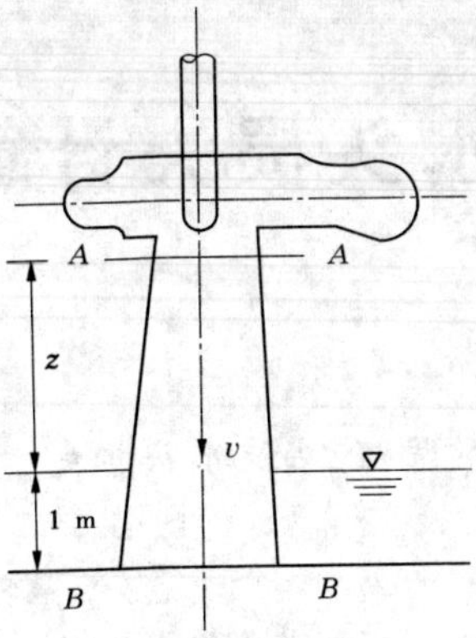

图 3-33

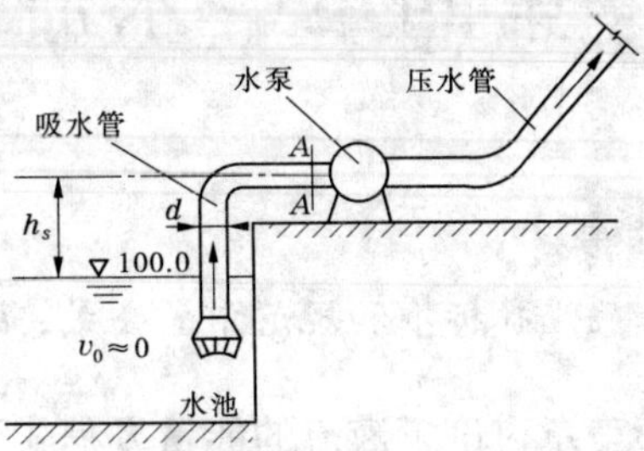

图 3-34

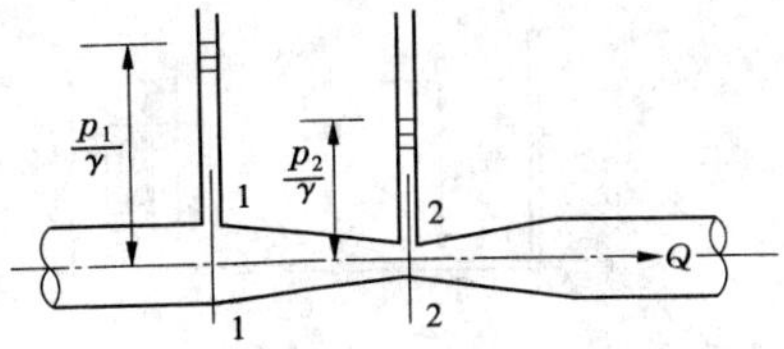

图 3-35

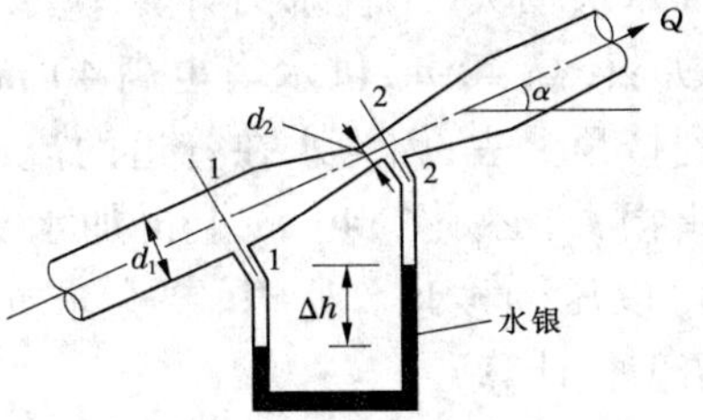

图 3-36

3-14 水流经过变直径弯管从 A 管流入 B 管，管轴线位于同一水平面内，流量 Q = 150 L/s，弯管转角 $\alpha = 45°$，如图 3-37 所示，已知 A 管直径 d_A = 250 mm，A—A 断面形心点相对压强 p_A = 150 kN/m^2。B 管直径 d_B = 200 mm，若不计水头损失，试求水流对弯管的作用力。

3-15 某压力输水管路的渐变段由镇墩固定，管道水平放置，管径由 d_1 = 1.5 m 渐缩到 d_2 = 1.0 m，如图 3-38 所示。若 1—1 断面形心点相对压强 p_1 = 392 kN/m^2，通过的流量 Q = 1.8 m^3/s，不计水头损失，试确定镇墩所受的轴向推力。如果考虑水头损失，其轴向推力是否改变？

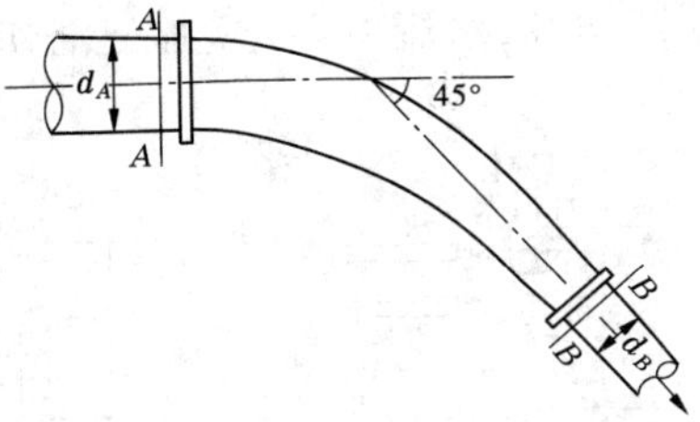

图 3-37

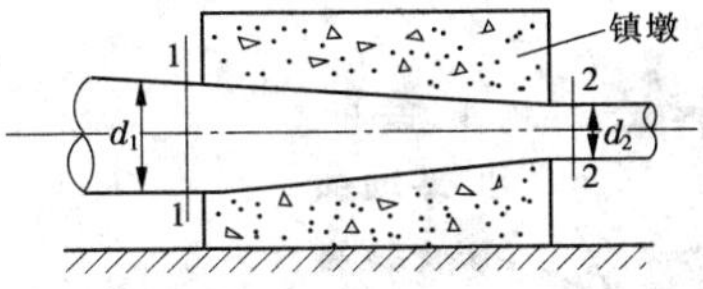

图 3-38

第四章　水流型态与水头损失计算

职业技能

正确选择标准和规范中的公式，熟练计算工程中的管流、渠流水头损失。

第三章讨论了液流的能量方程式。能量方程式中的 h_w 表示单位重量的水流在流动过程中产生的水头损失，工程水力计算中要求会计算 h_w。如：楼高 40 m，供水塔也高 40 m，水肯定压不到楼顶上去，因为水在管道的流动过程中有水头损失，必须在 40 m 上再加水头损失 h_w 水才可以压到楼顶。所以，要会求 h_w。本章将介绍怎样计算h_w。

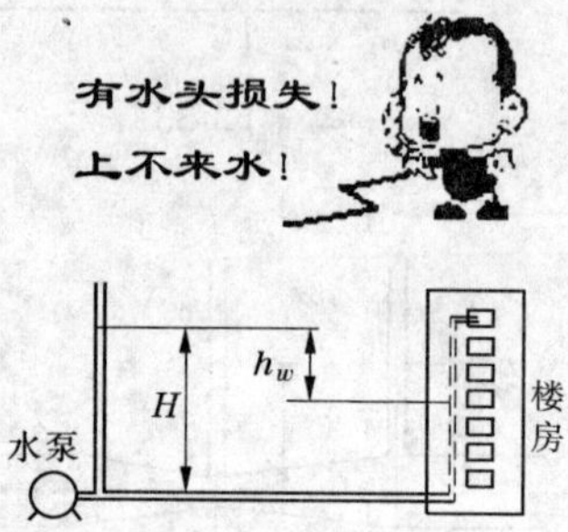

第一节　水头损失根源、分类及边界影响

一、水头损失根源及分类

第一章已讨论了实际液体与理想液体，因为实际液体总存在黏滞切应力 $\tau=\mu\dfrac{\mathrm{d}u}{\mathrm{d}y}$，$\tau$ 总是阻碍水流的相对运动，所以 τA（A 为表面积）又称为水流的摩擦阻力，如图 4-1(a) 所示。水流要保持流动就要克服摩擦阻力作功而损耗一部分液流的机械能，损耗的能量转化为热能、声能而散失，所以实际液体总是存在水头损失。而理想液体过水断面的流速在流速的垂直方向上无变化，如图 4-1(b) 所示，$\tau=\mu\dfrac{\mathrm{d}u}{\mathrm{d}y}=0$，水流不必为克服黏滞切应力而

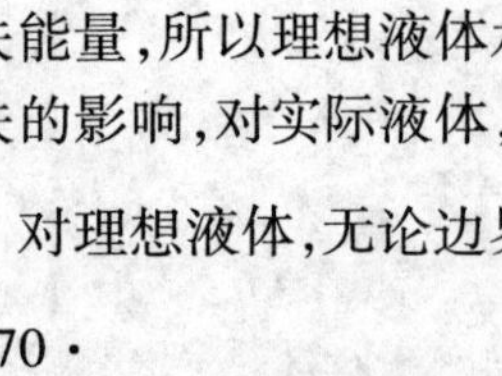

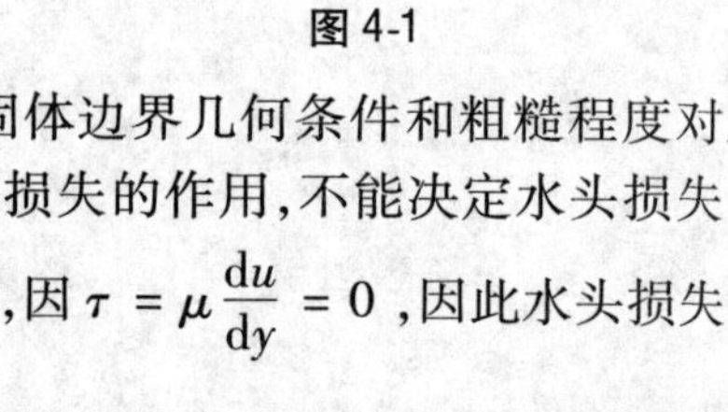

图 4-1

损失能量，所以理想液体水头损失总是为 0。至于固体边界几何条件和粗糙程度对水头损失的影响，对实际液体，只能起到增大或减小水头损失的作用，不能决定水头损失的有无。对理想液体，无论边界条件怎样变化、怎样粗糙，因 $\tau=\mu\dfrac{\mathrm{d}u}{\mathrm{d}y}=0$，因此水头损失总是

为0，所以水头损失的根源是液体的黏滞性，有黏滞性就有水头损失，无黏滞性就无水头损失。根据水流流动类型把水头损失分为两类，一类发生在均匀流中，均匀流总是发生在长直且形状尺寸沿流程不变的固体边界上，在这种边界上产生的水头损失沿程都有，并随流程长度增加，所以把均匀流中的水头损失叫做沿程水头损失，并用 h_f 表示。如输水管道、隧洞和河渠中的均匀流流段内的水头损失，就是沿程水头损失。另一类发生在急变流中，因为急变流总是发生在固体边界发生突变的局部范围，所以把发生在急变流中的水头损失叫做局部水头损失，用 h_j 表示。当固体边界形状、尺寸或方向发生突变时，在突变处水流会脱离边界，并在水流与边界之间产生旋涡，形成急变流，如图 4-2 所示，水流旋涡使水头损失增大，如过水断面突然扩大、突然缩小，转弯，阀门等处的水头损失就是局部水头损失。为简化计算，认为 h_j 是发生在突变断面上而不是局部，所以急变流不占有管道的长度，因此在计算沿程水头损失时，整个管道长度中的水流都视为均匀流，如图 4-3 所示。至于渐变流中的水头损失，可以分成若干流段，使流段内断面尺寸变化较小，近似按均匀流计算，第七章会有介绍。综上所述：

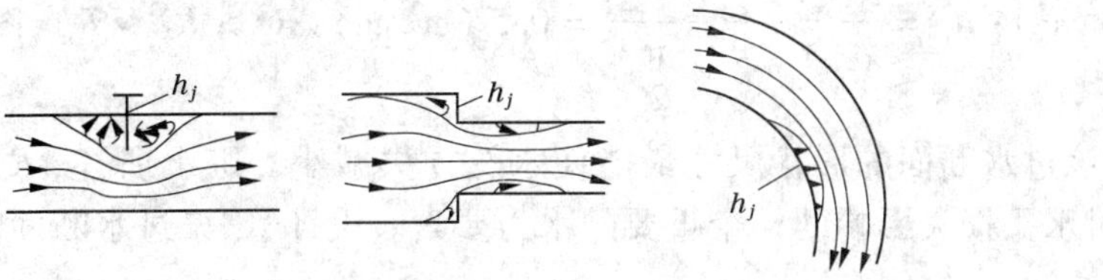

图 4-2

水头损失 $$h_w = \sum h_f + \sum h_j \tag{4-1}$$

式中 h_w——总流中平均每单位重量液体在整个流程中的水流能量损失，简称水头损失；

$\sum h_f$——总流中平均每单位重量液体在流程中各均匀流段的沿程水头损失之和；

$\sum h_j$——总流中平均每单位重量液体在流程中各种局部水头损失之和。

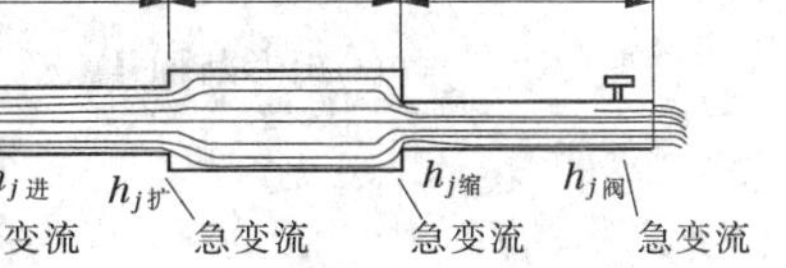

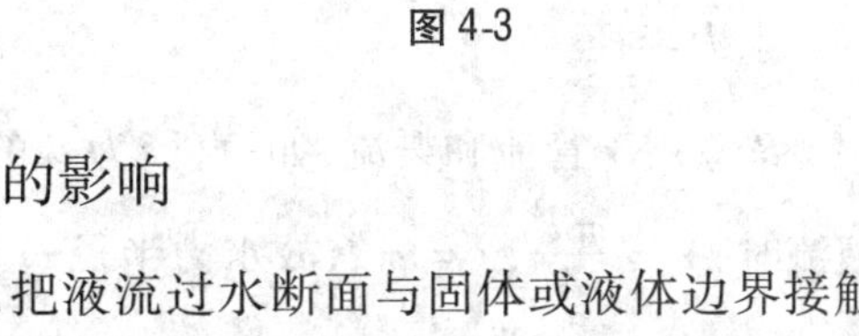

图 4-3

图 4-3 中：$h_w = \sum_{n=1}^{3} h_{fn} + \sum_{n=1}^{4} h_{jn}$。

二、边界横断面形状、尺寸对水头损失的影响

为研究边界横断面周界对水头损失的影响，把液流过水断面与固体或液体边界接触的周界叫做湿周，用 χ 表示，如管、渠与固体有接触的过水断面周界，以及在液流中取一流束，流束的过水断面周界，都是湿周 χ，不过流束的 χ 是液体周界。前面已提到过水断面面

积以 A 表示。χ、A 对水头损失都有影响，显然 χ 大，周界阻力就大，引起的水头损失也大；χ 小，周界阻力就小，由此引起的水头损失也小。对过水断面面积 A，当通过相同流量时，A 小，通过的流速就大，相应水头损失也大；反之，A 大，流速小，水头损失就小（后面将介绍 h_f 随 v 的这一变化规律）。

但两个 A、χ 都不同的过水断面作比较时，因 A、χ 都不同，就不能直接比较其水头损失大小，而如用两者的比值 $\dfrac{A}{\chi}$ 作比较，并用 $R=\dfrac{A}{\chi}$ 表示，就可直接用 R 比较水头损失的大小，显然比值 R 就表示平均每米长湿周所含有的过水断面面积（χ 取 m 等单位）。如：$R=2$ m，就表示该断面平均每米长湿周含有 2 m^2 的过水面积。湿周都是 1 m 长，所以 $R=A$，流量相同时，R 大即 A 大，则流速小水头损失小；R 小即 A 小，则流速大水头损失大。如图 4-4 中：$R_a=\dfrac{A_a}{\chi_a}=\dfrac{0.5\times3.14}{3.14+2\times0.5}=0.38\ (\text{m}^2/\text{m})$；$R_b=\dfrac{A_b}{\chi_b}=\dfrac{1\times1.57}{1.57+2\times1}=0.44\ (\text{m}^2/\text{m})$；$R_c=\dfrac{A_c}{\chi_c}=\dfrac{1.0^2\times\dfrac{\pi}{2}}{2\times\dfrac{\pi}{2}}=0.5\ (\text{m}^2/\text{m})$；$R_c>R_b>R_a$，图(c)过水断面 R_c 最大，所以该过水断面的形状尺寸最能使水头损失减小。综上所述，R 是表示过水断面形状尺寸对水头损失影响的一个重要的水力要素。设计管、渠过水断面时，在其他条件满足的情况下，应使设计的 R 值大些，可使水头损失减小。因为 $R=\dfrac{A}{\chi}$ 的单位为“$\dfrac{\text{m}^2}{\text{m}}$”，可以消掉一个“m”，$R$ 的单位就成为长度单位“m”，工程水力学中为应用方便，惯常使用“m”作为 R 的单位，因是长度单位，所以称 R 为水力半径，但其意义仍表示平均每米长湿周所包含的过水断面面积。

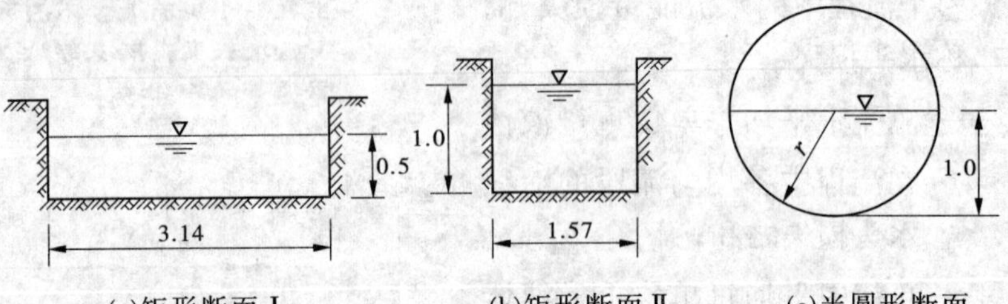

(a)矩形断面Ⅰ　(b)矩形断面Ⅱ　(c)半圆形断面

图 4-4　（单位：m）

水力半径
$$R=\frac{A}{\chi} \tag{4-2}$$

R 适用于管流和渠流，如：直径为 d 的圆管，当充满液流时，$A=\dfrac{\pi d^2}{4}$，$\chi=\pi d$，故水力半径 $R=\dfrac{A}{\chi}=\dfrac{d}{4}$。矩形渠宽为 b，水深为 h，则 $R=\dfrac{A}{\chi}=\dfrac{bh}{b+2h}$。

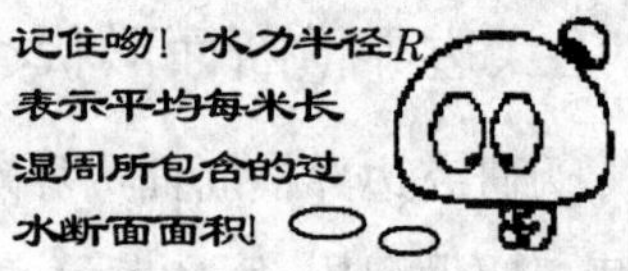

第二节 水流两流态及 h_f 随 v 的变化规律

1883 年英国物理学家雷诺(Reynolds) 对水流现象进行试验研究,发现水流分为两种流态:层流和紊流,而且在这两种流态中,h_f 随 v 的变化规律不同。

一、层流与紊流的定义

雷诺试验装置如图 4-5 所示。在试验过程中,使水箱内水位保持不变,保证管段内水流为恒定均匀流。试验时,先将阀 k_1 慢慢开启,使试验管中水流流速较小,然后再将有色水的阀 k_2 打开,此时,在玻璃管内出现一条细直鲜明的有色水流束,此有色水流束并不与管内的无色水流相混杂,如图 4-5(a)所示。再将阀 k_1 逐渐开大,管中流速逐渐增大,玻璃管中的有色流束开始波动,形成波状流束,如图 4-5(b)所示。随着阀 k_1 继续开大,有色水的波状流束先在个别地方出现断裂,在流速达到某一定值时,有色水流束便完全破裂,并很快扩散布满全管,使管中水流全部着色,有色水与无色水完全混掺在一起,如图 4-5(c)所示。上述试验表明,水流具有两种不同的流动型态。当流速较小时,水流质点分层流动,且在流动中不串层,称之为层流。当流速较大时,水流质点相互串层、掺混,流动紊乱,称之为紊流。

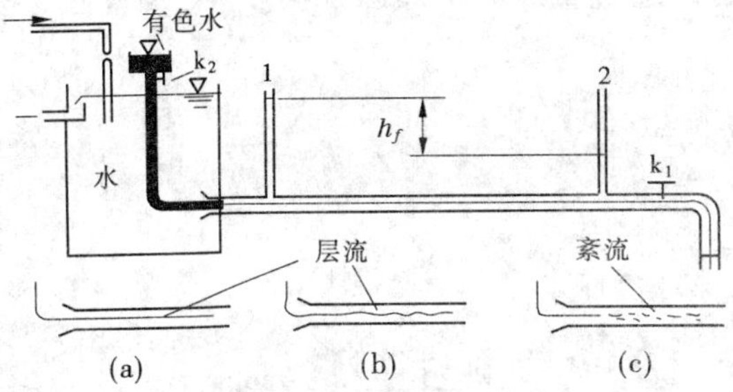

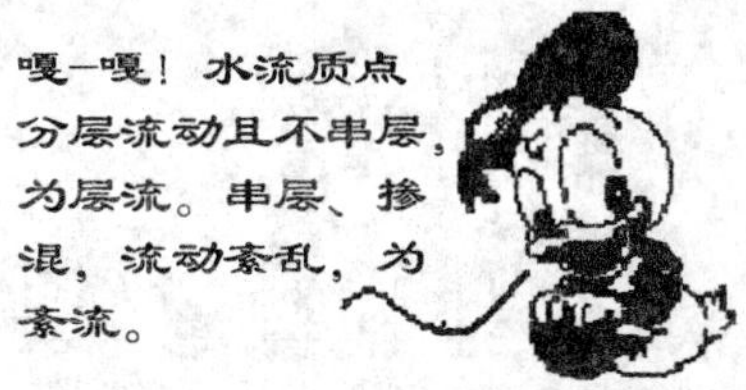

图 4-5 雷诺试验

二、层流与紊流的判别

两类水流型态转换时的流速称为临界流速。紊流变层流时的临界流速较小,称下临界流速 v_k。层流变紊流时的临界流速较大,称上临界流速 v_k' 。但临界流速会随水温、管径或液流种类变化,所以不能被作为流态判别依据。

进一步研究发现,在管流中,液体流态的转变取决于液体流速 v 和管径 d 的乘积与液体运动黏滞系数 ν 的比值$\frac{vd}{\nu}$。这一研究结果同样也适用于明渠流动,只是要用水力半径 R 来替代直径 d,则比值为$\frac{vR}{\nu}$。该比值被称为雷诺数,用 Re 表示,Re 是无量纲数,则:

圆管雷诺数
$$Re = \frac{vd}{\nu} \tag{4-3}$$

明渠雷诺数 $$Re = \frac{vR}{\nu} \tag{4-4}$$

流态转换时的雷诺数称为临界雷诺数。层流变紊流的雷诺数称为上临界雷诺数。紊流变层流时的雷诺数称为下临界雷诺数。下临界雷诺数比较稳定，而上临界雷诺数随流动起始条件和试验条件不同，其值差异很大，而且在实际工程中，上、下雷诺数之间的流态极不稳定，只要有微小扰动，就可以使层流变为紊流，所以实用中都将过渡区的流态看做紊流，因此把下临界雷诺数作为判别标准，称为临界雷诺数，以 Re_k 表示。临界雷诺数是过水断面形状的函数，与液流性质、断面大小无关。如：圆管管流的临界雷诺数为 2 320，把液体由水换成油，或是管径增大、减小，Re_k 不受影响，还是 2 320。注意：对一种断面形状的过水断面，Re_k 只有一个，但 Re 却有无数个。试验测得：

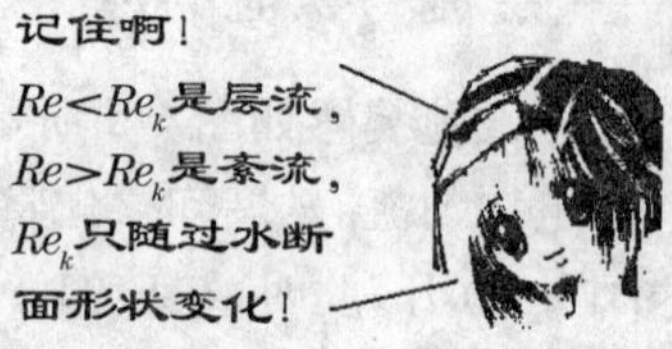

圆管临界雷诺数 $Re_k = 2\ 320$（试验值为 2 000 ~ 3 000）

明渠临界雷诺数 $Re_k = 580$

判别方法：

$Re < Re_k$，为层流；

$Re > Re_k$，为紊流。

雷诺数为什么能作为流态判别数，可以通过量纲分析加以说明。

雷诺数的量纲

$$[Re] = \frac{[v][L]}{[\nu]}$$

$\frac{[\text{惯性力}]}{[\text{黏滞力}]}$ 的量纲

$$\frac{[F]}{[T]} = \frac{[\rho][L]^3\frac{[v]}{[t]}}{[L]^2[\mu]\frac{[v]}{[L]}} = \frac{[\rho][L]^2}{[\mu][t]} = \frac{[v][L]}{[\nu]} = [Re]$$

二者量纲相同，从物理意义上看，雷诺数表示了水流惯性力和黏滞力的比值。

当 Re 较小时，水流中黏滞力大于惯性力，黏滞力对水流质点起约束作用，使水流为层流，质点互不串层。当 Re 较大时，水流中黏滞力小于惯性力，惯性力对水流质点起控制作用，在惯性力作用下，水流质点可以摆脱黏滞力约束发生串层、混掺而成紊流。雷诺试验的结果不光适用于水，也适用于油、酒精、汞、低速气体等。

水利工程中大多数水流，像城镇生活供水、泵站与水电站输水、灌溉输水、工业输水等，流态都在紊流区。只有在地下水流动、水库、沉沙池和高含沙水流中，才可能有层流。

【例4-1】 管道直径 $d = 100$ mm，输送水流量 $Q = 0.01\ m^3/s$，水的运动黏滞系数 $\nu = 1 \times 10^{-6}\ m^2/s$，求水在管中的流动型态。若输送 $\nu = 1.14 \times 10^{-4}\ m^2/s$ 的石油，保持前一种情况下的流速不变，流动又是什么型态？

解：(1) $$v = \frac{4Q}{\pi d^2} = \frac{4 \times 0.01}{3.14 \times 0.1^2} = 1.27(m/s)$$

$$Re = \frac{vd}{\nu} = \frac{1.27 \times 0.1}{1 \times 10^{-6}} = 1.27 \times 10^5 > 2\ 320$$

故水流流态是紊流。

(2)
$$Re = \frac{vd}{\nu} = \frac{1.27 \times 0.1}{1.14 \times 10^{-4}} = 1\ 114 < 2\ 320$$

故石油在管中是层流。

【例 4-2】 用直径 $d = 25$ mm 的管道输送 30 ℃ 的空气。30 ℃ 时空气运动黏滞系数 $\nu = 16.6 \times 10^{-6}\ m^2/s$,问管内保持层流的最大流速是多少?

解:最大流速就是临界流速,由于

$$Re_k = \frac{v_k d}{\nu} = 2\ 320$$

得
$$v_k = \frac{Re_k \nu}{d} = \frac{2\ 320 \times 16.6 \times 10^{-6}}{0.025} = 1.53(m/s)$$

【例 4-3】 某实验室的矩形试验明槽,底宽 $b = 0.20$ m,水深 $h = 0.10$ m,今测得其断面平均流速 $v = 0.15$ m/s,室内水温为 20 ℃,试判别槽内水流的型态。

解:(1) 计算明槽过水断面的水力要素。

$$A = bh = 0.20 \times 0.10 = 0.02(m^2)$$

$$\chi = b + 2h = 0.20 + 2 \times 0.10 = 0.40(m)$$

$$R = \frac{A}{\chi} = \frac{0.02}{0.40} = 0.05(m)$$

(2) 判别水流的流态。

由水温为 20 ℃,查表 1-1 得 $\nu = 1.003 \times 10^{-6}\ m^2/s$,则

$$Re = \frac{vR}{\nu} = \frac{0.15 \times 0.05}{1.003 \times 10^{-6}} = 7\ 478$$

因 $Re > 580$,故明槽中的水流为紊流。

三、层流与紊流中 h_f 与 v 的关系

在雷诺试验装置中,将水平放置的玻璃管段两端各接一根测压管,测量管段两端断面 1、2 之间的沿程水头损失 h_f,如图 4-6 所示。对过水断面 1、2 列能量方程得

$$z_1 + \frac{p_1}{\gamma} + \frac{\alpha_1 v_1^2}{2g} = z_2 + \frac{p_2}{\gamma} + \frac{\alpha_2 v_2^2}{2g} + h_f$$

由图 4-6 可知,$z_1 = z_2, \frac{\alpha_1 v_1^2}{2g} = \frac{\alpha_2 v_2^2}{2g}$,上式可简化为

$$h_f = \frac{p_1}{\gamma} - \frac{p_2}{\gamma} = h_1 - h_2 = \Delta h$$

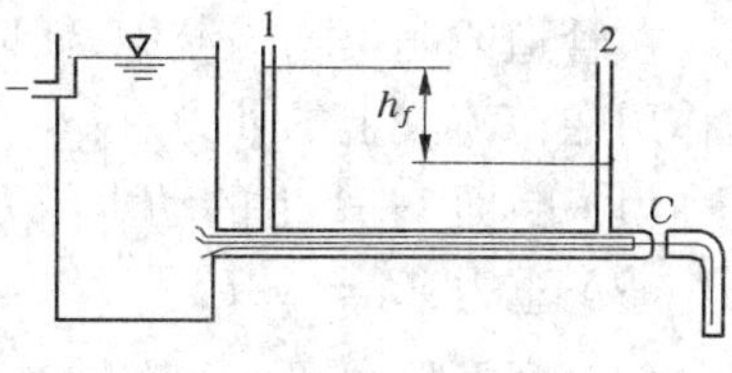

图 4-6

上式表明,两测压管中的水位差即为两过水断面之间的沿程水头损失。

为了分析沿程水头损失随流速的变化规律,通常在玻璃管的某段(如图 4-6 中的 1 ~ 2 段)上,针对不同的流速 v,测定相应的水头损失 h_f。将所测得的试验数据画在对数坐标

纸上，绘出 h_f 与 v 的关系曲线，如图 4-7 所示。$ABCD$ 是层流到紊流的变化规律，$DCEA$ 是紊流到层流的变化规律。试验曲线明显地分为三部分：

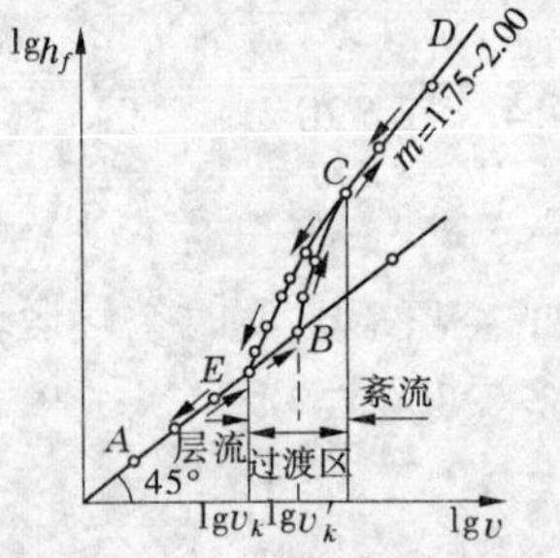

图 4-7　h_f 与 v 的关系曲线

(1) AE 段，$v < v_k$，流动为层流，所有试验点都分布在 AE 直线上，AE 的斜率 $m = 1.00$。

(2) CD 段，$v > v'_k$，流动是紊流，所有试验点分布在斜线 CD 上，CD 的斜率 $m = 1.75 \sim 2.00$。

(3) EC 段，是层流到紊流之间的过渡区，流态不稳定，试验点散乱，h_f 与 v 之间无明确对应规律。

AE 段与 CD 段是直线，可用下列直线方程表示

$$\lg h_f = \lg k + m\lg v \text{（}\lg k \text{ 为截距，} m \text{ 为直线斜率）}$$

即

$$h_f = kv^m$$

层流时

$$h_f = kv^{1.00} \tag{4-5}$$

紊流时

$$h_f = kv^{1.75\sim2.00} \tag{4-6}$$

h_f 在层流与紊流中变化规律不同，所以计算 h_f 时，须首先判别流动型态。

第三节　均匀流层流的切应力和流速分布规律

一、管、渠均匀流边界的切应力公式

在管道或明渠均匀流中，任取一段总流分析其所受外力（如图 4-8 所示），则沿水流方向作用在该流段上的外力有：

(1) 断面 1—1 上的动水压力为 $P_1 = p_1A$，断面 2—2 上的动水压力为 $P_2 = p_2A$。

(2) 重力：$G = \gamma Al$。

(3) 摩擦阻力 $T = \tau_0 l\chi$，χ 为湿周，τ_0 为固体周界作用于水流上的平均切应力。均匀流流段上的各外力沿流向的合力应为 0，即

$$P_1 - P_2 + G\sin\alpha - T = 0$$

或者

$$p_1A - p_2A + \gamma Al\sin\alpha - \tau_0 l\chi = 0$$

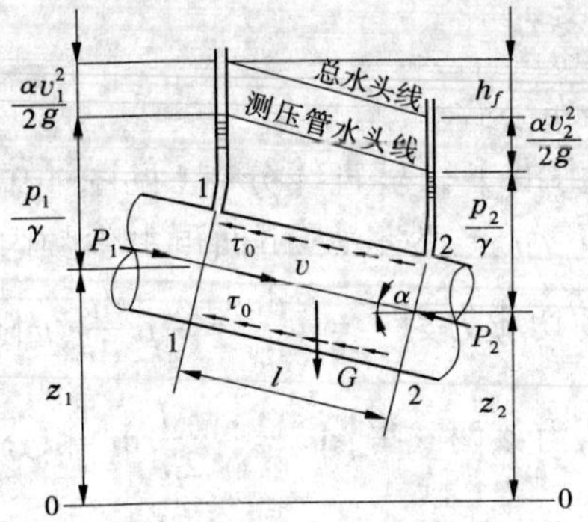

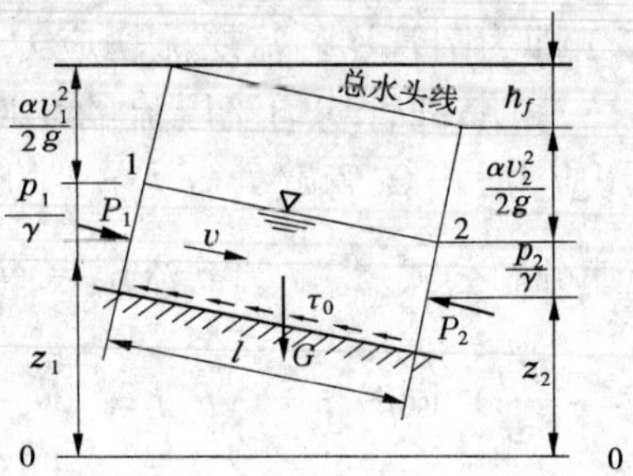

图 4-8

因 $\sin\alpha = \dfrac{z_1 - z_2}{l}$,将式中各项除以 γA,整理后得

$$\left(z_1 + \frac{p_1}{\gamma}\right) - \left(z_2 + \frac{p_2}{\gamma}\right) = \frac{l\chi}{A} \cdot \frac{\tau_0}{\gamma} \tag{4-7}$$

对 1—1 和 2—2 断面列能量方程得

$$\left(z_1 + \frac{p_1}{\gamma}\right) - \left(z_2 + \frac{p_2}{\gamma}\right) = h_f \tag{4-8}$$

将式(4-8) 及 $R = \dfrac{A}{\chi}$ 代入式(4-7) 得

$$h_f = \frac{l}{R} \cdot \frac{\tau_0}{\gamma}$$

水力坡度 $J = \dfrac{h_f}{l}$,代入上式得

$$\tau_0 = \gamma RJ \tag{4-9}$$

式(4-9) 即为均匀流边界的切应力公式。

因为即便是紊流,其固体边界上的水流仍有一层是层流(后面会有论述),所以公式(4-9) 既适用于均匀流层流固体边界,也适用于均匀流紊流固体边界。但该式不能用来计算沿程水头损失。还须对层流、紊流的流动规律进行研究。

二、圆管均匀流层流过水断面切应力和流速分布规律

圆管中的均匀流层流运动,可看成是由很多无限薄的同心圆筒流层,一个套一个地分层流动。前面已导出固体周界对水流的平均切应力 $\tau_0 = \gamma RJ$。同理,也可推得水流内部各流层间存在的平均切应力 τ。取一半径为 r 的流股,其水力半径为 R',则

$$\tau = \gamma R'J \tag{4-10}$$

可得

$$\frac{\tau}{\tau_0} = \frac{R'}{R} \quad 或 \tau = \frac{R'}{R}\tau_0 \tag{4-11}$$

对圆管均匀流,$R = \dfrac{d}{4} = \dfrac{r}{2}$,则得

$$\tau = \frac{r}{r_0}\tau_0 \tag{4-12}$$

式(4-12)即为圆管均匀流层流切应力分布公式。

式(4-12)表明：圆管均匀流层流的切应力沿半径呈直线分布(见图4-9)，管中心点($r = 0$)的切应力$\tau = 0$，管壁处($r = r_0$)的切应力τ_0为最大。下面再由牛顿内摩擦定律公式导出其流速分布公式。每一圆筒流层表面的切应力为$\tau = \mu\frac{\mathrm{d}u}{\mathrm{d}y} = -\mu\frac{\mathrm{d}u}{\mathrm{d}r}$($u$随$r$增大而减小，所以$\frac{\mathrm{d}u}{\mathrm{d}y} = -\frac{\mathrm{d}u}{\mathrm{d}r}$)，同时$\tau = \gamma R'J = \gamma\frac{r}{2}J$，由该两式得：$\mathrm{d}u = -\frac{\gamma J}{2\mu}r\mathrm{d}r$，积分后可得

$$u = \frac{\gamma J}{4\mu}(r_0^2 - r^2) \tag{4-13}$$

式(4-13)即为圆管均匀流层流流速分布公式。

式(4-13)表明：u沿半径呈抛物线分布(见图4-9)，管中心半径$r = 0$，$u = u_m = \frac{\gamma J}{4\mu}r_0^2$，流速最大；边壁处$r = r_0$，$u = 0$。平均流速$v = \frac{\int_A u\mathrm{d}A}{A} = \frac{\gamma J}{32\mu}d^2$，与$u_m$相比较得

$$v = \frac{1}{2}u_m \tag{4-14}$$

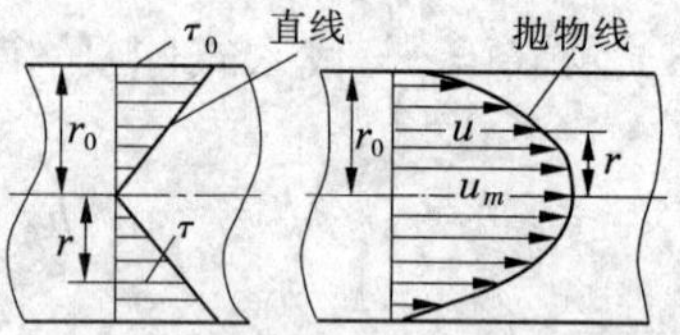

图4-9　圆管均匀流层流切应力、流速分布

三、明渠均匀流层流过水断面切应力与流速分布规律

对于宽浅明渠，侧壁对水流的影响很小，可以忽略不计。一般明渠，离侧壁较远处的水流，可看做宽浅明渠水流。因此，明渠均匀流层流运动可近似看做是平行渠底的分层流动。如图4-10所示，近似取$\chi = b + 2h \approx b$，取水深为$h - y$处流层以上的水流为研究流体，其水力半径$R' = \frac{A}{\chi} \approx \frac{b(h - y)}{b} = h - y$。水深为$h - y$部分总流的水力坡度与水深为$h$的总流水力坡度相等，用$J$表示。在水深为$h - y$处流层上的切应力：$\tau = \gamma R'J \approx \gamma(h - y)J$，渠底切应力：$\tau_0 = \gamma RJ \approx \gamma hJ$，由两式解得

$$\tau = \left(1 - \frac{y}{h}\right)\tau_0 \tag{4-15}$$

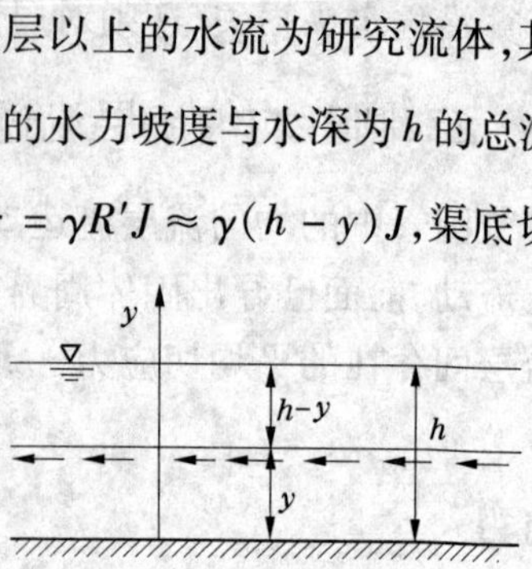

图4-10

式(4-15)即为明渠均匀流层流切应力分布公式。

式(4-15)表明，明渠均匀流层流切应力沿水深呈直线分布。水面($y = h$)处的切应力为0，渠底($y = 0$)处，τ最大为τ_0。其切应力沿水深方向的分布如图4-11所示，明

渠均匀流层流中的切应力,既要满足均匀流的切应力关系式,又要满足牛顿内摩擦定律的关系式。即 $\tau = \mu \dfrac{du}{dy} = \gamma(h-y)J$,整理后可得 $du = \dfrac{\gamma J}{\mu}(h-y)dy$,积分可得

$$u = \frac{\gamma J}{\mu}\left(hy - \frac{y^2}{2}\right) \tag{4-16}$$

式(4-16)即为明渠均匀流层流流速沿水深的分布公式。

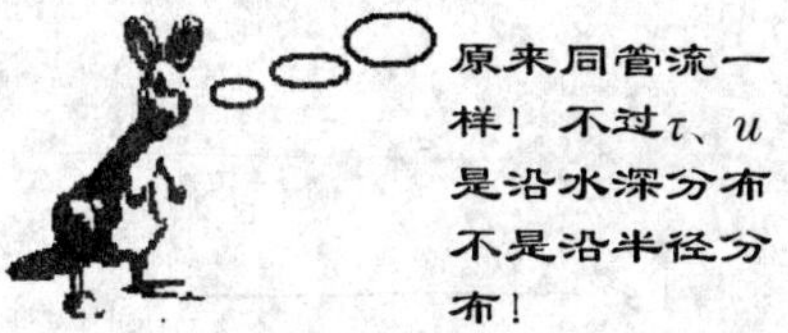

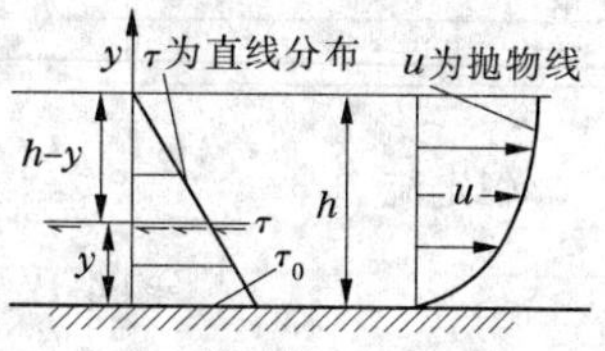

图 4-11 明渠均匀流 τ、u 分布

式(4-16)表明,明渠均匀流层流流速沿水深按抛物线规律分布,如图4-11所示。渠底($y=0$)处的流速为零,水面($y=h$)处的流速最大为

$$u_m = \frac{\gamma J}{2\mu}h^2$$

断面平均流速

$$v = \frac{\int_A u\,dA}{A} = \frac{1}{A}\int_A \frac{\gamma J}{\mu}\left(hy - \frac{y^2}{2}\right)dA = \frac{\gamma J}{3\mu}h^2$$

且断面平均流速

$$v = \frac{2}{3}u_m$$

第四节 均匀流紊流过水断面垂线上的切应力及流速分布

一、紊流的脉动现象及时均运动要素

自20世纪60年代以来,应用现代显示技术发现,由于紊流中水流质点不停地上下串层、掺混,水流中任意一点的瞬时运动要素(如流速、压强等),随时间不停地上下波动,这种波动称为脉动现象,是紊流运动的基本特征。

图4-12是用专门仪器实测的恒定流与非恒定流水流中任意一点 A 点实际的瞬时流速 u 随时间 t 的变化曲线。由图可知,A 点的瞬时流速 u 不停地随时间 t 变化,所以无法确定 A 点的瞬时流速 u 是多少,但 u 始终围绕着平均值 $\overline{u}$(即 AB、CD 线)上下波动,其上下波动的流速为 u',u' 称为脉动流速,当时段 T 足够长时,所有的 $+u'$ 和 $-u'$ 可以相互抵消掉,所以实用中可以用平均值 $\overline{u}$ 表示该点点流速,而不是实际瞬时流速 u,$\overline{u}$ 称为时均流速,也即点流速。为书写方便,用 u 代写 $\overline{u}$,即在研究水流运动时提到某点流速 u 均是指时均流速,而不是指实际的总是在不停变来变去的瞬时流速。测量时段 T 越长,u 越精确,因此水文测验

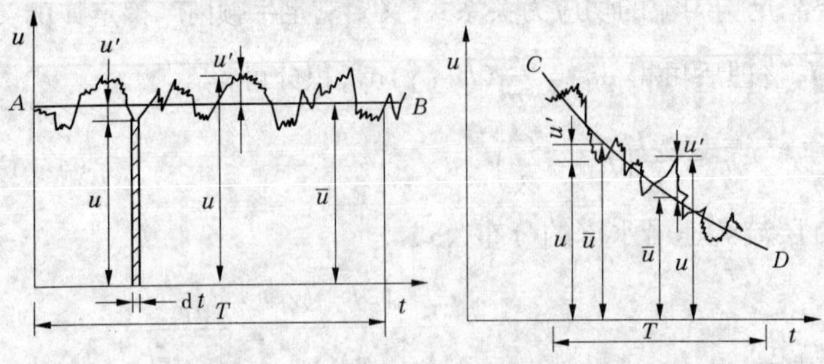

(a)恒定流　　(b)非恒定流

图 4-12

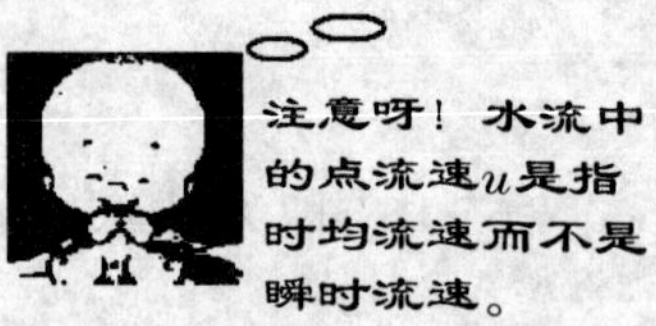

中要求流速仪在测点停留的时间不得小于 100 s。另外，河渠水面处与河底处的脉动状况不相同，如图 4-13 所示水面附近的水流脉动的频率较高，脉动流速 u' 较小，而在河底附近处，水流的脉动频率较低，u' 较大。同理，可以测得紊流中瞬时压强 p 随时间 t 的变化曲线，p 总是围绕平均值 $\bar{p}$ 上下波动，波动压强为 p'，当时段 T 足够长时，所有的 $+p'$ 和 $-p'$ 可以相互抵消掉，所以实用中以平均值 $\bar{p}$ 表示该点点压强，而不是实际的瞬时压强 p，$\bar{p}$ 称为时均压强，也即点压强，为书写方便，以 p 代写 $\bar{p}$，在研究水流运动时提到的某点压强 p 均是指时均压强 $\bar{p}$，而不是指实际的总是在不停变来变去的瞬时压强。u、p 都是指在时段 T 内的平均值，所以统称为时均运动要素，有了时均运动要素的概念，前面提到的分析水流运动的方法对紊流仍可适用。如：紊流流线是指时均流速的流线，紊流流束是指时均流速的流束，恒定流是指时均运动要素不随时间变化的流动，非恒定流是指时均运动要素随时间变化的流动。为应用方便，所有定义中都省去“时均”二字，运动要素就是指时均运动要素。

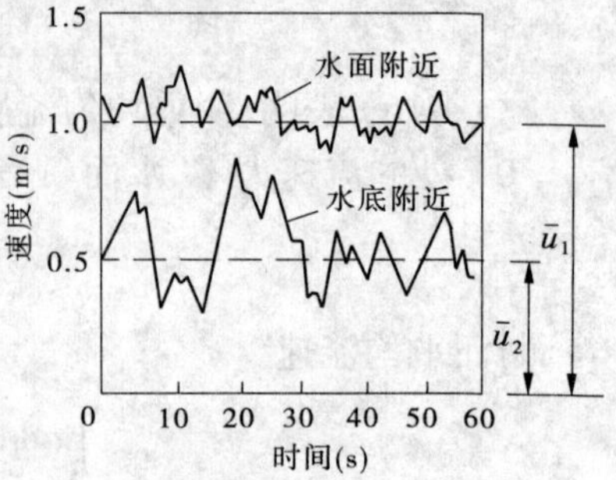

图 4-13

用时均运动要素描述的水流运动称为时均运动，时均运动只能反映水流运动的时均运动状况，不能反映水流脉动状况（脉动频率和振幅的大小）。如河渠的底部和水面处不同状况的脉动，水流在垂直水流方向的脉动等。水流的这种脉动状况对工程实际起着不容忽视的作用，如压强的脉动不但会增加建筑物所承受的瞬时荷载，而且有可能引起建筑物的振动及产生空蚀现象；河床底部水流的强烈脉动，可使水流挟带泥沙的能力增强，引起河床冲刷。所以，在研究时均运动的同时，有专门的章节研究脉动对水流的影响。

二、均匀流紊流的切应力

第一章中已讨论层流黏滞切应力 $\tau = \mu \dfrac{du}{dy}$，$\tau$ 是由于相邻两流层的相对运动引起的。但紊流运动有所不同，各流层间除有相对运动外，还有层与层之间水流质点的串层。因此，紊流中相邻两流层间的时均切应力 τ 可看做由两部分组成：一是由具有不同流速的相邻两流层间的相对运动产生的黏滞切应力 τ_1，二是层与层之间水流质点的串层引起的紊流

附加切应力 τ_2，即

$$\tau = \tau_1 + \tau_2 \tag{4-17}$$

紊流中的黏滞切应力与层流中的一样，也符合牛顿内摩擦定律，即 $\tau_1 = \mu \frac{du}{dy}$。其中，$\frac{du}{dy}$ 是用时均流速表示的流速梯度。对于紊流中的附加切应力 τ_2，1925 年德国力学家普朗特(L. Plandtl) 利用动量传递理论进行了推导。该理论是假设水流质点在串层的横向移动过程中流速、动量保持不变，到达新流层后，流速、动量突然发生改变，获得与新流层上液体质点一样的流速和动量，因此就产生了沿流向的流速和动量的改变，根据动量定理，动量变化将产生沿流向的紊流附加切应力，由此可导出水流质点串层、混掺时的附加切应力 τ_2 的公式

$$\tau_2 = \rho l^2 \left(\frac{du}{dy}\right)^2 \tag{4-18}$$

式中 ρ—— 液体密度；

$\frac{du}{dy}$—— 用时均流速表示的流速梯度；

l—— 混掺长度，它是与水流质点横向位移长度成正比的物理量。

因此，紊流时的切应力公式为

$$\tau = \tau_1 + \tau_2 = \mu \frac{du}{dy} + \rho l^2 \left(\frac{du}{dy}\right)^2 \tag{4-19}$$

两种切应力 τ_1 和 τ_2 在紊流总切应力中所占的比重，随雷诺数 Re 的变化而改变。当 Re 较小时，水流紊动较弱，黏滞切应力占主导地位；当 Re 较大时，水流紊动程度剧烈，紊流附加切应力占主导地位。对于天然河渠中的水流，水流紊动程度剧烈，其黏滞切应力与附加切应力相比较，已小到可以忽略不计，紊流切应力就等于附加切应力，即

$$\tau = \tau_2 = \rho l^2 \left(\frac{du}{dy}\right)^2 \tag{4-20}$$

三、均匀流紊流过水断面的流速分布

在紊流中，液体质点之间发生相互掺混、串层，使断面流速分布趋于均匀。由紊流切应力公式结合一些假定和试验成果可以推得紊流流速分布公式，这些假定如下：

(1) 掺混长度与距边壁的距离 y 成正比，即 $l = \kappa y$。其比例常数 κ 称为卡门常数，由试验确定。对于清水圆管，$\kappa = 0.4$；对于河渠，$\kappa = 0.5$；对于含有其他介质的水流，κ 与介质浓度有关。

(2) 壁面附近的紊流切应力值保持不变，并等于壁面上的切应力，即 $\tau = \tau_0$，并更进一步地认为，在离边界不远处的紊流内部，其切应力也可看做常数，也满足 $\tau = \tau_0$ 的条件。

(3) 紊流已得到相当充分的发展，附加切应力已完全起主导作用。

根据上述假定，式(4-20) 可改写成

$$\tau = \tau_0 = \rho \kappa^2 y^2 \left(\frac{du}{dy}\right)^2 \tag{4-21}$$

将上式整理后得

$$\frac{\mathrm{d}u}{\mathrm{d}y} = \frac{1}{\kappa y}\sqrt{\frac{\tau_0}{\rho}} = \frac{u_*}{\kappa y}$$

式中 $u_* = \sqrt{\frac{\tau_0}{\rho}}$,它具有流速的单位,反映了固体边壁阻力的影响,故称 u_* 为摩阻流速。

将上式变形得 $\mathrm{d}u = \frac{u_*}{\kappa}\frac{\mathrm{d}y}{y}$,积分后得

$$u = \frac{u_*}{\kappa}\ln y + C \tag{4-22}$$

式中 C 为积分常数,由管道或河渠的具体边界条件确定。式(4-22) 说明紊流过水断面上的流速呈对数曲线分布。在管道或河渠的紊流运动中,其过水断面上的流速是按对数曲线规律分布的,如图 4-14 所示。紊流比层流的流速分布更趋于均匀。

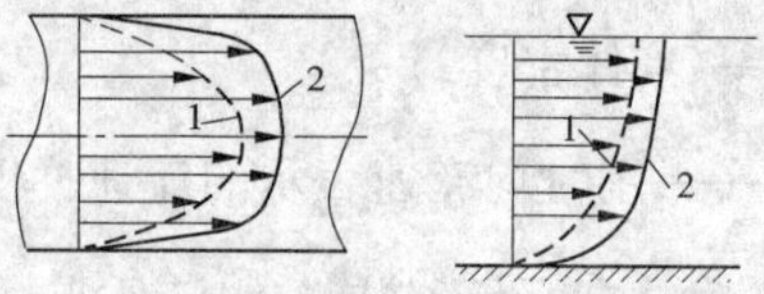

(a)管道　(b)明渠

1— 层流时抛物线分布;2— 紊流时对数曲线分布

图 4-14

紊流流速分布也常用较为简单的指数形式公式表示,即

管道
$$\frac{u}{u_m} = \left(\frac{y}{r_0}\right)^n \tag{4-23}$$

明渠
$$\frac{u}{u_m} = \left(\frac{y}{H}\right)^n \tag{4-24}$$

式中　r_0—— 管道的半径;

y—— 从固体边壁起算的距离;

H—— 明渠的水深;

n—— 指数;

u_m—— 最大流速,管道为轴心点的流速,明渠为水面流速。

对于管道,当 $Re < 10^5$ 时,$n = 1/7$,当 $Re > 10^5$ 时,n 值采用 1/8、1/9、1/10 等可获得更准确的结果。

对于明渠,指数 n 可取 1/5 ~ 1/8。流速分布的指数公式,也是水文测验的常用公式。

第五节　沿程水头损失分析与计算

一、计算沿程水头损失的基本公式

计算沿程水头损失的基本公式是达西 - 魏斯巴哈公式,1857 年先由达西(Darey),后

由魏斯巴赫(Weisbach)推出达西－魏斯巴赫公式,简称达－魏公式,是适用于管流和渠流所有流区的通用理论公式,水利工程中所有具体的 h_f 计算公式都是由达－魏公式推导而来的;1769 年法国工程师谢才(Chezy)根据明渠均匀流的实测资料提出的谢才公式是经验公式,只是达－魏公式在紊流粗糙区的一种表现形式(后面会有说明),两公式在世界水利工程中被广泛采用,均被纳入我国国家规范。其形式如下:

达－魏公式

$$h_f = \lambda \frac{l}{4R}\frac{v^2}{2g} \tag{4-25}$$

谢才公式

$$v = C\sqrt{RJ} \quad 或 \quad h_f = \frac{v^2}{C^2 R} l \tag{4-26}$$

式中 R—— 水力半径,m;

v—— 断面平均流速,m/s;

J—— 水力坡度,即 $J = \frac{h_f}{l}$;

l—— 流程长度,m;

C—— 谢才系数,反映边壁粗糙度和过水断面形状、尺寸对水头损失的影响,与雷诺数无关,$m^{1/2}/s$;

λ—— 沿程阻力系数,无单位,反映固体边壁粗糙度和雷诺数对沿程水头损失的影响。

对于圆管,其水力半径 $R = \frac{d}{4}$,故沿程水头损失的表达式可写为

$$h_f = \lambda \frac{l}{d}\frac{v^2}{2g} \tag{4-27}$$

谢才公式 $h_f = \frac{v^2}{C^2 R} l = \frac{8g}{C^2}\frac{l}{4R}\frac{v^2}{2g}$,与达－魏公式比较可得

$$\lambda = \frac{8g}{C^2} \tag{4-28}$$

式(4-28)将经验公式和理论公式联系起来,但是,因为 C 值只有紊流粗糙区的计算公式,所以只在紊流粗糙区式(4-28)才可以两公式通用(后面将讨论这一问题)。

式(4-25)在层流、紊流中沿程阻力系数 λ 的计算方法不同,下面将讨论沿程阻力系数 λ 在层流与紊流中的变化规律与计算方法。

二、λ 的变化规律及求解与测定

(一)黏性底层

1925 年普朗特在研究边界层时发现,即便在紊流中,也不是全部水流都处在紊流区。紧靠固体边界的表面,由于固体边界的引力作用,该处的流速梯度很大,黏滞切应力的作用大于惯性力的作用,使固体表面始终存在着一层极薄的做层流运动的流层,在研究中称

该流层为黏性底层。在黏性底层以外的液流才是紊流，又称紊流流核区。在黏性底层与紊流流核区之间还有一层极薄的过渡层，对水流运动影响很小，工程中不考虑。图 4-15 所示为紊流结构示意图。δ_0 表示黏性底层的厚度，Δ 表示固体边界凹凸不平的平均高度，因为黏性底层很薄，所以层流内的流速分布可近似为直线分布，即流速梯度$\frac{du}{dy}$为一常数。可知 $\tau = \mu\frac{du}{dy}$也是一常数，所以τ应与固体边界切应力τ_0相等。研究中发现，黏性底层的厚度随流速增大而减小，随流速减小而增大。所以，比值$\frac{\Delta}{\delta_0}$的大小也随之发生变化，λ 随$\frac{\Delta}{\delta_0}$的改变而发生变化。下面分析 λ 的变化规律。

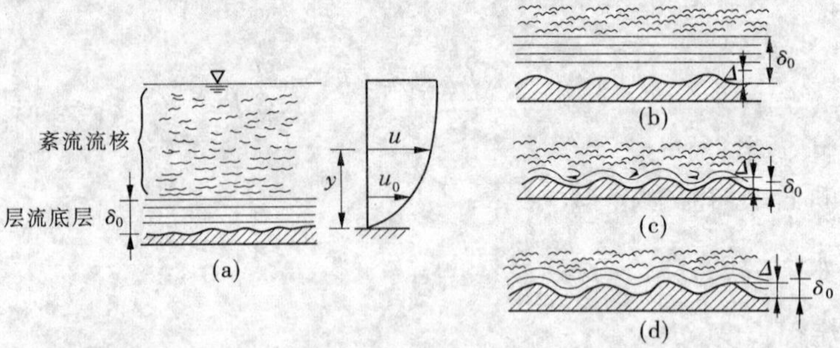

图 4-15　紊流结构

(二)λ 的变化规律及求解

1944 年，莫迪(F. Moody) 在总结前人试验研究的基础上，对工业用的 20 根不同管径的实际管道进行了试验研究，发现水流在紊流时，因$\frac{\Delta}{\delta_0}$的不同，水流又分为三个流区，加上层流区，水流共分为四个流区，如图 4-16 所示。$Re < 2\,320$ 时为层流区。$Re > 2\,320$ 时紊流又分为三个流区：$\frac{\Delta}{\delta_0} < 0.4$ 时为紊流光滑区；$0.4 < \frac{\Delta}{\delta_0} < 6$ 时为紊流过渡区；$\frac{\Delta}{\delta_0} > 6$ 时为紊流粗糙区。莫迪发现 λ 在 4 个流区的变化规律与雷诺数 Re 和$\frac{\Delta}{d}$有关($\frac{\Delta}{d}$称为相对粗糙度)，并把该规律绘成图(称为莫迪图)，如图 4-17 所示。为了比较不同管径管道的绝对粗糙度对 λ 的影响，则取单位长度直径的绝对粗糙度即$\frac{\Delta}{d}$作为比较值，就有了可比性。λ 在四个流区的变化规律叙述如下：

(1) 层流区($Re < 2\,320$)：$\lambda = \frac{64}{Re}$；λ 与$\frac{\Delta}{d}$无关；$h_f \propto v^{1.00}$。

层流时壁面的Δ完全掩盖在层流中，因此λ与$\frac{\Delta}{d}$无关。前面雷诺试验已表明层流中 h_f 正比于 $v^{1.00}$。图 4-17 中 AB 直线($Re < 2\,320$) 即为层流区，20 根管道的试验点都集中在同一条直线 AB 上。

(2) 紊流光滑区($\frac{\Delta}{\delta_0} < 0.4$)：$\lambda = f(Re)$；$\lambda$ 与$\frac{\Delta}{d}$无关；$h_f \propto v^{1.75}$。

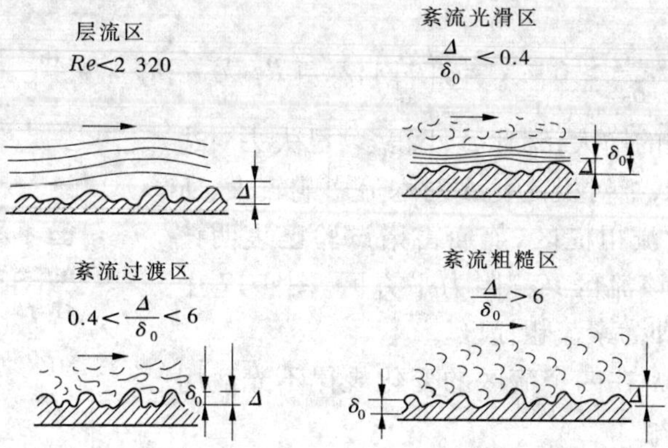

图 4-16

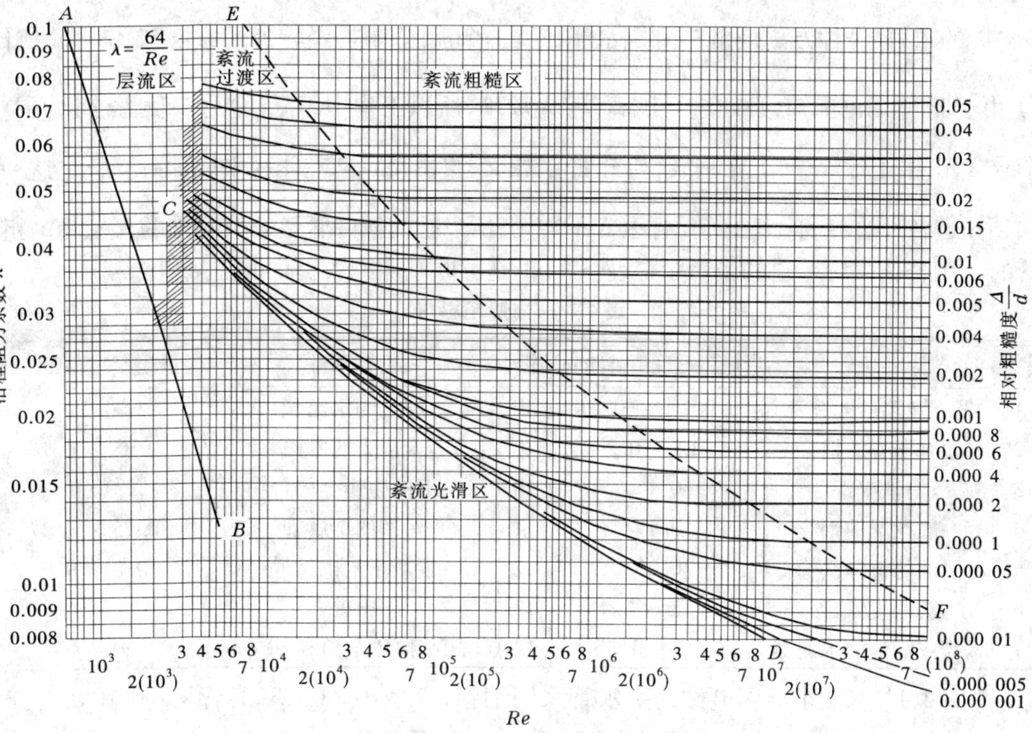

图 4-17　莫迪图

Δ 仍被 δ_0 掩盖，水流就像在光滑的管壁上流动，对紊流流核区不产生影响，所以称这时的水流为紊流光滑区。前面雷诺试验已表明该流区 $h_f \propto v^{1.75}$。图 4-17 中 20 根管道的试验点都在一定区域内落在最下面 CD 曲线上。CD 曲线即为紊流光滑区。

(3) 紊流过渡区$\left(0.4 < \dfrac{\Delta}{\delta_0} < 6\right)$：$\lambda = f\left(Re, \dfrac{\Delta}{d}\right)$；$h_f \propto v^{1.75\sim2.00}$。

δ_0 已不能完全掩盖住 Δ 的作用，部分 Δ 突进紊流流核区而影响水流流动。前面雷诺试验已表明该流区 $h_f \propto v^{1.75\sim2.00}$。图 4-17 中最下面 CD 曲线与上面 EF 虚线之间的区域即为紊流过渡区。

(4) 紊流粗糙区($\frac{\Delta}{\delta_0} > 6$):$\lambda = f\left(\frac{\Delta}{d}\right)$;$\lambda$ 与 Re 无关;$h_f \propto v^{2.00}$。

随流速和雷诺数的增大,δ_0 比 Δ 小得多,已失去对边壁粗糙度的掩盖作用,绝对粗糙度 Δ 对水流影响较大,所以称这时的水流为紊流粗糙区。前面雷诺试验已表明该流区 $h_f \propto v^{2.00}$,因此该流区又称阻力平方区。图 4-17 中 EF 虚线之上的区域即为紊流粗糙区。

试验表明,以上 λ 在四个流区的变化规律不光适用于管流,也适用于渠流。

由以上分析可知,因为谢才公式中的谢才系数 C 与雷诺数 Re 无关,而只有紊流粗糙区水头损失才与 Re 无关,所以谢才公式只适用于紊流粗糙区。

λ 的求解,一种方法是由$\frac{\Delta}{\delta_0}$判别水流在哪一个流区,根据经验公式$\delta_0 = 32.8\frac{d}{Re\sqrt{\lambda}}$计算 δ_0,由于此时 λ 也未知,必须进行试算,较为烦琐,所以工程中不采用。另一种方法是查莫迪图求 λ,由横坐标 Re 向上作垂线,与$\frac{\Delta}{d}$曲线相交,再由交点向左作水平线,即得所求。这种方法须知道各种边界的 Δ 值,实际管道 Δ 不均匀,所以把与实际管道 λ 值相同的人工均匀粗糙管的 Δ 值作为实际管道的当量粗糙度。表 4-1 是苏联基谢列夫提供的当量粗糙度。

表 4-1　当量粗糙度 Δ

序号	边界条件	当量粗糙度值 Δ(mm)	序号	边界条件	当量粗糙度值 Δ(mm)
1	铜或玻璃的无缝管	0.001 5 ~ 0.01	8	磨光的水泥管	0.33
2	涂有沥青的钢管	0.12 ~ 0.24	9	未刨光的木槽	0.35 ~ 0.70
3	白铁皮管	0.15	10	旧的生锈金属管	0.60
4	一般状况的钢管	0.19	11	污秽的金属管	0.75 ~ 0.97
5	清洁的镀锌铁管	0.25	12	混凝土衬砌渠道	0.8 ~ 9.0
6	新的生铁管	0.25 ~ 0.4	13	土渠	4 ~ 11
7	木管或清洁的水泥面	0.25 ~ 1.25	14	卵石河床(d = 70 ~ 80 mm)	30 ~ 60

【例 4-4】　某小型水电站的引水管采用钢管,管径 $d = 0.25$ m,管长 $l = 100$ m,管壁状况一般,管内水温 10 ℃。当流量为 100 L/s 时,求管中沿程水头损失 h_f。

解:(1) 求 Re:

过水断面面积

$$A = \frac{\pi}{4}d^2 = \frac{3.14}{4} \times 0.25^2 = 0.05(\text{m}^2)$$

断面平均流速

$$v = \frac{Q}{A} = \frac{0.1}{0.05} = 2.00(\text{m/s})$$

由水温 $t = 10$ ℃ 查表 1-1 得运动黏滞系数 $\nu = 1.31 \times 10^{-6}\ \text{m}^2/\text{s}$,则雷诺数

$$Re = \frac{vd}{\nu} = \frac{2.00 \times 0.25}{1.31 \times 10^{-6}} = 381\,679 > 2\,320$$

故水流为紊流。

(2) 求 λ：

由表4-1得$\Delta = 0.19$ mm，近似取$\Delta = 0.2$ mm，则$\frac{\Delta}{d} = \frac{0.2}{250} = 0.000\,8$。由 $Re = 381\,679$ 和$\frac{\Delta}{d} = 0.000\,8$ 查莫迪图求 λ。从图右坐标上找到$\frac{\Delta}{d} = 0.000\,8$ 的一条曲线，由横坐标上 $Re = 381\,679$ 的点引一垂直线，两线交于一点，由该点向左作水平线交得 $\lambda = 0.019\,5$。

(3) 计算沿程水头损失：

$$h_f = \lambda \frac{l}{d}\frac{v^2}{2g} = 0.019\,5 \times \frac{100}{0.25} \times \frac{2.00^2}{19.6} = 1.59(\text{m})$$

(三) λ 的测定

沿程阻力系数 λ 的测定试验装置如图4-18所示。试验时，要保证水箱中的水位不变，测压管 AB 所在的断面距管道的进、出口有一定距离，使 AB 两断面保持均匀流，首先测出管长 l、管径 d 及 AB 两断面的测压管水头差 Δh。

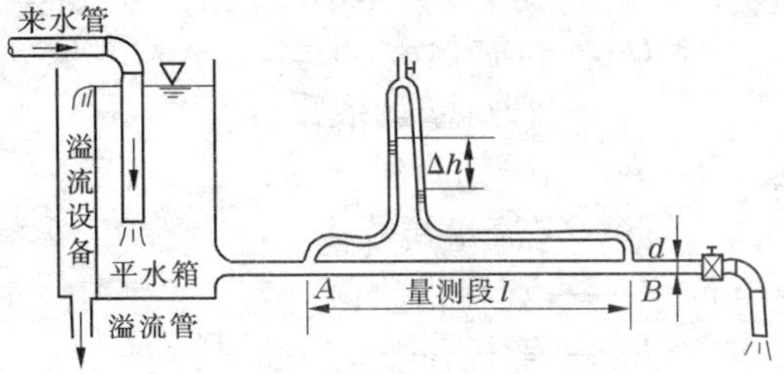

图4-18　λ 的测定

由于各断面流速相同，没有局部水头损失，因而根据能量方程得

$$h_w = h_f = (z_A + \frac{p_A}{\gamma}) - (z_B + \frac{p_B}{\gamma}) = h_1 - h_2 = \Delta h$$

用体积法测出流量 $Q = \frac{V}{t}$，将量测到的 Δh 及 Q 代入达－魏公式，得

$$h_f = \Delta h = \lambda \frac{l}{d}\frac{v^2}{2g}$$

则

$$\lambda = \frac{\Delta h}{\frac{l}{d}\frac{Q^2}{2gA^2}} \qquad (4\text{-}29)$$

由式(4-29)即可算出该管道通过流量 Q 时的 λ 值。对不同相对粗糙度的管子用不同的流量进行试验，即可得出不同相对粗糙度的管道在不同流区时的沿程阻力系数 λ。

三、实际工程中沿程水头损失的计算公式

前面主要从理论角度讲述 h_f 的计算，以掌握 h_f 和 λ 的变化规律。实际工程中必须使用国家规定的标准计算公式，而这些公式也是根据达－魏和谢才公式再结合管、渠的形状、尺寸、边界条件进行试验和推导而来的。按照(室外)输水目的不同共分为两大类。

第一类：灌溉输水，包括渠灌及喷灌、低压管灌的计算，须按照我国《水利技术标准汇编》(节水灌溉)SL 18—91、GBJ 85—85、SL/T 153—95 中规定的公式：

（1）渠流计算公式

$$v = C\sqrt{Ri} \quad 或 \quad Q = Av = A\frac{1}{n}R^{\frac{2}{3}}i^{\frac{1}{2}} \tag{4-30}$$

渠流计算公式中的 C 用曼宁公式计算

$$C = \frac{1}{n}R^{\frac{1}{6}}$$

式中 i—— 渠道底坡，指单位渠长的渠底高程改变量，均匀流时 $i = J = \frac{h_f}{l}$；

n—— 糙率或粗糙系数，无单位，反映固体边壁粗糙度，见表 4-2、表 6-2 ~ 表 6-4。

（2）管流计算公式

$$h_f = f\frac{Q^m}{d^b}l \tag{4-31}$$

式中 h_f—— 沿程水头损失，m；

Q—— 流量，m^3/h；

f—— 管材摩阻系数；

d—— 管道直径，mm；

m—— 流量指数；

b—— 管径指数；

l—— 管长，m。

注意式（4-31）中各参数单位不可改变，否则系数会改变。

各种管材的 f、b、m 值，可按表 4-3 取用。

表 4-2 糙率 n

壁面种类及状况	n	$\frac{1}{n}$
特别光滑的黄铜管、玻璃管，涂有珐琅质或其他釉料的表面	0.009	111
精致水泥浆抹面，安装及连接良好的新制的清洁铸铁管及钢管，精刨木板	0.011	90.9
很好地安装的未刨木板，正常情况下无显著水锈的给水管，非常清洁的排水管，最光滑的混凝土面	0.012	83.3
良好的砖砌体，正常情况的排水管，略有积污的给水管	0.013	76.9
积污的给水管和排水管，中等情况下渠道的混凝土砌面	0.014	71.4
良好的块石圬工，旧的砖砌体，比较粗制的混凝土砌面，特别光滑、仔细开挖的岩石面	0.017	58.8
坚实黏土的渠道，不密实淤泥层（有的地方是中断的）覆盖的黄土、砾石及泥土的渠道，良好养护情况下的大渠道	0.022 5	44.4
良好的干砌圬工，中等养护情况的土渠，情况良好的天然河流（河床清洁、顺直、水流通畅、无塌岸及深潭）	0.025	40.0
养护情况在中等标准以下的土渠	0.027 5	36.4
情况比较不良的土渠（如部分渠底有水草、卵石或砾石，部分边岸崩塌等），水流条件良好的天然河流	0.030	33.3
情况特别坏的渠道（有不少深潭及塌岸、芦苇丛生、渠底有大石及密生的树根等），过水条件差、石子及水草数量增加、有深潭及浅滩等的弯曲河道	0.040	25.0

表 4-3　f、b、m 值

管材类别	f	m	b
混凝土管、钢筋混凝土管			
$n = 0.013$	1.312×10^6	2.00	5.33
$n = 0.014$	1.516×10^6	2.00	5.33
$n = 0.015$	1.749×10^6	2.00	5.33
当地材料管	$7.76n^2 \times 10^9$	2.00	5.33
旧钢管、旧铸铁管	6.25×10^5	1.90	5.10
石棉水泥管	1.455×10^5	1.85	4.89
硬塑料管	0.948×10^5	1.77	4.77
铝管、铝合金管	0.861×10^5	1.74	4.74

注：1. 地埋薄壁塑料管的 f 值，宜用表列硬塑料管 f 值的 1.05 倍。

2. n 为糙率，水泥砂土管 $n = 0.0143$。

第二类：城镇室外给水（城镇工作、生活、公共设施、消防、绿化等），室外给水管道、渠道的计算须按照我国《室外给水设计规范》(GB 50013—2006) 中规定的公式：

(1) 各类塑料管（由达 - 魏公式推得）

$$h_f = 0.000915 \frac{Q^{1.774}}{d^{4.774}} l \tag{4-32}$$

式中　d—— 管内径，m；

l—— 管长，m；

Q—— 流量，m^3/s。

(2) 混凝土管及采用水泥砂浆内衬的金属管、混凝土渠

$$h_f = \frac{v^2}{C^2 R} l \quad \text{（谢才公式）} \tag{4-33}$$

式中

$$C = \frac{1}{n} R^y \quad \text{（巴甫洛夫斯基公式）} \tag{4-34}$$

$$y = 2.5\sqrt{n} - 0.13 - 0.75\sqrt{R}(\sqrt{n} - 0.1) \quad \text{（管流时用曼宁公式 } y = \frac{1}{6}\text{）} \tag{4-35}$$

式(4-34) 适用于 $0.1 \leqslant R \leqslant 3.0$；$0.011 \leqslant n \leqslant 0.040$；$n$ 值见表 4-2、表 6-2。

(3) 输配水管道、给水管网

$$h_f = \frac{10.67 Q^{1.852}}{C_h^{1.852} d^{4.87}} l \tag{4-36}$$

式中　C_h—— 海曾 - 威廉系数，见表 4-4；

d—— 管内径，m；

l—— 管长，m；

Q—— 流量，m^3/s。

表 4-4　海曾 - 威廉系数 C_h

管道材料	C_h	管道材料	C_h
玻璃管、塑料管、铜管	145 ~ 150	新铸铁管，最好状态 新管 旧管 严重锈蚀	140 130 100 90 ~ 100
石棉水泥管、混凝土管	130 ~ 140	钢管、铸铁管水泥砂浆内衬	120 ~ 130
焊接钢管新管	110	钢管、铸铁管涂料内衬	130 ~ 140
焊接钢管旧管	95	陶土管	110

公式应用说明：近些年给水管道及给水管网已不再采用不加内衬的铸铁管和钢管，所以不再介绍舍维列夫公式（公式适用于不加内衬的铸铁管和钢管）。美国及欧洲、日本广泛采用海曾 - 威廉公式，我国近些年也多采用海曾 - 威廉公式。

【例 4-5】　某灌渠长 1 000 m，矩形断面，采用混凝土砌面（中等情况），底宽 $b = 2.00$ m，水深 $h = 1.60$ m，求流量 $Q = 9.60\ \mathrm{m^3/s}$ 时渠道的沿程水头损失（按均匀流 $i = J = \frac{h_f}{l}$ 计算）。

解：首先正确选择公式，灌渠计算，应选《水利技术标准汇编》中的公式，即式(4-30)。

由
$$Q = A\frac{1}{n}R^{\frac{2}{3}}i^{\frac{1}{2}}$$

得
$$h_f = \left(\frac{Qn}{AR^{\frac{2}{3}}}\right)^2 l$$

$$A = 2 \times 1.60 = 3.20(\mathrm{m^2})$$

$$R = \frac{A}{\chi} = \frac{3.20}{2 + 2 \times 1.60} = 0.62(\mathrm{m})$$

查表 4-2，$n = 0.014$，则

$$h_f = \left(\frac{Qn}{AR^{\frac{2}{3}}}\right)^2 l = \left(\frac{9.60 \times 0.014}{3.20 \times 0.62^{\frac{2}{3}}}\right)^2 \times 1\,000 = 3.34(\mathrm{m})$$

【例 4-6】　某灌溉输水管道长 1 000 m，直径 $d = 0.60$ m(600 mm)，混凝土管（中等粗糙度），求流量 $Q = 0.39\ \mathrm{m^3/s}$(1 404 $\mathrm{m^3/h}$) 时管道的沿程水头损失。

解：首先正确选择公式，管灌，应选《水利技术标准汇编》中的公式，即式(4-31)。

查表 4-3，$f = 1.516 \times 10^6$，$m = 2$，$b = 5.33$，则

$$h_f = f\frac{Q^m}{d^b}l = 1.516 \times 10^6 \times \frac{1\,404^2}{600^{5.33}} \times 1\,000 = 4.65(\mathrm{m})$$

【例 4-7】　某城市供水渠道，长 1 600 m，矩形断面，采用良好的块石圬工，底宽 $b = 6.00$ m，水深 $h = 3.20$ m，求流量 $Q = 46.90\ \mathrm{m^3/s}$ 时渠道的沿程水头损失。

解：首先正确选择公式，供水渠，应选择《室外给水设计规范》中的计算公式，即

式(4-33)。

$$R = \frac{A}{\chi} = \frac{6.00 \times 3.20}{6.00 + 2 \times 3.20} = 1.55(\text{m})$$

查表4-2,糙率 $n = 0.017$,则

$$y = 2.5\sqrt{n} - 0.13 - 0.75\sqrt{R}(\sqrt{n} - 0.1)$$

$$= 2.5\sqrt{0.017} - 0.13 - 0.75\sqrt{1.55}(\sqrt{0.017} - 0.1) = 0.17$$

$$C = \frac{1}{n}R^{y} = \frac{1}{0.017} \times 1.55^{0.17} = 63.37(\text{m}^{0.5}/\text{s})$$

$$v = \frac{Q}{A} = \frac{46.90}{6.00 \times 3.20} = 2.44(\text{m/s})$$

$$h_f = \frac{v^2}{C^2 R}l = \frac{2.44^2}{63.37^2 \times 1.55} \times 1\ 600 = 1.53(\text{m})$$

【例4-8】 某城市输水管道长1 000 m,管径 $d = 0.96$ m,采用石棉水泥管,求流量 $Q = 2.00\ \text{m}^3/\text{s}$ 时的管道沿程水头损失。

解:供水管,石棉水泥管,应选《室外给水设计规范》(GB 50013—2006)中的海曾-威廉公式,即式(4-36)。

由表4-4,选 $C_h = 135$,则

$$h_f = \frac{10.67Q^{1.852}}{C_h^{1.852}d^{4.87}}l = \frac{10.67 \times 2.00^{1.852}}{135^{1.852} \times 0.96^{4.87}} \times 1\ 000 = 5.33(\text{m})$$

第六节 局部水头损失的分析与计算

当流动边界发生突变时,水流将产生局部水头损失。边界突然变化的形式多种多样,如断面突然扩大、突然缩小,转弯,分岔,阀门等。断面的突变对水流运动产生的影响可归纳成两点:

(1)在断面突变处,水流因受惯性力作用,将不紧贴壁面流动,与壁面产生分离,并形成旋涡。旋涡的分裂和互相摩擦要消耗大量的能量,因此旋涡区的大小和旋涡的强度直接影响局部水头损失的大小。

(2)由于主流脱离边界形成旋涡区,主流或受到压缩,或随着主流沿程不断扩散,流速分布急剧调整。如图4-19中断面1—1的流速分布图,经过不断改变,最后在断面2—2接近于下游正常水流的流速分布。在流速改变的过程中,质点内部相对运动加强,碰撞、摩擦作用加剧,从而造成较大的能量损失。局部水头损失可以用流速水头与局部水头损失系数 ζ 的乘积来表示,即

$$h_j = \zeta\frac{v^2}{2g} \tag{4-37}$$

其中,局部水头损失系数 ζ 通常由试验测定,现列于表4-5中。必须指出,ζ 都是对应于某一流速水头而言的,在选用时,应注意二者的对应关系,与 ζ 相应的流速水头在表4-5中已标明。更详细的局部水头损失系数可查《给排水设计手册》。

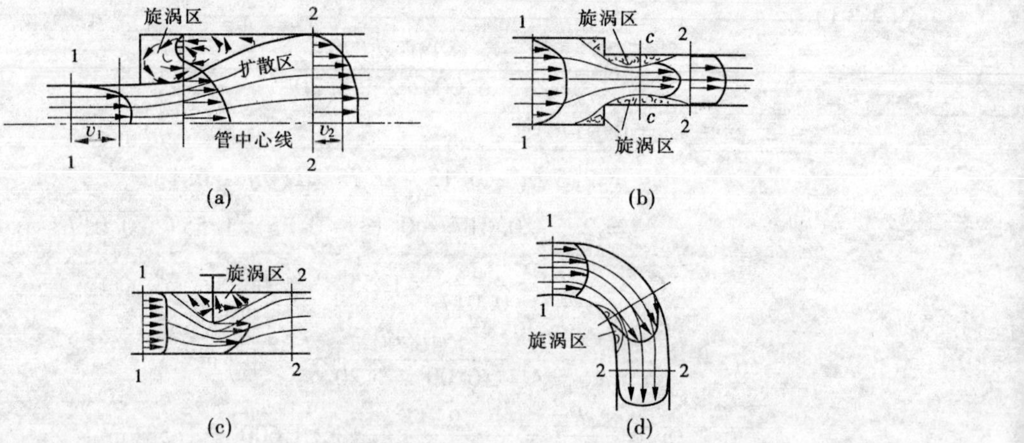

图 4-19

表 4-5　局部水头损失系数 ζ 值

<table>
<tr><th>名称</th><th colspan="2">简图</th><th>局部水头损失系数 ζ 值</th></tr>
<tr><td>断面突然扩大</td><td colspan="2">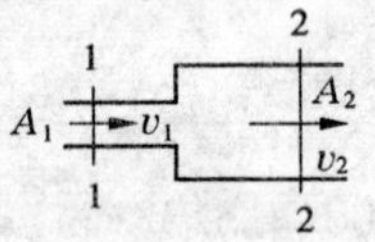</td><td>$\zeta' = (1 - \frac{A_1}{A_2})^2$ （应用公式 $h_j = \zeta' \frac{v_1^2}{2g}$）
$\zeta'' = (\frac{A_2}{A_1} - 1)^2$ （应用公式 $h_j = \zeta'' \frac{v_2^2}{2g}$）</td></tr>
<tr><td>断面突然缩小</td><td colspan="2">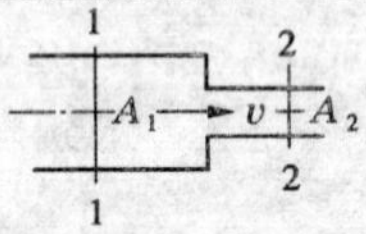</td><td>$\zeta = 0.5(1 - \frac{A_2}{A_1})$</td></tr>
<tr><td rowspan="3">进口</td><td rowspan="2">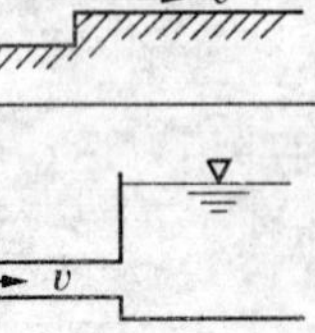</td><td>完全修圆</td><td>0.05 ~ 0.10</td></tr>
<tr><td>稍微修圆</td><td>0.20 ~ 0.25</td></tr>
<tr><td>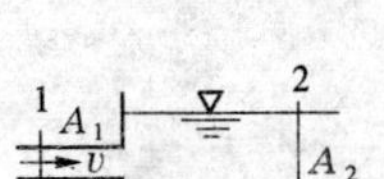</td><td>没有修圆</td><td>0.50</td></tr>
<tr><td rowspan="2">出口</td><td>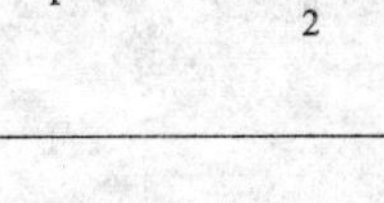</td><td>流入水库（池）</td><td>1.0</td></tr>
<tr><td></td><td>流入明渠</td><td><table><tr><td>A_1/A_2</td><td>0.1</td><td>0.2</td><td>0.3</td><td>0.4</td><td>0.5</td><td>0.6</td><td>0.7</td><td>0.8</td><td>0.9</td></tr><tr><td>ζ</td><td>0.81</td><td>0.64</td><td>0.49</td><td>0.36</td><td>0.25</td><td>0.16</td><td>0.09</td><td>0.04</td><td>0.01</td></tr></table></td></tr>
</table>

续表 4-5

<table>
<tr><th>名称</th><th>简图</th><th colspan="2">局部水头损失系数 ζ 值</th></tr>
<tr><td rowspan="2">急转弯管</td><td rowspan="2">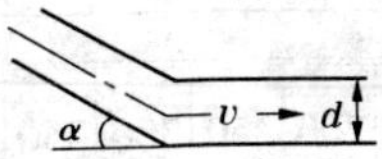
</td><td>圆形</td><td>
<table>
<tr><td>α(°)</td><td>30</td><td>40</td><td>50</td><td>60</td><td>70</td><td>80</td><td>90</td></tr>
<tr><td>ζ</td><td>0. 20</td><td>0. 30</td><td>0. 40</td><td>0. 55</td><td>0. 70</td><td>0. 90</td><td>1. 10</td></tr>
</table></td></tr>
<tr><td>矩形</td><td>
<table>
<tr><td>α(°)</td><td>15</td><td>30</td><td>45</td><td>60</td><td>90</td></tr>
<tr><td>ζ</td><td>0. 025</td><td>0. 11</td><td>0. 26</td><td>0. 49</td><td>1. 20</td></tr>
</table></td></tr>
<tr><td rowspan="2">弯管</td><td>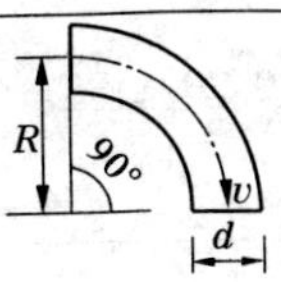
</td><td>90°</td><td>
<table>
<tr><td>R/d</td><td>0. 5</td><td>1. 0</td><td>1. 5</td><td>2. 0</td><td>3. 0</td><td>4. 0</td><td>5. 0</td></tr>
<tr><td>ζ$\zeta_{90°}$</td><td>1. 2</td><td>0. 80</td><td>0. 60</td><td>0. 48</td><td>0. 36</td><td>0. 30</td><td>0. 29</td></tr>
</table></td></tr>
<tr><td>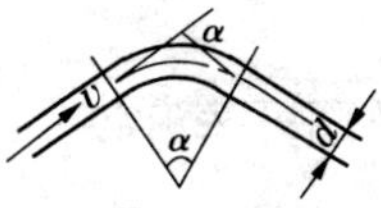
</td><td>任意角度</td><td>$\zeta_{\alpha°} = a\zeta_{90°}$
<table>
<tr><td>α(°)</td><td>20</td><td>30</td><td>40</td><td>50</td><td>60</td><td>70</td><td>80</td></tr>
<tr><td>a</td><td>0. 40</td><td>0. 55</td><td>0. 65</td><td>0. 75</td><td>0. 83</td><td>0. 88</td><td>0. 95</td></tr>
<tr><td>α(°)</td><td>90</td><td>100</td><td>120</td><td>140</td><td>160</td><td colspan="2">180</td></tr>
<tr><td>a</td><td>1. 00</td><td>1. 05</td><td>1. 13</td><td>1. 20</td><td>1. 27</td><td colspan="2">1. 33</td></tr>
</table></td></tr>
<tr><td>闸阀</td><td>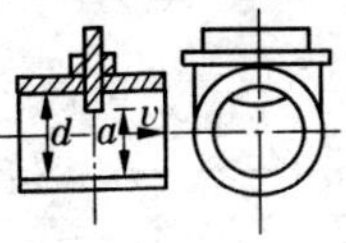
</td><td>圆形管道</td><td>当全开时(a/d = 1)
<table>
<tr><td>d(mm)</td><td>15</td><td>20 ~ 50</td><td>80</td><td>100</td><td>150</td><td>200 ~ 250</td></tr>
<tr><td>ζ</td><td>1. 5</td><td>0. 5</td><td>0. 4</td><td>0. 2</td><td>0. 1</td><td>0. 08</td></tr>
</table>
<table>
<tr><td>d(mm)</td><td>300 ~ 450</td><td>500 ~ 800</td><td>900 ~ 1 000</td></tr>
<tr><td>ζ</td><td>0. 07</td><td>0. 06</td><td>0. 05</td></tr>
</table>
当各种开启度时
<table>
<tr><td>a/d</td><td>7/8</td><td>6/8</td><td>5/8</td><td>4/8</td><td>3/8</td><td>2/8</td><td>1/8</td></tr>
<tr><td>$A_{开启}/A_{总}$</td><td>0. 948</td><td>0. 856</td><td>0. 740</td><td>0. 609</td><td>0. 466</td><td>0. 315</td><td>0. 159</td></tr>
<tr><td>ζ</td><td>0. 15</td><td>0. 26</td><td>0. 81</td><td>2. 06</td><td>5. 52</td><td>17. 0</td><td>97. 8</td></tr>
</table></td></tr>
<tr><td>截止阀</td><td>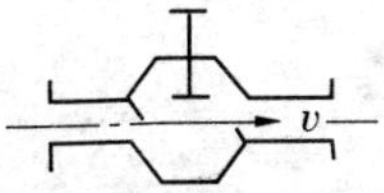
</td><td>全开</td><td>4. 3 ~ 6. 1</td></tr>
</table>

续表 4-5

<table>
<tr><th>名称</th><th colspan="2">简图</th><th>局部水头损失系数 ζ 值</th></tr>
<tr><td rowspan="2">莲蓬头
（滤水网）</td><td>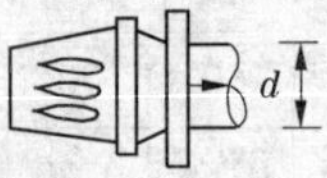</td><td>无底阀</td><td>2 ~ 3</td></tr>
<tr><td>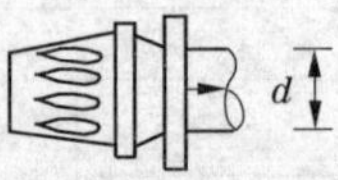</td><td>有底阀</td><td>
<table>
<tr><td>d (mm)</td><td>40</td><td>50</td><td>75</td><td>100</td><td>150</td><td>200</td><td>250</td><td>300</td><td>350</td><td>400</td><td>500</td><td>750</td></tr>
<tr><td>ζ</td><td>12</td><td>10</td><td>8.5</td><td>7.0</td><td>6.0</td><td>5.2</td><td>4.4</td><td>3.7</td><td>3.4</td><td>3.1</td><td>2.5</td><td>1.6</td></tr>
</table>
</td></tr>
<tr><td>平板门槽</td><td colspan="2">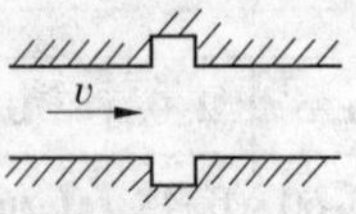</td><td>0.05 ~ 0.20</td></tr>
<tr><td>拦污栅</td><td colspan="2">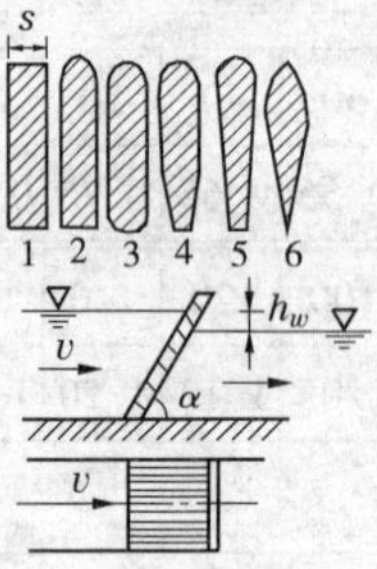</td><td>
$$\zeta = \beta\left(\frac{s}{b}\right)^{4/3}\sin\alpha$$
式中 s—— 栅条宽度；
b—— 栅条间距；
α—— 倾角；
β—— 栅条形状系数，用下表确定
<table>
<tr><td>栅条形状</td><td>1</td><td>2</td><td>3</td><td>4</td><td>5</td><td>6</td></tr>
<tr><td>β</td><td>2.42</td><td>1.83</td><td>1.67</td><td>1.035</td><td>0.92</td><td>0.76</td></tr>
</table>
</td></tr>
</table>

【例 4-9】 从水箱引一直径不同的管道，如图 4-20 所示。已知 $d_1 = 175$ mm，$l_1 = 30$ m，$\lambda_1 = 0.032$，$d_2 = 125$ mm，$l_2 = 20$ m，$\lambda_2 = 0.037$，第二段管子上有一平板闸阀，其开度为 $a/d = 0.5$。当输水流量 $Q = 25$ L/s 时，求：(1) 沿程水头损失 $\sum h_f$；(2) 局部水头损失 $\sum h_j$；(3) 水箱的水头 H。

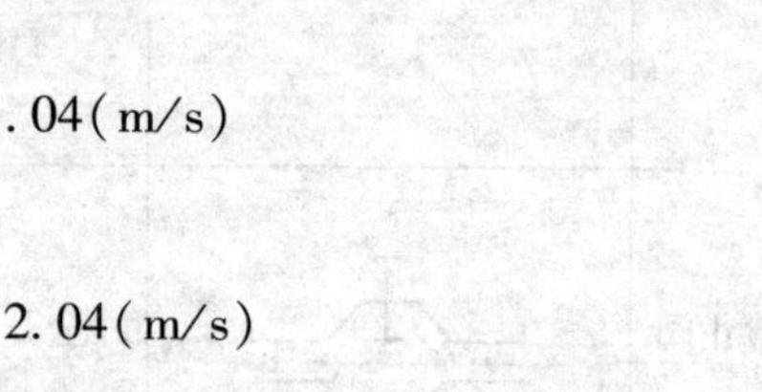

图 4-20

解：(1) 求沿程水头损失：

$$v_1 = \frac{Q}{A_1} = \frac{0.025}{\frac{\pi}{4} \times 0.175^2} = 1.04(\mathrm{m/s})$$

$$v_2 = \frac{Q}{A_2} = \frac{4 \times 0.025}{3.14 \times 0.125^2} = 2.04(\mathrm{m/s})$$

$$\sum h_f = h_{f1} + h_{f2} = \lambda_1 \frac{l_1}{d_1}\frac{v_1^2}{2g} + \lambda_2 \frac{l_2}{d_2}\frac{v_2^2}{2g}$$

$$= 0.032 \times \frac{30}{0.175} \times \frac{1.04^2}{19.6} + 0.037 \times \frac{20}{0.125} \times \frac{2.04^2}{19.6} = 1.56(\text{m})$$

(2) 求局部水头损失:

进口损失由直角进口查表 4-5 得 $\zeta_{进口} = 0.5$,则

$$h_{j1} = \zeta_{进口} \times \frac{v_1^2}{2g} = 0.5 \times \frac{1.04^2}{19.6} = 0.03(\text{m})$$

由 $\frac{A_2}{A_1} = \left(\frac{d_2}{d_1}\right)^2 = \left(\frac{0.125}{0.175}\right)^2 = 0.51$,查表 4-5 得

$$\zeta_{缩} = 0.5\left(1 - \frac{A_2}{A_1}\right) = 0.5 \times (1 - 0.51) = 0.25$$

则
$$h_{j2} = \zeta_{缩}\frac{v_2^2}{2g} = 0.25 \times \frac{2.04^2}{19.6} = 0.05(\text{m})$$

闸阀损失由平板闸门的开度 $a/d = 0.5$,查表 4-5 得 $\zeta_{阀} = 2.06$,则

$$h_{j3} = \zeta_{阀}\frac{v_2^2}{2g} = 2.06 \times \frac{2.04^2}{2 \times 9.8} = 0.44(\text{m})$$

$$\sum h_j = h_{j1} + h_{j2} + h_{j3} = 0.03 + 0.05 + 0.44 = 0.52(\text{m})$$

(3) 求水箱的水头:

以管轴线为基准面,取水箱内横断面和管出口断面为两过水断面,断面 1—1 取水面点为计算点,其位置高度为 H,压强为大气压,流速近似为零,断面 2—2 取中心点为代表点,位置高度为零,因断面四周为大气压强,故中心点也近似为大气压强,流速为 v_2,列能量方程得

$$H = \frac{\alpha v_2^2}{2g} + h_w = \frac{\alpha v_2^2}{2g} + \sum h_f + \sum h_j = \frac{2.04^2}{19.6} + 1.56 + 0.52 = 2.29(\text{m})$$

第七节　绕流阻力与升力

一、绕流阻力

静止液体对物体的作用力只有法向压力,流动的实际液体对物体的作用力除法向压力外,还有由于液体的黏滞切应力 τ_0 引起的切向力,即摩擦阻力。如图 4-21 所示,一垂直于水流方向的圆柱体,在圆柱表面取一微小面积 dA,液体作用在 dA 上的法向压力为 dP、切向力为 dT,dP、dT 投影在 x 轴的分力为 dP_x、dT_x,则圆柱体表面所有微小面积 dA 上的 dP_x、dT_x 相加之和就是水流作用在圆柱体上的法向压力和切向力投影在 x 轴方向(即沿流向)的作用力,称为绕流阻力。由以上分析可知,绕流阻力由两部分组成:一是由动水压强产生的法向压力在流动方向投影形成的

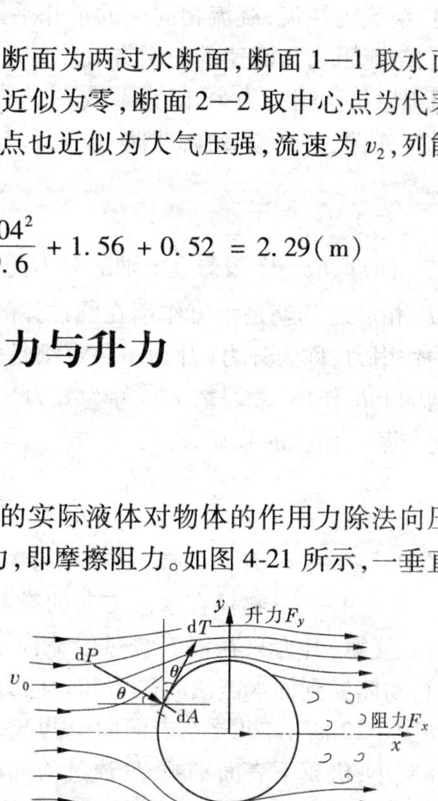

图 4-21

阻力，称为压强阻力，因受物体形状影响较大，又称形状阻力；二是由圆柱表面切应力 τ_0 引起的切向力，即摩擦阻力在流动方向投影形成的阻力，称为摩擦阻力或表面阻力。单位重量液体克服这种摩擦阻力作功而损失的能量即为沿程水头损失，主要发生在均匀流中。急变流中边界变化较大的物体，常在物体后部发生水流脱离边界，产生旋涡，旋涡区压强小于物体前无旋涡处的压强，物体前后产生压差，该压差即为压强阻力，液流的局部水头损失主要是液体克服压强阻力作功而引起的。绕流阻力可以表示为单位体积来流的动能与某一面积的乘积，即

$$F_x = C_D A_y \frac{\rho v_0^2}{2} \tag{4-38}$$

式中 ρ—— 流体的密度；

v_0—— 不受物体影响处的未被干扰的流速；

A_y—— 物体在垂直水流方向的投影面积；

C_D—— 阻力系数。

式(4-38) 便是1726年牛顿提出的绕流阻力公式。

绕流阻力的阻力系数 C_D 与水流的雷诺数 Re、绕流物形状及其在水流中的相对位置有关。阻力系数 C_D 的变化规律与沿程阻力系数 λ 的变化规律相类似，当雷诺数 Re 较小时，绕流为层流，绕流物周围的水几乎无扰动，这时只有摩擦阻力，阻力系数 C_D 与 Re 成反比，绕流阻力与流速的一次方成比例。当雷诺数 Re 相当大，绕流处于阻力平方区时，绕流阻力以压强阻力为主，阻力系数 C_D 与 Re 无关，只与绕流物的形状及其在水流中的相对位置有关，根据试验实测，球体 $C_D = 0.5$，圆平板（板面垂直流向）$C_D = 1.12$。

二、升力

同理，dP、dT 投影在 y 轴的分力为 dP_y、dT_y，则圆柱体表面所有微小面积 dA 上的 dP_y、dT_y 相加之和就是水流作用在圆柱体的法向力和切向力投影在 y 轴方向（即垂直于流向）的作用力，称为升力（升力不一定都是垂直向上的，但在空气动力学中主要研究空气对翼型的上举作用，故习惯上就称为升力），以 F_y 表示。升力也可以表示为单位体积来流的动能与某一面积的乘积，即

$$F_y = C_L A_x \frac{\rho v_0^2}{2} \tag{4-39}$$

式中 C_L—— 升力系数，可参考有关计算手册；

A_x—— 物体在水流方向的投影面积。

注意：升力只在液流绕过沿流向不对称的物体时才能发生，因为当物体沿流向对称时，物体受到的水流法向压力和切向力在垂直水流方向的投影合力为0，也就是升力为0。如图4-22所示，机翼上表面向上凸起，使机翼上部气流过流面积减小，而使动能增大、压能减小；机翼下表面平顺，气流过流面积大于机翼上表面的过流面积，因而使动能小于机翼上表面的动能、压能大于上表面的压能，产生上、下压强差而形成了向上的升力。

对于理想液体，圆柱体前后的流线是对称分布的。对实际液体绕圆柱流动，由于存在能量损失，动能不足以流动到对称的位置，水流提前脱离物体表面（被外部质点带向物体

后部)，从而在物体尾部形成旋涡区。物体的形状及物体与水流的相对位置都影响到旋涡区的大小和旋涡的强弱，对绕流阻力的影响极大。如图 4-23 所示，平板平行水流放置，就不易形成水流与边界脱离，产生的绕流阻力也最小；若平板垂直水流放置，则最易形成水流与边界脱离，产生的绕流阻力也最大。因此，在流体中运动的物体如飞机、船舶等，或在水流中固定的物体如桥墩、闸墩、铅鱼等都应设计成曲线型(见图 4-24)，以避免产生水流脱离现象，减小绕流阻力。

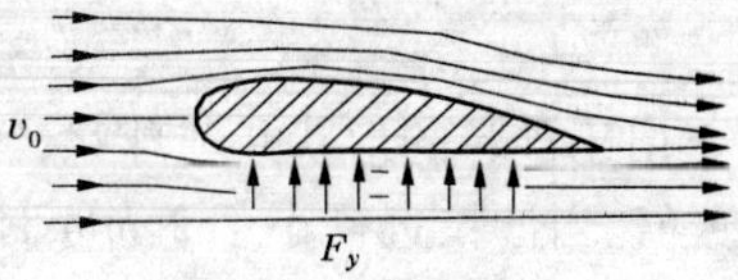

不对称流线型剖面的绕流

图 4-22

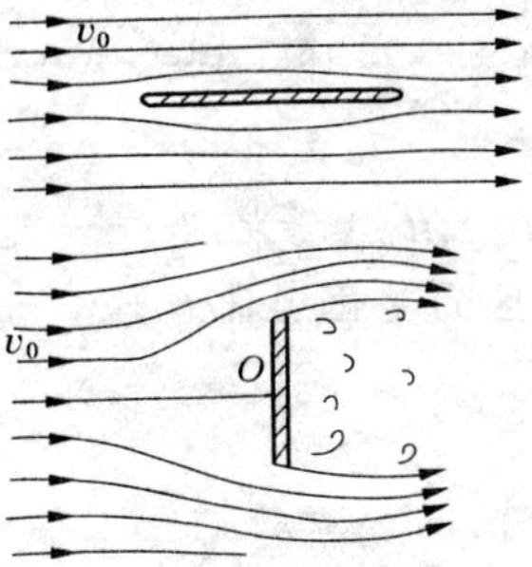

不同方位的平板绕流

图 4-23

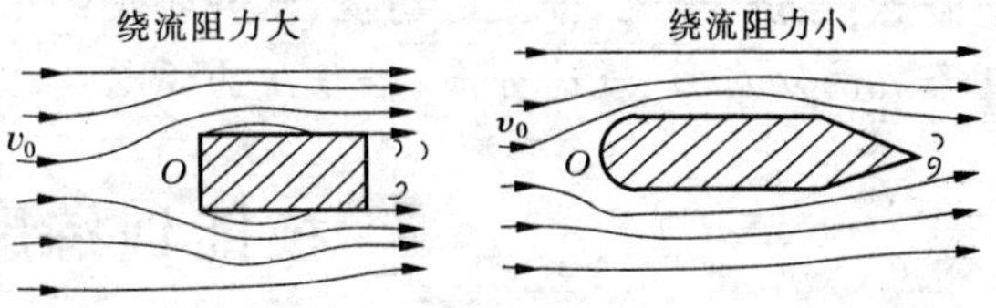

方墩与圆墩的绕流

图 4-24

【例 4-10】 直径为 5 mm 的球状沙粒在静水中下沉，容重 $\gamma_s = 25.97\ \text{kN/m}^3$，求达到匀速下降时的沉降速度。

解：在静水中的沙粒受重力作用而向下沉降，共受重力、浮力和绕流阻力三个力的作用，开始是加速运动。由于沙粒在沉降过程中要受到绕流阻力的作用(静止时，绕流阻力为 0)，绕流阻力随沉降速度的增加而增加，当重力、浮力和绕流阻力三者达到平衡时，沙粒下降的加速度为 0，成为等速沉降状态。设此时的沉降速度为 v_0，把沙粒当做圆球状，则作用在球状沙粒上的作用力有：

(1) 重力，方向向下

$$G = \gamma_s V = \gamma_s \frac{1}{6}\pi d^3$$

(2) 浮力，方向向上

$$P = \gamma V = \gamma \frac{1}{6}\pi d^3$$

(3) 绕流阻力，方向向上

$$F_x = C_D A_y \frac{\rho v_0^2}{2} = C_D \frac{\pi d^2}{4} \frac{\gamma v_0^2}{2g}$$

当沙粒等速沉降时，上述三力处于平衡状态，即 $\gamma_s V - \gamma V = F_x$，得

$$(\gamma_s - \gamma) \frac{1}{6}\pi d^3 = C_D \frac{\pi d^2}{4} \frac{\gamma v_0^2}{2g}$$

$$v_0=\sqrt{\frac{4}{3}\frac{1}{C_D}\frac{\gamma_s-\gamma}{\gamma}}\sqrt{gd}=\sqrt{\frac{4}{3}\times\frac{1}{0.5}\times\frac{25.97-9.8}{9.8}}\times\sqrt{9.8\times0.005}=0.46(\text{m/s})$$

由于沙粒的形状并非球状，实际的阻力系数要比0.5大，故实际的沉降速度要小于上述数值。当沙粒直径小于2 mm时，沙粒对水流的扰动影响很小，水的黏滞性将起较大作用，阻力系数 C_D 将随雷诺数改变，已不再是常数了。

本章考试内容

记公式：$h_f=\lambda\frac{l}{4R}\frac{v^2}{2g}$；$v=C\sqrt{Ri}$；$\lambda=\frac{8g}{C^2}$；$C=\frac{1}{n}R^{\frac{1}{6}}$；$h_f=f\frac{Q^m}{d^b}l$；$h_f=\frac{10.67Q^{1.852}}{C_h^{1.852}d^{4.87}}l$。

会计算：灌溉管、渠和城镇供水管、渠的水头损失（首先正确选择上述公式）；判别层流、紊流。

记概念：层流、紊流、紊流时均值、水头损失的根源、Re、Re_k、R、χ 等概念；管、渠均匀流层流及紊流的切应力、流速分布；沿程阻力系数 λ 在四个流区的变化规律。

技能训练题

4-1　产生水头损失的根源是什么？

4-2　用什么来判别层流和紊流？Re 的物理意义是什么？

4-3　有两个圆管，管径 $d_1\neq d_2$，流动的液体 $\nu_1\neq\nu_2$，液体速度 $v_1\neq v_2$，问两个管中的 Re 一样吗？Re_k 一样吗？

4-4　水力光滑管与水力粗糙管是用什么来判别的？它与 Re 有什么关系？

4-5　当输水管径一定时，随流量加大，Re 是增大了还是减小了？当输水管道的流量一定时，随管径加大，Re 是增大了还是减小了？

4-6　层流和紊流的流速分布有何不同？

4-7　若有两根管道，其直径 d、长度 l、绝对粗糙度 Δ 均相等，其中一根输油（ν 较大），一根输水（ν 较小）。问：(1) 当两管中流动速度 v 相等时，其 h_f 是否相等？(2) 当两管中 Re 相等时，h_f 是否相等？

4-8　在图4-25中，渠道中均匀流速度 $v=0.95$ m/s，$m=1.5$，水温为10 ℃，则此均匀流为何种状态？

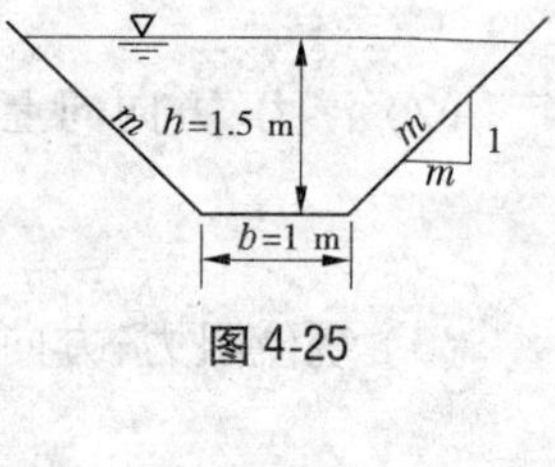

图4-25

4-9　有一圆形输水管道，$d=150$ mm，管道中通过的流体流量 $Q=6.0$ L/s。(1) 管中的液体为水，水温为20 ℃；(2) 通过的液体是重燃油，其运动黏滞系数 $\nu=150\times10^{-6}$ m²/s。试判别上述两种情况时液体的流态。

4-10　有一个输水管，直径为 $d=0.15$ m，管中通过的流量 $Q=8.2$ L/s，水温为10 ℃。试判别该水流的流态，并求流态发生转变时的流量（相应的速度为下临界流速）。

4-11　有一压力输水管，管壁的当量粗糙度为 $\Delta=0.6$ mm，水温为15 ℃，管长为25 m，管径为100 mm。试求：(1) 当流量为4 L/s、12 L/s、40 L/s时，其沿程水头损失各为多少?(2) 分析上述三种情况时沿程阻力系数 λ 和沿程水头损失大小的变化规律。

4-12　有一水平放置的新的铸铁管,管径 $d = 25$ cm,管长 $l = 200$ m,水温为 10 ℃,通过流量为 0.125 m^3/s。试求:(1) 管中流速;(2) 沿程阻力系数;(3) 水力坡度。

4-13　有一矩形断面灌渠,底宽 $b = 6$ m,渠道用浆砌块石做成,当通过流量为 $Q = 15$ m^3/s 时,渠道中相应的水深 $h = 3$ m,求 1 km 长渠道中的沿程水头损失。

4-14　有一混凝土灌溉输水管(中等粗糙),管径 $d = 1.00$ m,管长 $l = 500$ m,当通过流量为 $Q = 1.5$ m^3/s 时,求管中的沿程水头损失。

4-15　有一梯形断面城镇供水混凝土渠道(中等粗糙),底宽 $b = 6$ m,水深 $h = 3$ m,边坡系数 $m = 1$,当通过流量为 $Q = 60.00$ m^3/s 时,求 1 km 长渠道中的沿程水头损失。

4-16　一城镇供水管路,长度为 1 000 m,管径 $d = 1.00$ m,采用水泥砂浆内衬的铸铁管,当通过流量 $Q = 1.6$ m^3/s 时,求该管段的沿程水头损失。

4-17　为测定 90° 弯头的局部水头损失系数 ζ,采用图 4-26 所示的装置。已知试验段 AB 长为 10 m,管径 $d = 0.05$ m,弯管的曲率半径 $R = d$,该管中的沿程阻力系数 $\lambda = 0.03$,今试验测得的数据为:AB 两端的测压管水面差为 0.629 m,2 min 内流入量水箱的水量为 0.319 m^3,试求弯管的局部水头损失系数 ζ。

4-18　图 4-27 为一水塔的生活供水管路,已知铸铁管(按旧管)的管长 $l = 600$ m,管径 $d = 800$ mm,管路的进口为直角进口,有一个弯头和一个闸阀,弯头的局部水头损失系数 $\zeta_{弯} = 0.8$。当闸门全开时,流量 $Q = 0.80$ m^3/s。求水塔的高度。

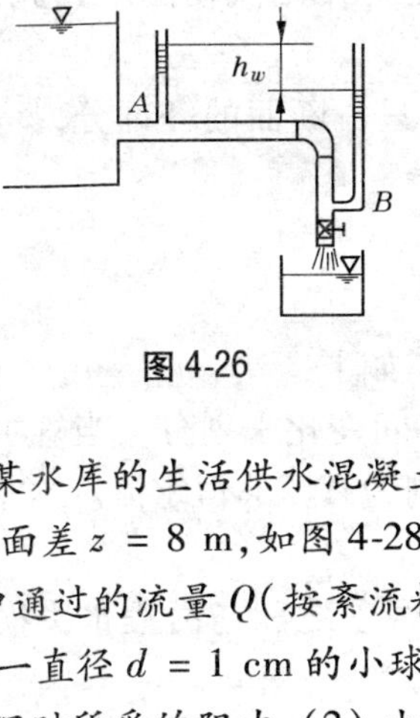

图 4-26

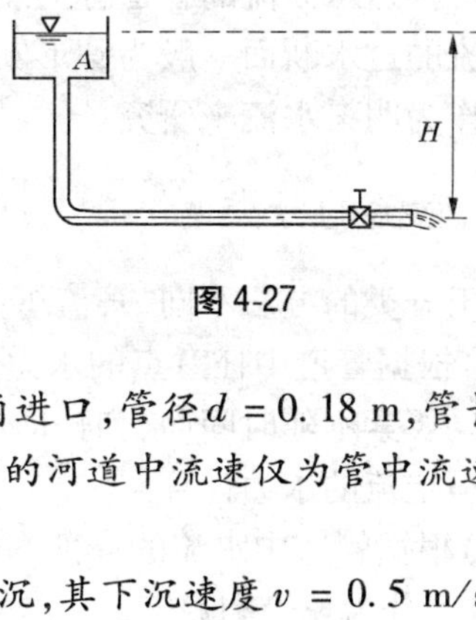

图 4-27

4-19　某水库的生活供水混凝土管道,进口为直角进口,管径 $d = 0.18$ m,管长 $l = 50$ m,上下游水面差 $z = 8$ m,如图 4-28 所示。当管道出口的河道中流速仅为管中流速的 0.2 倍时,求管中通过的流量 Q(按紊流粗糙区计算)。

4-20　一直径 $d = 1$ cm 的小球,在静水中均匀下沉,其下沉速度 $v = 0.5$ m/s。试求:(1) 小球下沉时所受的阻力;(2) 小球的比重。

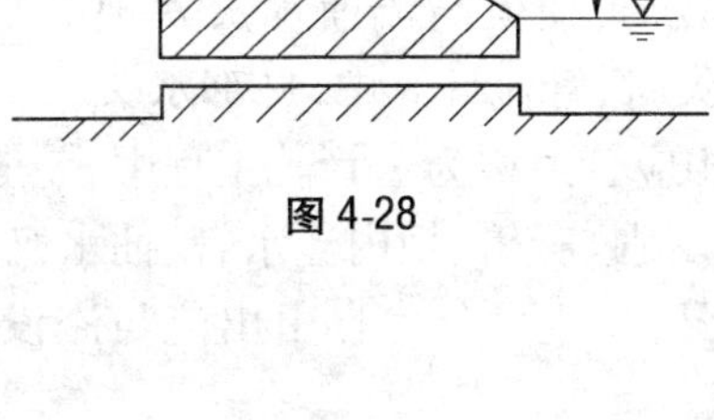

图 4-28

第五章 管流水力计算

职业技能

熟练求解管流的 Q、H、d，求解虹吸管、水泵的 h_s、d、$p_{真}$，求解倒虹吸管的 d、z；清楚串联及并联管路、树状网、环状网设计方法。

第一节 概 述

常用管流如引水隧洞、水电站的压力钢管、灌溉工程中的虹吸管、倒虹吸管、抽水机的吸水管和压水管、城市给排水工程中的自来水管以及石油工程中的输油管等，本章将讨论常用管流的水力计算。

一、管流的定义、特点

充满整个管道的水流，称为管流。其特点是：没有自由液面，过水断面的压强一般都不等于大气压强（即相对压强一般不为零），它是靠压力作用流动的。因此，管流又称为压力流。输送压力流的管道称为压力管道。

管流的过水断面一般为圆形断面。有些管道，水只占断面的一部分，具有自由液面，而必须作为明渠水流来研究。

二、管流的分类

由于分类的方法不同，管流可分为各种类型，具体如下：

(1)根据管道中任意点的水力运动要素是否随时间变化来划分。当管中任意一点的水力运动要素不随时间而变时，即为有压恒定流；否则为有压非恒定流。本章主要研究的是有压恒定流的水力计算。

(2)根据管道中水流的局部水头损失、流速水头两项之和与沿程水头损失的比值不同，管流可分为长管和短管。

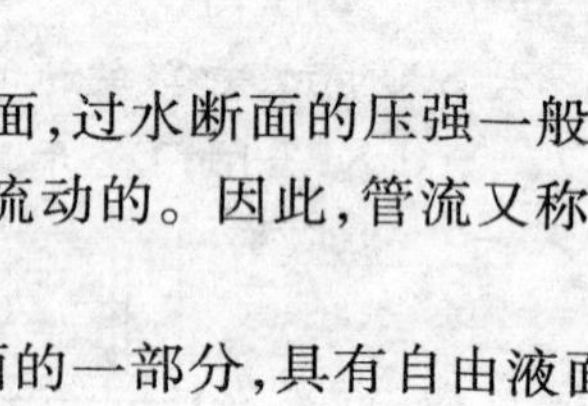

长管——当管道中水流的局部水头损失与流速水头两项之和小于5%的沿程水头损失时，局部水头损失及流速水头可以忽略，相应管道称为长管。

短管——当管道中局部水头损失与流速水头两项之和大于5%的沿程水头损失时，管流计算中，局部水头损失与流速水头不能忽略，相应管道称为短管。工程中，一般串联及并联管路、树状网、环状网可按长管计算。虹吸管、倒虹吸管、坝内泄水管、抽水机的吸水管等，可按短管计算。

(3)根据管道的出口情况，管流可分为自由出流与淹没出流。自由出流是指管道出口水流流入大气之中，如图 5-1(a)所示；淹没出流是指管道出口在下游水面以下，被水淹没，如图 5-1(b)所示。

(4)根据管道的布置情况，压力管道又可分为简单管路和复杂管路。简单管路是指单根管径不变的管路，如图 5-1(a)所示；复杂管路是指由两根以上的管道所组成的管路，如串联管路、并联管路、树状和环状管网，如图 5-2(a)、(b)、(c)、(d)所示。

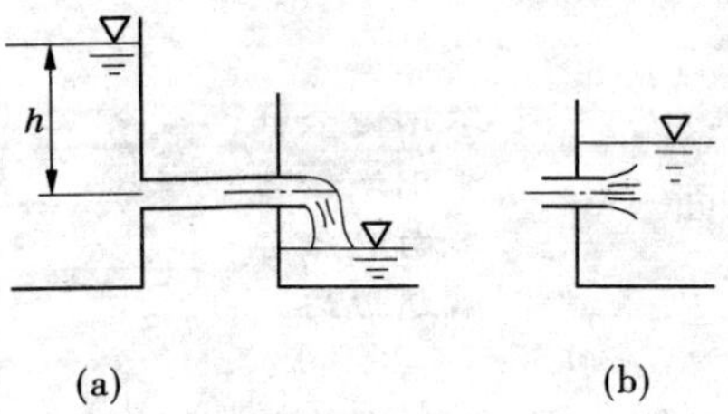

图 5-1

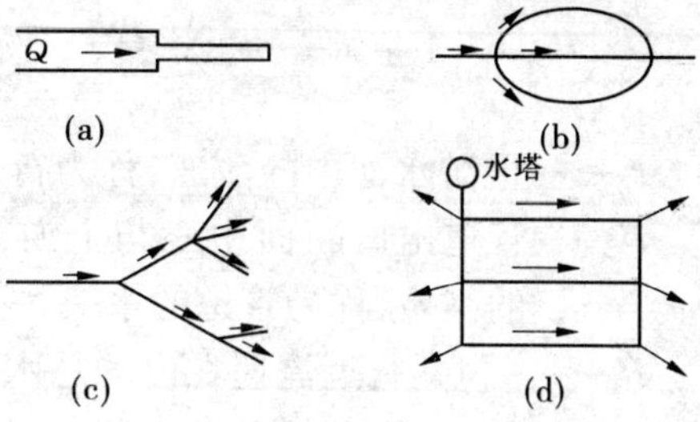

图 5-2

三、管流的计算类型

管流的计算类型可分为两大类：

一类是设计新管路或新管网，按照标准或规范中规定的方法利用人数及用水定额求出设计流量 Q。然后由经济流速 v_e 和连续方程求得管径 d，再求管流的水头损失 h_f、h_j，再求管流上游的水塔高度或水泵扬程 H(又称水头)。

另一类是对已建成管道进行校核计算，计算流量 Q、流速 v、管道压强 p、水头 H 是否满足用水需求。

两类综合归纳为：

(1)管道输水能力的计算。即给定水头、管线布置和断面尺寸的情况下，确定输送的流量 Q。

(2)当管线布置、管道尺寸和流量一定时，要求确定管路的水头损失，即输送一定流量所必需的水头 H。

(3)当管线布置、作用水头及输送的流量已知时，计算管道所需直径 d。

(4)给定流量、作用水头和断面尺寸，要求确定沿管道各断面的压强 p。

第二节　简单管道的水力计算

一、简单短管的水力计算

简单短管的水力计算可分为自由出流与淹没出流两种情况。

(一)简单短管自由出流基本公式

管道出口水流流入大气，水流四周都受大气压强的作用，称为自由出流，如图 5-3 所示。以通过管道出口断面中心点的水平面为基准面，对 1—1 断面和 2—2 断面列能量方

程如下

$$H+\frac{p_1}{\gamma}+\frac{\alpha_1 v_0^2}{2g}=0+\frac{p_2}{\gamma}+\frac{\alpha_2 v_2^2}{2g}+h_{w1-2}$$

上式中 $p_1=p_2=p_a$，令 $\alpha_1=\alpha_2=1.0$，$v_2=v$，$H_0=H+\frac{\alpha_1 v_0^2}{2g}$，$h_{w1-2}=\left(\lambda\frac{l}{d}+\sum\zeta\right)\frac{v^2}{2g}$，则整理得

$$H_0=\left(1+\lambda\frac{l}{d}+\sum\zeta\right)\frac{v^2}{2g} \tag{5-1}$$

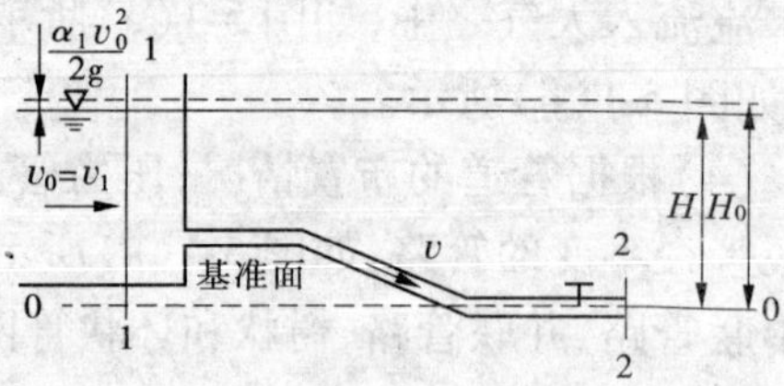

图 5-3

式中 v_0——上游水池中的流速，称为行近流速；

H——管道出口断面中心与上游水池水面的高差，称为管道的水头；

H_0——包括行近流速在内的总水头。

式(5-1)说明，管道的总水头将全部消耗于管道的水头损失和保持出口的动能。式(5-1)可用于当已知流量 Q、管径 d 和管道布置等时，求管道的作用水头 H。

将式(5-1)整理并代入 $Q=Av$ 得管中流量

$$Q=Av=\frac{1}{\sqrt{1+\lambda\frac{l}{d}+\sum\zeta}}A\sqrt{2gH_0}$$

令 $\mu_c=\frac{1}{\sqrt{1+\lambda\frac{l}{d}+\sum\zeta}}$，称为短管自由出流的流量系数，则得简单短管自由出流的流量公式

$$Q=\mu_c A\sqrt{2gH_0} \tag{5-2}$$

式中 A——管道的过水断面面积。

因一般管道的上游行近流速水头 $\frac{\alpha_1 v_0^2}{2g}$ 很小，可忽略不计，则有

$$Q=\mu_c A\sqrt{2gH} \tag{5-3}$$

【例 5-1】 图 5-4 所示为某水库的泄洪隧洞，已知洞长 $l=300$ m，洞径 $d=2$ m，隧洞的沿程水头损失系数 $\lambda=0.03$，转角 $\alpha=30°$，水库水位为 42.50 m，隧洞出口中心高程 25.00 m。试确定下游水位为 22.00 m 时隧洞的泄洪流量。

解：下游水位为 22.00 m 时，低于管的出口，则为自由出流。由于水库中行近流速很小，由式(5-3)计算流量

$$Q=\mu_c A\sqrt{2gH}$$

查表 4-5 可得，进口局部水头损失系数为 $\zeta_{进口}=0.5$，弯管局部水头损失系数为 $\zeta_{弯}=0.2$。自由出流的流量系数为

$$\mu_c=\frac{1}{\sqrt{1+\lambda\frac{l}{d}+\sum\zeta}}=\frac{1}{\sqrt{1+0.03\times\frac{300}{2}+0.5+0.2}}=0.402$$

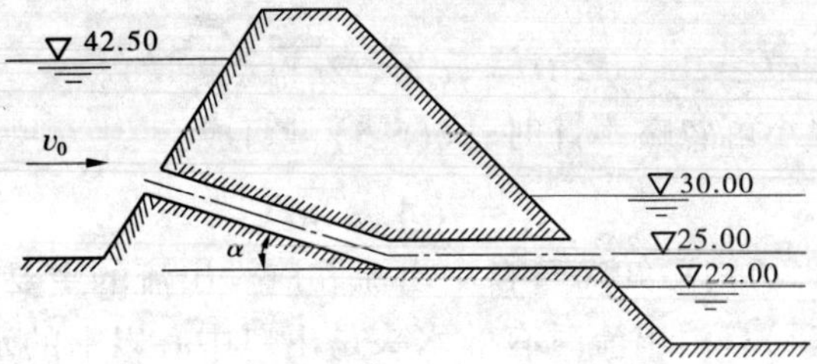

图 5-4

$$H = 42.5 - 25 = 17.5(\text{m})$$

则隧洞的流量为

$$Q = \mu_c A\sqrt{2gH} = 0.402 \times \frac{3.14 \times 2^2}{4} \times \sqrt{2 \times 9.8 \times 17.5} = 23.38(\text{m}^3/\text{s})$$

(二)简单短管淹没出流基本公式

管道出口如果淹没在下游水面以下,称淹没出流,如图 5-5 所示。取上游水池断面 1—1 和下游水池断面 2—2,并以下游水池的水面为基准面,水面点为代表点,列能量方程

$$z + \frac{p_1}{\gamma} + \frac{\alpha_1 v_1^2}{2g} = 0 + \frac{p_2}{\gamma} + \frac{\alpha_2 v_2^2}{2g} + h_{w1-2}$$

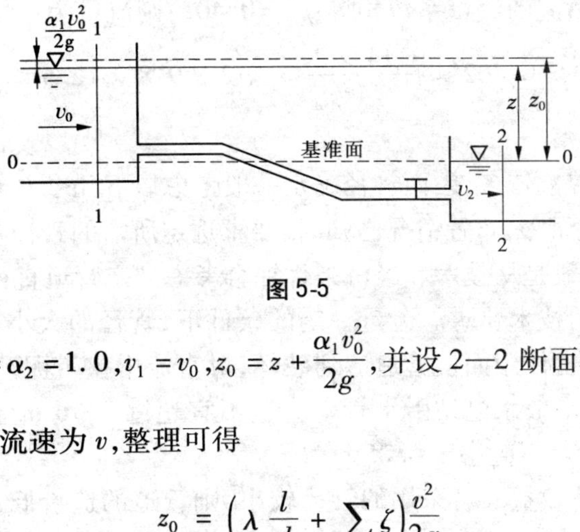

图 5-5

式中 $p_1 = p_2 = p_a$, $\alpha_1 = \alpha_2 = 1.0$, $v_1 = v_0$, $z_0 = z + \frac{\alpha_1 v_0^2}{2g}$,并设 2—2 断面较大,$\frac{\alpha_2 v_2^2}{2g} \approx 0$, $h_{w1-2} = \left(\lambda \frac{l}{d} + \Sigma\zeta\right)\frac{v^2}{2g}$,管中流速为 v,整理可得

$$z_0 = \left(\lambda \frac{l}{d} + \sum \zeta\right)\frac{v^2}{2g} \tag{5-4}$$

式(5-4)说明,短管在淹没出流时,它的上下游水位差全部消耗于沿程水头损失和局部水头损失。用式(5-4)计算上下游水位差时较方便。

整理式(5-4)并代入 $Q = Av$ 得管中流量

$$Q = Av = \frac{1}{\sqrt{\lambda \frac{l}{d} + \sum \zeta}} A\sqrt{2gz_0}$$

令 $\mu_c = \frac{1}{\sqrt{\lambda \frac{l}{d} + \Sigma\zeta}}$,称为短管淹没出流的流量系数,则得简单短管淹没出流的流量

公式

$$Q = \mu_c A \sqrt{2gz_0} \tag{5-5}$$

当行近流速水头很小可忽略不计时，式(5-5)可写成

$$Q = \mu_c A \sqrt{2gz} \tag{5-6}$$

比较式(5-3)和式(5-6)，可知短管自由出流和淹没出流的主要区别是：淹没出流时有效水头是上下游水位差 z，自由出流时有效水头是出口中心以上的水头 H。

注意：同一管路两种出流情况下流量系数 μ_c 的计算公式形式上虽然不同，但数值是相等的。因为淹没出流时，μ_c 计算公式的分母上虽然较自由出流时少了一项 α(α = 1.0)，但淹没出流时的 $\sum\zeta$ 中比自由出流的 $\sum\zeta$ 中多一个出口局部阻力系数 ζ_0（出口流入水池时一般情况下 $\zeta_0 = 1.0$），故当其他条件相同时，两者的实际值是相等的。

【例 5-2】 如图 5-4 所示隧洞，当上游水位不变，而下游水位上升至 30.00 m 时，求隧洞的泄洪流量。

解：由题意可知，由于下游水位上升至 30.00 m，高于管的出口高程(25.00 m)，则此时管流变为淹没出流，且上游行近流速水头忽略不计，则流量计算公式为

$$Q = \mu_c A \sqrt{2gz}$$

$$z = 42.50 - 30.00 = 12.50(\text{m})$$

自由出流与淹没出流的流量系数相等：$\mu_c = 0.402$，则流量为

$$Q = \mu_c A \sqrt{2gz} = 0.402 \times \frac{3.14 \times 2^2}{4} \times \sqrt{2 \times 9.8 \times 12.5} = 19.76(\text{m}^3/\text{s})$$

(三) 管径的确定

影响管道直径的因素较多，因而管径确定一般考虑以下几个方面：

(1) 管道的输水流量 Q、布置情况已知时，要求选定所需的管径及相应的水头。

在这种情况下，一般是从技术和经济条件综合考虑选定管道直径：

①考虑管道使用的技术要求。流量一定的条件下，管径的大小与流速有关。若管内的流速过大，会由于水击作用而使管道遭到破坏；对水流中挟带泥沙的管道，流速又不宜过小，以免泥沙沉积。一般水电站引水管中流速不宜超过 5 ~ 6 m/s；给水管道中的流速不应大于 2.5 ~ 3.0 m/s，不应小于 0.25 m/s。

②考虑管道的经济效益。若采用的管径较小，则管道的造价低，但流速增大，水头损失增大，输水耗费的电能也增加。反之，若采用较大的管径，则管内流速小，水头损失减小，运转费用也减少，使管道的造价增高。重要的管道，应选择几个方案进行技术经济比较，使管道投资与运转费用的总和最小，这样的流速称为经济流速，其相应的管径称为经济管径。

一般的给水管道，d 为 100 ~ 200 mm，经济流速 $v_e = 0.6 \sim 1.0$ m/s；d 为 200 ~ 400 mm，$v_e = 1.0 \sim 1.4$ m/s。水电站的压力隧洞的 $v_e = 2.5 \sim 3.5$ m/s；压力钢管的 $v_e = 3.0 \sim 4.0$ m/s，甚至达 5.0 ~ 6.0 m/s。经济流速涉及的因素较多，比较复杂，选用时应注意因时因地而异。

根据技术要求及经济条件选定管道的流速后，管道直径即可由式(5-7)求得

$$d = \sqrt{\frac{4Q}{\pi v_e}} \tag{5-7}$$

利用式(5-7)计算出的管径,当采用工业钢管时,则要选用标准管径。当使用标准管径后,注意管中的实际流速也发生了相应的变化,在计算水头损失时,一定要用标准管径相应的流速。

(2)当管道的流量、布置、管材及作用水头等已知时,对于短管的直径确定,可采用迭代法。

由式(5-3) $Q = \mu_c A\sqrt{2gH}$, $\mu_c = \dfrac{1}{\sqrt{1 + \lambda\dfrac{l}{d} + \sum\zeta}}$, $A = \dfrac{1}{4}\pi d^2$ 联立求解可得

$$d = \sqrt{\frac{4Q}{\pi\sqrt{2gH}}}\sqrt[4]{1 + \lambda\frac{l}{d} + \sum\zeta} \tag{5-8}$$

同样方法,利用式(5-6) $Q = \mu_c A\sqrt{2gz}$ 可推得淹没出流时的直径计算迭代公式

$$d = \sqrt{\frac{4Q}{\pi\sqrt{2gz}}}\sqrt[4]{\lambda\frac{l}{d} + \sum\zeta} \tag{5-9}$$

【例 5-3】 一横穿河道的钢筋混凝土倒虹吸管,如图 5-6 所示。已知管中流量 Q 为 $3\ m^3/s$,倒虹吸管全长 l 为 50 m,上下游水位差 z 为 3 m;中间经过两个弯管,其局部水头损失系数均为 0.20;进口局部水头损失系数为 0.5,出口局部水头损失系数为 1.0,上下游渠中流速 v_1 及 v_2 为 1.5 m/s,管壁粗糙系数 $n = 0.014$。试确定倒虹吸管直径。

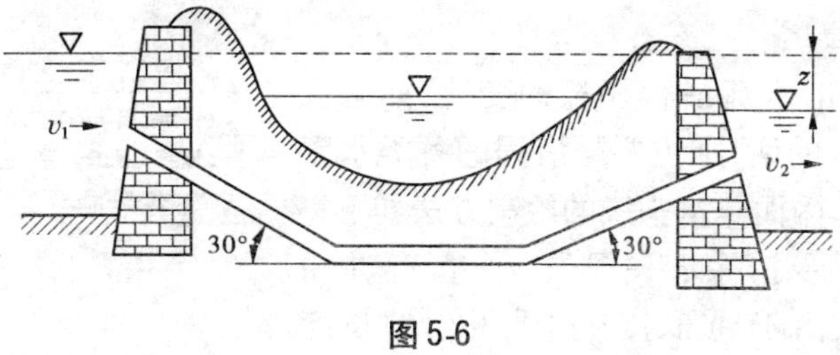

图 5-6

解:倒虹吸管一般作短管计算。本例题管道出口淹没在水下,而且上下游渠道中水流流速相同,流速水头消去,故应按短管的淹没出流公式(5-9)计算

$$d = \sqrt{\frac{4Q}{\pi\sqrt{2gz}}}\sqrt[4]{\lambda\frac{l}{d} + \sum\zeta}$$

当沿程水头损失系数用谢才系数计算时,$\lambda = \dfrac{8g}{C^2}$, $C = \dfrac{1}{n}R^{1/6}$, $R = \dfrac{d}{4}$,则可推得 $\lambda = \dfrac{2^{11/3}gn^2}{d^{1/3}}$,代入直径计算公式得

$$d = \sqrt{\frac{4Q}{\pi\sqrt{2gz}}}\sqrt[4]{\frac{2^{11/3}gn^2 l}{d^{4/3}} + \sum\zeta}$$

代入数值有

$$d = \sqrt{\frac{4 \times 3}{3.14 \times \sqrt{2 \times 9.8 \times 3}}} \sqrt[4]{\frac{2^{11/3} \times 9.8 \times 0.014^2 \times 50}{d^{4/3}} + 0.5 + 2 \times 0.2 + 1.0}$$

$$d = 0.706 \sqrt[4]{\frac{1.22}{d^{4/3}} + 1.9}$$

列表试算,如表 5-1 所示。

表 5-1　迭代法计算表

代入次数	1	2	3	4	5
代入值	∞	0.829	0.963	0.943	0.946
计算值	0.829	0.963	0.943	0.946	0.945

从表 5-1 计算结果可以看出,第 4 次计算的结果与第 5 次计算的结果近似,则最终选取管径 d 为 0.95 m。

如果选用标准管径,则选择直径为 1.0 m。

(四)总水头线和测压管水头线的绘制

绘制总水头线及测压管水头线,可直观了解位能、压能、动能及总能量沿程的变化情况,有利于掌握管道压强沿程变化情况及影响管道使用的不利因素,并及时处理。如管道中出现过大的真空,则易产生空化和气蚀,从而降低管道的输水能力,甚至危及管道安全;当管中出现过大压强时,则可能使管道破裂,而产生较大的损失。因此,设计管道系统时,应控制管道中的最大压强、最大真空值以及各断面的压强,以保证管道系统的正常工作,满足用户的要求。

1. 总水头线的绘制

由能量方程可知,水流沿程能量的变化,如果没有能量的输入和输出的话,则主要是沿程的各类水头损失,能量沿程减小,因而总水头线的绘制方法如下:

从上游开始,逐步扣除水头损失。一般存在局部水头损失的管段,由于局部水头损失发生的长度比较短,则可假设其集中于一个断面上,即在断面变化处按一定比例铅垂扣除水头损失。注意,在该断面上有两个总水头值,一个是局部损失前的,一个是局部损失后的。只有沿程水头损失的管段,可在管段末端扣除沿程水头损失,用直线连接两断面间的总水头,而得总水头线。如图 5-7 所示。

2. 测压管水头线的绘制

因测压管水头比总水头少一项流速水头,则在总水头线的基础上扣除各断面相应的流速水头即得测压管水头线。

$$z + \frac{p_i}{\gamma} = H_i - \frac{\alpha v_i^2}{2g} \tag{5-10}$$

3. 绘制总水头线和测压管水头线时应注意的问题

(1)等直径管段水头线为直线,测压管水头线与总水头线平行。先由上游开始向下游绘总水头线,然后向下平移一个流速水头的距离,得到测压管水头线。d 大则水头线斜

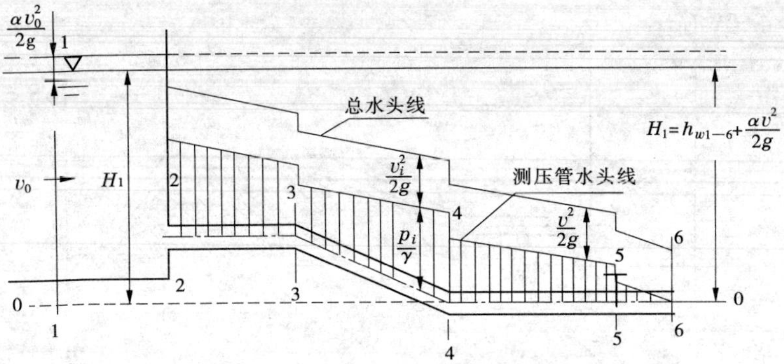

图 5-7

率小，d 小则水头线斜率大。

(2)水头线起点：当上游流速水头约等于零时，总水头线的起点在上游液面；当上游流速水头不为零时，总水头线高出上游液面。

(3)水头线终点：自由出流时，测压管水头线的终点画在管道出口断面的中心点上，如图 5-8(a)所示；淹没出流，当下游流速水头约为零时，测压管水头线的终点应与下游水面相连，如图 5-8(b)所示，当下游流速水头不为零时，测压管水头线终点低于下游水面，如图 5-8(c)所示。

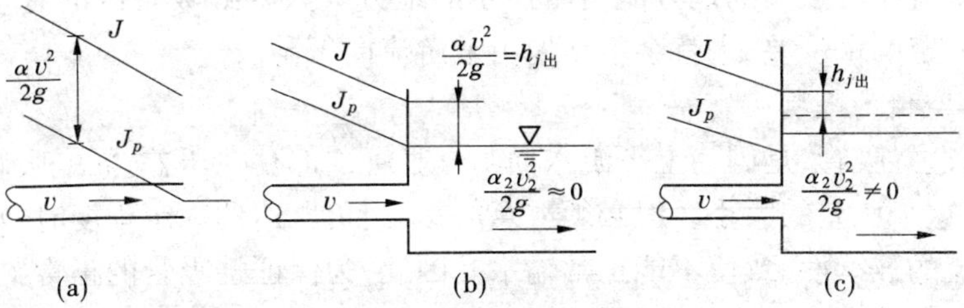

图 5-8

4. 调整管道布置避免产生负压

各断面测压管水头线与该断面中心的距离即为该断面中心点的压强水头。如测压管水头线在某断面的上方，则该断面中心点的压强为正；如测压管水头线在某断面中心点的下方，则该断面中心点的压强为负。当管内存在较大的负压时，其水流处于不稳定状态，且有可能产生空蚀破坏。因此，应采取必要措施以改变管内的受压情况。如图 5-9 中阴影部分，其为测压管水头低于管轴线的区域，为真空区。

从图 5-9 可知，管道系统任意断面压强水头

$$\frac{p_i}{\gamma} = H_0 - h_{w0-i} - \frac{v_i^2}{2g} - z_i \tag{5-11}$$

可见，在管道系统工作水头一定的条件下，影响压强水头的因素为式中的后三项，可以通过改变这三项或其中的一项，控制管中的压强。较有效的方法是降低管线的高度，以提高管道中压强，避免管道中产生负压。

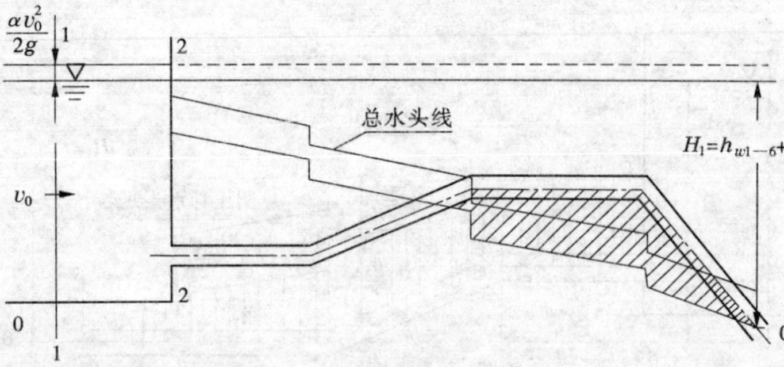

图 5-9

(五)短管应用举例

1. 虹吸管的水力计算

虹吸管、倒虹吸管、水泵的水力计算可是重点哟!

由于虹吸管的局部水头损失和流速水头相应较大,一般按短管计算。我国黄河沿岸,利用虹吸管引黄河水进行灌溉的例子较多。

1)工作原理

在虹吸管的最高处产生真空,而进水口处水面的压强为大气压强。因此,管内外形成压强差,迫使水流由压强大的地方流向压强小的地方。只要虹吸管内的真空压强不被破坏,而且保持一定的水位差,水就会不断地由上游流向下游。

2)管内真空值的限制

水流能通过虹吸管,是因为上下游水面与虹吸管顶部存在压差,而虹吸管内真空值的高低就决定了这个压差的大小。但必须注意的是,当负压达到一定程度时,水会产生汽化现象,破坏水流的连续性,致使不能正常输水。因此,为保证虹吸管的正常工作,根据液体汽化压强的概念,管内真空度一般限制在 6 ~ 8 m 水柱高以内,以保证管内水流不被汽化。

虹吸管的计算主要有以下几个方面:

(1)计算虹吸管的泄流量。

(2)由虹吸管内允许真空高度值,确定管顶最大安装高度 h_s。

(3)已知安装高度,校核吸水管中最大真空高度是否超过允许值。

【例 5-4】 用一直径 $d=0.4$ m 的铸铁虹吸管,将上游明渠中的水输送到下游明渠中,如图 5-10 所示。已知上下游渠道的水位差为 2.5 m,虹吸管各段长分别为 $l_1=10.0$ m,$l_2=6$ m,$l_3=12$ m。虹吸管进口处为无底阀滤网,其局部水头损失系数为 $\zeta_1=2.5$。其他局部水头损失系数:两个折角弯头 $\zeta_2=\zeta_3=0.55$,阀门 $\zeta_4=0.2$,出口 $\zeta_5=1.0$。虹吸管顶端中心线距上游水面的安装高度 $h_s=4.0$ m,允许真空高度采用 $h_v=7.0$ m。试确定虹吸管输水流量,并校核管中最大真空值是否超过允许值。

解:1. 确定输水流量

先确定管路阻力系数 λ,查表取得铸铁管糙率系数 $n=0.013$,水力半径 $R=d/4=0.1$(m)。

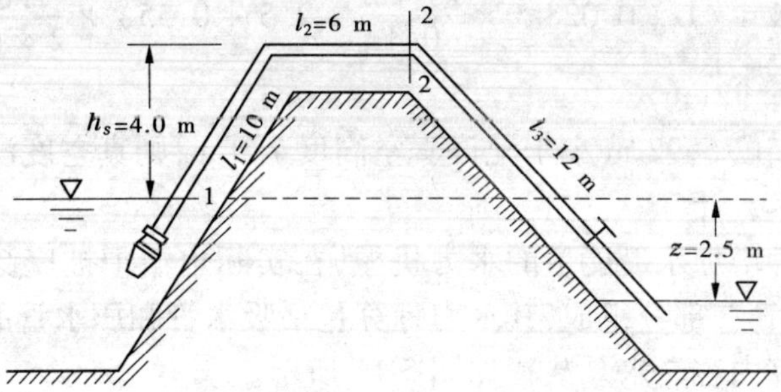

图 5-10

$$C=\frac{1}{n}R^{1/6}=\frac{1}{0.013}\times 0.1^{1/6}=52.41(\mathrm{m^{1/2}/s})$$

$$\lambda=\frac{8g}{C^2}=\frac{8\times 9.8}{52.41^2}=0.0285$$

$$\mu_c=\frac{1}{\sqrt{\lambda\frac{l}{d}+\sum\zeta}}=\frac{1}{\sqrt{0.0285\times\frac{10+6+12}{0.4}+2.5+2\times 0.55+0.2+1.0}}$$
$$=0.384$$

$$Q=\mu_c A\sqrt{2gz}=0.384\times\frac{3.14}{4}\times 0.4^2\times\sqrt{2\times 9.8\times 2.5}=0.338(\mathrm{m^3/s})$$

2. 校核虹吸管中最大真空度

虹吸管的最大真空度应发生在管顶端最高段内。由于管中流速水头沿程不变，而总水头由于能量损失的原因沿程逐渐减小，且在第一弯头处还有局部能量损失，则管中压强从管进口一直到第二段弯头前，压强一直是降低的；下游第三管段，由于管路坡度一般大于水力坡降，即断面中心高程的下降大于沿程水头损失，所以部分位能转化为压能，使第三段内压强沿程增加。则最大真空度应发生在 2—2 断面。

$$v=\frac{Q}{A}=\frac{0.338}{\frac{3.14}{4}\times 0.4^2}=2.69(\mathrm{m/s})$$

以上游水面为基准面，取 $\alpha_1=1.0$，建立 1—1 断面与 2—2 断面的能量方程，即得

$$z_1+\frac{p_1}{\gamma}+\frac{v_1^2}{2g}=z_2+\frac{p_2}{\gamma}+\frac{v_2^2}{2g}+h_w$$

其中：$z_1=0,\frac{v_1^2}{2g}\approx 0,p_1=p_a=0,z_2=h_s,h_w=h_f+\sum h_j=\left(\lambda\frac{l_1+l_2}{d}+\sum\zeta\right)\frac{v_2^2}{2g}$

整理得安装高度的计算公式

$$h_s=h_{真}-\left(1+\lambda\frac{l_1+l_2}{d}+\sum\zeta\right)\frac{v_2^2}{2g} \tag{5-12}$$

则真空高度的计算公式为

$$h_{真}=h_s+\left(1+\lambda\frac{l_1+l_2}{d}+\sum\zeta\right)\frac{v^2}{2g}$$

$$= 4 + \left(1 + 0.028\,5 \times \frac{10 + 6}{0.4} + 2.5 + 0.55\right) \times \frac{2.69^2}{2 \times 9.8}$$

$$= 5.92(\mathrm{m})$$

因为实际真空高度 5.92 m 小于允许真空高度 7.0 m，则真空度没有超过界限值。

2. 水泵装置的水力计算

水泵装置是一种增加水流能量的水力机械，在实际生活中被广泛应用。水泵装置由吸水管、水泵和压水管三部分组成，其水力计算包括吸水管和压水管的水力计算以及水泵机械配用功率等计算内容。水泵装置如图 5-11 所示。

水泵的工作原理：开动水泵前，先由真空泵使水泵吸水管内形成真空，水源的水在大气压强的作用下，从吸水管进入泵壳；启动水泵，此时，由电机带动的水泵给水流输入能量（真空泵停止工作），水流获得能量，再经压水管进入下游水池。

水泵水力计算的主要任务是管道直径的确定、水泵安装高度的确定、水泵扬程的确定和配套功率的确定。

1）管道直径确定

吸水管和压水管的直径，一般根据允许流速来确定。允许流速是在一定条件下确定的经济流速。规范中规定：

吸水管：

直径小于 250 mm 时，v_e 为 1.0 ~ 1.2 m/s；

直径为 250 ~ 1 000 mm 时，v_e 为 1.2 ~ 1.6 m/s；

直径大于 1 000 mm 时，v_e 为 1.5 ~ 2.0 m/s。

出水管：

直径小于 250 mm 时，v_e 为 1.5 ~ 2.0 m/s；

直径为 250 ~ 1 000 mm 时，v_e 为 2.0 ~ 2.5 m/s；

直径大于 1 000 mm 时，v_e 为 2.0 ~ 3.0 m/s。

当流速确定后

$$d = \sqrt{\frac{4Q}{\pi v_e}}$$

2）水泵安装高度或最大允许真空高度确定

水泵的最大允许安装高度 h_s，主要取决于水泵的最大允许真空高度 h_v。如图 5-11 所示，以水源水面为基准面，以水源水面为 1—1 断面，吸水管的末端取过水断面 2—2 断面，并列两个断面的能量方程。与虹吸管相同，可推导得水泵的安装高度计算公式

$$h_s = h_{真} - \left(1 + \lambda \frac{l}{d} + \sum \zeta\right) \frac{v_2^2}{2g}$$

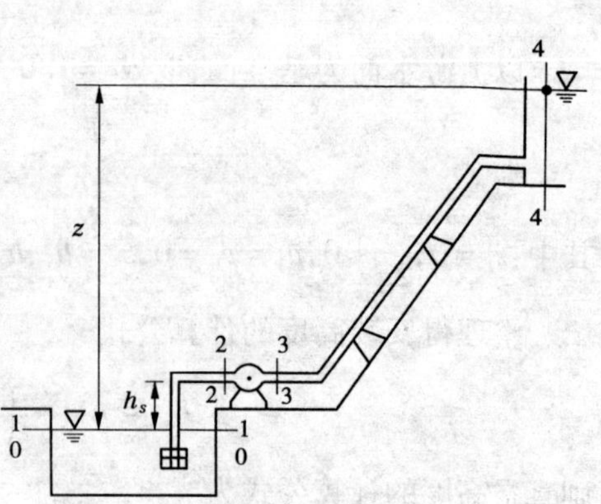

图 5-11

3）水泵扬程确定

对 1—1 断面和 4—4 断面列能量方程得

$$0+0+0+H_{扬程}=z+0+0+h_{w吸}+h_{w压}$$

则
$$H_{扬程}=z+h_{w吸}+h_{w压} \tag{5-13}$$

式中 z——进水池和出水池之间的水位差；

$H_{扬程}$—— 抽水机的扬程；

$h_{w吸}$——吸水管的总水头损失，$h_{w吸}=\left(\lambda_{吸}\dfrac{l_{吸}}{d_{吸}}+\zeta_{网}+\zeta_{吸弯}\right)\dfrac{v_{吸}^2}{2g}$；

$h_{w压}$—— 压水管的总水头损失，$h_{w压}=\left(\lambda_{压}\dfrac{l_{压}}{d_{压}}+2\times\zeta_{压弯}+\zeta_{出口}\right)\dfrac{v_{压}^2}{2g}$。

4）带动水泵的动力机械功率

水流经过水泵获得了外加的能量，是因为带动水泵的动力机械对水流作了功，动力机械的功率应等于单位时间内对水体所作的功，即

$$N=\frac{\gamma QH_{扬程}}{\eta_{泵}\,\eta_{动}} \tag{5-14}$$

式中 $\eta_{泵}$—— 水泵机械效率；

$\eta_{动}$—— 动力机械效率。

【例5-5】 有一水泵如图5-11所示，水泵的抽水量为 $Q=28\ \mathrm{m^3/h}$，吸水管的管长 $l_{吸}=5\ \mathrm{m}$，压水管的长度 $l_{压}=18\ \mathrm{m}$，沿程阻力系数 $\lambda_{吸}=\lambda_{压}=0.046$。局部水头损失系数：进口 $\zeta_{网}=8.5$，90°弯头 $\zeta_{弯}=0.36$，其他弯头 $\zeta=0.26$，出口 $\zeta_{出口}=1.0$，水泵的提水高度 $z=18\ \mathrm{m}$，水泵进口断面的最大允许真空高度 $h_v=6\ \mathrm{m}$。试确定以下各项：①管道的直径（按小于250 mm考虑）；②水泵的安装高度；③水泵的扬程；④水泵的电机功率（水泵的效率为 $\eta_{泵}=0.8$，电机的效率 $\eta_{动}=0.9$）。

解：1. 水泵管道直径的确定

根据吸水管经济流速 $v_e=1.0\sim1.2\ \mathrm{m/s}$，压水管经济流速 $v_e=1.5\sim2.0\ \mathrm{m/s}$，选取吸水管 $v_e=1.2\ \mathrm{m/s}$，压水管 $v_e=2.0\ \mathrm{m/s}$，则相应的管径为

$$d_{吸}=\sqrt{\frac{4Q}{\pi v_e}}=\sqrt{\frac{4\times28}{3.14\times1.2\times3\,600}}\approx0.091(\mathrm{m})=91\ \mathrm{mm}$$

$$d_{压}=\sqrt{\frac{4Q}{\pi v_e}}=\sqrt{\frac{4\times28}{3.14\times2.0\times3\,600}}\approx0.070(\mathrm{m})=70\ \mathrm{mm}$$

查表5-13，按照“选大选近”的原则选用

$$d_{吸}=100\ \mathrm{mm}\qquad d_{压}=75\ \mathrm{mm}$$

则吸水管和压水管的流速均为

$$v_{吸}=\frac{4Q}{\pi d^2}=\frac{4\times28}{3.14\times0.1^2\times3\,600}=1.00(\mathrm{m/s})\quad v_{压}=\frac{4Q}{\pi d^2}=\frac{4\times28}{3.14\times0.075^2\times3\,600}=1.76(\mathrm{m/s})$$

2. 水泵安装高度的确定

$$h_s=h_{真}-\left(1+\lambda\frac{l}{d}+\sum\zeta\right)\frac{v_{吸}^2}{2g}$$

$$=6-\left(1+0.046\times\frac{5}{0.1}+8.5+0.36\right)\times\frac{1.00^2}{19.6}=5.38(\mathrm{m})$$

安装高度说明：安装高度最大不能超过 5.38 m，否则水泵将因真空受到破坏，而产生不能抽上水或抽水量非常小的现象。

3. 水泵扬程的确定

吸水管水头损失

$$h_{w吸} = \left(\lambda_{吸}\frac{l_{吸}}{d_{吸}} + \zeta_{网} + \zeta_{吸弯}\right)\frac{v_{吸}^2}{2g} = \left(0.046 \times \frac{5}{0.1} + 8.5 + 0.36\right) \times \frac{1.00^2}{19.6} = 0.57(\mathrm{m})$$

压水管水头损失

$$h_{w压} = \left(\lambda_{压}\frac{l_{压}}{d_{压}} + 2\zeta_{压弯} + \zeta_{出口}\right)\frac{v_{压}^2}{2g} = \left(0.046 \times \frac{18}{0.075} + 2 \times 0.26 + 1.0\right) \times \frac{1.76^2}{19.6} = 1.98(\mathrm{m})$$

所以，水泵的扬程为

$$H_{扬} = z + h_{w吸} + h_{w压} = 18 + 0.57 + 1.98 = 20.55(\mathrm{m})$$

4. 水泵电机功率的确定

$$N = \frac{\gamma Q H_{扬}}{\eta_{泵}\ \eta_{动}} = \frac{9.8 \times \frac{28}{3\,600} \times 20.55}{0.8 \times 0.9} = 2.18(\mathrm{kW})$$

3. 倒虹吸管的水力计算

渠道穿越河流、渠沟、洼地、道路，采用其他类型建筑物不适宜时，可选用倒虹吸。倒虹吸按短管淹没出流计算。例虹吸管经济流速 $v_e = 1.5 \sim 2.5$ m/s。

水力计算的任务：

(1) 已知管道直径 d、管长 l、上下游水位差 z，求过流量。

(2) 已知管道直径 d、管长 l 及管道布置、过流量 Q，求上下游水位差 z。

(3) 已知管道布置、过流量 Q 和上下游水位差 z，求管道直径 d。

第(1)、(3)类计算前面的例题已经涉及过，下面主要对上下游水位差的确定举例。

【例 5-6】 一横穿公路的钢筋混凝土倒虹吸管，如图 5-12 所示。已知管中流量 Q 为 2 $\mathrm{m^3/s}$，倒虹吸管全长 l 为 30 m，中间经过两个弯管，每个弯管的局部水头损失系数 $\zeta_{弯}$ 为 0.21；进口局部水头损失系数为 0.5，出口局部水头损失系数为 1.0，管壁粗糙系数 $n =$ 0.014，若上下游渠中流速 v_1 及 v_2 不计，试确定倒虹吸管上下游水位差。

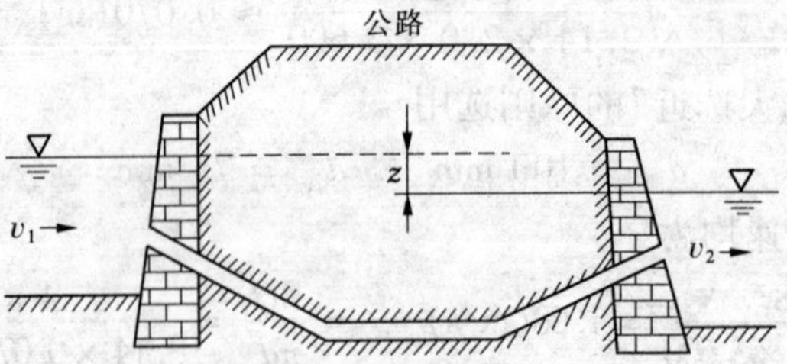

图 5-12

解：首先选定倒虹吸管的经济流速 $v_e = 2$ m/s，则管径为

$$d = \sqrt{\frac{4Q}{\pi v_e}} = \sqrt{\frac{4 \times 2}{3.14 \times 2}} = 1.13(\mathrm{m})$$

为便于施工，采用直径 $d=1.1$ m。则

$$v=\frac{4Q}{\pi d^2}=\frac{4\times 2}{3.14\times 1.1^2}=2.11(\mathrm{m/s})$$

再计算沿程阻力系数 λ 值，因

$$C=\frac{1}{n}R^{1/6}=\frac{1}{0.014}\times\left(\frac{1.1}{4}\right)^{1/6}=57.6(\mathrm{m^{1/2}/s})$$

$$\lambda=\frac{8g}{C^2}=\frac{8\times 9.8}{57.6^2}=0.0236$$

根据短管淹没出流 $z=h_w$，此倒虹吸管的上下游水头差为

$$z=\left(\lambda\frac{l}{d}+\sum\zeta\right)\frac{v^2}{2g}=\left(0.0236\times\frac{30}{1.1}+0.5+2\times 0.21+1.0\right)\times\frac{2.11^2}{19.6}=0.58(\mathrm{m})$$

二、简单长管的水力计算

由前可知，长管中的局部水头损失、流速水头两项之和与沿程水头损失的比小于5%，局部水头损失及流速水头可忽略不计，因而可使管道计算大为简化，而且对计算精度影响不大。一般情况下，给水管路、抽水机的压水管、输油管道等均可按长管计算。

（一）简单长管水力计算的基本公式

由长管的定义，局部水头损失和流速水头忽略不计，能量方程可简化为

$$H=h_f \tag{5-15}$$

1. 谢才公式

由谢才公式 $v=C\sqrt{RJ}$ 及 $Q=Av=AC\sqrt{RJ}$、$J=\dfrac{h_f}{l}$，令 $K=AC\sqrt{R}$，则 $Q=K\sqrt{\dfrac{h_f}{l}}$，得 $h_f=\dfrac{Q^2}{K^2}l$，为使谢才公式能适用于紊流过渡区，需乘修正系数 k，再令 $S=\dfrac{1}{K^2}$，则

$$h_f=k\frac{Q^2}{K^2}l=kSQ^2l=H \tag{5-16}$$

式中 H——上游水头；

h_f——沿程水头损失；

K——流量模数；

S——管道比阻，为单位流量通过单位长度管道的水头损失，$\mathrm{s^2/m^6}$；

k——修正系数，对于一般给水管道，工程中一般认为当 $v\geq 1.2$ m/s 时属于紊流的粗糙区，$k=1$，当 $v<1.2$ m/s 时，可以近似认为管流属于紊流过渡区，h_f 约与流速 v 的1.8次方成正比，$k>1$，计算 h_f 时，需乘以修正系数 k，k 值见表5-2。

公式(5-16)适用于所有管流的紊流粗糙区和紊流过渡区。即长管水力计算上游水头全部消耗于水头损失中。

由式(5-16)可以看出，当水力坡降 $J=1$ 时，$Q=K$，故 K 具有与流量相同的量纲，在水力学中 K 称为流量模数，或特性流量，它综合反映管道断面形状、尺寸及边壁粗糙度对输水能力的影响。水力坡降 J 相同时，输水能力与流量模数成正比。对于粗糙系数 n 为定

值的圆管，K 值为管径的函数。不同直径及糙率的圆管，当谢才系数采用 $C=\frac{1}{n}R^{1/6}$ 计算时，其流量模数 K 值如表 5-3 所示。

表 5-2 钢管及铸铁管修正系数 k 值

v(m/s)	k	v(m/s)	k	v(m/s)	k	v(m/s)	k
0.20	1.41	0.45	1.175	0.70	1.085	1.00	1.03
0.25	1.33	0.50	1.15	0.75	1.07	1.10	1.015
0.30	1.28	0.55	1.13	0.80	1.06	1.20	1.00
0.35	1.24	0.60	1.115	0.85	1.05		
0.40	1.20	0.65	1.10	0.90	1.04		

表 5-3 钢管及铸铁管给水管道的流量模数 K 值(按 $C=\frac{1}{n}R^{1/6}$)

直径 d (mm)	K(L/s)		
	清洁管($n=0.011$)	正常管($n=0.012\,5$)	污秽管($n=0.014\,3$)
50	9.624	8.460	7.403
75	28.37	24.94	21.83
100	61.11	53.72	47.01
125	110.80	97.40	85.23
150	180.20	158.40	138.60
175	271.80	238.90	209.00
200	388.00	341.10	298.50
225	531.20	467.00	408.60
250	703.50	618.50	541.20
300	1.144×10^3	1.006×10^3	880.00
350	1.726×10^3	1.517×10^3	1.327×10^3
400	2.464×10^3	2.166×10^3	1.895×10^3
450	3.373×10^3	2.965×10^3	2.594×10^3
500	4.467×10^3	3.927×10^3	3.436×10^3
600	7.264×10^3	6.386×10^3	5.587×10^3
700	10.96×10^3	9.632×10^3	8.428×10^3
750	13.17×10^3	11.58×10^3	10.13×10^3
800	15.64×10^3	13.57×10^3	12.03×10^3
900	21.42×10^3	18.83×10^3	16.47×10^3
1 000	28.36×10^3	24.93×10^3	21.82×10^3
1 200	46.12×10^3	40.55×10^3	35.48×10^3
1 400	69.57×10^3	61.16×10^3	53.52×10^3
1 600	99.33×10^3	87.32×10^3	76.41×10^3
1 800	136.00×10^3	119.50×10^3	104.60×10^3
2 000	180.10×10^3	158.30×10^3	138.50×10^3

2. 海曾－威廉公式（摘自《室外给水设计规范》(GB 50013—2006)）

$$h_f = \frac{10.67Q^{1.852}}{C_h^{1.852}d^{4.87}}l \tag{5-17}$$

其参数、系数请参阅式(4-36)。近年来，国内外常用该公式进行输配水管道和管网的水力计算。

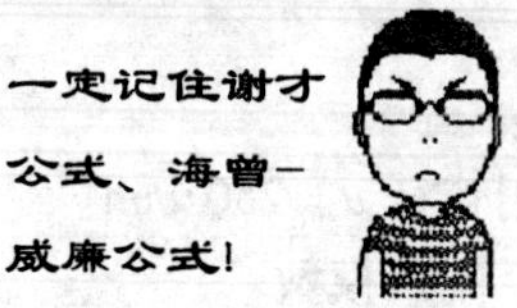

3. 标准中的公式

灌溉输水，包括喷灌、低压管灌的计算，须按照我国《水利技术标准汇编》(节水灌溉) SL 18—91、GBJ 85—85、SL/T 153—95 中规定的公式（只适用灌溉管道）

$$h_f = f\frac{Q^m}{d^b}l = H \tag{5-18}$$

公式中各参数、系数请参阅式(4-31)。

(二)简单长管水力计算的类型

(1)输水能力计算。已知作用水头、管道尺寸、管道材料及管线布置，计算输水能力。

【例 5-7】 由水塔供水的简单管道 AB 长 $l = 1\,600$ m，直径 $d = 200$ mm，材料为铸铁管，水塔水面高程 18.0 m，管道末端 B 点的高程 8.0 m（参考图 5-14）。求管道的供水流量（按长管计算）。

解：1. 谢才公式计算

水塔供水的水头为

$$H = 18.0 - 8.0 = 10(\text{m})$$

设水流为紊流粗糙区，由表 5-3 查得管径 $d = 200$ mm 时，$K = 341.1$ L/s $= 0.341\,1$ m^3/s，则流量为

$$Q = K\sqrt{\frac{H}{l}} = 0.341\,1 \times \sqrt{\frac{10}{1\,600}} = 0.026\,97(\text{m}^3/\text{s})$$

验算流速是否符合假设条件

$$v = \frac{Q}{A} = \frac{4Q}{\pi d^2} = \frac{4 \times 0.026\,97}{3.14 \times 0.2^2} = 0.859(\text{m/s})$$

因为 $v < 1.2$ m/s，属紊流过渡区，与假设不符，需要修正。由表 5-2 内插得 $v = 0.859$ m/s 时的修正系数 $k = 1.048$。

$$Q = K\sqrt{\frac{H}{kl}} = 0.341\,1 \times \sqrt{\frac{10}{1.048 \times 1\,600}} = 0.026\,3(\text{m}^3/\text{s})$$

2. 海曾－威廉公式计算（铸铁管考虑杂质沉积，查表 4-4，按旧管取 $C_h = 100$）

由 $h_f = \dfrac{10.67Q^{1.852}}{C_h^{1.852}d^{4.87}}l$ 得

$$Q = \left(\frac{h_f C_h^{1.852} d^{4.87}}{10.67l}\right)^{1/1.852} = \left(\frac{10 \times 100^{1.852} \times 0.2^{4.87}}{10.67 \times 1\,600}\right)^{1/1.852} = 0.026\,1(\text{m}^3/\text{s})$$

(2)已知管道尺寸、材料、管线布置和输水能力，计算作用水头（确定水塔高度），可利用《水利技术标准汇编》中管道水头损失的计算方法。

【例5-8】 某供水管道选用硬聚氯乙烯(UPVC)管,管长 $l=500$ m,糙率 $n=0.009$,管中通过流量 $Q=60$ L/s,选用经济流速 $v=1.2$ m/s。试确定管径和作用水头。

解:首先计算管径

$$d=\sqrt{\frac{4Q}{\pi v_e}}=\sqrt{\frac{4\times 0.06}{3.14\times 1.2}}=0.252(\text{m})$$

选用管径 $d=250$ mm。

流量模数

$$K=AC\sqrt{R}=\frac{\pi}{4}d^2\frac{1}{n}R^{2/3}=\frac{3.14}{4}\times 0.25^2\times\frac{1}{0.009}\times\left(\frac{0.25}{4}\right)^{2/3}=0.859(\text{m}^3/\text{s})$$

管道比阻

$$S=\frac{1}{K^2}=\frac{1}{0.859^2}=1.355(\text{s}^2/\text{m}^6)\ (v\geqslant 1.2\ \text{m/s},\text{所以修正系数}\ k=1)$$

水头损失

$$h_f=kSQ^2l=1\times 1.355\times 0.06^2\times 500=2.44(\text{m})$$

(3)管线布置已定,当要求输送一定流量时,确定所需的管径。

【例5-9】 由一条长为3 300 m的灌溉管道(旧铸铁管),作用水头 $H=20$ m,需要通过的流量为 $Q=32$ L/s,试确定管道的直径 d。

解:1. 谢才公式计算

考虑到管道在使用中,水里含有的杂质会逐渐沉积,故应按正常管考虑,取 $n=0.012\,5$。

先求流量模数 K 值,因为 $H=\dfrac{Q^2}{K^2}l$,则

$$K=Q\sqrt{\frac{l}{H}}=32\times\sqrt{\frac{3\,300}{20}}=411.1(\text{L/s})$$

查表5-3,当 $K=411.1$ L/s 时,所对应的管道直径在以下两个数字之间

$$d=200\ \text{mm},K=341.1\ \text{L/s}$$

$$d=225\ \text{mm},K=467.0\ \text{L/s}$$

为了保证对水文站的供水,应采用标准管径 $d=225$ mm 的管子。此时管中的流速为

$$v=\frac{Q}{A}=\frac{4Q}{\pi d^2}=\frac{4\times 0.032}{3.14\times 0.225^2}=0.81(\text{m/s})$$

由于 $v<1.2$ m/s,管中水流处于紊流过渡区,需要修正。查表5-2,取 $k=1.059$。

按公式 $H=k\dfrac{Q^2}{K^2}l$ 得修正后的流量模数 K 为

$$K=Q\sqrt{k\frac{l}{H}}=32\times\sqrt{1.059\times\frac{3\,300}{20}}=423.0(\text{L/s})$$

此时流量模数仍在管径200 mm与225 mm的流量模数之间,故采用管径为225 mm的管子,足可以保证供水。

2.《水利技术标准汇编》中的公式计算

根据式(5-18)及 $Q=32\ \text{L/s}=115.20\ \text{m}^3/\text{h}$,并查表4-3得 $f=6.25\times 10^5$、$m=1.9$、$b=5.1$,则

$$d = \left(f\frac{Q^{1.9}}{h_f}l\right)^{1/5.1} = \left(6.25 \times 10^5 \times \frac{115.2^{1.9}}{20} \times 3\ 300\right)^{1/5.1} = 218(\mathrm{mm})$$

选用管径为 225 mm。

第三节　复杂管路水力计算

复杂管路是由两根以上不同直径的管道组成的管路。复杂管道的每一根都可以看做是一条简单管道。复杂管道均按长管计算，前述长管计算公式都可用。

一、串联管路

由许多管段首尾相接组成的管道称串联管路，如图 5-13 所示。

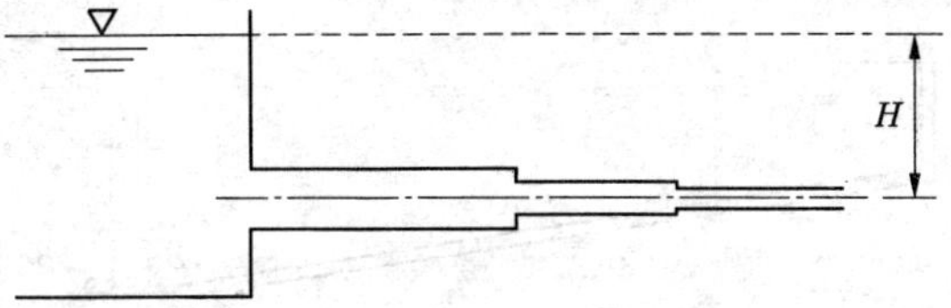

图 5-13

由于串联管路各管段的管径不同，在通过同一流量时，各管段的流速是不同的，因而应分段计算水头损失，然后将各管段的水头损失叠加起来，便可知道通过一定流量所需的作用水头。利用能量方程可推导得

$$H = \sum h_f + \sum h_j + \frac{\alpha v^2}{2g}$$

经过具体推导可得串联管路的流量计算公式为

$$Q = \mu_c A\sqrt{2gH_0}$$

$$\mu_c = \frac{1}{\sqrt{1 + \sum \lambda_i \frac{l_i}{d_i}\left(\frac{A}{A_i}\right)^2 + \sum \zeta_i\left(\frac{A}{A_i}\right)^2}} \tag{5-19}$$

式中　A——出口断面面积；

μ_c——管道系统的流量系数；

l_i、d_i、A_i——第 i 段管道的长度、直径和横断面面积。

同理可得变断面串联管路恒定淹没出流流量公式为

$$Q = \mu_c A\sqrt{2gz_0}$$

式中的流量系数为

$$\mu_c = \frac{1}{\sqrt{\sum \lambda_i \frac{l_i}{d_i}\left(\frac{A}{A_i}\right)^2 + \sum \zeta_i\left(\frac{A}{A_i}\right)^2}} \tag{5-20}$$

注意：若为长管，则任一管段的水头损失为

$$h_{fi} = \frac{Q_i^2}{K_i^2} l_i \tag{5-21}$$

则水池的作用水头：$H = \sum h_f = h_{f1} + h_{f2} + \cdots + h_{fi}$，则有

$$Q = \sqrt{\frac{H}{\sum \left(\frac{l_i}{K_i^2}\right)}} \tag{5-22}$$

式(5-21)或式(5-22)即为长管串联管道的简化计算公式。

【例 5-10】 由水塔供水的简单管道 AB 长 $l = 1\ 200$ m，$Q = 38$ L/s，材料为铸铁管。水塔水面及管道末端 B 点高程如图 5-14 所示。为了充分利用管道工作水头和节省管材，采用管径 $d_1 = 225$ mm 和 $d_2 = 250$ mm 两根管道串联，求管道的长度 l_1 和 l_2。

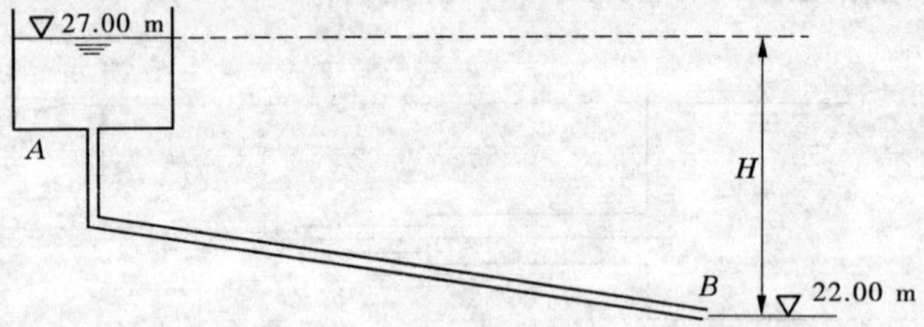

图 5-14

解：第一段管中的流速

$$v_1 = \frac{Q_1}{A_1} = \frac{4 \times 38 \times 10^{-3}}{3.14 \times 0.225^2} = 0.956 (\text{m/s})$$

第二段管中的流速

$$v_2 = \frac{Q_2}{A_2} = \frac{4 \times 38 \times 10^{-3}}{3.14 \times 0.25^2} = 0.775 (\text{m/s})$$

由题意可知，此为长管的水力计算。由于两个流速均小于 1.2 m/s，则需修正，查表 5-2 得水头损失的修正系数 $k_1 = 1.034$，$k_2 = 1.065$。若不计行近流速的影响，则得串联管路的水头为

$$H = k_1 \frac{Q^2}{K_1^2} l_1 + k_2 \frac{Q^2}{K_2^2} l_2$$

按正常管道查表 5-3，得 $K_1 = 467$ L/s 和 $K_2 = 618.5$ L/s，并将已知数值代入，且 $l_1 + l_2 = 1\ 200$ m，则有

$$27 - 22 = 1.034 \times \left(\frac{38}{467}\right)^2 l_1 + 1.065 \times \left(\frac{38}{618.5}\right)^2 \times (1\ 200 - l_1)$$

解得：$l_1 = 62.23$ m，$l_2 = 1\ 200 - 62.23 = 1\ 137.77$(m)，最后取 $l_1 = 60$ m，$l_2 = 1\ 140$ m。

二、有压隧洞的水力计算

有压隧洞的水力计算原理与串联管路非常相似，由于管道直径比隧洞小得多，则作用水头一般取上游水面到下游出口中心，而隧洞的作用水头与管道有所区别。

(一)有压隧洞的计算公式

有压隧洞从结构上讲,隧洞进口多为喇叭口,闸室多为方形,而洞身为圆形,出口处为避免产生负压,洞径有一圆变方的收缩。所以,有压隧洞的计算公式,在上述串联管路的基础上稍加改造即得

$$Q = \mu A \sqrt{2g(T_0 - h_p)} \tag{5-23}$$

$$\mu = \frac{1}{\sqrt{1 + \sum \frac{2gl_i}{C_i^2 R_i}\left(\frac{A}{A_i}\right)^2 + \sum \zeta_i \left(\frac{A}{A_i}\right)^2}}$$

式中 μ——流量系数;

A—— 隧洞出口断面面积;

ζ_i——某一局部水头损失系数,与之相应的过水断面面积为 A_i,该段的长度用 l_i 表示;

T_0——上游水面与隧洞出口底板高程差 T 及上游行近流速水头之和,一般可认为 $T_0 \approx T$;

h_p——隧洞出口断面水流的平均单位势能,自由出流时,$h_p = 0.5a + \frac{p}{\gamma}$,$a$ 为出口断面洞高,$\frac{p}{\gamma}$为出口断面平均单位压能,一般自由出流时$\frac{p}{\gamma} = 0.5a$,淹没出流时 $h_p = h_s$。

(二)有压隧洞的水力计算内容

(1)已知隧洞形式、尺寸和上游水位,求泄流量。

(2)已知隧洞形式、尺寸和泄流量,求上游需要的水位。

(3)已知上游水位、泄流量,求必需的洞径。

(4)计算并绘制压坡线(即测压管水头线)。

绘制测压管水头线的目的是,检查隧洞内是否产生负压。隧洞的洞顶一般要有一定的正压(一般不宜小于 2 m 水柱),以避免产生气蚀破坏。当绘制测压管水头线之后,如发现不能满足上述对压力的要求,则要改变设计。通常采用的方法是将出口断面适当收缩,以使洞内压力得以提高。同时,要满足不致太多地减小泄流量,改变设计之后,要重新做水力计算。

【例 5-11】 某水库泄洪洞如图 5-15 所示。洞身断面为圆形,内径为 6 m。水库最高水位为 350.00 m。隧洞进口底板高程 287.00 m,出口底板高程 262.00 m,隧洞进口段长 17 m(包括喇叭形进口和闸室)。闸室为 6 m×6 m 的方形断面,中有两道闸门槽。接着为一由方变圆的渐变段,长 24 m。后为圆形洞身,中有两段弯道,转弯半径 R 均为 40 m,转角 θ 均为 45°,弯道中心线长 S 均为 31.5 m。出口前设一段由圆变方的收缩渐变段,长为 24 m,后设 5 m×5 m 弧形闸门。出口断面与下游边界平顺衔接,无回流的死角。全洞长 408 m,各段长度如图 5-15 所示。洞内为混凝土衬砌,糙率 $n = 0.014$。下游水位较低,不影响泄流。求下泄流量与库水位的关系,计算并绘制库水位为 350 m 时的总水头线及测压管水头线。

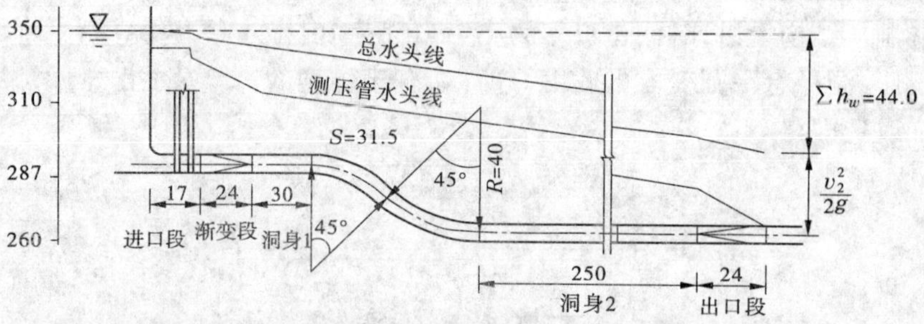

图 5-15 （单位：m）

解：1. 求库水位与流量的关系

出口断面面积 $A=5\times5=25(m^2)$。隧洞各段的局部与沿程能量损失系数的计算，见表 5-4 第(2)列至第(10)列。计算流量系数得

$$\mu=\frac{1}{\sqrt{1+0.408+0.701}}=0.689$$

以出口断面底部高程为基准面，根据出口段为逐渐收缩及出口断面与下游边界的平顺衔接条件，可取出口断面的 $\frac{p}{\gamma}=0.5a$，故 $h_p=0.5a+\frac{p}{\gamma}=a=5$ m，库水位 ∇_1 与流量的关系为

$$Q=0.689\times25\times\sqrt{2\times9.8(\nabla_1-262-5)}=76.26\times\sqrt{\nabla_1-267}$$

将库水位分别为 350 m、340 m、330 m、320 m、310 m 代入，即得相应的流量 Q 为 695 m^3/s、652 m^3/s、606 m^3/s、555 m^3/s、500 m^3/s。

2. 计算并绘制当库水位为 350 m 时的总水头线和测压管水头线

计算见表 5-4 第(11)列至第(17)列，并以第(16)列和第(17)列的结果绘制总水头线和测压管水头线(见图 5-15)。出口断面水流单位势能 $z+\frac{p}{\gamma}$ 的计算结果为 4.8 m，它与 5.0 m 相差很小(属于计算累积误差)，可知计算是正确的。

三、并联管路

由简单管道并联而成的管道称为并联管道。图 5-16 所示为三管段并联，A、B 两点分别为各管段管道的起点和终点。通过每段管道的流量可能不同，但每段管道的水头差是相等的。也就是说，并联管道在节点上与分支管道相同，即节点流量满足连续性条件，不管节点上连接多少个管道，也不论各个管道的流量、管径、管长及材料如何，节点水头只有一个，并联的两个节点之间的水头差总是相同的。

如图 5-16 所示，在并联管路两端点 A、B 分别连接测压管，则两测压管水面差代表三个并联管路中任一管路两端点的测压管水头差。该水头差也就是并联管路中各管的水头损失。当不计各管的局部水头损失时，各管路中的沿程水头损失相等，即

$$h_{f1}=h_{f2}=h_{f3}=H_{AB} \tag{5-24}$$

节点 A 和节点 B 的流量存在以下关系

表 5-4

(1)	(2)	(3)	(4)	(5)	(6)	(7)	(8)	(9)	(10)	(11)	(12)	(13)	(14)	(15)	(16)	(17)
管段	A_i (m^2)	$\frac{A}{A_i}$	ζ_i	$\zeta_i(\frac{A}{A_i})^2$	l_i (m)	R_i (m)	$C=\frac{1}{n}R_i^{1/6}$ ($m^{\frac{1}{2}}/s$)	$\lambda\frac{l_i}{4R_i}=\frac{2gl_i}{C^2R_i}$	$\frac{2gl_i}{C^2R_i}\cdot\left(\frac{A}{A_i}\right)^2$	v_i (m/s)	$\frac{v_i^2}{2g}$ (m)	$h_{ji}=$ (4)×(12) (m)	$h_{fi}=$ (9)×(12) (m)	h_{wi} (m)	$H_i=350-262-h_{wi}$ (m)	$z_i+\frac{p_i}{\gamma}=H_i-\frac{v_i^2}{2g}$ (m)
进口段 喇叭形进口			0.10	0.048 3								1.90				
进口段 两道门槽	36.0	0.695	0.20	0.096 6						19.3	19.0	3.80		6.42		
进口段 段身					17.0	1.50	76.5	0.038 0	0.018 4				0.722		81.58	62.6
渐变段	32.15 平均	0.778	0.05	0.0303	24.0	1.50	76.5	0.053 7	0.032 4	21.6	23.8	1.19	1.28	8.89	79.1	55.3
洞身 1	28.3	0.883			30.0	1.50	76.5	0.067 1	0.052 0	24.6	30.9		2.07	11.0	77.0	46.1
弯段 1	28.3	0.883	0.092 8	0.072 4	31.5	1.50	76.5	0.070 5	0.054 8	24.6	30.9	2.87	2.18	16.1	71.9	41.0
弯段 2	28.3	0.883	0.092 8	0.072 4	31.5	1.50	76.5	0.070 5	0.054 8	24.6	30.9	2.87	2.18	21.2	66.8	35.9
洞身 2	28.3	0.883			250.0	1.50	76.5	0.559 0	0.435 0	24.6	30.9		17.2	38.4	49.6	18.7
出口渐变段	26.65 平均	0.938	0.10	0.088 0	24.0	1.37	75.4	0.060 5	0.053 1	26.1	34.8	3.48	2.10	44.0	44.0	9.2
出口断面	25.0	1								27.8	39.2			44.0	44.0	4.8
总和				0.408 0					0.701 0							

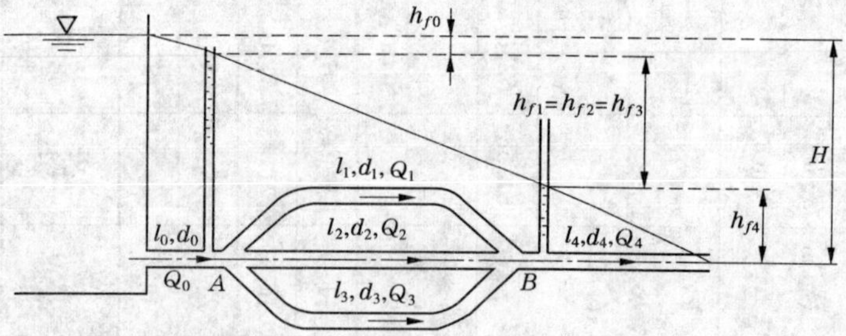

图 5-16

$$\left.\begin{aligned} Q_0 &= Q_1 + Q_2 + Q_3 \\ Q_4 &= Q_1 + Q_2 + Q_3 \end{aligned}\right\} \tag{5-25}$$

对长管
$$h_f = H = k\frac{Q^2}{K^2}l = kSQ^2 l$$

以上共四个方程,存在 Q_1、Q_2、Q_3 及 H 四个未知数,则可联立求解。

【例 5-12】 有一并联管道,如图 5-16 所示,$l_1 = 500$ m,$l_2 = 400$ m,$l_3 = 1\ 000$ m,$d_1 = d_2 = 150$ mm,$d_3 = 200$ mm。总流量 $Q = 100$ L/s。$n = 0.012\ 5$。求每一管段通过的流量 Q_1、Q_2、Q_3 及 A、B 两点间的水头损失。

解:根据并联管道两节点间水头差相等的关系,有

$$H = \frac{Q_1^2}{K_1^2}l_1 = \frac{Q_2^2}{K_2^2}l_2 = \frac{Q_3^2}{K_3^2}l_3$$(先按粗糙区计算,取 $k_1 = k_2 = k_3 = 1$,算出结果再校核)

根据管径和糙率值,查出 K 值,$K_2 = K_1 = 158.4$ L/s,$K_3 = 341.0$ L/s,则有

$$Q_2 = \frac{K_2}{K_1}Q_1\sqrt{\frac{l_1}{l_2}} = \frac{158.4}{158.4}Q_1\sqrt{\frac{500}{400}} = 1.12Q_1$$

$$Q_3 = \frac{K_3}{K_1}Q_1\sqrt{\frac{l_1}{l_3}} = \frac{341.0}{158.4}Q_1\sqrt{\frac{500}{1\ 000}} = 1.52Q_1$$

根据节点流量连续性的条件,有

$$Q_0 = Q_1 + Q_2 + Q_3 = Q_1 + 1.12Q_1 + 1.52Q_1 = 3.64Q_1$$

所以

$$Q_1 = \frac{Q}{3.64} = \frac{100}{3.64} = 27.5(\text{L/s})$$
$$Q_2 = 1.12Q_1 = 1.12 \times 27.5 = 30.8(\text{L/s})$$
$$Q_3 = 1.52Q_1 = 1.52 \times 27.5 = 41.8(\text{L/s})$$

校核:

$$v_1 = \frac{4Q_1}{\pi d_1^2} = \frac{4 \times 0.027\ 5}{3.14 \times 0.15^2} = 1.56(\text{m/s}) > 1.2\ \text{m/s}$$

$$v_2 = \frac{4 \times 0.030\ 8}{3.14 \times 0.15^2} = 1.74(\text{m/s}) > 1.2\ \text{m/s}$$

$$v_3 = \frac{4 \times 0.041\ 8}{3.14 \times 0.2^2} = 1.33(\text{m/s}) > 1.2\ \text{m/s}$$

流速均大于1.2m/s，故为粗糙区。

A、B两点间的水头损失

$$H = \frac{Q_1^2}{K_1^2}l_1 = \frac{27.5^2}{158.4^2} \times 500 = 15.07(\mathrm{m})$$

四、树状管路的水力计算

为了给更多的用户供水，在给水工程中往往将许多管路组合成管网。管网按其布置可分为树状管网及环状管网两种。

树状管路中，从水源到用户的管线，如树枝状，从一点引出，逐级分流（见图5-17）。这种管路的特点是造价较低，但供水可靠性较差，一旦管路有一处发生故障，则在该管段下游的各级管段都要受到影响。另外，树状管路由于逐级分流，流量较小，流速较低，甚至停滞，水质容易变差。

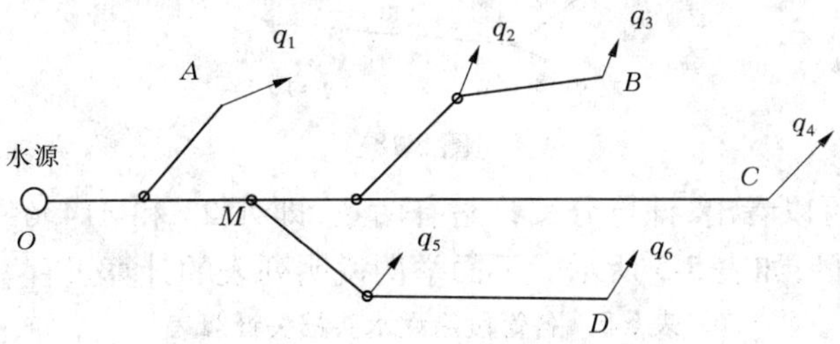

图5-17　树状管网平面布置图

树状管路的流量逐级推算，即从最末端开始逐级推算上一级管段的流量，节点流量必须满足连续性方程，节点无论有多少分支，节点水头只有一个。

已知管段流量，树状管路的水力计算可分为：

(1)在一定水头差的条件下确定各级管段的管径。

(2)在新建给水系统的设计中，是已知管路沿线地形、各管段长度 l 及通过的流量 Q 和端点要求的自由水头 H_z，要求确定管路的各段直径 d 及水泵的扬程或水塔的高度 H_t：

①首先按经济流速在已知流量情况下计算并选择标准管径。

②利用水头损失计算公式：达西－威斯巴赫公式或在前面已介绍的式(5-18)，计算各级管段的沿程水头损失。

③按串联管路计算干线中从水塔到管网控制点的总水头损失。管网的控制点是指在管网中水塔至该点的水头损失、地形标高和末端要求的自由水头三项之和最大值的点，应通过计算确定。

④对于水泵扬程或水塔高度 H_t 可按式(5-26)计算

$$H_t = \sum h_{fi} + H_z + z_0 - z_t \tag{5-26}$$

式中　H_z——控制点要求的压力水灌工作压力；

z_0——控制点地面高程；

z_t——泵站或水塔处的地面高程；

$\sum h_{fi}$——从水塔到管网控制点的总水头。

注意:管道或管网的局部水头损失可按沿程水头损失的5% ~10%计算。

【例5-13】 有一灌溉管网,如图5-18所示,按分支管网布置。各管段长度及节点所需分出流量已知。管路采用硬聚氯乙烯(UPVC)管。管路端点自由水头选为 $H_z = 6.0$ m,各端点地面高程如图所示。试求管网中各管段的管径及水塔高度。

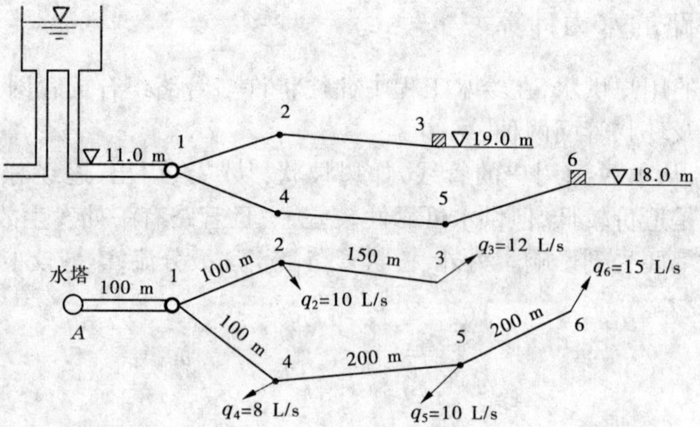

图5-18

解:由图5-18可以看出,计算分叉管路有两条,即 A123 和 A1456。根据连续性条件,确定所有管段的流量,如表5-5所示。下面举例说明列表的计算过程。

表5-5 各管段沿程水头损失计算表

管段	管长 (m)	流量		管径 d (mm)	流速 v (m/s)	水头损失 h_f (m)
		L/s	m^3/h			
5—6	200	15	54	125	1.22	2.2
4—5	200	25	90	150	1.42	2.27
1—4	100	33	118.8	175	1.37	0.89
A—1	100	55	198	225	1.38	0.66
2—3	150	12	43.2	100	1.53	3.22
1—2	100	22	79.2	150	1.25	0.91

(1)确定各管段的直径。选用给水管路经济流速为 $v_e = 1.5$ m/s,以5—6管为例,流量 $Q = q_6 = 15$ L/s $= 54$ m^3/h,则管径为

$$d = \sqrt{\frac{4Q}{\pi v_e}} = \sqrt{\frac{4 \times 54}{3.14 \times 1.5 \times 3\,600}} = 0.113(\text{m})$$

则取管道直径为125 mm。

(2) 计算各管段水头损失。应用公式(4-31),注意式中各项单位。

$$h_f = f\frac{Q^m}{d^b}l$$

查表4-3,$f = 0.948 \times 10^5$,$m = 1.77$,$b = 4.77$,代入上式有

$$h_f = 0.948 \times 10^5 \times \frac{Q^{1.77}}{d^{4.77}} l$$

$$h_{f5-6} = 0.948 \times 10^5 \times \frac{54^{1.77}}{125^{4.77}} \times 200 = 2.2(\mathrm{m})$$

其余管段计算如表 5-5 所示。

(3)确定水塔高度。分别计算分支管路 $A123$ 和 $A1456$ 所需要的水塔水头值，即

$$H_{A123} = \sum h_{fi} + H_z + z_0 - z_t = 4.79 + 6 + 19 - 11 = 18.79(\mathrm{m})$$

$$H_{A1456} = \sum h_{fi} + H_z + z_0 - z_t = 6.02 + 6 + 18 - 11 = 19.02(\mathrm{m})$$

由以上计算可以看出，最不利管路为 $A1456$ 分支，考虑 5% ~10% 的局部水头损失为 0.3 ~0.6 m，则水塔高度选择为 19.5 m。

五、环状管网的水力计算

环状管网的设计，应根据用水的要求及地形条件布置管网，确定各管段长度及各节点需要向外供应的流量。对于环状管网来讲，虽然各节点的流量已知，但各管段中的流量却无法一次确定下来，有时甚至管中水流的方向都无法一下子确定下来。因此，工程设计中常采用渐近分析法来解决。但不管用什么方法来求解，都必须遵循以下两个原则：

(1)由于水流的连续性和不可压缩性，对于任一节点来说，流入和流出的流量相等。也就是说，在节点处，流量的代数和为零，即

$$\sum Q = 0 \tag{5-27}$$

(2)对于管网中任何一个闭合环路来讲，从一个节点到另一个节点之间，沿两条不同的管线所计算的水头损失相等。因为每一节点的水头只可能有一个数值，所以任意两个节点之间的水头差(即水头损失)也只可能有一个。例如图 5-19 的闭合环路 1—2—3—9—1 中，沿着管线 1—2—3 所计算的水头损失，应等于沿管线 1—9—3 的水头损失，即

$$h_{f1-2} + h_{f2-3} = h_{f1-9} + h_{f9-3}$$

或

$$(h_{f1-2} + h_{f2-3}) - (h_{f1-9} + h_{f9-3}) = 0$$

在进行闭合环路的计算时，规定顺时针方向计算的水头损失为正，例如 h_{f1-2} 和 h_{f2-3}；逆时针方向为负，如 h_{f1-9} 和 h_{f9-3}。则沿同一方向转一周，计算的水头损失总和应为零，即

$$\sum_{环} h_{fi} = 0 \tag{5-28}$$

式中 h_{fi}——闭合环路中任一管段的水头损失。

下面介绍单一环状管网的渐近分析法。

如图 5-20 所示，在管网中取闭合环路 $A—B—C—F—A$ 进行分析。流入节点 A 的流量 Q 可以设想按两个方向流动，一支沿着 $A—B—C$ 方向流动，其流量为 Q_0；另一支沿着 $A—F—C$ 方向流动，其流量为 Q'_0。根据这样分配的流量，就可以选择各管段相应的管径，并计算相应原水头损失。若求得的水头损失有闭合差，即 $\sum_{环} h_{fi} \neq 0$，这说明没有满足上述第二个原则，其原因就在于流量分配的比例不当，其中一支管路流量过大，而另一支管路

流量过小。因此,对流量的分配应进行校正,将一部分流量 ΔQ_0,由流量过大的一支管路分配到流量过小的一支去。设这时支线 $A—B—C$ 的流量将变为 $Q_1 = Q_0 + \Delta Q_0$,则支线 $A—F—C$ 的流量将变为 $Q'_1 = Q'_0 - \Delta Q_0$。为了满足第二个原则,必须使校正后的流量满足条件

$$\sum_{环} h_{fi} = 0$$

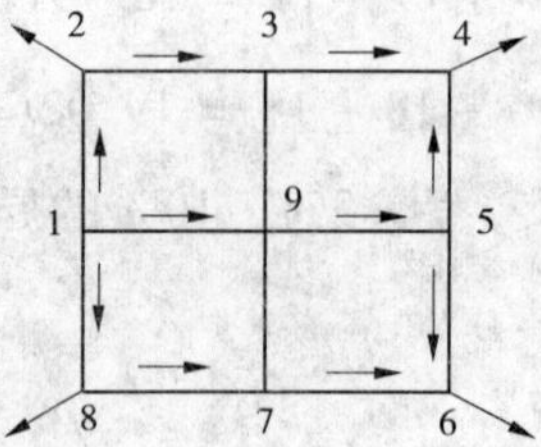

图 5-19

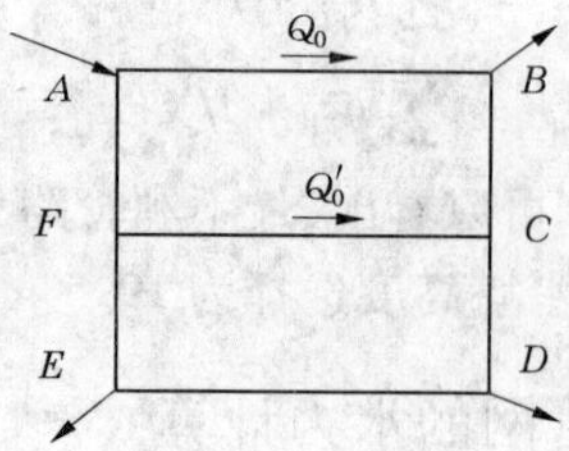

图 5-20

或

$$\sum_{ABC} h_{fi} = \sum_{AFC} h_{fi}$$

因 $$H = k\frac{Q^2}{K^2}l = SQ^2 \quad (按紊流粗糙区, k = 1)$$

式中的 $S = \frac{l}{K^2}$,则式(5-28)可写成

$$\sum S(Q_0 + \Delta Q_0)^2 = \sum S'(Q'_0 - \Delta Q_0)^2$$

将上式展开,并忽略二次微量,则得

$$\Delta Q_0 = -\frac{\sum SQ_0^2 - \sum S'Q_0'^2}{2\sum SQ_0 + 2\sum S'Q'_0}$$

令 h_{f0} 及 h'_{f0} 分别表示流量校正前两个分支线上各管段的水头损失,则 $h_{f0} = SQ_0^2$,$h'_{f0} = S'Q_0'^2$,上式可写成

$$\Delta Q_0 = -\frac{\sum h_{f0} - \sum h'_{f0}}{2\sum \frac{h_{f0}}{Q_0} + 2\sum \frac{h'_{f0}}{Q'_0}}$$

故校正流量可按下式计算

$$\Delta Q = -\frac{\sum h_f}{2\sum \frac{h_f}{Q}} \tag{5-29}$$

式中 Q、h_f——各管段中所分配的流量及相应的水头损失。

对同一闭合环路,在计算时,分子中各项的符号可以按顺时针方向流动的水头损失取正号,逆时针方向流动的水头损失取负号;分母中各项数值则不必考虑其正、负号。如果计算结果水头损失还有闭合差,可按上述步骤进行新的校正,直至闭合差小到可以忽略时

为止。这时各管段的流量、管径和水头损失，就可作为最后确定的数据。

如果某一段管路为几个闭合环所共用，则这段管路的流量校正值应为那些闭合环路校正值的总和。例如，图5-20中管段 FC 的校正值，应为闭合环路 $A—B—C—F—A$ 的校正值与闭合环路 $F—C—D—E—F$ 的校正值之和。

【例5-14】 图5-21所示的管网为铸铁管，糙率 $n=0.0125$，由1、2、3、4四个节点组成，各管段长度和节点流量分别在图中标出。试确定各管段的直径及管网中的流量分配（要求闭合差 $\sum h_{fi}<0.1$ m）。

解：(1) 初拟流向，分配流量。初拟各管段的流向，如图5-21所示。根据节点流量平衡 $\sum Q_i=0$，将第一次分配的流量值列于表5-6中。

(2)根据初步分配的流量，按经济流速选择标准管径，见表5-6。

(3)计算两环形管中各管段的水头损失。首先按分配流量利用公式 $h_{fi}=k_i\dfrac{Q_i^2}{K_i^2}l_i$ 计算出各管段的水头损失。例如计算1—2段水头损失，可由 $d_{1-2}=250$ mm，$n=0.0125$，查表5-3得 $K_{1-2}=618.5$ L/s。第一次分配流量 $Q_{1-2}=50$ L/s，则

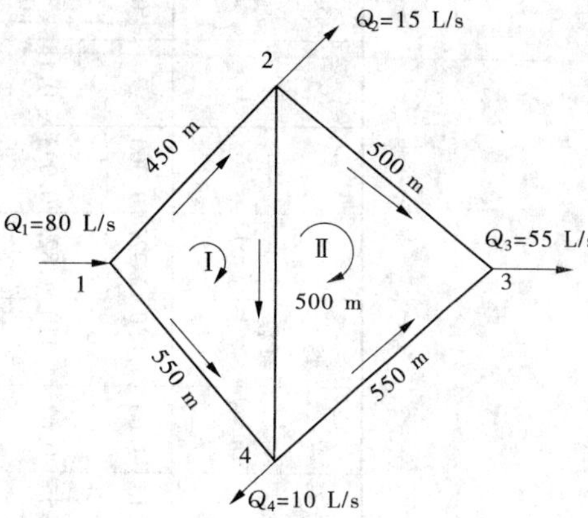

图5-21

$$v_{1-2}=\frac{4Q_{1-2}}{\pi d_{1-2}^2}=\frac{4\times0.05}{3.14\times0.25^2}=1.02(\text{m/s})$$

查表5-2得修正系数 $k=1.027$，则

$$h_{f1-2}=1.027\times\frac{0.05^2}{0.6185^2}\times450=3.02(\text{m})$$

按同样的方法可计算出两环各管段的水头损失，结果列于表5-6中。

(4)检查两环水头损失的闭合值 $\sum h_{fi}$ 是否满足要求。根据第一次分配的流量，Ⅰ环闭合差 $\sum h_{fi}=0.513$ m；Ⅱ环闭合差 $\sum h_{fi}=0.374$ m，闭合差均大于规定值。

(5)按式(5-29)分别计算两环校正流量 ΔQ，将 ΔQ 与各管段第一次分配的流量相加，得二次分配流量。

值得注意的是，对于两个闭合环路共用的管段，该管段的流量校正值应为两个闭合环路流量校正值的代数和。校正值符号由所在环路的方向确定。例如本题2—4段为Ⅰ、Ⅱ闭合环路共用的管段，计算Ⅰ环路管段的校正流量时，除加上Ⅰ环路求出的校正值外，还应加上Ⅱ环路求出的校正值，其符号由在Ⅰ环路中的方向确定。

由再分配的流量重复上述步骤的计算，直到各环路满足闭合差要求为止。本题按三次分配流量计算，各环路满足闭合差的要求，故三次分配流量即为各管段通过的流量。

表 5-6

环号	管段	管长 l (m)	管径 d (mm)	一次分配流量 (L/s)	K_i (L/s)	v_i (m/s)	修正系数 k	h_{fi} (m)	$\frac{h_{fi}}{Q_i}$	ΔQ (L/s)	校正流量 (L/s)	二次分配流量 (L/s)	v_i (m/s)	修正系数 k	h_{fi} (m)	$\frac{h_{fi}}{Q_i}$	ΔQ (L/s)	校正流量 (L/s)	三次分配流量 (L/s)	v_i (m/s)	修正系数 k	h_{fi} (m)
Ⅰ	1—2	450	250	50	618.5	1.02	1.027	3.020	0.060		-0.85	49.15	1.00	1.030	2.927	0.060		-0.18	48.97	1.00	1.030	2.906
	2—4	500	200	20	341.1	0.64	1.103	1.896	0.095	-0.85	-0.85 +0.40	19.55	0.62	1.110	1.823	0.093	-0.18	-0.18 +0.21	19.37	0.624	1.110	1.829
	1—4	550	200	-30	341.1	0.95	1.035	-4.403	0.147		-0.85	-30.85	0.98	1.032	-4.643	0.151		-0.18	-31.03	0.988	1.031	-4.693
	Σ							0.513	0.302						0.107	0.304						0.042
Ⅱ	2—3	500	150	15	158.4	0.85	1.050	4.708	0.314		-0.40	14.6	0.82	1.060	4.503	0.308		-0.2	14.40	0.815	1.057	4.367
	2—4	500	200	-20	341.1	0.64	1.103	-1.896	0.095	-0.40	-0.40 +0.85	-19.55	0.62	1.110	-1.832	0.093	-0.2	-0.2 +0.18	-19.75	0.629	1.110	-1.861
	4—3	550	250	-40	618.5	0.81	1.060	-2.438	0.061		-0.40	-40.40	0.82	1.062	-2.487	0.062		-0.2	-40.60	0.828	1.055	-2.500
	Σ							0.374	0.470						0.184	0.463						0.006

*第四节　压力管道中的水击

一、水击现象

压力管道中，由于管中流速突然发生变化，引起管中压强急剧增高（或降低），从而使管道断面上发生压力交替升降的现象，称为水击。

当压力管路上阀门突然关闭或水轮机、水泵突然停止运转时，管中流速迅速减小，压强急剧升高，这种以压强急剧升高为特征的水击，称为正水击。正水击的破坏性很大。

当压力管路上阀门突然打开时，管中流速迅速加大，压强急剧降低，这种以压强急剧降低为特征的水击，称为负水击。负水击时的压强降低，可能使管中发生不利的真空。

水击对压力管道危害很大，因此对水击必须加以研究。在前面各章的讨论中，均把液体看做是不可压缩的，管壁是刚性的。但在水击问题研究中，由于水击压强相当大，所以必须考虑液体的压缩性及管壁的弹性，否则将导致错误的结论。

二、水击波的传播过程

设如图 5-22 所示压力水管，长为 l，直径为 d，上游端连接水库，下游端装有阀门，水头为 H。在水击的分析和计算中，通常压力管道中的水头损失及流速水头均较压强水头小得多，则可忽略不计。

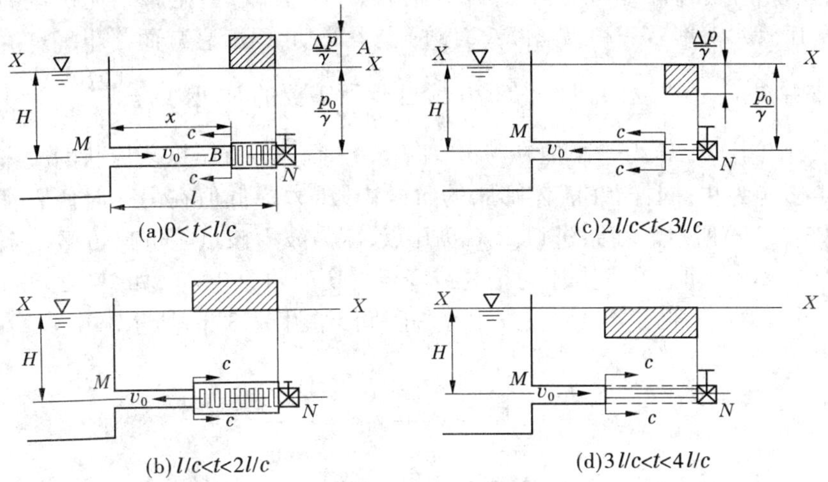

图 5-22

以突然关闭阀门为例，说明水击传播的四个过程。

（一）瞬间关闭阀门，产生增压波

为了便于研究，假定水平管中起初为恒定流，流速为 v_0，压强为 p_0，如图 5-22（a）所示。假定管道末端 N 点的阀门突然完全关闭，则紧挨阀门的一薄层液体被迫停止运动，速度变为零，但上游水质点并未停止运动，该层液体则受到上游继续流来的液体的压缩，

压强立即比原来的 p_0 增高一个 Δp，Δp 即为水击压强。同时，此薄层液体由于受压而使管壁膨胀。接着第二层液体也受到像第一层液体同样的压力作用。这样一层一层的液体被迫停止运动，被压缩并产生的压力增高，将以波的形式沿管子向上游传播，其波速为 c，方向由 N 指向 M。管中的液体并非为不可压缩的刚体，所以波的传播过程受到液体和管壁二者的弹性影响。

(二)减压恢复

当增压波到达 M 点时，管中液体瞬间停止。但由于 M 点的压强大于水库中的压强，产生反向压力差，则瞬间静止的水体又会在此压力差作用下向水库回流，产生减压波，波的方向由 M 向 N 传播。直到压力恢复到原库水位时的静水压强。如图 5-22(b)所示。

(三)减压收缩

虽然压力恢复到原库水位时的静水压强，但液体回流时具有惯性，水流继续向水库回流，此反向流速将在 N 点产生一个骤然的压强降低，其大小仍为 Δp，此降低的压强远小于正常恒定流时的压强 p_0。由于压强降低，液体开始膨胀，密度减小，于是，一个稀疏化的减压波将由 N 点向 M 点传播，如图 5-22(c)所示。

(四)增压恢复

如图 5-22(d)所示，当减压波最后传至 M 时，整个管中的液体处于膨胀而停止运动的状态。但管中压强比水库进口压强小一个 Δp，在此压差作用下，液体又开始向管中流动，使压强恢复正常，并以波的形式由 M 向 N 传播，直到到达 N 为一段落。理论上，一定会有一系列交替出现的增压波和减压波沿管长反复传播。实际上，由于管壁和液体的摩擦阻力，以及管壁和液体二者的弹性作用，将引起压力衰减，使得管中任一点的压强围绕静止时的测压管水头线 $X—X$(见图 5-22(a))上下波动、逐渐衰减而终止平息。

压力波由 N 至 M 再返回到 N，传播一个往返所需要的时间为 $t = \dfrac{2l}{c}$。对于阀门突然关闭的情形，阀门 N 处压力升高值在时段 t 内将保持不变，直至恢复原状的减压波返回阀门对它发生影响为止；同样，在液体膨胀的阶段内，压力降低值在另一时段 t 内也将保持不变，如图 5-23(a)所示。在距进口为 x 的 B 点，压力波由该点至进口传播一个往返所需要的时间只有 $2x/c$，因而在 B 点压力增高或降低的历时将是 $2x/c$，如图 5-23(b)所示。在进口 M 处，$x = 0$，升压或降压仅仅发生在一瞬间，如图 5-23(c)所示。

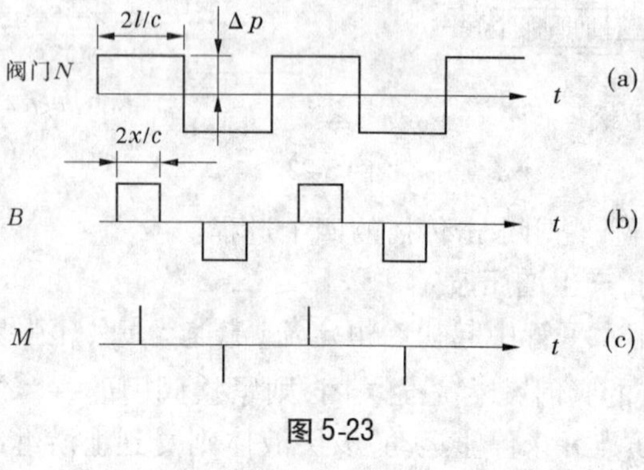

图 5-23

三、水击压强和水击波速

根据前面对水击波传播过程的分析可知，阀门断面处的压强总是最先升高或降低，且时间最长，变幅最大；管道进口断面处压强增高或降低都发生在瞬间；对管中任意断面而言，其压强的变幅与持续时间介于上述两者之间。所以，阀门断面的水击最严重，它通常是水击压强的主要计算断面。

(一)水击压强

设阀门瞬间关闭时，$v = 0$，波速为 c，应用牛顿第二定律，在忽略阻力的情况下，推得直接水击压强最大值计算公式为

$$\Delta p = \rho c v_0 \tag{5-30}$$

或

$$\Delta p = \frac{\gamma}{g} c v_0 \tag{5-31}$$

水击压强用水柱高表示，则为

$$\frac{\Delta p}{\gamma} = \frac{c v_0}{g} \tag{5-32}$$

水击压强在阀门突然关闭时可达极其可观的数值，如果采用波速 $c = 1\ 000$ m/s，管中流速 $v_0 = 1.0$ m/s，则由式(5-32)可得

$$\frac{\Delta p}{\gamma} = \frac{c v_0}{g} = \frac{1\ 000 \times 1}{9.8} \approx 100(\text{m 水柱})$$

这相当于 10 个大气压，由此可知水击压强的破坏作用有多大。

(二)水击波速

当液体运动突然停止时，升高的压强首先发生在阀门旁，随后又沿着管路以速度 c 逆流传播，这个速度 c 称为水击波的传播速度。

如果在管壁为无弹性的绝对刚体的管道中通过弹性的液体，当发生水击波传播时，可以推证出其波速为

$$c_0 = \sqrt{\frac{K}{\rho}} = \sqrt{\frac{g}{\gamma} K} \tag{5-33}$$

式中　K——液体体积弹性系数。

在一定温度下，水的体积弹性系数 $K = 1\ 096 \times 10^6$ kPa。由式(5-33)可得水击波在水中的传播速度 $c_0 = 1\ 435$ m/s。实际上，管壁是有弹性的，当管中压强增高时，管壁发生膨胀。弹性的液体在弹性的管壁中运动时，所发生的水击波波速 c 应为

$$c = \frac{c_0}{\sqrt{1 + \frac{D}{\delta}\frac{K}{E}}} \tag{5-34}$$

式中　E——管壁材料的弹性系数，常见的几种管壁材料，其弹性系数见表 5-7；

K——液体的体积弹性系数；

D——管道内径；

δ——管壁的厚度；

c_0 ——弹性液体在绝对刚体管道中的波速。

表 5-7 几种常见管壁材料的弹性系数

管壁材料	E(kPa)	K/E	管壁材料	E(kPa)	K/E
钢管	1.96×10^8	0.01	混凝土管	1.96×10^7	0.10
铸铁管	9.8×10^7	0.02	木管	9.8×10^6	0.20

由式(5-34)可知，波的传播速度因液体种类、管道材料、管道内径、管壁厚度的不同而变化。当钢管中流动的液体为水时，若管径约为管壁厚度的 100 倍，K/E 的比值约为 1/100，则波速 c 约为 1 000 m/s。

【例 5-15】 焊接钢管的内径 $D=1.0$ m，壁厚 $\delta=10$ mm，流速 $v=2.50$ m/s，管端处(阀门前)的压强水头为 60 m。试求阀门迅速关闭时的压强升高值。

解：水击波的传播速度按式(5-34)计算

$$c=\frac{c_0}{\sqrt{1+\frac{D}{\delta}\frac{K}{E}}}=\frac{1\ 435}{\sqrt{1+\frac{1}{0.01}\times0.01}}=1\ 014.69(\text{m/s})$$

当阀门突然完全关闭时的压强升高按式(5-32)计算

$$\frac{\Delta p}{\gamma}=\frac{cv_0}{g}=\frac{1\ 014.69\times2.5}{9.8}=258.849(\text{m 水柱})$$

这样当阀门迅速关闭时，管路末端处的全部压强为

$$60+258.849=318.85(\text{m 水柱})$$

四、正水击压强的计算

正水击有两种形式：直接水击和间接水击。

(一)直接水击最大水击压强计算

压力波从阀门到管子起点再返回到阀门处，传播一个往返所需的时间在水击计算中称为相或相长，即 $t=\frac{2l}{c}$。若用 T 表示阀门完全关闭所需的时间，则可发生两种情况：$T\leqslant t$ 和 $T>t$。

当阀门很快关闭，关阀时间小于压力波在管中传播一个往返所需的时间，即 $T\leqslant 2l/c$，这时发生的水击称为直接水击。在直接水击时，由管道进口反射回来的减压波尚未到达阀门时，阀门已经关闭，阀门处的压强未能受到减压波的影响而降低。这时阀门处的最大水击压强就会达到突然完全关闭阀门时的最大水击压强，其值仍按式(5-31)计算。

直接水击的破坏性非常大，一般应尽量避免发生直接水击。由 $T\leqslant 2l/c$ 可知，在管长较长或关阀时间较短时，便会发生直接水击，为避免发生直接水击，可设法缩短管长或延长关阀时间。

(二)间接水击最大水击压强计算

若关阀时间大于压力波传播一个往返所需的时间，即 $T>2l/c$，此时发生的水击称为间接水击。在此情况下，反射回来的减压波到达阀门时，阀门还未完全关闭，不但阀门处

的压强还未升到最大值，而且反射回来的减压波还使阀门处的压强降低。所以，阀门处的压强增值要比直接水击小得多。

间接水击比较复杂，确定水击压强也比较困难，可用近似公式即莫洛索夫公式来确定压强增高值$\dfrac{\Delta p}{\gamma}$

$$\frac{\Delta p}{\gamma} = \frac{2\sigma}{2-\sigma}h \tag{5-35}$$

$$\sigma = \frac{v_0 l}{ghT} \tag{5-36}$$

其中，σ 与管道特性有关，h 为阀门处的静水头 p_0/γ，v_0 为管内发生水击前的流速。σ 若不大于0.5且压力增高值较小，式(5-35)可得相当准确的结果。

试验证明，在缓慢关闭阀门而发生间接水击时，管中所发生的压强增值，从阀门处的 Δp 均匀地减小，到进口处为零，即按直线变化。此时的间接水击压强可近似地按式(5-37)计算

$$\Delta p = \frac{2lv_0\rho}{T} \tag{5-37}$$

【例5-16】 在水力发电中，已知引水管长 $l=60$ m，$v_0=2.5$ m/s，$c=850$ m/s，$T=2$ s，$h=50$ m，求水击压强。

解：先确定水击波往返时间

$$t = \frac{2l}{c} = \frac{2\times 60}{850} = 0.141(\text{s})$$

因 $T>2l/c$，所以为间接水击，按式(5-36)确定 σ

$$\sigma = \frac{v_0 l}{ghT} = \frac{2.5\times 60}{9.8\times 50\times 2} = 0.153$$

因 $0.153 < 0.5$，故水击压强可按式(5-35)计算

$$\frac{\Delta p}{\gamma} = \frac{2\sigma}{2-\sigma}h = \frac{2\times 0.153\times 50}{2-0.153} = 8.284(\text{m 水柱})$$

所以，在阀门处的最大水击压强为

$$50 + 8.284 = 58.284(\text{m 水柱})$$

五、负水击

负水击也有两种形式：直接水击和间接水击。

(一)直接水击

若 $T \leqslant 2l/c$(其中 T 为阀门开启的时间)为直接水击。直接水击时，最大压强降低值可按式(5-32)确定，但其值为负值。

(二)间接水击

若 $T > 2l/c$，则发生间接水击。间接水击的压强降低值可按切尔索夫公式计算，即

$$\frac{\Delta p}{\gamma} = \frac{\sigma}{1+\sigma}h \tag{5-38}$$

其中 σ 仍按式(5-36)计算。负水击可能使管中发生有害的真空。因此，对引水管等也常计算负水击所引起的压强降低值。

六、防止水击危害的措施

水击产生的压强有很大的破坏性，在水利工程建设和管理中必须引起足够的重视，尽可能地减小水击的危害。

防止水击危害一般采取以下几种措施：

(1)安装水击消除阀。水击消除阀安装在管道上，当产生水击时，压力达到一定数值，则阀门自动打开，将一部分水从管道中放出，以达到降低水击压强的目的。当水击压强消失后，它又自动关闭。

(2)设置调压室。当产生水击压强时，在压力作用下，有一部分水流入调压室，达到降低水击压强的目的。

(3)延长阀门关闭时间。水击波传播中，关闭阀门所用时间愈长，从水库反射回来的减压波引起的抵消作用愈大，因此阀门处的水击压强也就愈小。所以，工程中总是设法延长阀门的启闭时间。

(4)缩短有压管道的长度。水击传播过程中，压力管道愈长，则水击波从阀门传播到水库，再从水库反射回来的时间也愈长，这样，在阀门处所引起的最大水击压强也就愈不容易得到缓解。因此，如果条件允许，应尽可能缩短压力管道的长度。

(5)减小压力管道中的流速。如果压力管道中原来的流速比较小，则因阀门突然关闭而引起的流速变化也较小，所以水流惯性引起的水击压强也就不会很大，从这点出发，可采用加大管径以达到减小水流流速，降低水击压强的作用。但是，这个办法不一定经济。

一般来讲，在输水管道中发生水击是有害的，应该避免，但是也可利用水击所产生的压强把水扬到很高的位置，制造水锤泵扬水。

本章考试内容

记公式：$h_f = k\dfrac{Q^2}{K^2}l = kSQ^2l = H$；$h_f = \dfrac{10.67Q^{1.852}}{C_h^{1.852}d^{4.87}}l$。

会计算：管流的 Q、H、d；求解虹吸管、水泵的 h_s、$p_{真}$；求解倒虹吸上下游水位差 z。

记概念：管流、长管、短管的定义；水头线绘制；串、并联管路，树(环)状管网的水力计算方法。

技能训练题

5-1　什么是管流，它的主要特点是什么？

5-2　何为短管和长管，判别标准是什么？长管和短管的主要区别是什么？

5-3　压力管水力计算的主要内容是什么？

5-4　管道直径的确定方法有几种，各是如何计算的？

5-5　抽水机安装高度和虹吸管安装高度的计算公式是否相同？具体是什么？

5-6　什么是水泵的扬程？水泵的扬程与上下游水位差是否相等？

5-7　什么是直接水击和间接水击？

5-8　坝下埋设一预制混凝土引水管（见图5-24），直径 D 为1 m，长100 m，进口处有一道平板闸门来控制流量，引水管出口底部高程▽62.5 m。当上游水位▽70.0 m，下游水位▽60.5 m，闸门全开时能引多少流量？

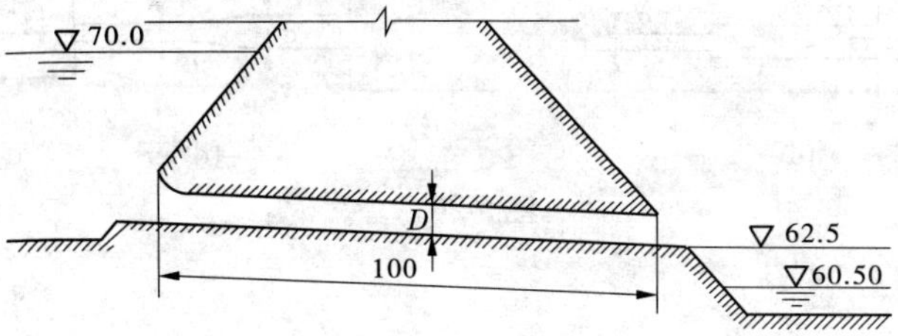

图5-24　（单位：m）

5-9　如图5-25所示倒虹吸管，采用500 mm直径的铸铁管，长 l 为125 m，进出口水位差为5 m。根据地形，两转角各为60°和50°，上下游渠道流速相等。问：能通过多大流量？

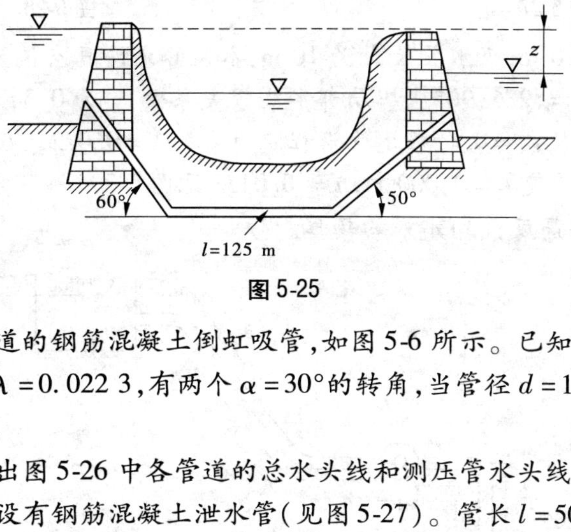

图5-25

5-10　一横穿河道的钢筋混凝土倒虹吸管，如图5-6所示。已知管道通过的流量为2 m^3/s，长度 $L=30$ m，$\lambda=0.022\ 3$，有两个 $\alpha=30°$ 的转角，当管径 $d=1.2$ m时，试确定上下游渠道中的水位差 z。

5-11　试定性给出图5-26中各管道的总水头线和测压管水头线。

5-12　一路堤下设有钢筋混凝土泄水管（见图5-27）。管长 $l=50$ m，路堤上游面与水平面的夹角为30°，进口局部水头损失系数 $\zeta_{进口}=0.91$，上下游水位差 $z=20$ m。若要求管道流量 $Q=15\ m^3/s$，水管糙率 $n=0.013$，试确定所需要的管道直径。

5-13　用虹吸管从蓄水池引水灌溉。虹吸管采用直径为0.4 m的钢管，管道进口处安装一莲蓬头，有2个40°转角，上下游水位差 z 为4.0 m，上游水面至管顶高度为1.8 m，管段长度 l_1 为8 m，l_2 为4 m，l_3 为12 m（见图5-28）。要求计算：(1)通过虹吸管的流量为多少？(2)虹吸管中压强小的地方在哪里？其最大真空值是多少？

5-14　用离心式水泵将湖水抽到水池，流量 $Q=0.2\ m^3/s$，湖面高程 z_1 为85.0 m，水

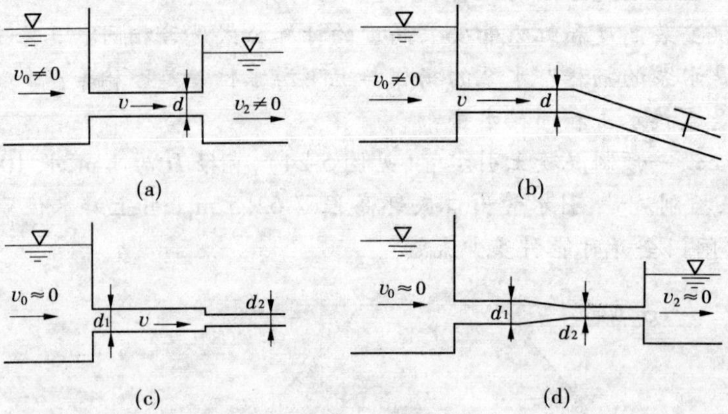

图 5-26

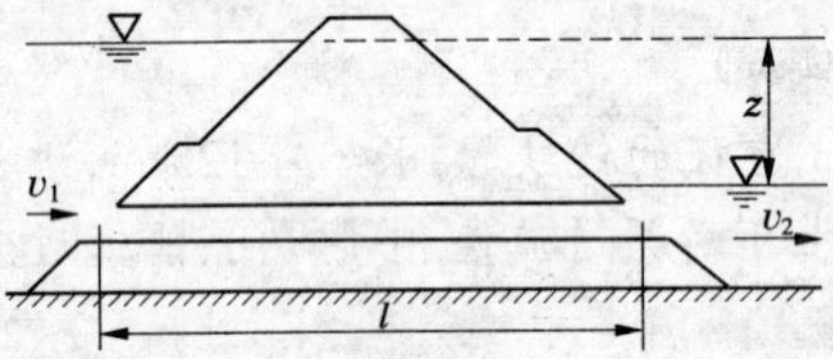

图 5-27

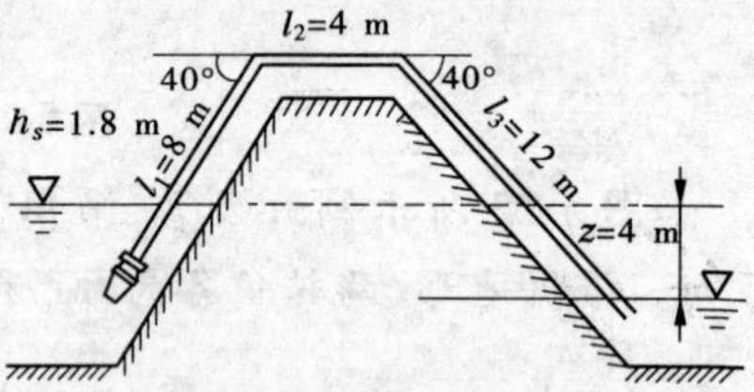

图 5-28

池水面高程 z_3 为 105.0 m，吸水管长 l_1 为 10 m，水泵的允许真空值为 4.5 m，吸水管底阀局部水头损失系数 $\zeta_1=2.5$，90°弯头局部水头损失系数 ζ_2 为 0.3，水泵入口前的渐变收缩段局部水头损失系数 $\zeta_3=0.1$，吸水管沿程阻力系数 $\lambda=0.022$。压力管道采用铸铁管，其直径 $d_2=500$ mm，长度 $l_2=1\,000$ m，$n=0.013$（见图 5-29）。试确定：(1) 吸水管的直径 d_1；(2) 水泵的安装高度；(3) 水泵的扬程。

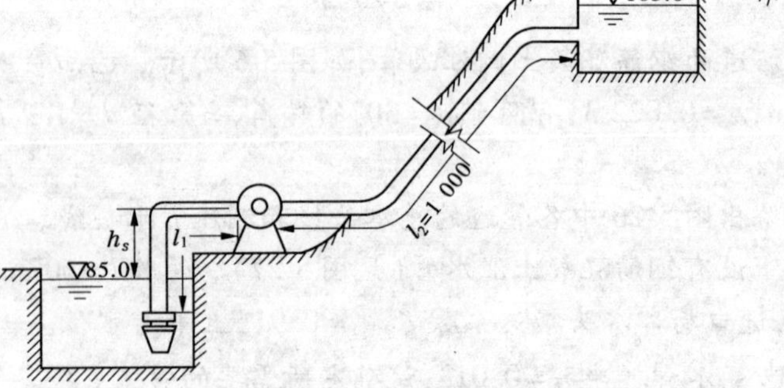

图 5-29 （单位:m）

5-15　有一输水管路，自山上水源引水向用户供水，采用铸铁管（$n=0.012\,5$），已知管长 $l=150$ m，作用水头 $H=12$ m，供水流量 $Q=120$ m^3/h，为了充分利用水头，试确定水管的直径。

5-16　某输水钢管布置如图 5-30 所示。已知管道工作水头 $H=12$ m，各管道的直径及管长分别为：d_1 = 300 mm，l_1 = 1 500 m，d_2 = 400 mm，l_2 = 500 m，d_3 = 200 mm，l_3 = 300 m。求管道的供水流量。

5-17　由水塔供水的管路布置如图 5-31 所示。管道为铸铁管，管道出口水流泄入大气，出流量 $Q = 160$ L/s。试确定水塔所需水头 H 及两个并联管路（2 管和 3 管）内的流量值。

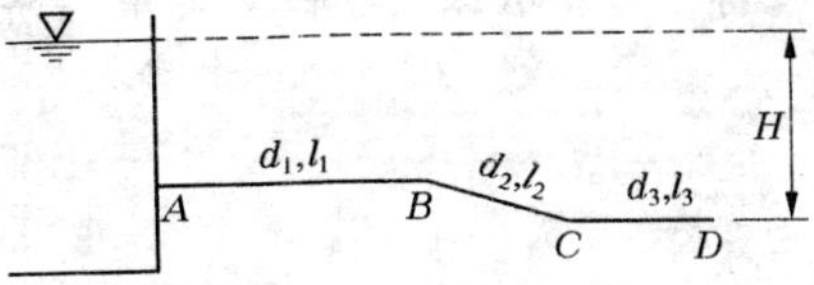

图 5-30

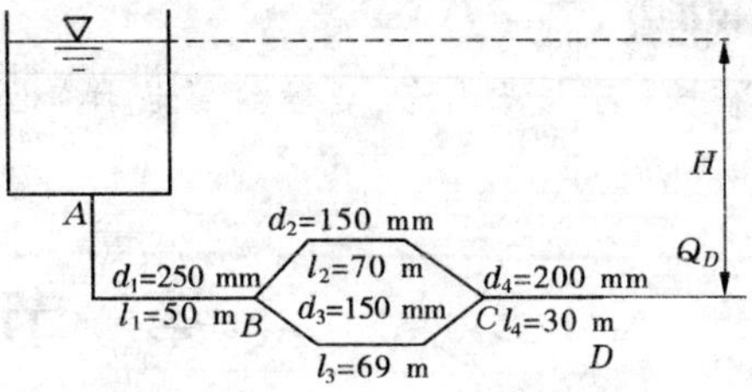

图 5-31

5-18　有一分支管网布置如图 5-32 所示。已知水塔地面高程为 16.0 m，4 点出口地面高程为 20 m，6 点出口地面高程为 22 m，4 点和 6 点自由水头都为 8 m。各管段长度分别为：l_{01} = 200 m，l_{12} = 100 m，l_{15} = 80 m，l_{23} = 300 m，l_{34} = 80 m，l_{56} = 150 m，全部采用硬聚氯乙烯（UPVC）管。试设计各管段直径及水塔高度。

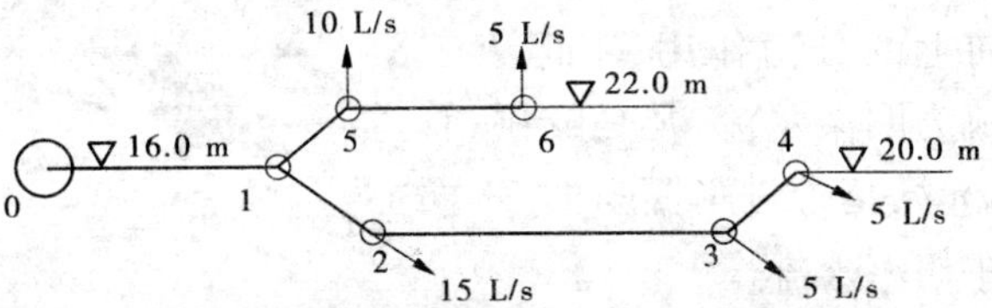

图 5-32

5-19　设一钢管全长 $l = 1\ 200$ m，管径 D = 300 mm，管壁厚度 δ = 10 mm，管中水流速度 v = 1.2 L/s。当阀门在 1 s 内关闭完成而发生水击现象时，其压强增量为多少？

第六章　明渠恒定均匀流水力计算

职业技能

通过学习本章内容，要熟练掌握梯形断面水力要素、正常水深、流量及实用经济断面的计算。

第一节　概　述

一、明渠水流

人工渠道、天然河道中的水流通常称为明渠水流。其特点是具有自由水面、表面压强为当地大气压、相对压强为零，所以又称为无压水流。其流动是靠重力沿水流方向上的分力作用，不但人工渠道、天然河道中的水流为明渠水流，凡是隧洞、管道等建筑物中的水流未充满整个过水横断面，水面上有大气存在的，都属于明渠水流。

明渠水流根据水流与运动要素是否随时间发生变化，分为明渠恒定流和明渠非恒定流。根据水流运动要素是否沿流程发生变化，分为明渠恒定均匀流和明渠恒定非均匀流。明渠恒定均匀流是指渠道中的流速及流速分布沿流程不发生变化的水流。本章主要学习明渠恒定均匀流问题，明渠恒定非均匀流将在以后章节学习。

二、渠槽的形式

渠槽是约束明渠水流运动的外部条件，渠槽边壁的几何特征和水力特性对明渠中的水流运动有着重要的影响，因此必须对明渠槽身的形式有所了解。

渠槽横向几何特性是指横向断面的形状和尺寸；纵向几何特性是指渠道底坡及其变化情况。

（一）按横断面的形状分类

人工修建的渠槽一般为轴对称断面，其基本形式有矩形、梯形、U 形、圆形和复式断面等。当明渠修在土基上时，为避免崩塌和便于施工，从优化的角度考虑，多做成梯形断面；岩石上开凿的渠道或混凝土衬砌的渠道多采用矩形断面；圆形断面则常用于无压输水涵管或排污水管道；而复式断面则多用于大型或地基比较特殊的、水位变化较大的渠道，如图 6-1 所示。

天然河道的横断面形状往往是不规则的，常见的形式多是由主槽和边滩组成的复式断面,如图 6-2 所示。

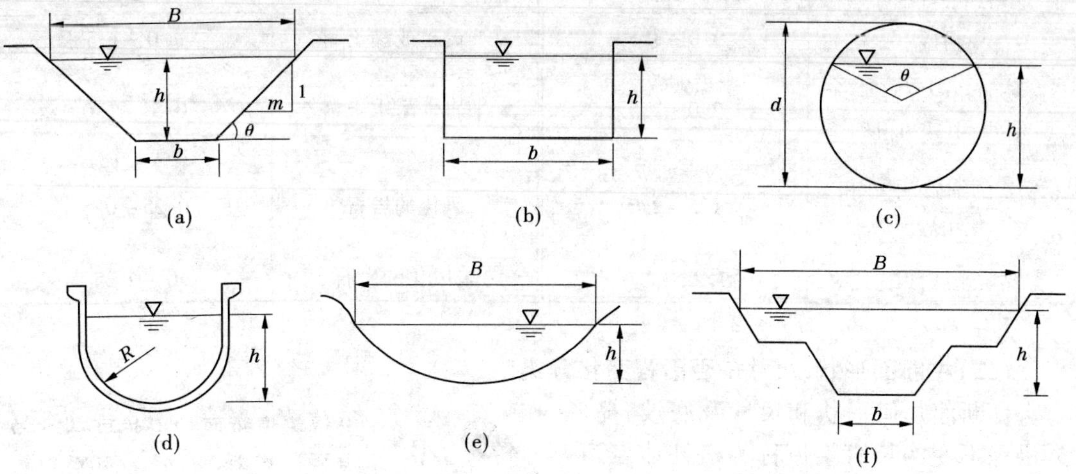

图 6-1

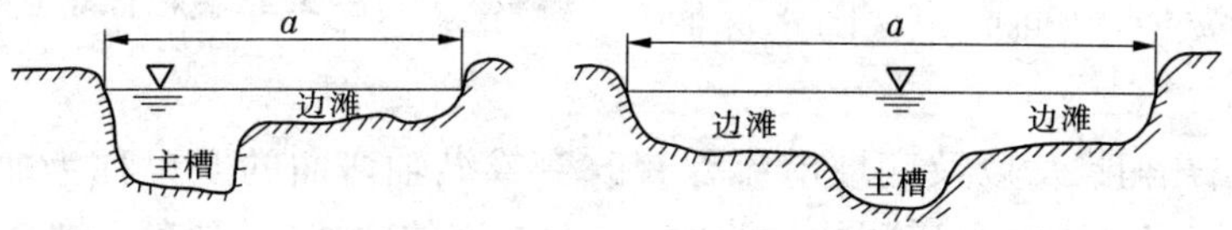

图 6-2

在实际工程中,人工渠道应用较多的断面形状是梯形和矩形。其过水断面的水力要素如下:

水面宽度 B
$$B = b + 2mh \tag{6-1}$$

过水断面面积 A
$$A = (b + mh)h \tag{6-2}$$

湿周 χ
$$\chi = b + 2h\sqrt{1 + m^2} \tag{6-3}$$

水力半径 R
$$R = \frac{A}{\chi} = \frac{(b + mh)h}{b + 2h\sqrt{1 + m^2}} \tag{6-4}$$

式中 b—— 渠底宽度;

m——边坡系数,即为渠道侧坡的水平投影长度与垂直投影高度的比值,它反映了梯形断面两侧边坡的倾斜程度,常取垂直方向长度为 1,水平方向长度为 m 的比值来表示,即 $m = \cot\theta$,θ 为边坡与水平线的夹角,m 的大小取决于渠壁土壤的种类和护面的性质,其值由土力学试验研究确定,一般情况可参考表 6-1 选取。

对于矩形断面的水力要素,可把矩形看做是边坡系数 $m = 0$ 的梯形断面,则水力要素为:宽 $B = b$,面积 $A = bh$,湿周 $\chi = b + 2h$。

对于圆形断面、U 形断面的水力要素,可根据它们的几何尺寸来确定。

表 6-1　梯形断面边坡系数

岩土种类	边坡系数 m	岩土种类	边坡系数 m
粉砂	3.0～3.5	黄土或黏土	1.0～1.5
疏松的和中等密实的细砂、中砂和粗砂	2.0～2.5	半岩性耐水土壤	0.5 ～1.0
密实的细砂、中砂和粗砂	1.5～2.0	风化的岩石	0.25～0.5
黏壤土或沙壤土	1.25～2.0	未风化的岩石	0～0.25

(二)按断面形状、尺寸是否沿程变化分类

横断面几何形状和尺寸及底坡、糙率均沿程不变的长直渠道称为棱柱体渠道。如轴线顺直且断面形状大小不变的人工渠道、渡槽等,都属于棱柱体渠道。在棱柱体渠道中,水流的过水断面面积仅随水深而变,即 $A = f(h)$ 。

渠槽按横断面的形状可以分为矩形、梯形、U形、圆形和复式断面。按断面形状、尺寸是否沿程变化可分为棱柱体渠道和非棱柱体渠道。

断面形状、几何尺寸以及底坡沿流程有改变或纵轴弯曲的明渠称为非棱柱体渠道。如梯形断面和矩形断面的渠道间的过渡段、人工渠道的弯段、一般的天然河道等,都属于非棱柱体渠道。在非棱柱体渠道中,过水断面面积既随水深 h 变化,又沿流程 l 变化,即 $A = f(h,l)$ 。

三、渠道的底坡

一般将明渠渠底线在单位长度内的高程差称为明渠的底坡,其也等于渠底线与水平线的夹角 θ 的正弦,用字母 i 表示,它代表了渠底的倾斜程度。如图 6-3 所示,在渠道中取 1—1、2—2 断面,两断面间的渠底线长度为 Δl ,1—1 断面的渠底高程为 z_1 ,2—2 断面的渠底高程为 z_2 ,则此段渠道的底坡为

$$i = \sin\theta = \frac{z_1 - z_2}{\Delta l} \tag{6-5}$$

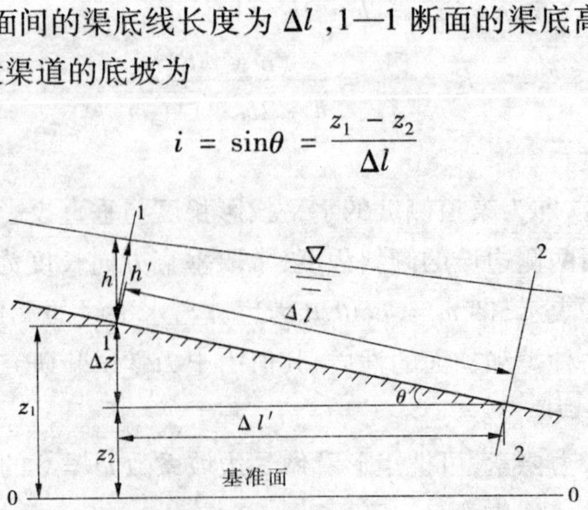

图 6-3

一般当底坡较小时（ $i < 0.10, \theta \leqslant 6°$ ），$\sin\theta \approx \tan\theta$，即水平距离$\Delta l'$与渠底线距离$\Delta l$相差很小，则渠底坡度可用式(6-6)替代

$$i \approx \tan\theta = \frac{z_1 - z_2}{\Delta l'} \tag{6-6}$$

必须注意：明渠水流的过水断面是垂直于水流方向的横断面，渠道的水深应为垂直于流向的水深 h'，但为了测量的方便，当坡度较小时（ $\theta \leqslant 6°$ ），常用铅直水深 h 替代（见图6-3），当角较大时，则另当别论。

根据渠道底坡沿程的变化将明渠的底坡分为三大类：渠底沿程下降的称为顺坡（或正坡）（ $i > 0$ ）；渠底水平的称为平坡（ $i = 0$ ）；坡的倾斜方向与水流方向相反，渠底高程沿程升高的称为逆坡（ $i < 0$ ）（见图6-4）。

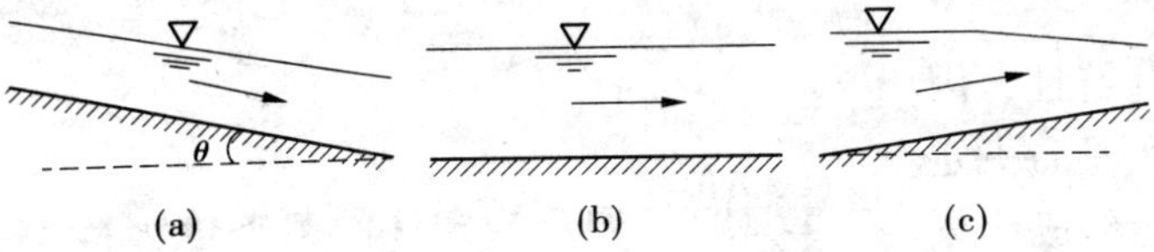

图6-4

天然河道的河底线起伏不平，多为复杂的不规则的曲线，底坡沿程变化，在对天然河道进行水力计算时，其底坡只能用某一河段的平均底坡来替代该段河道的实际底坡。

第二节　明渠均匀流的特性及其产生条件

一、明渠均匀流的特性

明渠均匀流是指明渠中断面平均流速大小及方向沿程不变的水流。按照均匀流的定义，可推得明渠均匀流有以下两个特性：

(1)过水断面的形状和大小沿程不变。

(2)过水断面水深、流速分布、流量、断面平均流速、动能修正系数、动量修正系数以及流速水头沿程不变。流动中的水头损失只有沿程水头损失而没有局部水头损失。

明渠均匀流与物理学中的匀速直线运动类似，从力学角度分析，作用在明渠水流运动方向上的外力应该是平衡的。如图6-5所示，在明渠中选择一段水体 $ABCD$，其受力分别为重力 G，前后水压力 P_1、P_2，周界的摩擦阻力 F_f。α 为渠底线与水平方向的夹角。则沿流向的平衡方程为

$$P_1 + G\sin\alpha - F_f - P_2 = 0$$

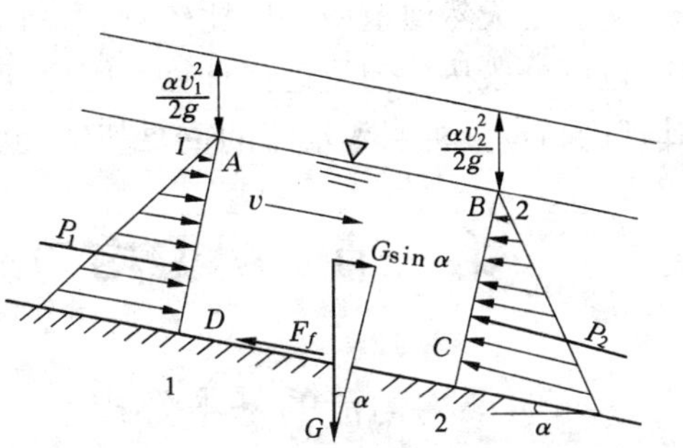

图6-5

因为均匀流中过水断面上的动水压强按静水压强分布，且各过水断面水深的过水断面面积相等，则有 $P_1 = P_2$，且 $G\sin\alpha = F_f$。说明在明渠均匀流中，水流阻力与重力在水流方向上的分力相平衡。产生均匀流的力学条件

(即充要条件)是 $G\sin\alpha = F_f$,符合此条件一定是均匀流,不符合此条件一定是非均匀流。对于非均匀流,$G\sin\alpha \neq F_f$,明渠水流做加速或减速运动。在明渠均匀流段选择两断面1—1、2—2 列能量方程

$$z_1 + \frac{p_1}{\gamma} + \frac{\alpha_1 v_1^2}{2g} = z_2 + \frac{p_2}{\gamma} + \frac{\alpha_2 v_2^2}{2g} + h_w$$

因为是均匀流,则有 $h_w = JL$, $v_1 = v_2$, $\alpha_1 = \alpha_2$, $p_1 = p_2$,于是有

$$J = J_p = i \tag{6-7}$$

则可得明渠均匀流的基本特性为:明渠水流的水面线、渠底线和总水头线三线互相平行,三个线的坡度相等。

二、明渠均匀流的产生条件

由于明渠均匀流具有上述这些特性,因此明渠水流要想形成这种流动必须具备一定的条件,只有具备了下列条件才能形成明渠均匀流。

明渠均匀流的基本特性是:明渠水流的水面线、渠底线和总水头线三线互相平行,三个线的坡度相等,你要记住哟。

力学条件(即充分条件)是:$G\sin\alpha = F_f$,符合此条件一定是均匀流,不符合此条件一定是非均匀流。

具体到渠道,必须是流量、糙率、底坡(且为正坡)沿程不变的长直棱柱体渠道,才能满足 $G\sin\alpha = F_f$,产生均匀流。

渠道有汇流、分流,非棱柱体渠道,非正坡,渠道材质变化,渠中设闸、坝都会破坏力学条件,使 $G\sin\alpha \neq F_f$,产生非均匀流。

实际明渠中总有闸、坝等建筑物存在,不可能完全满足均匀流条件。所以,当正坡棱柱体渠道足够长、采用同一种材料建成,且流量不变,离建筑物较远,水深变化小于0.01倍均匀流水深时,即可视为均匀流。在非均匀流中,取微小流段,在微小流段内近似按均匀流计算。

天然河道断面形状、尺寸、底坡、糙率等沿流程总是在不断地变化,不容易形成均匀流,但对于天然河道中一些比较顺直,断面形状和尺寸、边壁粗糙度等沿程变化不大的河段,也可分段按均匀流近似计算。因此,明渠均匀流虽然是明渠水流最简单的流动形式,其理论却是分析明渠水流的重要基础,也是渠道设计的重要依据。

第三节　明渠均匀流的计算公式及有关问题

一、明渠均匀流的基本公式

由第四章可知,我国的输水渠共分为两大类,一类是灌溉输水渠,其计算须按照国家《水利技术标准汇编》(以下简称《标准》)中规定的用于农业灌溉输水渠的计算公式:

谢才公式　　$v = C\sqrt{RJ}$　或　$Q = AC\sqrt{RJ}$　　(6-8)

根据明渠均匀流的第三个基本特性把 $J = J_p = i$ 代入上式可得

$$Q = AC\sqrt{Ri} = K\sqrt{i} \tag{6-9}$$

式中，$K = AC\sqrt{R}$，称为流量模数，单位为 m^3/s。K 表示当渠底坡度 $i = 1$ 时渠道所能通过的流量。它综合反映了明渠水流断面的形状和尺寸以及糙率对过水能力的影响。

灌溉输水渠谢才系数用曼宁公式 $C = \frac{1}{n}R^{1/6}$ 计算，代入式(6-8)则可整理为

$$Q = \frac{A}{n}R^{2/3}i^{1/2} \tag{6-10}$$

另一类是城镇室外给水渠，其计算须按照国家《室外给水设计规范》(以下简称《规范》)中规定的城镇给水渠计算公式：

谢才公式　　$v = C\sqrt{RJ}$　或　$Q = AC\sqrt{RJ}$

城镇给水渠谢才系数用巴甫洛夫斯基公式，即

$$C = \frac{1}{n}R^{y},\quad y = 2.5\sqrt{n} - 0.13 - 0.75\sqrt{R}(\sqrt{n} - 0.1) \tag{6-11}$$

式(6-11)适用于 $0.1 \leqslant R \leqslant 3.0$、$0.011 \leqslant n \leqslant 0.040$ 的情况，n 值见表6-2～表6-4。

表6-2　土渠糙率

渠道流量(m^3/s)	渠槽特征	灌溉渠道	泄(退)水渠道
>20	平整顺直，养护良好	0.020 0	0.022 5
	平整顺直，养护一般	0.022 5	0.025 0
	渠床多石，杂草丛生，养护较差	0.025 0	0.027 5
20～1	平整顺直，养护良好	0.022 5	0.025 0
	平整顺直，养护一般	0.025 0	0.027 5
	渠床多石，杂草丛生，养护较差	0.027 5	0.033 0
<1	渠床弯曲，养护一般	0.025 0	0.027 5
	支渠以下的固定渠道	0.027 5	0.030 0
	渠床多石，杂草丛生，养护较差	0.030 0	0.035 0

表6-3　石渠糙率

渠槽表面特征	糙率	渠槽表面特征	糙率
经过良好修整	0.025 0	经过中等修整，有凸出部分	0.033 0
经过中等修整，无凸出部分	0.030 0	未经修整，有凸出部分	0.035 0～0.045 0

本书中为简化计算，灌渠及城镇给水渠中的谢才系数均采用曼宁公式 $C = \frac{1}{n}R^{1/6}$ 计算，但在实际工程中城镇给水渠需采用巴甫洛夫斯基公式计算谢才系数。工程水力学中为区分明渠均匀流水力要素和明渠非均匀流水力要素，通常明渠均匀流水力要素用右下

角标 0 表示,如均匀流水深(又称正常水深)为 h_0 、过水断面面积为 A_0、湿周为 χ_0、水力半径为 R_0、谢才系数为 C_0、流量模数为 K_0 等。在易于混淆处需加右下标以示区别,单是均匀流时可以不加右下标。

表 6-4 防渗衬砌渠槽糙率

防渗衬砌结构类别及特征		糙率	防渗衬砌结构类别及特征		糙率
黏土、黏砂混合土、膨润混合土	平整顺直,养护良好	0.022 5	沥青混凝土	机械现场浇筑,表面光滑	0.012 0 ~ 0.014 0
	平整顺直,养护一般	0.025 0		机械现场浇筑,表面粗糙	0.015 0 ~ 0.017 0
	平整顺直,养护较差	0.027 5		预制板砌筑	0.016 0 ~ 0.018 0
灰土、三合土、四合土	平整、表面光滑	0.015 0 ~ 0.017 0	混凝土	抹光的水泥砂浆面	0.012 0 ~ 0.013 0
	平整、表面较粗糙	0.018 0 ~ 0.020 0		金属模板浇筑,平整顺直,表面光滑	0.012 0 ~ 0.014 0
水泥土	平整、表面光滑	0.014 0 ~ 0.016 0			
	平整、表面较粗糙	0.016 0 ~ 0.018 0		刨光木模板浇筑,表面一般	0.015 0
砌石	浆砌料石、石板	0.015 0 ~ 0.023 0		表面粗糙,缝口不齐	0.017 0
	浆砌块石	0.020 0 ~ 0.025 0		修整及养护较差	0.018 0
	干砌块石	0.025 0 ~ 0.033 0		预制板砌筑	0.016 0 ~ 0.018 0
	浆砌卵石	0.023 0 ~ 0.027 5		预制渠槽	0.012 0 ~ 0.016 0
	干砌卵石,砌工良好	0.025 0 ~ 0.032 5		平整的喷浆面	0.015 0 ~ 0.016 0
	干砌卵石,砌工一般	0.027 5 ~ 0.037 5		不平整的喷浆面	0.017 0 ~ 0.018 0
	干砌卵石,砌工粗糙	0.032 5 ~ 0.042 5		波状断面的喷浆面	0.018 0 ~ 0.025 0

二、明渠均匀流水力计算中的几个问题

(一)渠道糙率确定

明渠糙率 n 是反映渠道固体边界表面粗糙程度的无因次量。在进行渠道的水力计算时必须合理选择确定 n 值,尽量使选择确定的 n 值跟固体边界表面的实际粗糙程度大致相同。影响明渠糙率 n 值的因素主要有明渠渠床的粗糙状况、渠道通过的流量、渠道中水流的含沙量、渠道弯曲状况、渠道施工质量、混凝土渠道的养护情况等。在一般情况下,明渠渠床糙率可根据渠道本身的特性和渠道通过的流量等参考表 6-2 ~ 表 6-4 选择。对于大型渠道的糙率值 n,则要通过试验来测定,这样才能保证计算的准确,才能满足工程的精度要求。

1. 均质明渠渠道糙率 n 的确定

均质明渠渠道是指固体边界湿周上的材料相同,糙率 n 也相同的渠道。

在设计一条新渠道时,选取糙率 n 值要特别慎重。如果把边壁糙率 n 值取得比实际值大,那么就将导致按设计流量设计的过水断面面积或底坡偏大,增大工程量、提高工程造价,渠道建成并通过水流运行时,渠中实际流速大于设计流速,可能产生渠道冲刷,并造成实际

水位降低，最终导致次级渠道进水困难，降低经济效益（例如减少自流灌溉面积，使提水灌溉面积增大）。反之，如果糙率 n 值选得比实际值小，则按设计流量设计的过水断面面积或渠道底坡就会偏小，而实际糙率大，边壁对水流的阻力大，渠道流速小，一种可能是不能满足设计流量的要求，另一种可能是导致渠水漫堤事故的发生；水流的实际流速小于设计流速时还可能使水流中挟带的泥沙沉积而淤积渠道使清淤的费用增加而不经济。

2. 综合糙率的确定

在水利工程中，有时为了满足特殊地形和地质条件的要求，渠底和边壁要采用不同的材料。因此，断面湿周各部分的糙率是不同的。如图 6-6 所示的一些傍山渠道，常采用断面一侧及渠底为岩石而边坡用另一种材料做成的渠道。这种渠道在同一过水断面上各部分湿周的糙率不同，因此称为非均质渠道。非均质渠道的水力计算一般按均匀流公式，但为了反映同一断面各周界上不同糙率的影响，明渠均匀流公式 $Q = \frac{A}{n}R^{2/3}i^{1/2}$ 中的糙率 n 应采用综合糙率 n_e 代替。n_e 与各部分湿周 χ_1，χ_2 …及其相应的糙率 n_1，n_2…有关。

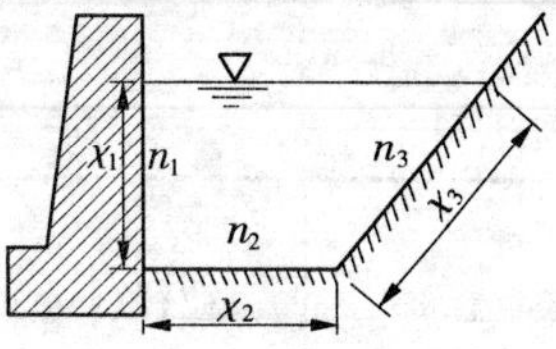

图 6-6

当渠道底部的糙率系数小于侧壁的糙率系数时，按式(6-12)计算

$$n_e = \sqrt{\frac{n_1^2\chi_1 + n_2^2\chi_2 + n_3^2\chi_3}{\chi_1 + \chi_2 + \chi_3}} \tag{6-12}$$

在一般情况下，n_e 也可用加权平均法估算，即

$$n_e = \frac{n_1\chi_1 + n_2\chi_2 + n_3\chi_3}{\chi_1 + \chi_2 + \chi_3} \tag{6-13}$$

（二）渠道中的允许流速

渠道在通过各种流量时，不同的流量所对应的流速是不同的。如果流速过大则可能引起渠道底部及边壁冲刷而使渠道破坏，所以必须对渠道断面的平均流速的上限加以限制。如果流速过小，又会导致水流挟带的泥沙在自重作用下淤积下来，沉积在渠底，既降低渠道的过水能力又增加了渠道清淤的费用，所以对渠道的流速下限也要加以限制。对于水力发电站的引水渠道来说，水流流速的大小还直接影响着电站的动力经济性。这种既不使渠道底部及边壁发生冲刷，又不使渠道底部发生淤积的限制流速值称为允许流速，即

$$v_{不淤} < v < v_{不冲} \tag{6-14}$$

式中 $v_{不冲}$——允许不冲流速，它主要与渠道边壁土壤类型或护砌材料的性质和通过的流量有关，也与水力半径、水深等水力要素有关，可参照表 6-5 ~ 表 6-8 选取；

$v_{不淤}$——允许不淤流速，它的大小与水流条件及渠道水流中挟带泥沙量的多少、泥沙颗粒大小及组成有关，可查阅《标准》（节水灌溉）、《规范》，在清水土质渠道中水流的流速一般不宜小于 0.5 m/s。

土质渠道的设计平均流速应该控制在 0.6 ~ 1.0 m/s。寒冷地区的渠道为了满足冬、春季灌溉的要求，设计平均流速值不宜小于 1.5 m/s。

表 6-5　黏性土渠道允许不冲流速　（单位：m/s）

土质	允许不冲流速	土质	允许不冲流速
轻壤土	0.60 ~ 0.80	重壤土	0.70 ~ 0.95
中壤土	0.65 ~ 0.85	黏土	0.75 ~ 1.00

表 6-6　非黏性土渠道允许不冲流速　（单位：m/s）

土质	粒径(mm)	水深(m)			
		0.4	1.0	2.0	≥3.0
淤泥	0.005 ~ 0.050	0.12 ~ 0.17	0.15 ~ 0.21	0.17 ~ 0.24	0.19 ~ 0.26
细砂	0.050 ~ 0.250	0.17 ~ 0.27	0.21 ~ 0.32	0.24 ~ 0.37	0.26 ~ 0.40
中砂	0.250 ~ 1.000	0.27 ~ 0.47	0.32 ~ 0.57	0.37 ~ 0.65	0.40 ~ 0.70
粗砂	1.000 ~ 2.500	0.47 ~ 0.53	0.57 ~ 0.65	0.65 ~ 0.75	0.70 ~ 0.80
细砾石	2.500 ~ 5.000	0.53 ~ 0.65	0.65 ~ 0.80	0.75 ~ 0.90	0.80 ~ 0.95
中砾石	5.000 ~ 10.000	0.65 ~ 0.80	0.80 ~ 1.00	0.90 ~ 1.10	0.95 ~ 1.20
大砾石	10.000 ~ 15.000	0.80 ~ 0.95	1.00 ~ 1.20	1.10 ~ 1.30	1.20 ~ 1.40
小卵石	15.000 ~ 20.000	0.95 ~ 1.20	1.20 ~ 1.40	1.30 ~ 1.60	1.40 ~ 1.80
中卵石	20.000 ~ 40.000	1.20 ~ 1.50	1.40 ~ 1.80	1.60 ~ 2.10	1.80 ~ 2.20
大卵石	40.000 ~ 75.000	1.50 ~ 2.00	1.80 ~ 2.40	2.10 ~ 2.80	2.20 ~ 3.00
小漂石	75.000 ~ 100.000	2.00 ~ 2.30	2.40 ~ 2.80	2.80 ~ 3.20	3.00 ~ 3.40
中漂石	100.000 ~ 150.000	2.30 ~ 2.80	2.80 ~ 3.40	3.20 ~ 3.90	3.40 ~ 4.20
大漂石	150.000 ~ 200.000	2.80 ~ 3.20	3.40 ~ 3.90	3.90 ~ 4.50	4.20 ~ 4.90
顽石	>200.000	>3.20	>3.90	>4.50	>4.90

注：表 6-5、表 6-6 中所列的允许不冲流速值适用于水力半径 $R=1.0$ m 时的情况，当 $R\neq1.0$ m 时，表中所列数值应乘以 R^{α} 才能求得相应的允许不冲流速值，即 $v_{不冲}=v_{表}R^{\alpha}$。对于砂、砾石、卵石、疏松的壤土、黏土，$\alpha=1/3\sim1/4$；对于密实的壤土、黏土，$\alpha=1/4\sim1/5$；对于非黏性土，$\alpha=1/3\sim1/5$。

表 6-7　防渗衬砌渠道允许不冲流速　　　　（单位:m/s）

防渗衬砌结构类别			允许不冲流速	防渗衬砌结构类别		允许不冲流速
土料	黏土、黏砂混合土		0.75 ~ 1.00	膜料（土料保护层）	沙壤土、轻壤土	<0.45
	灰土、三合土、四合土		<1.00		中壤土	<0.60
水泥土	现场填筑		<2.50		重壤土	<0.65
	预制铺砌		<2.00		黏土	<0.70
砌石	干砌卵石（挂淤）		2.50 ~ 4.00		砂砾料	<0.90
	浆砌块石	单层	2.50 ~ 4.00	沥青混凝土	现场浇筑	<3.00
		双层	3.50 ~ 5.00		预制铺砌	<2.00
	浆砌料石		4.00 ~ 6.00	混凝土	现场浇筑	<8.00
	浆砌石板		<2.50		预制铺砌	<5.00
					喷射法施工	<10.00

注:表中土料类和膜料类（土料保护层）防渗衬砌结构允许不冲流速值适用于水力半径 $R = 1.0$ m 时的情况，当 $R \neq 1.0$ m 时，表中所列数值应乘以 R^{α} 。指数值可按下列情况采用:①疏松的土料或土料保护层，$\alpha = 1/3 \sim 1/4$ ；②中等密实和密实的土料或土料保护层，$\alpha = 1/4 \sim 1/5$ 。

表 6-8　石渠允许不冲流速　　　　（单位:m/s）

岩性	水深（m）			
	0.4	1.0	2.0	3.0
砾岩、泥灰岩、页岩	2.0	2.5	3.0	3.5
石灰岩、致密的砾岩、砂岩、白云石灰岩	3.0	3.5	4.0	4.5
白云砂岩、致密的石灰岩、硅质石灰岩、大理岩	4.0	5.0	5.5	6.0
花岗岩、辉绿岩、玄武岩、安山岩、石英岩、斑岩	15.0	18.0	20.0	22.0

【例 6-1】　有一梯形断面、中壤土质灌渠，平整顺直，养护一般，边坡系数 $m = 1.5$ ，底宽 $b = 1.5$ m，水深 $h = 1.2$ m，底坡 $i = 0.000\,35$ ，求渠道的过水能力，并校核渠道中的流速是否满足要求。

解:1. 渠道过水能力计算

查表 6-2，对于土渠，平整顺直、养护一般的糙率值为 0.025。渠道断面的水力要素为:

过水断面面积　$A_0 = (b + mh_0)h_0 = (1.5 + 1.5 \times 1.2) \times 1.2 = 3.96\ (\mathrm{m^2})$

湿周　$\chi_0 = b + 2h_0\sqrt{1 + m^2} = 1.5 + 2 \times 1.2 \times \sqrt{1 + 1.5^2} = 5.83\ (\mathrm{m})$

水力半径　$R_0 = \dfrac{A_0}{\chi_0} = \dfrac{3.96}{5.83} = 0.679\ (\mathrm{m})$

流量　$Q = \dfrac{A}{n}R^{2/3}i^{1/2} = \dfrac{3.96}{0.025} \times 0.679^{2/3} \times 0.000\,35^{1/2} = 2.29\ (\mathrm{m^3/s})$

2. 校核流速

因是土渠，流量 2.29 m^3/s，中壤土，查表 6-5 得，$R = 1$ m 时的 $v_{表} = 0.70$ m/s，则当 $R = 0.679$ m 时的允许不冲流速为

$$v_{不冲} = v_{表} R^{\alpha} = 0.70 \times 0.679^{1/4} = 0.635(\text{m/s})$$

渠中流速为

$$v = \frac{Q}{A} = \frac{2.29}{3.96} = 0.578(\text{m/s})$$

渠中最小流速选择为 $v_{不淤} = 0.5$ m/s，则渠道满足 $v_{不淤} < v < v_{不冲}$ 的设计要求。

（三）水力最佳断面及实用经济断面设计方法

1. 水力最佳断面

在设计一条新渠道时，依据的公式是 $Q = AC\sqrt{Ri} = f(n,i,m,b,h_0)$（梯形断面），公式中包含 6 个水力要素，其中 Q 是根据用户需求，按国家《标准》或《规范》中的规定算得的，n、m、i 则是由渠道当地的地质、地形条件按国家《标准》或《规范》中的规定查出的。设计者所要设计的只是过水断面的形状及尺寸。对于梯形断面，设计者所要设计的只是断面的水深和底宽。设计者总是希望以最小的设计渠道过水断面面积输送所需求的流量，以降低工程造价和工程量。从公式中分析，即底坡 i、糙率 n、流量 Q 一定，过水断面面积 A 最小时的断面称为水力最佳断面。反之，n、i、A 一定，Q 最大时的过水断面称为水力最佳断面。

由几何学可知，在各种不同形状的明渠横断面中，当通过相同流量时，以圆形断面面积为最小，所以圆形断面是水力最佳断面。但圆形断面施工的难度大、造价高，不能得到普遍应用，目前只有在钢筋混凝土或钢丝网水泥做成的渡槽等水工建筑物中才采用类似圆形的断面（如 U 形断面）。工程中多采用接近半圆形的梯形断面和矩形断面，矩形是梯形横断面边坡系数 $m = 0$ 时的特殊情况。因此，本书中主要介绍梯形断面。

1）梯形水力最佳断面的设计方法

其设计就是求梯形水力最佳断面的水深 h_m 和底宽 b_m（以右下标"m"表示水力最佳断面），由 $Q = \frac{\sqrt{i}}{n}\frac{A^{5/3}}{\chi^{2/3}}$ 分析可知，当 Q、n、i 一定，湿周 χ 最小时，过水断面面积 A 最小。χ 随水深 h_0 变化，由数学极小值分析可知，最小湿周 χ 应满足 $\frac{d\chi}{dh} = 0$（$\frac{d^2\chi}{dh^2} > 0$），由 $A = (b + mh)h$ 得 $b = \frac{A}{h} - mh$，代入 $\chi = b + 2h\sqrt{1 + m^2}$，求 χ 对 h 的一阶导数，并使之为零，可推得只有梯形水力最佳断面才具有的宽深比公式为

$$\beta_m = \frac{b_m}{h_m} = 2(\sqrt{1 + m^2} - m) \tag{6-15}$$

由式(6-15)知 β_m 值仅与边坡系数 m 有关。将式(6-15)代入均匀流公式 $Q = \frac{\sqrt{i}}{n}\frac{A^{5/3}}{\chi^{2/3}}$，即可推出梯形水力最佳断面正常水深 h_m 和底宽 b_m 的求解公式：

梯形水力最佳断面正常水深

$$h_m = 1.189\left[\frac{nQ}{\sqrt{i}(2\sqrt{1+m^2}-m)}\right]^{3/8} \tag{6-16}$$

梯形水力最佳断面底宽

$$b_m = 2h_m(\sqrt{1+m^2}-m) \tag{6-17}$$

2)梯形水力最佳断面的特征

其水力半径 $R_m = \frac{A_m}{\chi_m} = \frac{(b_m + mh_m)h_m}{b_m + 2h_m\sqrt{1+m^2}}$,将 $b_m = \beta_m h_m = 2(\sqrt{1+m^2}-m)h_m$ 代入即可得梯形水力最佳断面的特征

$$R_m = \frac{h_m}{2}$$

上式表明梯形水力最佳断面的水力半径只与水深有关且等于水深的一半,而与渠道的底坡及边坡系数无关。

对矩形断面,可看做是 $m = 0$ 的梯形,将 $m = 0$ 代入 $\beta_m = 2(\sqrt{1+m^2}-m)$ 可得矩形水力最佳断面的特征

$$\beta_m = \frac{b_m}{h_m} = 2$$

可知矩形水力最佳断面底宽为水深的2倍。

需注意的是水力最佳断面一般为窄深式,如当 $m = 2$ 时,宽深比 $b/h = 0.472$,所以在实际应用上有很大的局限性,比如有航运用途的渠道(京杭大运河),会受渠窄的限制。同时,窄深使下挖坚硬地质的施工难度增大,不一定经济,所以水力最佳断面并不一定是技术经济最优断面。一般工程上采取:在水力最佳断面的基础上使断面宽浅一些,使底宽和水深有一个较宽的选择范围,但又使其断面面积略大于水力最佳断面面积,这种断面称为实用经济断面。下面介绍实用经济断面的设计方法。

2. 实用经济断面的设计方法

以右下角标"e"表示实用经济断面的水力要素,取实用经济断面面积 A_e 稍大于水力最佳断面面积 A_m,其比值为 $\alpha = \frac{A_e}{A_m} = 1.00 \sim 1.04$,$\alpha$ 称为实用经济断面与水力最佳断面的偏离系数。由明渠均匀流公式、曼宁公式,可以求得不同 α、不同 m 所对应的实用经济断面水深 h_e 与水力最佳断面水深 h_m 之比 $\frac{h_e}{h_m}$、实用经济断面宽深比 $\beta_e = \frac{b_e}{h_e}$,将其计算结果列入表6-9(可查《标准》),在工程中就可以利用表6-9设计实用经济断面的正常水深 h_e 和底宽 b_e。方法如下:先求出水力最佳断面的正常水深 h_m($h_m = h_0$);再根据设计中对水深的要求和经济的要求及经验选取 α,比如取 $\alpha = 1.01$;再根据 h_m 和土质由表6-10选取 m,比如 $h_m = h_0 = 1.60$ m,土质为轻壤土,则 $m = 1.25$;再由 $\alpha = 1.01$、$m = 1.25$,查表6-10,得 $\frac{h_e}{h_m} = 0.822$,$\beta_e = 1.673$,则实用经济断面的正常水深 $h_e = 0.822\,h_m = 0.822 \times 1.60 = 1.32$(m),实用经济断面的底宽 $b_e = \beta_e h_e = 1.673 \times 1.32 = 2.20$(m)。

表 6-9　实用经济断面宽深比 β_e

α	1.00	1.01	1.02	1.03	1.04
h_e/h_m	1.000	0.822	0.760	0.718	0.683
m	β_e				
0.00	2.000	2.922	3.530	3.996	4.462
0.25	1.561	2.459	2.946	3.368	3.790
0.50	1.236	2.097	2.564	2.968	3.373
0.75	1.000	1.868	2.339	2.746	3.154
1.00	0.828	1.734	2.226	2.652	3.078
1.25	0.704	1.673	2.110	2.654	3.109
1.50	0.608	1.653	2.221	2.712	3.202
1.75	0.528	1.658	2.271	2.802	3.332
2.00	0.480	1.710	2.377	2.955	3.533
2.25	0.420	1.744	2.463	3.058	3.707

注：表中 h_e 为实用经济断面正常水深，h_m 为水力最佳断面正常水深，m 为边坡系数。

表 6-10　边坡系数 m

渠道土质	灌溉渠道正常水深 h_0（m）		
	<1.00	1.00~2.00	2.00~3.00
黏土、重壤土	1.00	1.00	1.25
轻壤土	1.00	1.25	1.50
沙壤土	1.50	1.50	1.75
砂 土	1.75	2.00	2.25

3. 渠道安全超高 a 的确定

为了保证渠道行水安全，渠道堤顶应高于渠道通过加大流量时的水位，其超出部分的数值称为渠道的安全超高。（加大流量是考虑灌溉面积增大、气候特别干旱、渠中建筑物的壅水高度等，在设计流量的基础上再增大一定比例的流量，参照《标准》。）

安全超高 a 是根据渠道的不同用途和工程要求来确定的。安全超高的取值比较复杂，初步确定时可参考表 6-11，工程中可查《标准》和《规范》。

表 6-11　渠道安全超高 a 值

加大流量（m^3/s）	> 50	30.0~50.0	10.0~30.0
超高（m）	1.0 以上	0.8~1.0	0.6~0.8
加大流量（m^3/s）	1.0~10.0	0.3~1.0	< 0.3
超高（m）	0.4~0.6	0.3~0.4	0.2~0.3

4. 复式断面渠道的水力计算

水利工程中有些比较大型的渠道，流量较大，水深也较大，且流量和水深的变幅也较大，为了适应输送不同流量的要求，渠道断面往往做成复式断面，如图 6-7(a)所示。这种明渠水流在断面上可以分成两部分：一部分是中间水深较大的主槽，另一部分是较浅的两侧边滩（有时只有一侧有边滩）。当渠道通过的流量较小时，水流集中在主槽通过；当渠道通过较大流量时，水流才漫及包括边滩的整个渠道。复式断面的各部分的流速分布极不均匀，而且变化很大。当水深由 $h < h'$ 增加到 $h > h'$ 时，在某一范围内流量不但不增加，反而会减小，如图 6-7(b) 中虚线所示。这是因为水深从 $h < h'$ 增加到 $h > h'$ 时，过水断面面积虽然增大了，但湿周突然增加许多，水力半径骤然减小，导致流量的减小。图 6-7(b)中虚线即是按式(6-8)计算出的水深与流量的关系曲线，而实际测得的水深与流量的关系曲线为图 6-7(b)中实线部分。

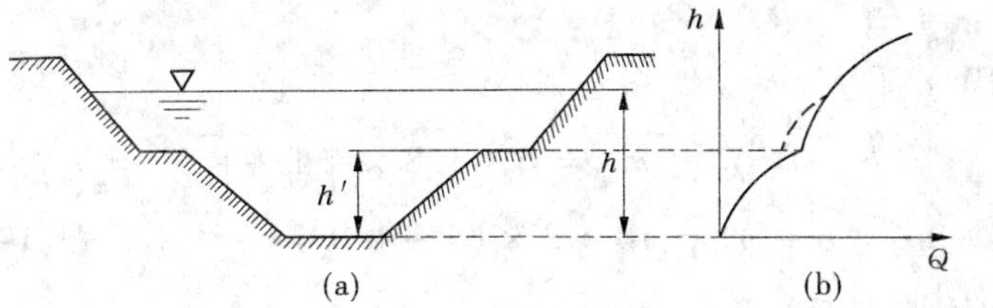

图 6-7

复式断面流量计算常用近似计算法，如图 6-8 所示，先用铅垂线 a—a 和 b—b 将复式断面分割成Ⅰ、Ⅱ、Ⅲ三个部分，使每一部分的湿周不致因水深的略微增大而产生急剧的增加，然后再对每一部分应用式(6-8)得到每一部分的流量

$$Q_1 = A_1C_1\sqrt{R_1i} = K_1\sqrt{i} \qquad Q_2 = A_2C_2\sqrt{R_2i} = K_2\sqrt{i} \qquad Q_3 = A_3C_3\sqrt{R_3i} = K_3\sqrt{i}$$

于是整个过水断面的总流量为

$$Q = Q_1 + Q_2 + Q_3 = (K_1 + K_2 + K_3)\sqrt{i} \tag{6-18}$$

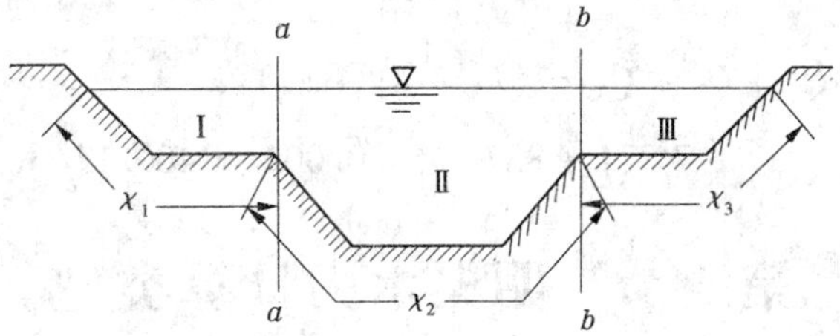

图 6-8

【例 6-2】 如图 6-9 所示复式断面渠道。已知 $b_1 = b_3 = 6$ m，$b_2 = 10$ m；$h_2 = 4$ m，$h_1 = h_3 = 1.8$ m；$m_1 = m_3 = 1.5$，$m_2 = 2$；糙率 $n = 0.002$，底坡均为 $i = 0.002$。求流量 Q。

解：用铅垂线 a—a 及 b—b 将复式断面分成Ⅰ、Ⅱ、Ⅲ三个部分，各部分的面积分别为

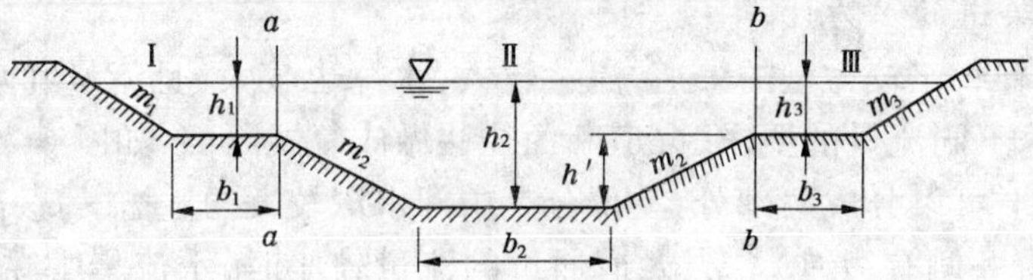

图 6-9

$$A_1 = A_3 = \left(b_1 + \frac{m_1 h_1}{2}\right)h_1 = \left(6 + \frac{1.5 \times 1.8}{2}\right) \times 1.8 = 13.2(\text{m}^2)$$

$$\begin{aligned} A_2 &= (b_2 + m_2 h')h' + (b_2 + 2m_2 h')h_1 \\ &= [10 + 2 \times (4 - 1.8)] \times (4 - 1.8) + [10 + 2 \times 2 \times (4 - 1.8)] \times 1.8 \\ &= 65.5(\text{m}^2) \end{aligned}$$

各部分的湿周分别为

$$\chi_1 = \chi_3 = b_1 + h_1\sqrt{1 + m_1^2} = 6 + 1.8 \times \sqrt{1 + 1.5^2} = 9.25(\text{m})$$

$$\chi_2 = b_2 + 2h'\sqrt{1 + m_2^2} = 10 + 2 \times (4 - 1.8) \times \sqrt{1 + 2^2} = 19.8(\text{m})$$

各部分的水力半径

$$R_1 = R_3 = \frac{A_1}{\chi_1} = \frac{13.2}{9.25} = 1.43(\text{m})$$

$$R_2 = \frac{A_2}{\chi_2} = \frac{65.5}{19.8} = 3.31(\text{m})$$

各部分的流量模数

$$K_1 = K_3 = A_1 C_1 \sqrt{R_1} = \frac{1}{n} A_1 R_1^{2/3} = \frac{1}{0.02} \times 13.2 \times 1.43^{2/3} = 837(\text{m}^3/\text{s})$$

$$K_2 = A_2 C_2 \sqrt{R_2} = \frac{1}{n} A_2 R_2^{2/3} = \frac{1}{0.02} \times 65.5 \times 3.31^{2/3} = 7\,274(\text{m}^3/\text{s})$$

总流量为

$$\begin{aligned} Q &= Q_1 + Q_2 + Q_3 = (K_1 + K_2 + K_3)\sqrt{i} \\ &= (837 + 7\,274 + 837) \times \sqrt{0.002} = 400.17(\text{m}^3/\text{s}) \end{aligned}$$

第四节　明渠水力计算类型

明渠均匀流的水力计算问题,可分为两大类:一类是对已建好的渠道进行计算,如校核流速 v、流量 Q 或求糙率 n;另一类是按要求设计新渠道,如确定底宽 b、水深 h、底坡 i、边坡系数 m 或渠顶超高 a。在水利工程中,梯形断面渠道应用最为广泛,因而本书主要以梯形断面为代表,讨论梯形断面渠道的水力计算方法。

由于明渠流量计算公式 $Q = \frac{A}{n}R^{2/3}i^{1/2} = \frac{\sqrt{i}}{n}\frac{A^{5/3}}{\chi^{2/3}}$,现将梯形断面的面积 $A = (b +$

$mh)h$、湿周$\chi = b + 2h\sqrt{1+m^2}$代入上式得

$$Q = \frac{\sqrt{i}}{n}\frac{[(b+mh)h]^{5/3}}{(b+2h\sqrt{1+m^2})^{2/3}} \tag{6-19}$$

由式(6-19)可知在梯形断面的水力计算中，流量与底宽b、水深h、边坡系数m、糙率n、底坡i等五个变量有关系，即$Q=f(b,h,m,n,i)$。通常渠道的边坡系数m和糙率n可由渠道的土质类型、工程施工条件、护面采用的材料等实测确定，或由经验经查表6-10和表6-2～表6-4确定，则渠道的水力计算主要是流量Q计算、正常水深h_0计算、渠底宽度b计算及渠底坡度i计算。

一、已建成渠道的水力计算

工程中为保证渠道的正常运行，往往需要对已经修建好的渠道进行水力计算，校核其流量或流速是否满足设计要求，或者由实际量测的过水断面的流量来反推粗糙系数和渠道底坡。下面以例题的形式来逐一加以说明。

（一）流量和流速的校核问题

【例6-3】 某灌溉工程黏土渠道，总干渠全长70 km，糙率$n=0.028$，断面为梯形，底宽为8 m，边坡系数$m=1.5$，底坡$i=1/8\ 000$，设计流量Q为40 m^3/s。试校核当水深为4 m时，能否满足通过设计流量的要求。

解：1. 流量校核

由于渠道较长，断面规则，底坡和糙率已知，所以可按明渠均匀流的基本公式进行计算。

$$A=(b+mh)h=(8+1.5\times4)\times4=56(\mathrm{m^2})$$

$$\chi=b+2h\sqrt{1+m^2}=8+2\times4\times\sqrt{1+1.5^2}=22.42(\mathrm{m})$$

水力半径
$$R=\frac{A}{\chi}=\frac{56}{22.42}=2.498(\mathrm{m})$$

谢才系数
$$C=\frac{1}{n}R^{1/6}=\frac{1}{0.028}\times2.498^{1/6}=41.6(\mathrm{m^{1/2}/s})$$

流量

$$Q=AC\sqrt{Ri}=56\times41.6\times\sqrt{2.498\times(1/8\ 000)}=41.17(\mathrm{m^3/s})$$

2. 流速校核

$$v=\frac{Q}{A}=\frac{41.17}{56}=0.74(\mathrm{m/s})>v_{不淤}=0.5(\mathrm{m/s})$$

查表6-5黏性土渠道，允许不冲流速值为0.75～1.00 m/s，水力半径为2.498 m，则实际允许不冲流速为

$$v_{不冲}=v_{表}R^{\alpha}=(0.75\sim1.00)\times2.498^{1/4}=0.943\sim1.26(\mathrm{m/s})$$

因计算流量Q为41.17 m^3/s，大于设计流量40 m^3/s，所以过水断面完全满足设计流量的要求；实际流速$v=0.74$ m/s在0.5～0.943 m/s之间，所以实际流速满足小于允许不冲流速且大于允许不淤流速的要求。

(二)确定糙率 n 值

这类问题是对于已成渠道,为了检验采用的糙率是否符合实际,或当渠道运行一段时间后,为了检验糙率是否发生变化,选择一段长度适中的明渠均匀流段,实测 A、Q、i,反推糙率 n 值。

【例6-4】 某矩形有机玻璃水槽,底宽 $b=15\text{ cm}$,水深 $h=6.5\text{ cm}$,底坡 $i=0.02$,槽内水流为均匀流动,实测该槽通过的流量 $Q=17.3\text{ L/s}$,求糙率为多少。

解:根据明渠均匀流公式 $Q=AC\sqrt{Ri}$,推导得

$$n=\frac{A}{Q}R^{2/3}i^{1/2}$$

因

$$A=bh=0.15\times0.065=0.009\,75(\text{m}^2)$$

$$\chi=b+2h=0.15+2\times0.065=0.28(\text{m})$$

$$R=\frac{A}{\chi}=\frac{0.009\,75}{0.28}=0.034\,8(\text{m})$$

则

$$n=\frac{A}{Q}R^{2/3}i^{1/2}=\frac{0.009\,75}{0.017\,3}\times0.034\,8^{2/3}\times0.02^{1/2}=0.008\,5$$

所以,该有机玻璃槽的糙率为0.008 5。

(三)计算渠底坡

【例6-5】 某渡槽中部水流为明渠均匀流,$n=0.017$,$l=200\text{ m}$,矩形断面,底宽 $b=2\text{ m}$,当水深 $h=1.0\text{ m}$ 时,通过的流量 $Q=3.30\text{ m}^3/\text{s}$。问该渡槽底坡为多少?两断面的水面落差为多少?

问题分析:根据明渠均匀流基本特性可知,底坡 $i=J_p=\Delta z/l$,所以对于明渠均匀流来说水面落差就等于渠底线的高差。

解:根据明渠均匀流公式 $Q=AC\sqrt{Ri}$,推得如下公式

$$i=\frac{Q^2}{A^2C^2R}$$

$$A=bh=2\times1.0=2(\text{m}^2)$$

$$\chi=b+2h=2+2\times1.0=4(\text{m})$$

$$R=\frac{A}{\chi}=\frac{2}{4}=0.5(\text{m})$$

$$C=\frac{1}{n}R^{1/6}=\frac{1}{0.017}\times0.5^{1/6}=52.4(\text{m}^{1/2}/\text{s})$$

则

$$i=\frac{Q^2}{A^2C^2R}=\frac{3.3^2}{2^2\times52.4^2\times0.5}=0.002$$

$$\Delta z=il=0.002\times200=0.4(\text{m})。$$

所以,该渡槽底坡为0.002,水面落差为0.4 m。

二、设计新渠道的水力计算

设计新渠道依据的是均匀流公式 $Q=AC\sqrt{Ri}=f(n,i,m,b,h_0)$(梯形断面),水力计算的任务从数学公式意义上分析:共6个参数,知道其中5个参数,求第6个参数。从工

程水力学意义上分析:6个水力要素都要求出。设计思路:流量 Q 是根据用水户数、用水人数按照《标准》或《规范》中的计算方法得出的,边坡系数 m、糙率 n、底坡 i 则根据渠道边壁的材质、地形及设计要求查找《标准》或《规范》中的规定得出。因此,只有两个水力要素即正常水深 h_0、渠底宽 b 需要设计者来设计,此即是渠道横断面尺寸的设计。在工程设计中可以有多种 b、h_0 组合,选择 b、h_0 组合的方法如下:用水单位没有特殊要求时,一般要采用实用经济断面;有特殊要求时,要根据要求先确定渠道的正常水深 h_0,再将 h_0 代入公式 $Q = AC\sqrt{Ri}$ 求出底宽 b,或者反之,先根据要求确定 b,再将 b 代入 $Q = AC\sqrt{Ri}$ 求出 h_0,再或者是先根据要求确定 β,再将 β 代入公式 $Q = AC\sqrt{Ri}$ 确定 b 和 h_0。因 h_0、b 是隐含在公式中的,不能直接算出,可由试算法、迭代法、图解法、查图法等方法求出,下面予以介绍。

(一)梯形断面渠道横断面尺寸的设计

已知 Q、m、n、i、$b(h_0)$ 求正常水深 $h_0(b)$。$h_0(b)$ 隐含在公式中不能直接求出,所以通常用试算法和迭代法求解。

1. 试算法求解 h_0

已知 Q、m、n、i、b,求 h_0。由 $Q = AC\sqrt{Ri} = K\sqrt{i}$,得 $K = \dfrac{Q}{\sqrt{i}}$;因 Q、i 为已知,可算出 K,令 $K = K_0$(为了与试算中的 K 相区别),再假设 h 的值,求出相应的 K,当用假设的 h 求出的 K 与 K_0 相等时,假设的水深 h 即为所求,试算结束。如果 $K \neq K_0$,则要继续假设 h,求出 K 值,直至 $K \approx K_0$ 时假设的水深 h 即为所求。

2. 迭代法求解 h_0

已知 Q、m、n、i、b,求 h_0。将 $Q = \dfrac{\sqrt{i}}{n}\dfrac{[(b+mh)h]^{5/3}}{(b+2h\sqrt{1+m^2})^{2/3}}$ 整理得

$$h_{j+1} = \left(\frac{nQ}{\sqrt{i}}\right)^{3/5}\frac{(b+2h_j\sqrt{1+m^2})^{2/5}}{b+mh_j} \tag{6-20}$$

迭代法求水深时,第1次取值(即 $j = 1$),可取 $h_j = h_1 = 0$,代入公式(6-20),求得 h_{1+1},第2次取值 h_{1+1} 代入公式(6-20),求得 h_{2+1},如此循环迭代,直至 $h_{j+1} = h_j$,h_{j+1} 即为所求。h_{j+1} 与 h_j 差值小于0.01即可。

将式中的边坡系数 m 取为零,可得矩形断面正常水深的迭代计算公式

$$h_{j+1} = \left(\frac{nQ}{\sqrt{i}}\right)^{3/5}\frac{(b+2h_j)^{2/5}}{b} \tag{6-21}$$

【例6-6】 设梯形断面尺寸渠道,已知 $Q = 0.8\ \mathrm{m^3/s}$,$i = 1/1\,000$,$n = 0.025$,$m = 1.0$(重壤土),$b = 0.8$ m,用迭代法求解 h_0。

解: 将已知数代入试算公式 $h_{j+1} = \left(\dfrac{nQ}{\sqrt{i}}\right)^{3/5}\dfrac{(b+2h_0\sqrt{1+m^2})^{2/5}}{b+mh_0}$,整理得

$$h_{j+1} = 0.759 \times \frac{(0.8+2.828h_j)^{2/5}}{0.8+h_j}$$

第1次设水深 $h_1 = 0$,代入上式则得 $h_{1+1} = 0.868$ m,第2次 $h_2 = 0.868$ m 代入上式得

$h_{2+1}=0.730$ m,如此迭代,结果如表 6-12 所示,直至 $h_{j+1}=h_j$,得 $h_0=0.752$ m。

表 6-12　正常水深迭代法计算结果

迭代次数	0	1	2	3	4	5
水深 h_j	→0	0.868	0.730	0.756	0.751	0.752
水深 h_{j+1}	0.868	0.730	0.756	0.751	0.752	0.752

3. 迭代法求解 b

已知 Q、m、n、i、h_0,求 b。由 $Q=AC\sqrt{Ri}$ 及 $A=(b+mh)h$ 得

$$b_{j+1}=\left(\frac{nQ}{\sqrt{i}}\right)^{3/5}\frac{(b_j+2h\sqrt{1+m^2})^{2/5}}{h}-mh \tag{6-22}$$

与迭代法求水深方法相同,第 1 次设 $b_1=0$,代入公式(6-22),求得 b_{1+1} 的数值,第 2 次用 b_{1+1} 的数值代入公式,得 b_{2+1} 的数值,如此迭代,直至 $b_{j+1}=b_j$,b_{j+1} 即为所求。b_{j+1} 与 b_j 差值小于 0.01 即可。

4. 图解法和查图法求 h_0、b

试算法和迭代法求 h_0 或 b 计算烦琐,查图法和图解法求 h_0 或 b 要简单些。

图解法:求出 $K_0=\frac{Q}{\sqrt{i}}$。设定 3~5 个 h_0,求出相对应的 K,绘制 $K\sim h_0$ 曲线,由曲线上查找对应 K_0 的 h_0,即为所求。步骤见例 6-7。

查图法:求出 $K_0=\frac{Q}{\sqrt{i}}$、$\frac{b^{2.67}}{nK_0}$,查本书附录Ⅰ。在横坐标上找出 $\frac{b^{2.67}}{nK_0}$,过该点作铅垂线,与图中对应于边坡系数 m 的曲线相交于一点,则此点的纵坐标值为正常水深与底宽之比,由此可算出正常水深 h_0。同理查本书附录Ⅱ,可查得 b。步骤见例 6-7。

【例 6-7】　设梯形断面尺寸渠道,已知 $Q=0.80\ \text{m}^3/\text{s}$,$i=1/1\,000$,$n=0.025$,$m=1.0$(重壤土),$b=0.8$ m,试求正常水深 h_0。

解:(1)图解法:

①求出:$K_0=\frac{Q}{\sqrt{i}}=\frac{0.8}{\sqrt{0.001}}=25.3\ (\text{m}^3/\text{s})$。

②设水深 $h=0.6$ m,求出相应的 K 值,看与 K_0 值是否相等。

$$A=(b+mh)h=(0.8+1.0\times0.6)\times0.6=0.84(\text{m}^2)$$

$$\chi=b+2h\sqrt{1+m^2}=0.8+2\times0.6\sqrt{1+1.0^2}=2.5(\text{m})$$

$$R=\frac{A}{\chi}=\frac{0.84}{2.5}=0.336(\text{m})$$

$$C=\frac{1}{n}R^{1/6}=\frac{1}{0.025}\times0.336^{1/6}=33.352(\text{m}^{1/2}/\text{s})$$

$$K=AC\sqrt{R}=0.84\times33.352\times\sqrt{0.336}=16.24\neq25.3(\text{m}^3/\text{s})$$

重设水深,求得相对应的 K,列表 6-13,并绘制 $K\sim h_0$ 曲线(见图 6-10),查曲线得

$h_0=0.75$ m。

表 6-13 正常水深试算结果

假设水深 h (m)	面积 A (m^2)	湿周 χ (m)	水力半径 R (m)	谢才系数 C ($m^{1/2}/s$)	流量模数 K (m^3/s)
0.4	0.48	1.931	0.249	31.717	7.602
0.5	0.65	2.214	0.294	32.610	11.485
0.6	0.84	2.497	0.336	33.358	16.25
0.7	1.05	2.790	0.378	34.008	21.947
0.8	1.28	3.062	0.418	34.587	28.62

(2)查图法:

① 计算设计流量所对应的流量模数

$$K_0=\frac{Q}{\sqrt{i}}=\frac{0.8}{\sqrt{0.001}}=25.3(m^3/s)$$

② 计算 $\dfrac{b^{2.67}}{nK_0}=\dfrac{0.8^{2.67}}{0.025\times 25.3}=0.87$

③由附录Ⅰ得 $h_0/b=0.94$,则 $h_0=0.94b=0.94\times 0.8=0.752$(m)。

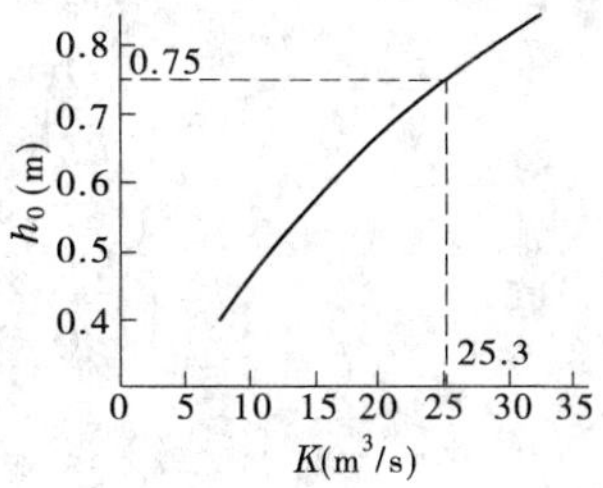

图 6-10

最后取正常水深为 0.75 m。

5. 先选择合适的宽深比 β,再求出 h_0 和 b

根据工程经验,查《标准》或《规范》,选择合适的宽深比 β,因 $\beta=\dfrac{b}{h_0}$,则 $b=\beta h_0$,将其代入均匀流公式中,即可推导出如下公式:

正常水深
$$h_0=\left(\frac{nQ}{\sqrt{i}}\right)^{3/8}\frac{(\beta+2\sqrt{1+m^2})^{1/4}}{(\beta+m)^{5/8}} \tag{6-23}$$

渠底宽
$$b=\beta h_0 \tag{6-24}$$

(二)设计实用经济断面实例

【例 6-8】 某轻壤土土质灌溉渠道,清水渠,已由灌溉需求按《标准》中的计算方法求得设计流量 $Q=10.00\ m^3/s$、$m=1.25$、$n=0.025$,$i=0.000\,2$。请按实用经济断面设计 h_e、b_e,并求渠堤顶高(根据工程需求及经验,取偏离系数 $\alpha=1.01$,加大流量 $Q_{加}=12.00\ m^3/s$)。

解:1. 求梯形水力最佳断面的正常水深 h_m

由公式(6-16)得水力最佳断面正常水深

$$h_m=1.189\times\left[\frac{nQ}{\sqrt{i}(2\sqrt{1+m^2}-m)}\right]^{3/8}$$

$$=1.189\times\left[\frac{0.025\times 10.00}{\sqrt{0.000\,2}(2\sqrt{1+1.25^2}-1.25)}\right]^{3/8}=2.72(m)$$

2. 设计实用经济断面

由梯形水力最佳断面的 $m=1.25$、$h_m=2.72$ m 及偏离系数 $\alpha=1.01$，查表6-9得

$$h_e/h_m=0.822 \quad 和 \quad \beta_e=1.673$$

则

实用经济断面正常水深 $h_e=0.822h_m=0.822\times2.72=2.24(\text{m})$

实用经济断面底宽 $b_e=\beta_e h_e=1.673\times2.24=3.75(\text{m})$

实用经济断面平均流速 $v_e=\dfrac{Q}{A}=\dfrac{10.00}{(3.75+1.25\times2.24)\times2.24}=0.68(\text{m/s})$

查表6-5得 $v_{不冲}=0.646\sim0.86$ m/s，一般清水渠 $v_{不淤}\leqslant0.50$ m/s。

满足不冲不淤的要求，设计合理。

3. 求渠堤顶高 $\nabla_{堤}$

由 $Q_{加}=12\ \text{m}^3/\text{s}$、$m=1.25$、$n=0.025$，$i=0.0002$、$b_e=3.75$ m，代入式(6-20)得

$$h_{(j+1)}=\left(\frac{nQ}{\sqrt{i}}\right)^{3/5}\frac{(b+2h_j\sqrt{1+m^2})^{2/5}}{b+mh_j}$$

$$=\left(\frac{0.025\times12}{\sqrt{0.0002}}\right)^{3/5}\times\frac{(3.75+2h_j\sqrt{1+1.25^2})^{2/5}}{3.75+1.25h_j}$$

$$=6.25\times\frac{(3.75+3.20h_j)^{2/5}}{3.75+1.25h_j}$$

经迭代法算得 $h_{0加}=2.45$ m。查表6-11插值得 $a=0.61$ m，则

$$\nabla_{堤}=h_{0加}+a=2.45+0.61=3.06\ \text{m}$$

取 $\nabla_{堤}=3.10$ m。

本章考试内容

记公式： $B=b+2mh$、$A=(b+mh)h$、$\chi=b+2h\sqrt{1+m^2}$、$R=\dfrac{A}{\chi}$、$Q=AC\sqrt{Ri}$、$\beta_m=\dfrac{b}{h}=2(\sqrt{1+m^2}-m)$。

会计算： 明渠均匀流的正常水深、底坡、渠道糙率，设计渠道断面，校核流量及流速。

记概念： 明渠均匀流、棱柱体渠道、渠道底坡、正常水深、水力最佳断面、实用经济断面。

技能训练题

6-1 明渠水流的特点是什么？特性是什么？

6-2 发生明渠均匀流的条件有哪些？平坡和逆坡上能否发生均匀流？为什么？

6-3 一顺坡棱柱体渠道，根据生产需要，要求扩大输水能力，可采取哪些措施？

6-4　水力最佳断面有什么优点？为什么说水力最佳断面并不是最经济断面？

6-5　渠道糙率选择是否重要？选择时需注意哪些方面？

6-6　一梯形断面渠道，底坡 $i = 0.008$，糙率 $n = 0.03$，边坡系数 $m = 1.5$，$b = 2.0$ m，水深 $h = 1.2$ m，求此渠道的流速和流量。

6-7　一半圆混凝土U形渠道，如图6-11所示，宽度 $b = 2.4$ m，底坡为1/1 000，糙率为0.017。当槽内均匀流水深为1.4 m时，求此渠道的过水能力。

6-8　某干渠为梯形黏土渠，流量 $Q = 35\ m^3/s$，边坡系数为1.5，糙率为0.025，底坡 $i = 1/2\ 000$，请按水力最佳断面设计该渠道，并校核流速是否满足要求。

6-9　一环山渠道如图6-12所示，底坡 $i = 0.002$。靠山一边按1∶0.5的边坡开挖，$n_1 = 0.027$；另一边为直立的混凝土墙，$n_2 = 0.017$；渠底宽 $b = 2.0$ m，$n_3 = 0.02$。试求水深 $h = 1.5$ m时的输送流量。

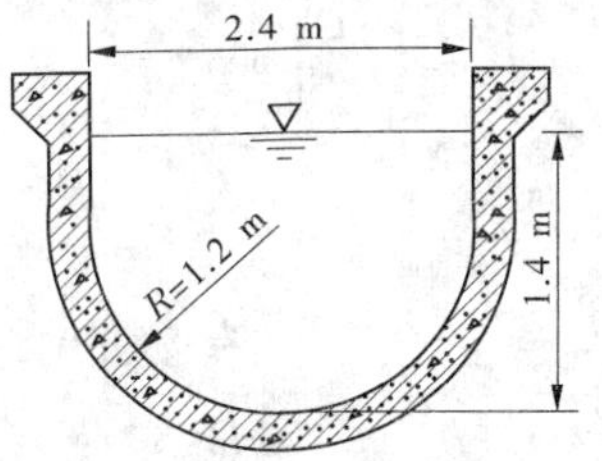

图6-11

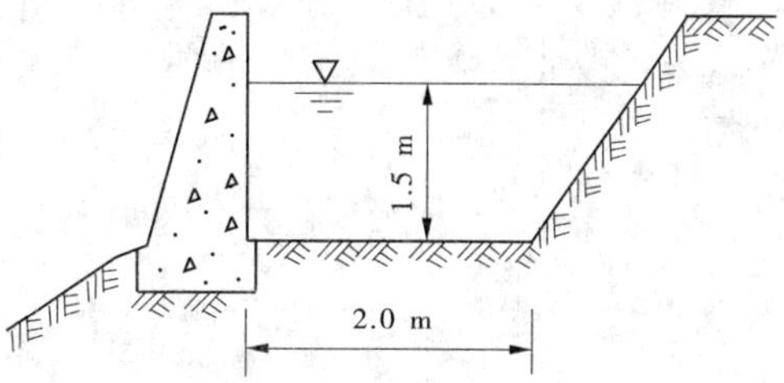

图6-12

6-10　一复式断面河道，各部分尺寸如图6-13所示。河道底坡 $i = 0.000\ 1$，主槽部分糙率 $n_1 = 0.02$，边滩部分糙率 $n_2 = 0.025$，洪水位及其他尺寸如图6-13所示。试求洪水通过河道的流量。

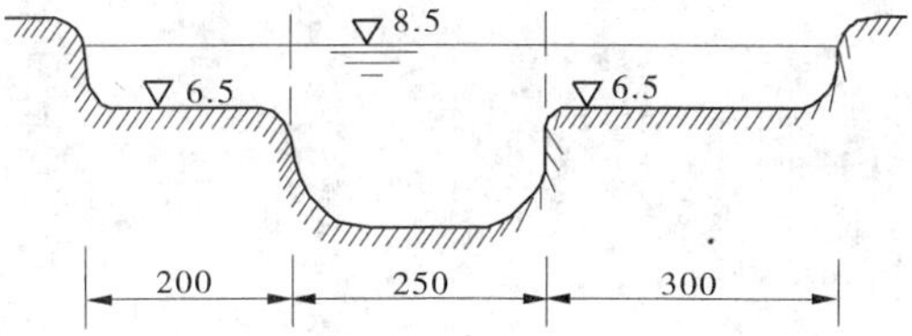

图6-13　（单位:m）

6-11　已知矩形渠道底宽 $b = 8.0$ m，底坡 $i = 1/2\ 000$，测得渠道为均匀流时的流量 $Q = 20\ m^3/s$，水深 $h_0 = 1.6$ m，试求渠道的糙率值。

6-12　一梯形断面黏土渠道，需要输送的流量为3.0 m^3/s，初步确定渠道底坡 i 为0.007，边坡系数 m 为1.5，糙率 n 为0.025，底宽 b 为2.0 m，试用试算法和查图法求渠中正常水深，并校核渠中流速。

6-13　一梯形土质灌溉渠道，按均匀流设计。选定底坡 $i = 0.002$，$m = 1.5$，$n = 0.02$，渠道设计流量 $Q = 5\ m^3/s$，现选定水深为 $h_0 = 0.85$ m，试设计渠道的底宽 b。

6-14　某梯形渠道通过的流量 $Q = 30\ m^3/s$，底坡 $i = 0.009$，边坡系数 $m = 1.5$，糙率 $n = 0.025$，已知宽深比 $\beta = 1.6$，求水深 h 和宽度 b 及安全超高。

6-15　有一圆形混凝土排水管，$n = 0.014$，如图 6-14 所示。已知半径 $R = 2.0\,\mathrm{m}$，管中均匀流水深 $h = 2.5\,\mathrm{m}$，通过设计流量 $Q = 4\,\mathrm{m^3/s}$，试求管道坡度。

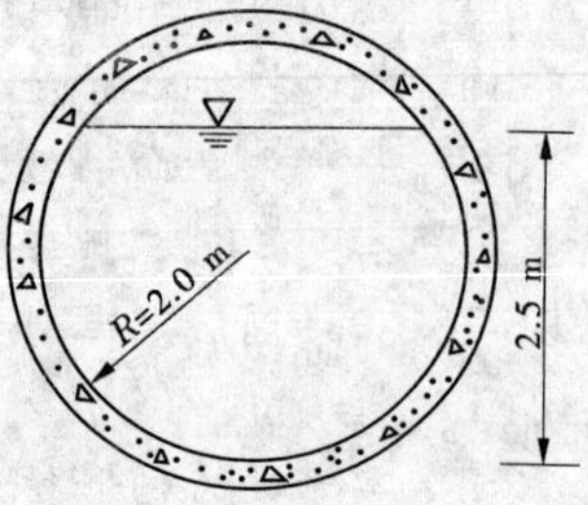

图 6-14

第七章　明渠恒定非均匀流水力计算

职业技能

1. 能够对棱柱体渠道恒定非均匀渐变流水面曲线进行定性分析与定量计算。
2. 正确选择公式计算水跃的跃前水深、跃后水深、跃长。

第一节　概　述

第六章我们研究了明渠均匀流，明渠均匀流只能在断面形状、尺寸、糙率和底坡都沿程不变的长直正坡渠道中发生。而天然河道或者人工渠道中的水流绝大多数是非均匀流。这是因为自然条件所限和为控制水流（如改变过水断面形状及尺寸，糙率或底坡沿程变化，在河道或渠道中修建各种水工建筑物等）都可以使人工渠道或天然河道中的水流变成非均匀流。如图 7-1 所示，渠道上的水闸前后，渠道底坡变化处上下游的水流都属于明渠非均匀流。

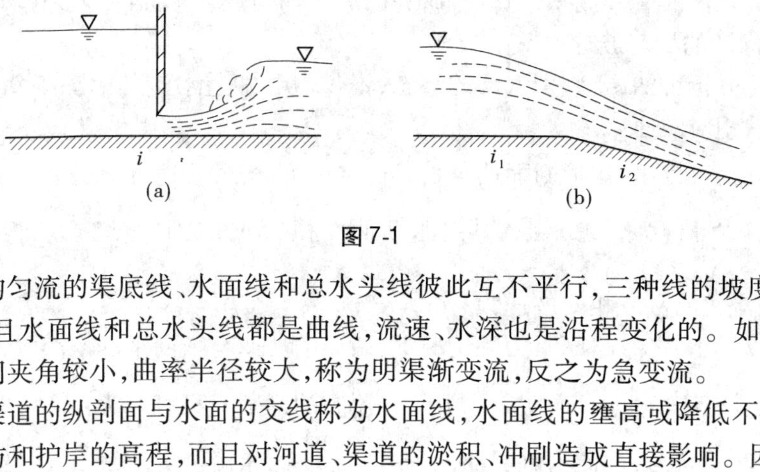

图 7-1

明渠非均匀流的渠底线、水面线和总水头线彼此互不平行，三种线的坡度也不相等，即 $J \neq J_p \neq i$，且水面线和总水头线都是曲线，流速、水深也是沿程变化的。如果明渠非均匀流的流线间夹角较小，曲率半径较大，称为明渠渐变流，反之为急变流。

河道或渠道的纵剖面与水面的交线称为水面线，水面线的壅高或降低不仅影响河道或渠道的堤防和护岸的高程，而且对河道、渠道的淤积、冲刷造成直接影响。因此，分析和计算明渠非均匀流的水面线，在实际工程中有着十分重要的意义。本章重点研究明渠恒定非均匀渐变流水面线的变化规律和计算方法。

第二节　明渠非均匀流的一些基本概念

一、明渠水流的三种流态与干扰波的传播

（一）明渠水流的三种流态

在生活中大家会观察到这样一种现象，在平静的湖面上投一颗石子，水面将会产生一

个干扰波，而且这个波动以石子的着水点为中心，以一定的速度 v_w 向四周传播。平面上干扰波的波形是半径不等的同心圆，如图 7-2(a)所示。如果在流动的水中投一颗石子，设水流的断面平均流速为 v，那么水面波的传播速度应是水流的速度与波速的矢量和。比较水流的流速 v 和干扰波传播的相对波速 v_w 的大小，水面波的传播图形和速度如图 7-2(b) ~ (d)所示。当 $v < v_w$ 时，水面波将以速度 $v'_w = v_w - v$ 速度向上游传播，以速度 $v'_w = v_w + v$ 向下游传播；当 $v > v_w$ 时，水面波不能向上游传播，只能向下游传播，向下游传播的速度为 $v + v_w$，当 $v = v_w$ 时，$v + v_w = 2v_w$。在水力学研究中，根据干扰微波能否向上游传播，将水流分为缓流、急流和临界流。

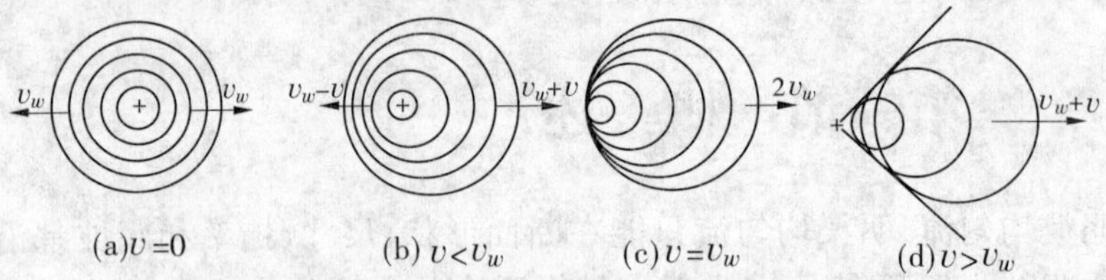

图 7-2

当 $v < v_w$ 时，干扰波能向上游传播，称为缓流；

当 $v > v_w$ 时，干扰波不能向上游传播，称为急流；

当 $v = v_w$ 时，干扰波不能向上游传播，但处于临界状态，称为临界流。

正确判别水流的三种流态，对分析研究明渠非均匀流的水面曲线变化有着重要作用。

(二)干扰波的相对波速

由上面的分析可知，要判别水流的流态，不仅需要知道水流的断面平均流速，还必须确定干扰波的相对波速。

由能量方程可推出：矩形断面明渠中微波传播的相对波速计算公式为 $v_w = \sqrt{gh}$；当明渠水流的过水断面为任意形状，其过水断面面积为 A，水面宽度为 B，平均水深 $\bar{h} = \dfrac{A}{B}$ 时，该明渠水流中的微波相对波速为 $v_w = \sqrt{g\bar{h}}$。

由此可以看出，在忽略摩阻力的情况下，微波的波速与断面平均水深的 1/2 次方成正比，水深愈大，波速亦愈大。而明渠水流三种流态的判别式又可写为：当 $v < \sqrt{g\bar{h}}$ 时，水流为缓流；当 $v = \sqrt{g\bar{h}}$ 时，水流为临界流；当 $v > \sqrt{g\bar{h}}$ 时，水流为急流。

【例 7-1】 有一矩形渠道，渠底宽 1.5 m，水深 1.0 m，渠道中通过的流量为 $Q = 2.0\ m^3/s$，试判别渠道中水流的流态。

解： 矩形断面的平均流速为

$$v = \frac{Q}{A} = \frac{Q}{bh} = \frac{2.0}{1 \times 1.5} = 1.33(m/s)$$

微波的相对波速 $\quad v_w = \sqrt{gh} = \sqrt{9.8 \times 1} = 3.13(m/s)$

因为 $v < v_w$，所以水流为缓流。

(三)流态判别数

当求出明渠中的断面平均流速和干扰波的波速之后，将二者比较，就可以判别水流的

流态。但在水力学研究中，通常是以水流的流速和波速的比值作为流态的判别数，称弗劳德数，用符号 Fr 表示

$$Fr = \frac{v}{v_w} = \frac{v}{\sqrt{g\frac{A}{B}}} = \frac{v}{\sqrt{g\bar{h}}} \tag{7-1}$$

$Fr<1$，则 $v<v_w$，水流为缓流；

$Fr>1$，则 $v>v_w$，水流为急流；

$Fr=1$，则 $v=v_w$，水流为临界流。

弗劳德数是一个无量纲数，是水力学中的一个极其重要的判别数。为了理解其物理意义，可以将弗劳德数改变一下形式，写为

$$Fr = \frac{v}{\sqrt{g\bar{h}}} = \sqrt{2\frac{\frac{v^2}{2g}}{\bar{h}}} \tag{7-2}$$

由式(7-2)可看出，弗劳德数 Fr 反映了过水断面上单位重量的液体所具有的平均动能与平均势能之比。Fr 愈大，水流的平均动能所占的比重愈大，当平均单位动能等于平均单位势能的 1/2 时，$Fr=1$，水流为临界流。当平均单位动能大于或小于平均单位势能的 1/2 时，$Fr>1$ 或 $Fr<1$，水流分别为急流或缓流。

【例 7-2】 在某河道中，已测得其过水断面面积 $A=524\ \text{m}^2$，水面宽度 $B=119$ m，流量 $Q=1\ 620\ \text{m}^3/\text{s}$，试用流态判别数 Fr 判别水流流态。

解：河道中的断面平均流速为

$$v = \frac{Q}{A} = \frac{1\ 620}{524} = 3.09(\text{m/s})$$

断面平均水深

$$\bar{h} = \frac{A}{B} = \frac{524}{119} = 4.40(\text{m})$$

则

$$Fr = \frac{v}{\sqrt{g\bar{h}}} = \frac{3.09}{\sqrt{9.8\times 4.40}} = 0.471$$

因为 $Fr<1$，则河道中水流为缓流。

二、断面单位能量、临界水深

为了从能量的角度进一步分析明渠水流的三种流态，需要引入断面单位能量和临界水深的概念。

(一)断面单位能量

如图 7-3 所示，明渠的底坡与水平面的夹角为 θ，水流为非均匀渐变流。任取一过水断面，设水深为 h、流速为 v。若以过水断面最低点的水平面为基准面，以水面为代表点，断面上单位重量的液体所具有的机械能，称为断面单位能量或断面比能，以 E_s 表示。

$$E_s = h\cos\theta + \frac{\alpha v^2}{2g} \tag{7-3}$$

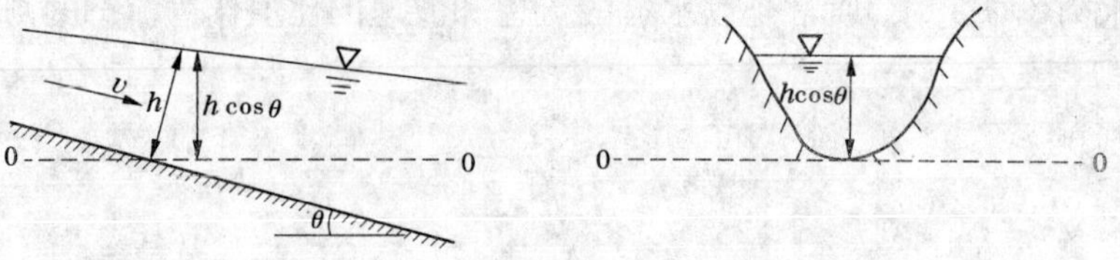

图 7-3

当底坡较小(工程中一般当底坡 $i<10\%$)时,$\cos\theta\approx1$,常采用

$$E_s = h + \frac{\alpha v^2}{2g} \tag{7-4}$$

上式可改写为

$$E_s = h + \frac{\alpha Q^2}{2gA^2} \tag{7-5}$$

由式(7-5)可以看出,当流量 Q 和渠道过水断面的形状和尺寸一定时,断面比能仅仅是水深的函数,即 $E_s=f(h)$。在非均匀流中,由于边界条件的影响,同一流量可能会以不同的水深通过某一过水断面,水深不同,过水断面面积 A 和流速 v 也不同,可以计算出不同的断面比能 E_s 值。以水深 h 为纵坐标,以 E_s 为横坐标,可以绘制出 $h\sim E_s$ 关系曲线。$h\sim E_s$ 关系曲线称为比能曲线。下面首先定性分析一下比能曲线的变化规律。

由式(7-5)可以看出:当 $h\to0$ 时,$A\to0$,$\frac{\alpha Q^2}{2gA^2}\to\infty$,$E_s\to\infty$,比能曲线以横坐标轴为渐近线;当 $h\to\infty$ 时,$A\to\infty$,$\frac{\alpha Q^2}{2gA^2}\to0$,$E_s\to\infty$,比能曲线以 45° 线为渐近线。因为断面比能是水深的连续函数,并且水深 h 从 0 增加到 ∞,断面比能 E_s 从 ∞ 先是减小,而后再增加到 ∞,故比能曲线中间必有一拐点,拐点所对应的断面比能为最小值。根据上面的讨论,定性绘制出的比能曲线如图 7-4 所示。

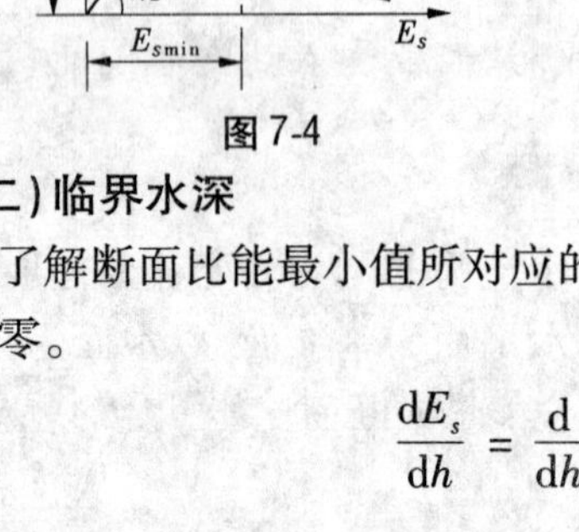

图 7-4

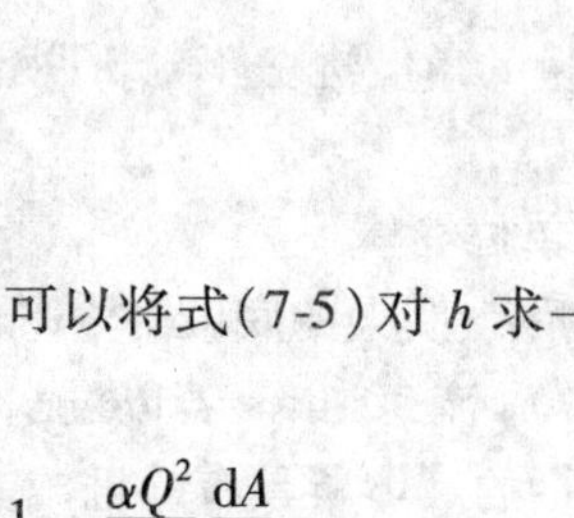

(二)临界水深

为了解断面比能最小值所对应的水深的意义,可以将式(7-5)对 h 求一阶导数,并令其等于零。

$$\frac{dE_s}{dh} = \frac{d}{dh}\left(h + \frac{\alpha Q^2}{2gA^2}\right) = 1 - \frac{\alpha Q^2}{gA^3}\frac{dA}{dh}$$

式中 dA 是水深变化 dh 引起的过水断面面积的变化,故 $\frac{dA}{dh}=B$,B 为过水断面的水面宽

度，代入上式得

$$\frac{\mathrm{d}E_s}{\mathrm{d}h}=1-\frac{\alpha Q^2}{gA^3}\frac{\mathrm{d}A}{\mathrm{d}h}=1-\frac{\alpha v^2}{g\frac{A}{B}} \tag{7-6}$$

取 $\alpha=1$，则式(7-6)可写为

$$\frac{\mathrm{d}E_s}{\mathrm{d}h}=1-Fr^2=0 \tag{7-7}$$

式(7-7)表明，断面比能最小时，$Fr=1$，这就是前面讲到的临界流动。因此，把断面比能最小值所对应的水深称为临界水深，用 h_k 表示。图 7-4 中，临界水深在比能曲线上所对应的点 C 将比能曲线分成上、下两支，曲线上半支随水深 h 的增大，断面比能 E_s 增大，即$\frac{\mathrm{d}E_s}{\mathrm{d}h}>0$，$Fr<1$，为缓流；曲线下半支随水深 h 的增大，断面比能 E_s 减小，即$\frac{\mathrm{d}E_s}{\mathrm{d}h}<0$，$Fr>1$，为急流。断面比能曲线是对某一固定断面而言的，且与流量有关。对于同一断面，不同流量可以得出不同的比能曲线及相应的临界水深，如图 7-4 中虚线所示。当渠道中通过某一流量时，实际水深 h 大于临界水深 h_k，相应于比能曲线上支，为缓流；实际水深 h 小于临界水深 h_k，相应于比能曲线下支，为急流；实际水深 $h=h_k$，则为临界流。因此，用临界水深也可判别水流的流态。

若以 A_k、B_k 分别表示临界水深 h_k 所对应的过水断面面积和水面宽度，由式(7-6)可以得到临界水深的计算公式为

$$1-\frac{\alpha Q^2}{gA^3}\frac{\mathrm{d}A}{\mathrm{d}h}=0$$

即

$$\frac{\alpha Q^2}{g}=\frac{A_k^3}{B_k} \tag{7-8}$$

当流量 Q、断面形状和尺寸一定时，可以用式(7-8)求解临界水深。由式(7-8)可知，临界水深既与渠底坡度无关，也与渠道糙率无关，完全取决于渠道通过的流量及明渠的断面形状。对于任意形状的断面，式(7-8)是临界水深的隐函数形式，求解临界水深需要试算。为了计算方便，对于水利工程中常见的梯形断面、圆形断面可以利用附录Ⅲ求出临界水深。试算法及附录Ⅲ的用法见例 7-3。

对于矩形断面 $A_k=B_kh_k$，总流量 $Q=B_kq$，q 为单宽流量，单位是 $\mathrm{m^3/(s\cdot m)}$，代入式(7-8)可以得到临界水深的计算公式为

$$h_k=\sqrt[3]{\frac{\alpha q^2}{g}} \tag{7-9}$$

下面再分析一下矩形明槽中的临界流动的水深、流速水头和断面单位能量间的关系。将 $q=h_kv_k$ 代入式(7-9)，整理得

$$h_k=2\frac{\alpha v_k^2}{2g} \tag{7-10}$$

临界流动的断面比能为

$$E_s=h_k+\frac{h_k}{2}=\frac{3}{2}h_k$$

或 $$h_k = \frac{2}{3}E_s \tag{7-11}$$

由上面可以看出，矩形明槽中的临界流动，临界水深是临界流速水头的 2 倍，是断面单位能量的 2/3。

【例 7-3】 某梯形断面渠道，底宽 $b = 2.0$ m，边坡系数 $m = 1.5$，当通过流量 $Q = 10$ m^3/s 时，渠道中的实际水深 $h = 1.0$ m。试用试算法和查图法计算临界水深 h_k，并判别水流的流态。

解：1. 用试算法求 h_k

计算公式为

$$\frac{\alpha Q^2}{g} = \frac{A_k^3}{B_k} \qquad A = (b + mh)h \qquad B = b + 2mh$$

首先算出已知值

$$\frac{\alpha Q^2}{g} = \frac{1 \times 10^2}{9.8} = 10.2$$

然后假设不同的水深 h，算出相应的比值$\frac{A^3}{B}$，计算结果列于表 7-1 中。

表 7-1

水深 h(m)	A(m^2)	B(m)	A^3/B
0.5	1.375	3.50	0.743
0.8	2.56	4.40	3.81
1.0	3.50	5.00	8.58
1.05	3.75	5.15	10.2
1.1	4.02	5.30	12.26

从表中数据可以看出，当 $h = 1.05$ m 时，$\frac{A^3}{B} = 10.2 = \frac{\alpha Q^2}{g}$，所以 $h_k = 1.05$ m。

因为渠道实际水深 $h = 1\ \text{m} < h_k = 1.05$ m，所以水流为急流。

2. 用图解法求 h_k

计算$\frac{Q}{b^{2.5}} = \frac{10}{2^{2.5}} = 1.77$，由$\frac{Q}{b^{2.5}} = 1.77$ 及 $m = 1.5$ 查附录Ⅲ的临界水深求解图，得$\frac{h_k}{b} = 0.52$，则临界水深 $h_k = 0.52b = 0.52 \times 2 = 1.04$(m)。

因为渠道实际水深 $h = 1\ \text{m} < h_k = 1.04$ m，所以水流为急流。

【例 7-4】 有一矩形断面明渠，流量 $Q = 25\ m^3/s$，底宽 $b = 6$ m，渠道中实际水深 $h = 3.0$ m，求渠道中的临界水深 h_k，并判别水流的流态。

解：
$$q = \frac{Q}{b} = \frac{25}{6} = 4.17(m^3/(s \cdot m))$$

临界水深为
$$h_k = \sqrt[3]{\frac{\alpha q^2}{g}} = \sqrt[3]{\frac{1 \times 4.17^2}{9.8}} = 1.21(m)$$

因为渠道水深 $h = 3.0\ \text{m} > h_k = 1.21$ m，所以渠道中的水流为缓流。

三、缓坡、陡坡、临界底坡

从第六章明渠均匀流知道，对于断面形状、尺寸和糙率一定的棱柱体明渠，当通过一定流量形成均匀流时，渠道中的正常水深 h_0 仅与底坡 i 有关。底坡 i 越大，h_0 越小；底坡 i 越小，h_0 越大。正常水深 h_0 与底坡 i 的关系曲线如图 7-5 所示。

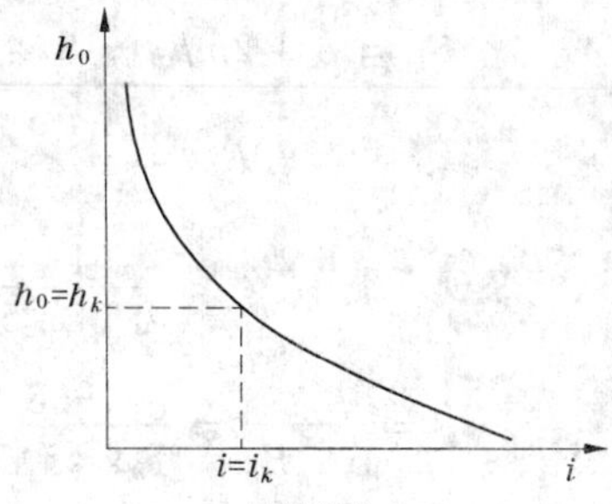

图 7-5

如果某一底坡恰好使渠道中的正常水深 h_0 等于相应流量的临界水深 h_k，该底坡称为临界底坡，用 i_k 表示。临界底坡上的流动应满足两个条件：一是均匀流动，二是临界流动。应同时满足关系式

$$\left.\begin{aligned} Q &= A_k C_k \sqrt{R_k i_k} \\ \frac{\alpha Q^2}{g} &= \frac{A_k^3}{B_k} \end{aligned}\right\}$$

联解上两式可得临界底坡的计算式

$$i_k = \frac{g\chi_k}{\alpha C_k^2 B_k} \tag{7-12}$$

式中 A_k、C_k、R_k、B_k χ_k——临界水深所对应的过水断面面积、谢才系数、水力半径、水面宽度和湿周。

由式(7-12)可知，临界底坡 i_k 与流量、断面形状及尺寸、糙率有关，与渠道的实际底坡 i 无关。对于一定的流量，如果渠中形成均匀流动，渠道的底坡与临界底坡比较，存在三种情况：①$i < i_k$，$h_0 > h_k$，为缓流，渠道的底坡称为缓坡；②$i > i_k$，$h_0 < h_k$，为急流，称为陡坡；③$i = i_k$，$h_0 = h_k$，为临界流，渠道的底坡称为临界坡。所以，在均匀流的情况下，根据临界底坡即可判别水流的流态。但是，对于非均匀流，由于边界条件的控制，渠中的水深不等于正常水深 h_0，所以在缓坡上可能会出现急流，陡坡上也可能出现缓流，不能用临界坡判别急流和缓流。还需要注意的是，临界坡与流量有关，对于同一渠道，流量不同，临界坡也不同，所以要判别渠道底坡的类型，必须求出相应流量下的临界底坡。

【例 7-5】 一梯形断面渠道，$Q = 65\ \mathrm{m^3/s}$，底宽 $b = 8$ m，边坡系数 $m = 2.5$，糙率 $n = 0.022\,5$，底坡 $i = 0.000\,4$，渠中水流为明渠均匀流。试计算临界底坡 i_k，并判别渠道的底坡是缓坡还是陡坡。

解：要计算临界底坡 i_k，首先应计算临界水深 h_k（用附录Ⅲ求解）。

$$\frac{Q}{b^{2.5}} = \frac{65}{8^{2.5}} = 0.359$$

由$\frac{Q}{b^{2.5}}=0.359$和$m=2.5$查附录Ⅲ得$\frac{h_k}{b}=0.19$,则

$$h_k = 0.19 \times 8 = 1.52(\text{m})$$

$$\chi_k = b + 2h_k\sqrt{1 + m^2} = 8 + 2 \times 1.52 \times \sqrt{1 + 2.5^2} = 16.19(\text{m})$$

$$A_k = (b + mh_k)h_k = (8 + 2.5 \times 1.52) \times 1.52 = 17.94(\text{m})$$

$$B_k = b + 2mh_k = 8 + 2 \times 2.5 \times 1.52 = 15.60(\text{m})$$

$$R_k = \frac{A_k}{\chi_k} = \frac{17.94}{16.19} = 1.108(\text{m})$$

$$C_k = \frac{1}{n}R^{1/6} = \frac{1}{0.0225} \times 1.108^{1/6} = 45.21\ (\text{m}^{1/2}/\text{s})$$

$$i_k = \frac{g\chi_k}{\alpha C_k^2 B_k} = \frac{9.8 \times 16.19}{1 \times 45.21^2 \times 15.60} = 0.005 > 0.004$$

因为$i_k > i$,所以此渠道为缓坡渠道。

第三节　缓流、急流的转换现象——水跌与水跃

缓流和急流是明渠水流两种不同的流态。当水流由一种流态转换为另一种流态时,会产生局部水力现象——水跌和水跃。下面分别讨论这两种水力现象的特点及有关问题。

一、水跌

水跌是明渠水流由缓流过渡到急流产生的水面连续跌落现象。如图7-6所示,在缓坡上处于缓流状态的明渠水流,因渠底变为陡坡或末端存在跌坎,水流在底坡改变的$C—C$断面的上、下游一段距离内,由于重力作用增大,水流的势能将转变为动能,因此水面会发生急剧降落,并以临界流动状态通过$C—C$断面,转变为急流,这就是水跌现象。

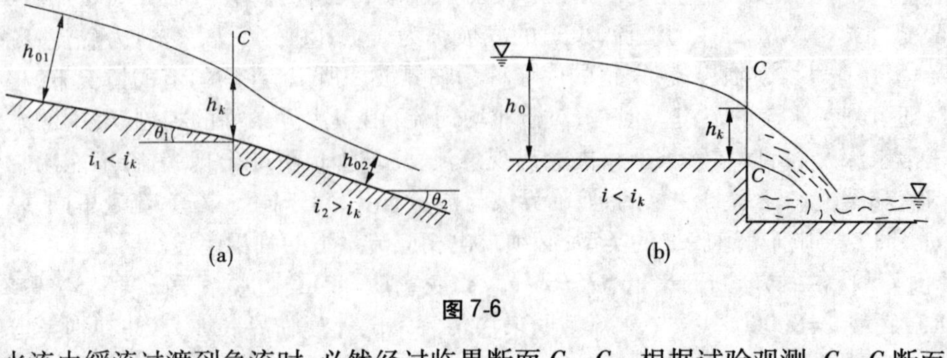

图7-6

水流由缓流过渡到急流时,必然经过临界断面$C—C$。根据试验观测,$C—C$断面的水深并不等于h_k,h_k出现在$C—C$断面的上游,距$C—C$断面的距离为$(3\sim4)h_k$。但在实际工程中,一般仍近似认为转折断面$C—C$处的水深为h_k。

二、水跃

(一)水跃现象

水跃是明渠水流从急流过渡到缓流时,水面突然跃起的局部水力现象。例如,在水闸、溢流堰的下游,下泄的水流多为急流状态,如果下游河(渠)道中为缓流,就会产生水跃现象。如图 7-7 所示,为水闸下游产生的水跃。水跃区的流动可以分为主流区和表面旋滚区。主流区位于水跃的下部,在流动过程中,水流急剧扩散,水深增大,流速减小。主流区的上面有一个回旋翻滚的表面旋滚,水流饱掺空气。主流区与表面旋滚区的交界面上水流紊动混掺强烈,水质点不断交换,造成大量的能量损失,使流速急剧变小,很快转化为缓流状态。因此,工程上常利用水跃来消除泄水建筑物下泄水流的巨大余能,以确保建筑物和下游河道的安全。

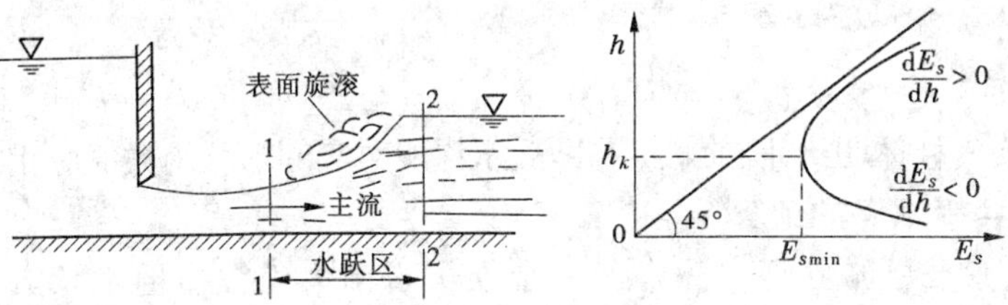

图 7-7

水跃发生在什么位置,主要取决于跃前断面 1—1 和跃后断面 2—2 的水深,分别称为跃前水深和跃后水深,二者必须满足一定的关系才能发生水跃,这一对水深称为共轭水深。跃后水深与跃前水深之差叫水跃高度。跃前与跃后两断面间的水平距离,叫水跃长度。水跃的主要计算任务是求解共轭水深和计算水跃的长度。

(二)棱柱体平底明渠的水跃方程

共轭水深的关系式,即水跃方程式。图 7-8 示出一棱柱体水平明渠中的水跃,这种不采取任何工程措施而产生的水跃,称为自由水跃。由于水跃区的水流非常紊乱,能量损失很大,且不易求得,所以无法用能量方程建立自由水跃的共轭水深关系,只能应用动量方程式来推求。

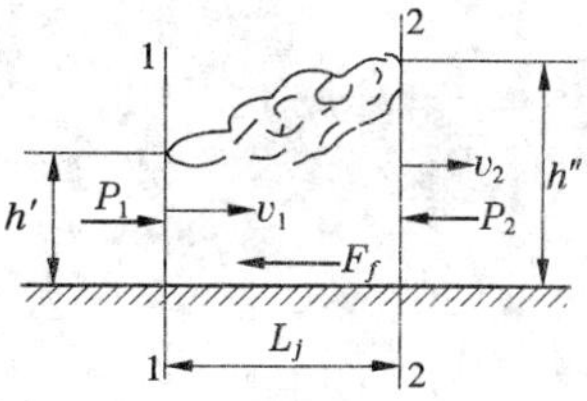

图 7-8

设渠道中通过的流量为 Q,跃前断面 1—1 的水深为 h',断面平均流速为 v_1;跃后断面 2—2 的水深为 h'',断面平均流速为 v_2;水跃长度为 L_j。取跃前断面 1—1 和跃后断面 2—2 之间的水体为隔离体,并作如下假定:

(1)因水跃长度不大,水流与槽身之间的摩擦力与水跃两端的水压力相比甚小,可以忽略不计。

(2)跃前、跃后两断面上的水流满足渐变流条件,动水压强分布可以按静水压强的分布规律计算,故作用于跃前和跃后两断面上的动水总压力分别为 $P_1=\gamma h_{c1}A_1$、$P_2=\gamma h_{c2}A_2$。式中,A_1、A_2 分别表示跃前、跃后断面的面积,h_{c1}、h_{c2} 分别表示跃前、跃后断面形心处的水深。

(3)跃前、跃后断面的动量修正系数 $\beta_1=\beta_2=1$。

对 1—1 断面和 2—2 断面列动量方程,得

$$\gamma h_{c1}A_1 - \gamma h_{c2}A_2 = \frac{\gamma Q}{g}(v_2 - v_1) \tag{7-13}$$

根据连续方程 $\quad v_1 = \frac{Q}{A_1} \quad v_2 = \frac{Q}{A_2}$

代入式(7-13),整理可得

$$\frac{Q^2}{gA_1} + A_1 h_{c1} = \frac{Q^2}{gA_2} + A_2 h_{c2} \tag{7-14}$$

式(7-14)就是棱柱体水平明渠的水跃方程式。

当渠道的断面形状、尺寸一定时,上式中的断面面积 A 和形心在水面以下的深度 h_c,都是水深 h 的函数。所以,当流量 Q 一定时,水跃方程的左、右两边分别是跃前水深 h' 和跃后水深 h''的函数,此函数称为水跃函数,并以 $J(h)$表示,即

$$J(h) = \frac{Q^2}{gA} + Ah_c$$

水跃方程可以写为 $\quad J(h') = J(h'') \quad$ (7-15)

式(7-15)表明,对于平底棱柱体明槽,跃前水深与跃后水深所对应的水跃函数值应相等。

(三)棱柱体平底明渠共轭水深的计算

根据水跃方程式可知,只要已知共轭水深中的一个便可求出另一个。但水跃方程中的 A 和 h_c 都与共轭水深有关,除矩形断面外,一般来讲,共轭水深不易直接求出,通常需采用图解法求解。方法是:在给定流量、断面形状和尺寸的情况下,设不同的水深 h,可算出一系列与水深相应的水跃函数值 $J(h)$。以 h 为纵坐标、$J(h)$为横坐标,可以绘出 $J(h) \sim h$ 关系曲线,称为水跃函数曲线,如图 7-9 所示。从图上可以看出,水跃函数存在最小值 $J_{\min}$,可以证明与 $J_{\min}$相应的水深为临界水深 h_k(见例 7-3),水跃函数的上半支 $h > h_k$ 为缓流;下半支 $h < h_k$ 为急流。同一水跃函数值在水跃函数曲线上对应的两个水深,必为共轭水深。因此,当已知一个共轭水深 h'(或 h'')时,以该水深作水平线交 $J(h) \sim h$ 关系曲线下半支于 a 点(或上半支于 b 点),自该点作平行于 h 轴的直线交 $J(h) \sim h$ 关系曲线的另一支 b 点(或 a 点),该点所对应的水深 h''(或 h'),即为所求的另一共轭水深。从 $J(h) \sim h$ 关系曲线上还可以看出,跃前水深 h'愈小,对应的跃后水深愈大;跃前水深 h'愈大,对应的跃后水深愈小。

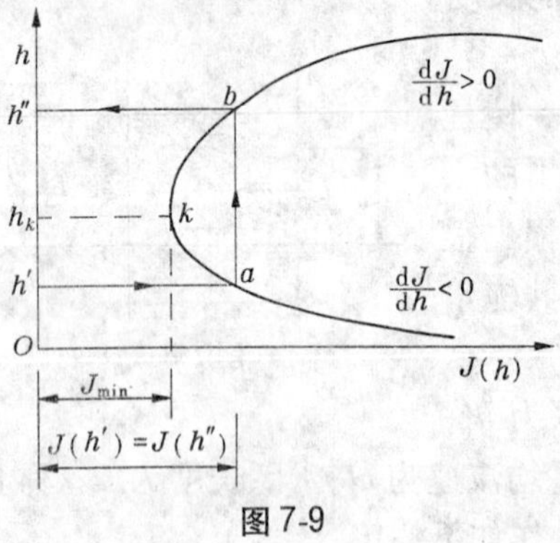

图 7-9

泄水建筑物下游明槽的断面多为矩形,讨论求解矩形断面明槽中的水跃共轭水深更具有实际意义。

设矩形断面明槽的底宽为 b,则单宽流量 $q = \frac{Q}{b}$。将 $Q = bq, A = bh, h_c = \frac{h}{2}$代入式(7-15),得

$$\frac{b^2q^2}{gbh'} + \frac{h'}{2}bh' = \frac{b^2q^2}{gbh''} + \frac{h''}{2}bh''$$

两端消去 b,经整理得

$$h'h''(h' + h'') = \frac{2q^2}{g} \tag{7-16}$$

分别以跃后水深 h'' 和跃前水深 h' 为未知数，求解式(7-16)可得

$$h'' = \frac{h'}{2}\left(\sqrt{1 + \frac{8q^2}{gh'^3}} - 1\right) \tag{7-17}$$

$$h' = \frac{h''}{2}\left(\sqrt{1 + \frac{8q^2}{gh''^3}} - 1\right) \tag{7-18}$$

式(7-17)、式(7-18)即矩形棱柱体水平明渠的水跃方程。因 $\frac{q^2}{g\,h'^3} = Fr_1^2$，$\frac{q^2}{g\,h''^3} = Fr_2^2$，式(7-17)、式(7-18)可改写为

$$h'' = \frac{h'}{2}(\sqrt{1 + 8\,Fr_1^{\ 2}} - 1) \tag{7-19}$$

$$h' = \frac{h''}{2}(\sqrt{1 + 8\,Fr_2^{\ 2}} - 1) \tag{7-20}$$

式中，Fr_1 和 Fr_2 分别为跃前断面和跃后断面的弗劳德数。利用上面的式子可直接计算棱柱体矩形平底明槽中的水跃共轭水深。

(四)棱柱体水平明渠中的水跃长度

水跃长度是水工建筑物下游消能段长度设计的主要依据之一。由于水跃现象非常复杂，至今仍无计算水跃长度的成熟理论公式。在工程实际中仍采用经验公式进行计算、常用的经验公式有以下几个。

矩形断面的跃长公式：

(1)欧勒佛托斯基公式　　$L_j = 6.9(h'' - h')$　　(7-21)

(2)切尔托乌索夫公式　　$L_j = 10.3h'(Fr_1 - 1)^{0.81}$　　(7-22)

(3)陈椿庭公式　　$L_j = 9.4(Fr_1 - 1)h'$　　(7-23)

式中　h'、h''——跃前、跃后水深；

Fr_1——跃前断面的弗劳德数。

对于梯形断面平底明渠中的水跃长度，可查阅有关书籍。

【例7-6】　某棱柱体渠道断面为矩形，底宽 $b = 5.0$ m。渠道上建一水闸，闸门与渠道等宽。当闸门局部开启时，通过的流量 $Q = 20.4\ \mathrm{m^3/s}$，闸后产生一自由水跃，跃前水深 $h' = 0.62$ m，求跃后水深 h''，并计算水跃的长度。

解：1. 求跃后水深 h''

跃前断面流速　$v = \frac{Q}{bh'} = \frac{20.4}{5 \times 0.62} = 6.581(\mathrm{m/s})$

跃前弗劳德数　$Fr_1 = \frac{v_1}{\sqrt{gh'}} = \frac{6.581}{\sqrt{9.8 \times 0.62}} = 2.67$

跃后断面水深　$h'' = \frac{h'}{2}(\sqrt{1 + 8\,Fr_1^{\ 2}} - 1)$

$$= \frac{0.62}{2} \times (\sqrt{1 + 8 \times 2.67^2} - 1) = 2.05(\mathrm{m})$$

2. 计算水跃长度

用式(7-21)计算

$$L_j = 6.9(h'' - h') = 6.9 \times (2.05 - 0.62) = 9.87(\mathrm{m})$$

用式(7-22)计算

$$L_j = 10.3h'(Fr_1 - 1)^{0.81} = 10.3 \times 0.62 \times (2.67 - 1)^{0.81} = 9.67(\mathrm{m})$$

用式(7-23)计算

$$L_j = 9.4(Fr_1 - 1)h' = 9.4 \times (2.67 - 1) \times 0.62 = 9.73(\mathrm{m})$$

从上面的计算结果看，只要在公式的应用范围内，各公式的计算结果相差不大。

第四节　明渠恒定非均匀渐变流基本方程

分析计算明渠非均匀流问题，必须遵循非均匀流的基本方程式。下面利用能量方程式，首先推导非均匀渐变流微分方程的一般形式。

一、基本微分方程

图7-10表示底坡为 i 的明渠非均匀渐变流。沿流动方向任取一微小流段 $\mathrm{d}l$，其上游断面1—1的水深为 h，水位为 z，断面平均流速为 v，底部高程为 z_0；下游断面2—2的水深、水位、断面平均流速、渠底高程可分别表示为 $h+\mathrm{d}h$、$z+\mathrm{d}z$、$v+\mathrm{d}v$ 和 $z_0+\mathrm{d}z_0$。由于水流为渐变流，以0—0基准面，对1—1、2—2断面建立能量方程，得

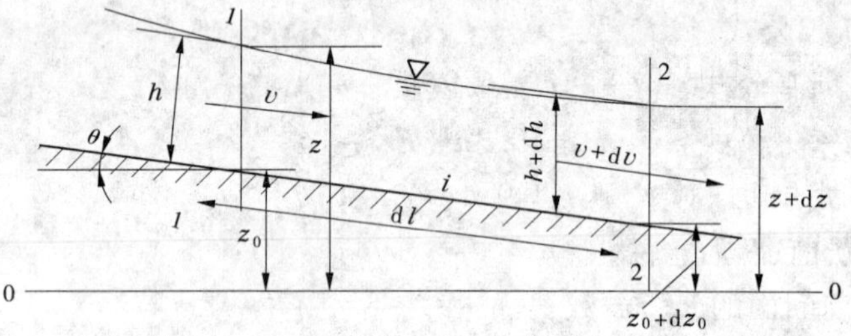

图7-10

$$z_0 + h\cos\theta + \frac{\alpha_1 v^2}{2g} = (z_0 + \mathrm{d}z_0) + (h + \mathrm{d}h)\cos\theta + \frac{\alpha_2(v + \mathrm{d}v)^2}{2g} + \mathrm{d}h_f + \mathrm{d}h_j \tag{7-24}$$

式中，$\mathrm{d}h_f$ 和 $\mathrm{d}h_j$ 表示1—1、2—2断面间的沿程水头损失和局部水头损失。

因为 $$\frac{\alpha_2(v + \mathrm{d}v)^2}{2g} = \frac{\alpha_2}{2g}[v^2 + 2v\mathrm{d}v + (\mathrm{d}v)^2]$$

略去高阶微量，则

$$\frac{\alpha_2(v + \mathrm{d}v)^2}{2g} = \frac{\alpha_2}{2g}(v^2 + 2v\mathrm{d}v) = \frac{\alpha_2 v^2}{2g}\mathrm{d}\left(\frac{\alpha_2 v^2}{2g}\right)$$

令 $\alpha_1 = \alpha_2 = 1$，并将上式及 $\mathrm{d}z_0 = -i\mathrm{d}l$ 代入式(7-24)化简得

$$idl = \cos\theta dh + d\left(\frac{\alpha v^2}{2g}\right) + dh_f + dh_j \tag{7-25}$$

沿程水头损失 dh_f 近似用均匀流公式计算，则

$$dh_f = \frac{Q^2}{K^2}dl = Jdl$$

式中 K——流量模数；

J——沿程水头损失坡降，称为摩阻坡度。

局部水头损失可表示为 $dh_j = \zeta d\left(\frac{v^2}{2g}\right)$。将 dh_f、dh_j 代入式(7-25)，得

$$idl = dh\cos\theta + (\alpha + \zeta)d\left(\frac{v^2}{2g}\right) + Jdl \tag{7-26}$$

当底坡较小($i < \frac{1}{10}$)时，$\cos\theta \approx 1$，则式(7-26)可写做

$$idl = dh + (\alpha + \zeta)d\left(\frac{v^2}{2g}\right) + Jdl \tag{7-27}$$

式(7-26)、式(7-27)就是明渠恒定非均匀流的基本微分方程。

二、棱柱体明渠水深沿程变化的微分方程

对于人工渠道，渠底一般为平面，水深沿流程的变化能够反映出水面线的变化。为了便于分析人工棱柱体渠道的水面线，可将明渠非均匀流的基本微分方程变换为水深沿流程变化的形式。人工渠道的底坡一般都较小，可取 $\cos\theta = 1$，下面仅讨论这种情况。

将式(7-27)两端同除以 dl，经整理则有

$$i - J = \frac{dh}{dl} + (\alpha + \zeta)\frac{d}{dl}\left(\frac{v^2}{2g}\right) \tag{7-28}$$

因为棱柱体渠道的过水断面面积 A 是水深的函数，即 $A = f((h)$，而非均匀流水深 h 又是流程 l 的函数，故 A 是 l 的复合函数，则

$$\frac{dA}{dl} = \frac{dA}{dh}\frac{dh}{dl} = B\frac{dh}{dl}$$

式中 B 为明渠的水面宽度，由此可得

$$\frac{d}{dl}\left(\frac{v^2}{2g}\right) = \frac{d}{dl}\left(\frac{Q^2}{2gA^2}\right) = -\frac{Q^2}{gA^3}\frac{dA}{dl}$$

代入式(7-28)，整理得

$$i - J = \left[1 - (\alpha + \zeta)\frac{Q^2 B}{gA^3}\right]\frac{dh}{dl}$$

对于棱柱体明渠中的渐变流，局部水头损失很小，可忽略不计，$\zeta = 0$，于是上式可简化为

$$i - J = \frac{dh}{dl}\left(1 - \frac{\alpha v^2}{g\frac{A}{B}}\right) = \frac{dh}{dl}(1 - Fr^2)$$

$$\frac{dh}{dl} = \frac{i - J}{1 - Fr^2} \tag{7-29}$$

式(7-29)就是棱柱体明渠水深沿程变化的微分方程，主要用于分析棱柱体明渠非均匀渐变流水面线的变化规律。

三、明渠恒定非均匀渐变流断面比能沿流程变化的微分方程

对于人工渠道，不管是棱柱体渠道还是非棱柱体渠道，只要其水流为恒定非均匀渐变流，其局部水头损失 dh_j 都很小，可以忽略不计，沿程水头损失仍近似地用均匀流关系式 $dh_f = \frac{Q^2}{K^2}dl = Jdl$ 来计算。于是非均匀渐变流的一般方程式(7-26)又可以改写成下面形式

$$idl = dh + d\left(\frac{\alpha v^2}{2g}\right) + Jdl = d\left(h + \frac{\alpha v^2}{2g}\right) + Jdl$$

上式右边第一项就是断面比能 $E_s = h + \frac{\alpha v^2}{2g}$ 的微小增量。因此，方程式(7-27)又可用断面比能 E_s 沿流程的变化来表示

$$idl = dE_s + Jdl$$

将上式两边同除以 dl，整理后得

$$\frac{dE_s}{dl} = i - J \tag{7-30}$$

式(7-30)就是人工渠道中恒定非均匀渐变流的断面比能沿流程变化的微分方程。该式表明，断面比能沿程的变化与水流的均匀程度有关，它是一般明渠中的恒定非均匀渐变流水面曲线计算的基本公式。

第五节　棱柱体渠道恒定非均匀渐变流水面曲线定性分析

明渠非均匀渐变流的水面线比较复杂，在进行定量计算之前，对水面线的性质、形状作定性分析是很有必要的。

利用式(7-29)，可定性分析棱柱体渠道水面线的沿程变化。当 $\frac{dh}{dl} > 0$ 时，表明水深沿程增加，水流做减速流动，称为壅水曲线；当 $\frac{dh}{dl} < 0$ 时，水深沿程减小，水流做加速流动，称为降水曲线；当 $\frac{dh}{dl} \to 0$ 时，水深沿程不变，趋于均匀流动；当 $\frac{dh}{dl} \to \pm\infty$ 时，由式(7-29)可知 $Fr \to 1$，则水深趋于临界水深。若 $\frac{dh}{dl} \to +\infty$，表明水深沿流程有 $h > h_k$。h 趋近 h_k，必然产生水跃。

一、渐变流水面曲线的分类

一般工程中的渠道在条件满足后产生均匀流，其正常水深为 h_0，当条件破坏后，均匀

流水深 h_0 变为非均匀流水深 h，均匀流水面线变为非均匀流渐变流水面线，因渠底坡不同，水面线形状随之不同，所以应从渠底坡入手分析、研究渐变流水面线。明渠底坡分为5种：平坡($i=0$)、缓坡($i<i_k$)、陡坡($i>i_k$)、临界坡($i=i_k$)和逆坡($i<0$)。因临界水深与渠道底坡无关，故5种底坡上都可以产生临界流，用 $K—K$ 线表示渠道的临界水深线，只有正坡棱柱体渠道中可以产生均匀流，用 $N—N$ 线表示渠道的正常水深线，$N—N$ 线和 $K—K$ 线分别与渠底平行。$N—N$ 线、$K—K$ 线、渠底线三条线将渠道水流流过的空间分为3个区域，$N—N$ 线或 $K—K$ 线之上为 a 区，$N—N$ 线与 $K—K$ 线之间为 b 区，$N—N$ 线或 $K—K$ 线之下，渠底之上为 c 区。

5种底坡上3个区域将渠道水流流过的空间共分为12个区域，渐变流水面落在哪个区域，就是哪个区域的水面线，如此可以得到12条水面曲线。

按照渠道底坡与所在区域分别给12条水面曲线编号，为便于记忆，编成顺口溜"平、缓、陡、临、逆"，"0、1、2、3、′"(对应的右角标)。

如：平坡，无正常水深，所以无 a 区，只有 b 区、c 区，又因右下角标为"0"，所以落在 b、c 区的水面线为 b_0、c_0，平坡只有这两条水面线。

缓坡，可以产生均匀流，有正常水深线 $N—N$ 线，也有 $K—K$ 线，所以有 a、b、c 三个区域，右下角标为"1"，所以缓坡上有 a_1、b_1、c_1 三条水面线。

同理可得：陡坡，有三条水面线 a_2、b_2、c_2；临界坡，$h_0=h_k$，$N—N$ 线与 $K—K$ 线重合，没有 b 区，所以有两条水面线 a_3、c_3；逆坡，无 $N—N$ 线，即无 a 区，只有 b'、c' 两条水面线。

综合共有12条渐变流水面曲线，其编号分别为 b_0、c_0、a_1、b_1、c_1、a_2、b_2、c_2、a_3、c_3、b'、c'。如图7-11、图7-12所示。

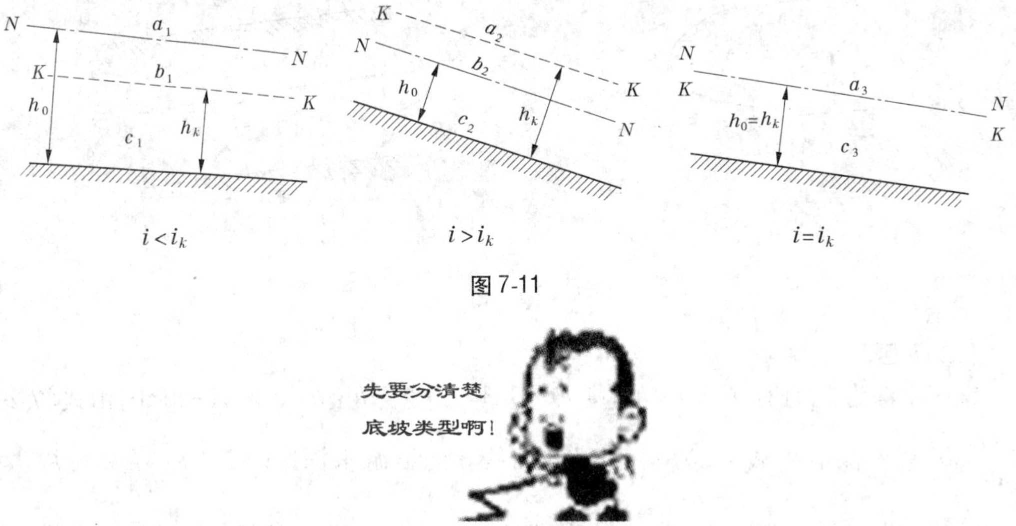

图7-11

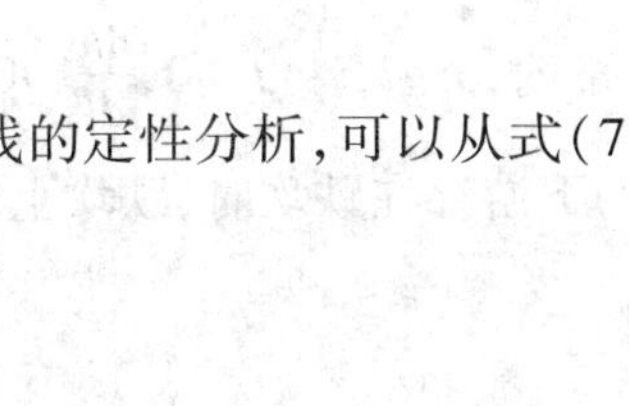

二、水面线定性分析

棱柱体明渠中的各种水面线的定性分析，可以从式(7-29)得出。下面以缓坡渠道为例，分析各区水面线的型式。

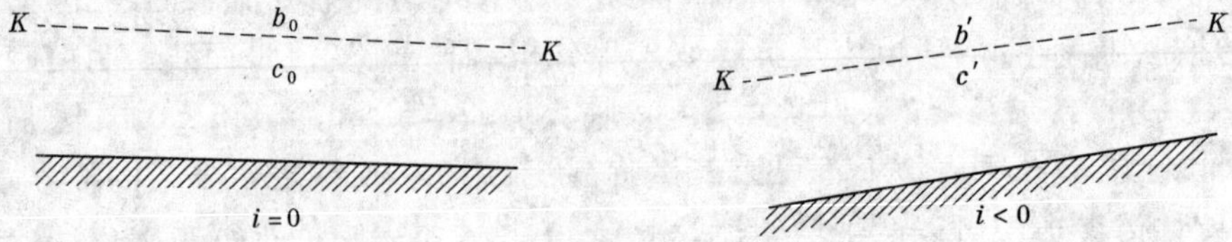

图 7-12

(一) a 区

$\frac{dh}{dl}=\frac{i-J}{1-Fr^2}$，该区水深 $h>h_0>h_k$，所以为缓流，故 $Fr<1, 1-Fr^2>0$；$h>h_0$，(水力坡度) 摩阻坡度 $J<i, i-J>0$，可得 $\frac{dh}{dl}>0$，水深沿程增加，为 a_1 型壅水曲线。当 $h\to\infty$ 时，$J\to0, Fr\to0, \frac{dh}{dl}=i$，水面线趋近水平线。这就是说 a_1 型水面线的下游以水平线为渐近线。向上游水深减小，当 $h\to h_0$ 时，$J\to i, Fr\to0, \frac{dh}{dl}\to0$，趋于均匀流动。所以，$a_1$ 型水面线的上游端以正常水深线 N—N 线为渐近线，下游以水平线为渐近线（见图 7-13(a)）。在缓坡渠道上修建的挡水建筑物，当抬高上游水位，使上游控制水深 $h>h_0$ 时，建筑物上游出现的水面线就是 a_1 型壅水曲线（见图 7-13(b)）。

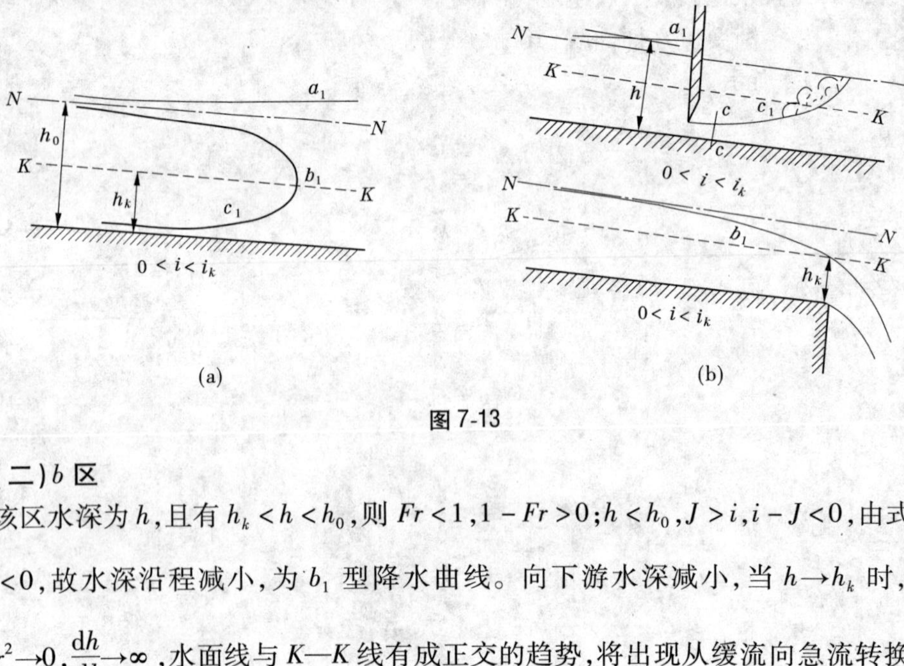

图 7-13

(二) b 区

该区水深为 h，且有 $h_k<h<h_0$，则 $Fr<1, 1-Fr>0$；$h<h_0, J>i, i-J<0$，由式(7-29)得 $\frac{dh}{dl}<0$，故水深沿程减小，为 b_1 型降水曲线。向下游水深减小，当 $h\to h_k$ 时，$Fr\to1$，$1-Fr^2\to0, \frac{dh}{dl}\to\infty$，水面线与 K—K 线有成正交的趋势，将出现从缓流向急流转换的水跌现象。向上游水深增大，当 $h\to h_0$ 时，$J\to i, i-J\to0, \frac{dh}{dl}\to0$，水深沿程不变，趋于均匀流动（见图 7-13(a)）。当缓坡渠道的下游存在跌坎时，跌坎上游的水面线便是 b_1 型降水曲线（见图 7-13(b)）。

（三）c 区

该区水深 $h<h_k<h_0$。$h<h_0,J>i,i-J<0;h<h_k,Fr>1,1-Fr^2<0$，由 $\frac{dh}{dl}>0$，水深沿程增加，为 c_1 型壅水曲线。向下游水深增大，当 $h\to h_k$ 时，$Fr\to1,1-Fr^2\to0,\frac{dh}{dl}\to\infty$，水面线有与 $K—K$ 线成正交的趋势，将产生水跃现象（见图 7-13(a)）。c_1 型水面线的上游端的水深不可能为 0，其最小水深通常是由水工建筑物控制的。在缓坡渠道上修建的水闸，当闸门局部开启时，闸门后收缩断面 $c—c$ 的水深 $h_c<h_k$，为急流，在流动过程中克服阻力，断面单位能量减小，水深增大，自 $c—c$ 断面至跃前断面就是 c_1 型壅水曲线（见图 7-13(b)）。

用同样的方法，可以分析陡坡、临界坡、平坡和逆坡棱柱体渠道上的水面线，这里不再一一进行讨论。图 7-14 给出了陡坡、临界坡、平坡和逆坡上各类水面线的型式及实例供参考。需要指出的是，a_3 型和 c_3 型水面线，当水深 $h\to h_k$ 时，水面线以水平线为渐近线，这两种水面线实际上是很少出现的。

三、水面线分析应注意的问题

12 种水面线既有共同的规律，又有各自的特点，分析时应注意以下几个问题：

（1）所有 a 区和 c 区只能产生壅水曲线，b 区只能产生降水曲线。

（2）无论何种底坡，每一个流区只可能有一种确定的水面曲线型式。如缓坡上的 a 区，只能是 a_1 型壅水曲线，没有其他型式的水面线。

（3）对于正坡渠道，当渠道很长，在非均匀流影响不到的地方，水深 $h\to h_0$，水面线与 $N—N$ 线相切，水流趋近均匀流动。水面线与 $K—K$ 线相趋近时，是以相垂直的方式趋近 $K—K$ 线。

（4）水流由缓流过渡为急流产生水跌，在底坡由缓坡变为陡坡或有跌坎的转折断面上，水深近似等于临界水深 h_k。水流由急流过渡到缓流发生水跃，水跃的位置应根据临界式水跃的跃后水深与下游水深相比较而确定。

（5）分析、计算水面线必须从已知水深的断面开始，这种断面称为控制断面。例如，当明渠中的水深受水工建筑物的控制时，建筑物上、下游的水深（详见第八、第九章）作为控制水深；在跌坎上或其他缓流过渡为急流时的临界水深 h_k 即为控制水深。

（6）因为急流中的干扰波不能向上游传播，缓坡中的干扰波能向上游传播，所以急流，应自上而下分析、推算水面线；缓流的控制水深在下游，应自下而上分析、推算水面线。

四、水面线定性分析举例

分析的前提条件是先牢牢记住 12 条水面线的型号和形状（不记住是无法分析的），型号按顺口溜记忆，即“平、缓、陡、临、逆；0、1、2、3、′”。平坡对应右下角标 0，无正常水深，故只有 b_0、c_0 两条水面线，缓坡对应右下角标 1，其他类推，只有逆坡是右上角标“′”。

形状按壅、降水及趋向性记忆：a、c 区只能产生壅水，b 区只能产生降水；还要区别是下凹的壅水、降水还是上凸的壅水、降水。这要看水面线的趋向，如是趋向于 $N—N$ 线，则是以相切的方式与 $N—N$ 线相连接，就只能凸面向着 $N—N$ 线；如是趋向于 $K—K$ 线，则是以相垂直的方式趋向于 $K—K$ 线，就只能凹面向着 $K—K$ 线。（只要记住了水面线与 $N—N$ 线相切，与 $K—K$ 线相垂直，就记住了水面线的凹凸性）。

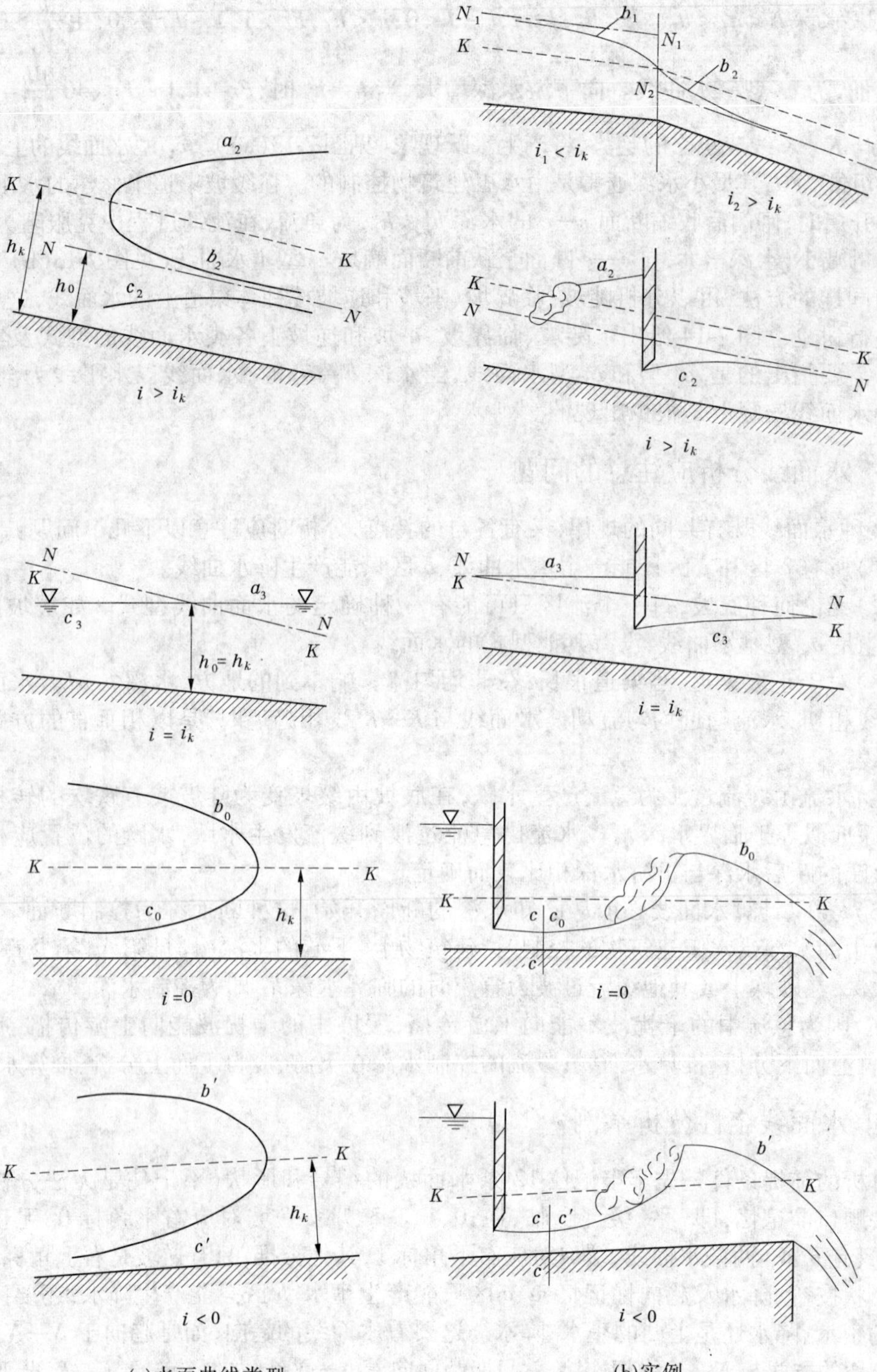

(a)水面曲线类型　　(b)实例

图 7-14

分析步骤(刚开始一定按步骤作):

(1)先画出 $N—N$ 线和 $K—K$ 线,平坡、逆坡只画 $K—K$ 线。

(2)找出突变断面(渠道上发生改变的断面),如变坡处闸、坝前后等。

(3)从上游第1突变断面开始分析,分析断面前后的流态,流态变换只有4种情况:缓变急(即缓流变急流)、急变缓、缓变缓、急变急;缓变急发生水跌,即降水曲线,只能是 b 型,再由所在底坡决定其右角标;急变缓,发生水跃(3种水跃任画一种);急变急,则因水波不能向上游传播,从断面向下游分析,上游不变,如是断面上游水深小于断面下游水深,则是壅水曲线,定是 c 型水面线,再由所在底坡决定其角标,反之,则是降水曲线,定是 b 型水面线;缓变缓,水波可向上游传播,从断面向上游分析,其下游不变,上游水深小于下游水深,则是壅水曲线,定是 a 型水面线,再由所在底坡决定其角标,反之,则是降水曲线,定是 b 型水面线,再由所在底坡决定其角标。注意对于平坡、逆坡,没有正常水深,在没有障碍时,直接画 b 型水面线;有障碍时如闸、坝后,均有一收缩断面,断面前为急变流(不在分析范围内),断面后是 c 型水面线。

(4)按与 $N—N$ 线相切,与 $K—K$ 线相垂直的方式画出水面线。

【例7-7】 图7-15为两段断面尺寸及糙率相同的长直棱柱体渠道,底坡 $0<i_1<i_2<i_k$,试分析渠道中水面线的型式。

解:(1)首先分别绘出两段渠道的临界水深线 $K—K$ 线和正常水深线 $N—N$ 线。由于两段渠道的断面尺寸相同,故两段渠道的临界水深相等。又因 $0<i_1<i_2<i_k$ 则 $h_{01}>h_{02}$,渠道上游段的 $N_1—N_1$ 线高于下游段的 $N_2—N_2$ 线,如图7-15所示。

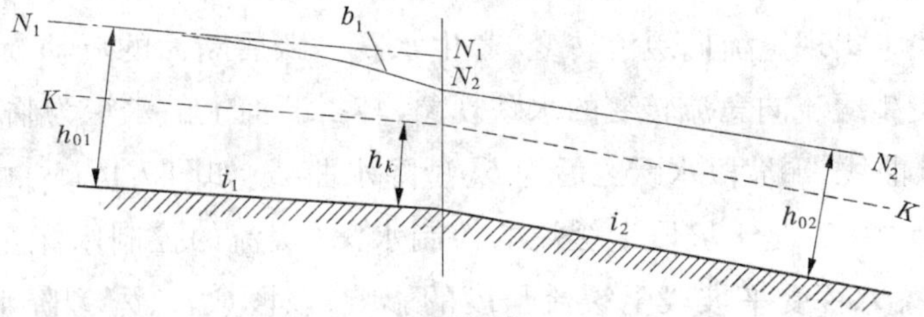

图7-15

(2)找出突变断面,即底坡改变处的断面。

(3)分析突变断面前后的流态,$h_{01}>h_{02}>h_k$,故属缓流变缓流,断面后水面线不变(仍是均匀流),向断面前分析,因 $h_{01}>h_{02}$,故为降水曲线,只能发生在 b 区,因是缓坡,故为 b_1 型。

(4)画 b_1 水面线,按与 $N—N$ 线相切,与 $K—K$ 线相垂直的趋势,b_1 水面线为上凸降水。

【例7-8】 水库溢洪道为棱柱体渠道,进口设有闸门控制流量,纵剖面如图7-16所示。已知 $i_1=0$、$i_2>i_k$,下游河道不影响陡坡上的流动,试定性分析闸门局部开启时的沿程水面线的变化。

解:(1)根据已知条件,分别绘出 $K—K$ 线和 $N—N$ 线。

(2)确定控制断面,分析控制水深。水流在进口处受到闸门的控制,由于惯性的作用,闸门后存在一最小水深小于闸门的开度,称为收缩断面水深 h_c。h_c 就是闸后急流段的控制水深。平坡与陡坡的转折断面为另一控制断面,其水深受上游水流条件的影响。

(3)水面线定性分析。收缩断面水深位于 c 区,收缩断面之后将出现 c_0 型壅水曲线,根据平坡段的长度不同,可以出现两种情况。

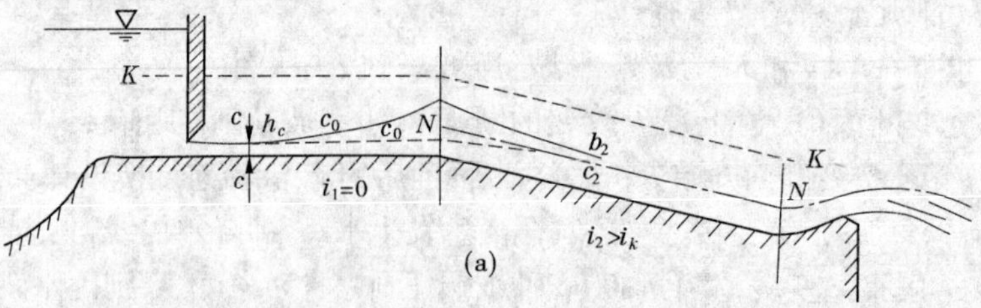

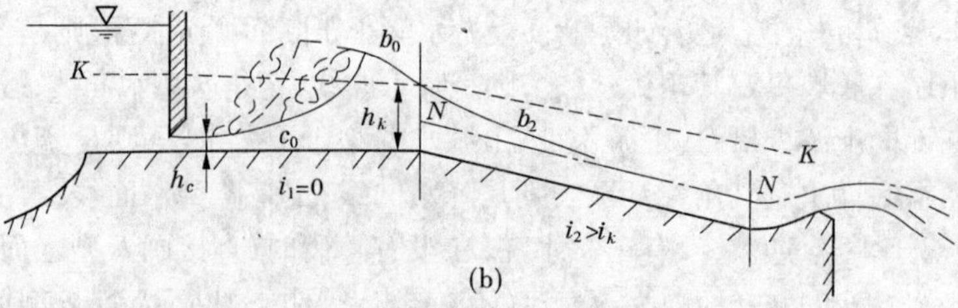

图 7-16

一种情况如图 7-16(a)所示，平坡段较短，c_0 型水面线由于升高至水深 $h<h_k$ 已达底坡转折断面。如果 $h<h_{02}$，在陡坡上形成 c 型壅水曲线，如图 7-16(a)中虚线所示；如果 $h_{02}<h<h_k$，则在陡坡上形成 b_2 型降水曲线，如图 7-16(a)中实线所示。陡坡上的流动为急流，如果陡坡段较长，在陡坡段下游水流趋于均匀流动，通过下游挑坎泄入下游河道。

另一种情况如图 7-16(b)所示，平坡段较长，当 c_0 型水面线趋近 h_k 时，距底坡转折断面尚远，在平坡段上出现急流向缓流转变，产生水跃。跃后断面的流动为缓流，下游陡坡为急流，则必然发生缓流向急流转变的水跌现象，转折断面上的水深为临界水深 h_k，陡坡上产生 b_2 型降水曲线，平坡段水跃之后为 b_0 型降水曲线，如图 7-16(b)中实线所示。因为转折断面上的水深 h_k 是平坡段上缓流的控制水深(缓流的控制水深在下游)，所以 b_0 型降水曲线的始端水深受平坡段上缓流长度的影响，该段愈长，b_0 型降水曲线的始端水深愈大，根据跃前、跃后水深的共轭关系，水跃位置将向闸门方向移动，如图 7-16(b)中虚线所示。当跃前水深为收缩断面水深 h_c 或收缩断面被淹没时，将不存在 c_0 型壅水曲线。

第六节　明渠恒定非均匀渐变流水面线计算

上面分析了棱柱体明渠各种水面线的变化规律，本节将研究明渠恒定非均匀渐变流水面线的计算问题。

计算明渠恒定非均匀渐变流水面线的基本方法是分段法，它适用于各种流动情况。下面分别介绍如何利用分段法计算棱柱体渠道、非棱柱体渠道的水面线。

一、棱柱体明渠非均匀渐变流水面线计算

(一)计算公式

前面已经推导出明渠恒定非均匀渐变流的基本微分方程式为

$$idl = \mathrm{d}h\cos\theta + (\alpha + \zeta)\mathrm{d}\left(\frac{v^2}{2g}\right) + J\mathrm{d}l$$

忽略局部水头损失，上式可写为

$$\mathrm{d}\left(h\cos\theta + \frac{\alpha v^2}{2g}\right) = (i - J)\mathrm{d}l$$

或

$$\mathrm{d}E_s = (i - J)\mathrm{d}l \tag{7-31}$$

式中 E_s——断面比能，$E_s = h\cos\theta + \frac{\alpha v^2}{2g}$。

分段法是将整个流动分为有限的几段，并近似认为在每个流段内，断面比能和沿程水头损失成线性变化，这样可以把式(7-31)改写成差分的形式

$$\Delta E_s = (i - \bar{J})\Delta l \quad 或 \quad \Delta l = \frac{\Delta E_s}{i - \bar{J}} \tag{7-32}$$

式(7-32)就是分段法计算棱柱体明渠水面线的基本公式。式中 ΔE_s 为流段 Δl 下游断面与上游断面比能的差值。用 E_{s1} 和 E_{s2} 分别表示上、下游断面的断面比能，则

$$\Delta E_s = E_{s1} - E_{s2} \tag{7-33}$$

$\bar{J}$ 为流段的平均水力坡度，近似采用均匀流沿程水头损失的计算公式，则

$$\bar{J} = \frac{\bar{v}^2}{\bar{C}^2\bar{R}} \tag{7-34}$$

式中 $\bar{v}$——流段上、下游断面流速的平均值，$\bar{v} = \frac{v_1 + v_2}{2}$；

$\bar{C}$——流段上、下游断面谢才系数的平均值，$\bar{C} = \frac{C_1 + C_2}{2}$；

$\bar{R}$——流段上、下游断面水力半径的平均值，$\bar{R} = \frac{R_1 + R_2}{2}$。

(二)计算方法

用分段法计算水面线，首先应从控制断面开始，把非均匀流分成若干流段。流段的长度应适宜，因分段法是由差分方程代替了微分方程，所以计算精度与流段划分的长短有关。流段愈短，精度愈高，但工作量愈大；反之则精度愈低。划分流段时一般应注意以下两点：

(1)每段的断面形状及尺寸、糙率、底坡应尽可能一致，应在发生突变处的断面上分段。

(2)一般情况下，降水曲线和急流壅水曲线水面变化较快，分段宜短些；缓流壅水曲线水面变化较缓，分段可长些。

棱柱体渠道水面线计算一般有两种情况。第一种情况，已知流段两端断面的水深，求流段的距离 Δl，可直接用式(7-32)求出 Δl，无需试算。在实际计算过程中，可从已知控制断面的水深开始，直接按水深分段。例如，控制断面的水深为 h_1，依据水深变化情况，设水深 $h_2, h_3, h_4\cdots$则 $h_1 \sim h_2$ 为第一流段，$h_2 \sim h_3$ 为第二流段，$h_3 \sim h_4$ 为第三流段…而后可按每一流段的两端水深，分别求出各流段相应的长度 $\Delta l_1, \Delta l_2, \Delta l_3\cdots$这样就可计算出非均匀流的水面线。第二种情况是已知流段一端的水深和流段长，求另一端的水深。可先假定另一端的水深，用式(7-32)计算出 Δl，若算出的 Δl 和已知流段的长度相等，则假定的水深即为

所求。否则,重新假定水深再进行计算。例如,当棱柱体渠道的总长度一定,按第一种情况计算出前面各断面间的距离之后,要确定最后一个流段的末端水深,便属于此种情况。

二、非棱柱体明渠非均匀渐变流水面线计算

水利工程中除棱柱体明渠外,还有非棱柱体明渠。例如,溢洪道陡槽的渐变段就属于非棱柱体明渠。非棱柱体明渠水面线的计算,其计算公式和平均摩阻坡度的计算与棱柱体明渠相同。二者的主要区别是,非棱柱体渠道的过水断面面积与流程和水深有关,即 $A=f(l,h)$。因此,计算水面线之前,必须从控制断面开始按流程分段,才能计算出划分流段的各个断面的尺寸,再利用式(7-32)从控制断面开始逐段通过试算求出各个断面的水深。

试算方法同棱柱体渠道水面线计算中的第二种情况。

【例 7-9】 某排水渠如图 7-17 所示,断面为梯形,底宽 $b=8$ m,边坡系数 $m=2$,糙率 $n=0.025$,渠道纵坡 $i=0.000\,5$,渠道长 $l=3\,335$ m,退水流量 $Q=25$ m^3/s,退入下游河道。退水时由于下游河道排洪,水位上涨,排水渠末端出口断面水深达 3.5 m,试计算排水渠入口断面的水深。

解:1. 判别水面线类型

经计算该渠道正常水深 $h_0=1.92$ m,临界水深 $h_k=0.921$ m。因 $h_0>h_k$,故渠道底坡为缓坡。又因排水渠末端水深 $h=3.5$ m $>h_k$,控制水深位于 a 区,所以为 a_1 型水面曲线。

2. 水面线计算

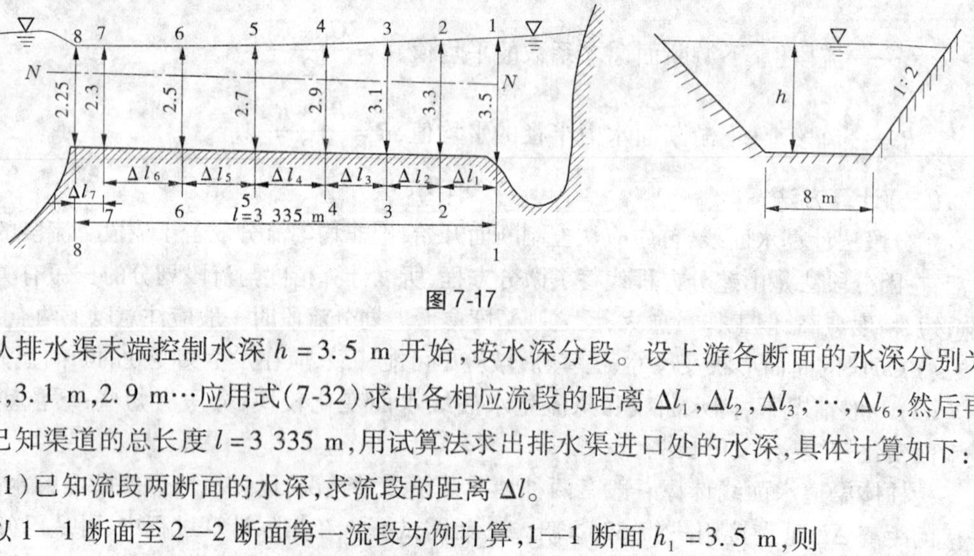

图 7-17

从排水渠末端控制水深 $h=3.5$ m 开始,按水深分段。设上游各断面的水深分别为 3.3 m,3.1 m,2.9 m…应用式(7-32)求出各相应流段的距离 $\Delta l_1,\Delta l_2,\Delta l_3,\cdots,\Delta l_6$,然后再根据已知渠道的总长度 $l=3\,335$ m,用试算法求出排水渠进口处的水深,具体计算如下:

(1)已知流段两断面的水深,求流段的距离 Δl。

以 1—1 断面至 2—2 断面第一流段为例计算,1—1 断面 $h_1=3.5$ m,则

$$A_1=(b+mh_1)h_1=(8+2\times3.5)\times3.5=52.5(\text{m}^2)$$

$$v_1=\frac{Q}{A_1}=\frac{25}{52.5}=0.476(\text{m/s})$$

$$\frac{v_1^2}{2g}=\frac{0.476^2}{2\times9.8}=0.012(\text{m})$$

断面比能 $E_{s1}=h_1+\frac{v_1^2}{2g}=3.5+0.012=3.512(\text{m})$

同理可算得 2—2 断面

$$h_2 = 3.3\ \text{m}, A_2 = 48.18\ \text{m}^2, v_2 = 0.519\ \text{m/s}, \frac{v_2^2}{2g} = 0.014\ \text{m}$$

断面比能 $E_{s2}=h_2+\frac{v_2^2}{2g}=3.3+0.014=3.314(\text{m})$

1—1 断面和 2—2 断面的比能差

$$\Delta E_{s1-2} = 3.512 - 3.314 = 0.198(\text{m})$$

1—1 断面的水力要素

$$\chi_1 = b + 2h_1\sqrt{1+m^2} = 8 + 2\times 3.5\times\sqrt{1+2^2} = 23.65(\text{m})$$

$$R_1 = \frac{A_1}{\chi_1} = \frac{52.5}{23.65} = 2.22(\text{m})$$

$$C_1 = \frac{1}{n}R_1^{1/6} = \frac{1}{0.025}\times 2.22^{1/6} = 45.69(\text{m}^{1/2}/\text{s})$$

同理可算出 2—2 断面的水力要素

$$\chi_2 = 22.76\ \text{m}, R_2 = 2.12\ \text{m}, C_2 = 45.34\ \text{m}^{\frac{1}{2}}/\text{s}$$

两断面水力要素的平均值

$$\bar{R} = \frac{R_1 + R_2}{2} = \frac{2.22 + 2.12}{2} = 2.17(\text{m})$$

$$\overline{C} = \frac{C_1 + C_2}{2} = \frac{45.69 + 45.34}{2} = 45.52(\text{m}^{1/2}/\text{s})$$

$$\bar{v} = \frac{v_1 + v_2}{2} = \frac{0.476 + 0.519}{2} = 0.50(\text{m/s})$$

第一流段平均水力坡降

$$\bar{J} = \frac{\bar{v}^2}{\overline{C}^2\bar{R}} = \frac{0.50^2}{45.52^2\times 2.17} = 0.000\,056$$

第一流段的长度

$$\Delta l_1 = \frac{\Delta E_{s1-2}}{i - \bar{J}_{1-2}} = \frac{0.198}{0.000\,5 - 0.000\,056} = 446(\text{m})$$

其他各流段的长度可参照以上方法列表计算，如表 7-2 所示。

(2)已知末流段的间距 Δl_7 和下游断面的水深，求渠道进口断面 8—8 的水深。

从表 7-2 中的计算结果可知，1—1 断面至 7—7 断面的总长度为 3 133 m，比渠道全长少 3 335 − 3 133 = 202(m)。现已知 7—7 断面水深为 2.3 m，求渠道进口水深必须试算。设进口水深 $h_8=2.25$ m，求出 $\Delta l_7=201\ \text{m}\approx 202\ \text{m}$，故渠道进口水深为 2.25 m。

表 7-2　列表计算结果

断面	h (m)	A (m^2)	v (m/s)	$\frac{v^2}{2g}$ (m)	E_s (m)	ΔE_s (m)	χ (m)	R (m)	C ($m^{1/2}$/s)	$\bar{v}$ (m/s)	$\bar{C}$ (m/s)	$\bar{R}$ (m)	$\bar{J}_f$ ($\times 10^{-5}$)	$\Delta l = \frac{\Delta E_s}{i - \bar{J}_f}$ (m)	$\sum \Delta l$ (m)
1—1	3. 5	52. 50	0. 476	0. 012	3. 512	0. 198	23. 65	2. 22	45. 69	0. 498	45. 52	2. 17	5. 62	446	446
2—2	3. 3	48. 18	0. 519	0. 014	3. 314	0. 198	22. 76	2. 12	45. 34	0. 544	45. 15	2. 07	7. 01	461	907
3—3	3. 1	44. 02	0. 568	0. 016	3. 116	0. 196	21. 86	2. 01	44. 95	0. 597	44. 75	1. 96	9. 07	479	1 386
4—4	2. 9	40. 02	0. 625	0. 020	2. 920	0. 196	20. 97	1. 91	44. 55	0. 658	44. 34	1. 86	11. 24	506	1 892
5—5	2. 7	36. 18	0. 691	0. 024	2. 724	0. 194	20. 07	1. 80	44. 13	0. 730	43. 90	1. 75	15. 80	567	2 459
6—6	2. 5	32. 50	0. 769	0. 030	2. 530	0. 192	19. 18	1. 69	43. 90	0. 816	43. 43	1. 64	21. 53	674	3 133
7—7	2. 3	28. 98	0. 863	0. 038	2. 338		18. 29	1. 58	43. 43						
8—8	2. 25	28. 13	0. 889	0. 040	2. 290	0. 048	18. 06	1. 56	43. 07	0. 876	43. 13	1. 57	26. 28	201	3 334

【例 7-10】　某水库溢洪道陡坡段为矩形过水断面，断面宽度由进口断面宽度 60 m 变为进口断面宽度 50 m（见图 7-18），陡坡全长 100 m，泄洪量 $Q = 392\ m^3/s$，进口断面 1—1 处水深 $h_1 = 1.63$ m，陡坡段的底坡为 1∶20，糙率 $n = 0.014$，请计算陡坡段的水面曲线。

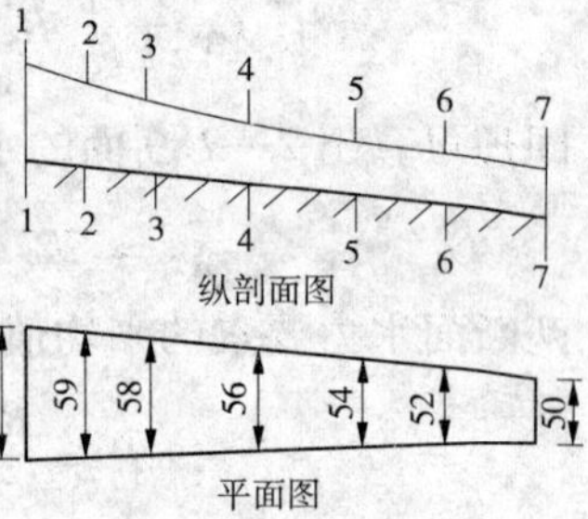

图 7-18　（单位：m）

解：陡坡全长 100 m，分为六段，进口处 1—2 段与 2—3 段水面变化较大，故而较短，坡长均 10 m，其余四段坡长均 20 m，可以算得各断面的宽度如平面图所示，从 1 断面到 7 断面，依次为 60 m、59 m、58 m、56 m、54 m、52 m、50 m。为便于计算，将公式

$$\Delta l = \frac{E_{s2} - E_{s1}}{i - \bar{J}}$$

整理为

$$E_{s1} + i\Delta l = E_{s2} + \bar{J}\Delta l$$

由 $h_1 = 1.63$ m，求出 $E_{s1} + i\Delta l$ 的数值，再假设 h_2，由 h_2 求出 $E_{s2} + \bar{J}\Delta l$ 的数值，如二者数值相等，则假设正确，h_2 即为所求，否则，再假设 h_2，直至二者数值相等为止。

（1）由 $h_1 = 1.63$ m，求 $E_{s1} + i\Delta l$

$A_1 = b_1 h_1 = 60 \times 1.63 = 97.8(m^2)$　　$\chi_1 = b_1 + 2h_1 = 60 + 2 \times 1.63 = 63.26(m)$

$R_1 = \frac{A_1}{\chi_1} = \frac{97.8}{63.26} = 1.546(m)$　　$C_1 = \frac{1}{n} R_1^{1/6} = \frac{1}{0.014} \times 1.546^{\frac{1}{6}} = 76.81(m^{1/2}/s)$

$v_1 = \frac{Q}{A_1} = \frac{392}{97.80} = 4.008(m/s)$　　$\frac{\alpha_1 v_1^2}{2g} = \frac{1.10 \times 4.008^2}{2 \times 9.80} = 0.902(m)$（取 $\alpha_1 = 1.10$）

$E_{s1} = h_1 + \frac{\alpha_1 v_1^2}{2g} = 1.63 + 0.902 = 2.532(m)$

$E_{s1} + i\Delta l = 2.532 + 1/20 \times 10 = 3.032(m)$

(2)假设 h_2,由 h_2 求 $E_{s2}+\bar{J}\Delta l$

假设2断面水深 $h_2=1.16$ m,重复以上计算步骤,可得

$$A_2=b_2h_2=1.16\times59=68.44(\text{m}^2)\qquad \chi_2=b_2+2h_2=59+2\times1.16=61.32(\text{m})$$

$$R_2=\frac{A_2}{\chi_2}=\frac{68.44}{61.32}=1.116(\text{m})\qquad C_2=\frac{1}{n}R_2^{1/6}=\frac{1}{0.014}\times1.116^{1/6}=72.75(\text{m}^{1/2}/\text{s})$$

$$v_2=\frac{Q}{A_2}=\frac{392}{68.44}=5.728(\text{m/s})\qquad \frac{\alpha_2v_2^2}{2g}=\frac{1.1\times5.728^2}{2\times9.8}=1.841(\text{m/s})\quad(\text{取}\ \alpha_2=1.10)$$

$$E_{s2}=h_2+\frac{\alpha_2v_2^2}{2g}=1.16+1.841=3.001(\text{m})$$

计算 $\bar{J}\Delta l_{1-2}$

$$\bar{R}=\frac{R_1+R_2}{2}=\frac{1.546+1.116}{2}=1.331(\text{m})\qquad \bar{v}=\frac{v_1+v_2}{2}=\frac{4.008+5.728}{2}=4.868(\text{m/s})$$

$$\bar{C}=\frac{C_1+C_2}{2}=\frac{76.81+72.75}{2}=74.78(\text{m}^{1/2}/\text{s})\qquad \bar{J}=\frac{\bar{v}^2}{\bar{C}^2\bar{R}}=\frac{4.868^2}{74.78^2\times1.331}=0.0032$$

$$\bar{J}\Delta l_{1-2}=0.0032\times10=0.032(\text{m})$$

$$E_{s2}+\bar{J}\Delta l=3.001+0.032=3.033\approx3.032$$

试算成功,不需再算。则 $h_2=1.16$ m。

对于2—3、3—4、4—5、5—6、6—7段,重复以上步骤,可求得其他各断面水深 h_3、h_4、h_5、h_6、h_7,计算结果见表7-3。

表7-3　分段法求解非棱柱体溢洪道水面曲线计算表

断面	1	2	3	4	5	6	7
h(m)	1.630	1.160	1.032	0.910	0.853	0.824	0.810
b(m)	60	59	58	56	54	52	50
A(m²)	97.80	68.44	59.86	50.96	46.06	42.85	40.50
v(m/s)	4.008	5.728	6.549	7.692	8.510	9.149	9.679
χ(m)	63.26	61.32	60.06	57.82	55.71	53.65	51.62
R(m)	1.546	1.116	0.996	0.881	0.827	0.799	0.785
c (m$^{1/2}$/s)	76.81	72.75	71.39	69.44	69.20	68.80	68.59
$\frac{\alpha v_2^2}{2g}$ (m)	0.902	1.841	2.407	3.320	4.065	4.697	5.258
E_s(m)	2.532	3.001	3.439	4.231	4.918	5.521	6.068

断面	1—2	2—3	3—4	4—5	5—6	6—7
Δl(m)	10	10	20	20	20	20
$i\Delta l$(m)	0.5	0.5	1.0	1.0	1.0	1.0
$E_{s1}+i\Delta l$(m)	3.032	3.501	4.439	5.231	5.918	6.521
$\bar{R}$(m)	1.331	1.056	0.939	0.854	0.813	0.792
$\bar{v}$(m/s)	4.868	6.139	7.121	8.101	8.830	9.414
$\bar{c}$(m$^{1/2}$/s)	74.78	72.07	70.66	69.57	69.00	68.69
$\bar{J}$	0.003 18	0.006 86	0.010 8	0.015 9	0.020 1	0.023 7
$\bar{J}\Delta l$(m)	0.031 8	0.068 6	0.216	0.318	0.403	0.474
$E_s+\bar{J}\Delta l$(m)	3.033	3.508	4.447	5.236	5.923	6.542

第七节 弯道水流简介

无论天然河道或人工渠道一般都有弯道,弯道中的水流可能是缓流,也可能是急流。缓流弯道水流与急流弯道水流的流动现象完全不同,本节主要介绍缓流弯道水流问题。

流经弯道的水流受边界的约束,在流动过程中不断改变方向,水流除受重力作用外,还受离心力的作用,离心力的方向指向凹岸。因为水流具有自由表面,受离心力的作用和凹岸边界的约束,会使凹岸水面高于凸岸水面,在弯道的横断面上形成横向水面坡降,并且使水流除纵向流动外,还产生横向流动,形成断面环流,如图 7-19(a)所示。弯道水流的纵向流动和横向流动合成在一起就构成了螺旋流,如图 7-19(b)所示。

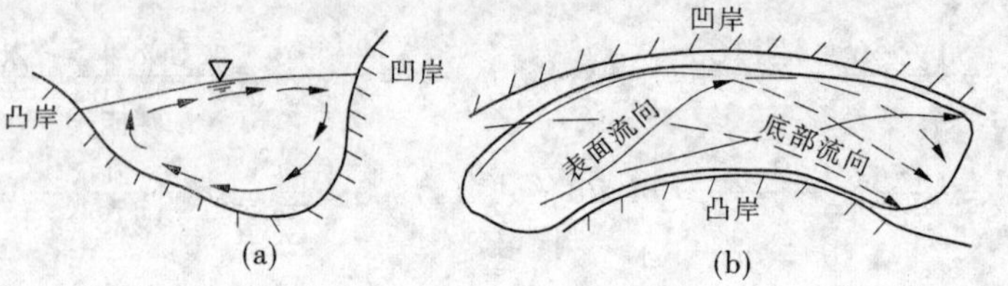

图 7-19

弯道水流能够使凹岸发生冲刷,凸岸发生淤积,这对于河床演变有重要作用。要进行河道整治、港口建设等,就必须掌握这些变化规律。另外,在河道上修建引水闸时,人们还常常利用弯道水流的特性,将取水口的位置选在凹岸,既可以防止主流脱离取水口,还能够防止底沙进入渠道,减少渠道淤积。总之,研究弯道水流问题有重要的实际意义。

下面我们对弯道水流的横向水面坡降、断面环流及能量损失等问题,进行一些讨论。

一、横向水面坡降及超高计算

一弯曲河道如图 7-20 所示,以弯道曲率中心 o 点为坐标原点,建立直角坐标系。设凸岸的曲率半径为 r_1,凹岸的曲率半径为 r_2。在水面上任取一水质点 A,质量为 $\mathrm{d}m$,其纵向流速为 u,曲率半径为 x。作用于水质点上的重力 $\mathrm{d}G=\mathrm{d}mg$,方向垂直向下;作用于水质点上的离心力 $\mathrm{d}f=\mathrm{d}m\dfrac{u^2}{x}$,方向水平指向凹岸。若忽略液体内摩擦力的影响,则

$$\tan\theta=\frac{\mathrm{d}f}{\mathrm{d}G}=\frac{\mathrm{d}m\dfrac{u^2}{x}}{\mathrm{d}mg}=\frac{u^2}{gx} \tag{7-35}$$

过点 A 作一直线与水面相切,在 xoz 平面上该直线的斜率为 $\tan\alpha=\mathrm{d}z/\mathrm{d}x$(见图 7-20(b))。在 x 方向水质点没有运动,即在质量力的作用下处于平衡状态,质量力的合力必垂直于过点 A 的切线,即 $\tan\alpha=\tan\theta$,故弯道水流点 A 的横向水面坡降为

$$J_x=\frac{\mathrm{d}z}{\mathrm{d}x}=\frac{u^2}{gx} \tag{7-36}$$

从式(7-36)可以看出,弯道的横向水面坡降与纵向流速的平方成正比,与曲率半径成反比。分离积分变量得

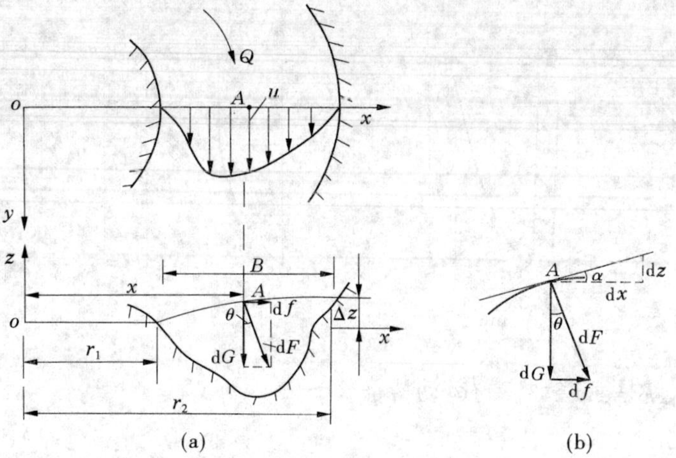

图 7-20

$$dz = \frac{u^2}{gx}dx \tag{7-37}$$

只要找出纵向流速沿横向分布的函数关系，代入式(7-37)积分，就可得到弯道上的横向自由水面方程式。但由于弯道水流的复杂性，纵向流速沿横向的分布规律一般是不知道的，所以无法对式(7-37)直接积分。为了估算横向水面超高 Δz，往往以断面平均流速 v 代替纵向流速 u，以河道中心曲率半径 r_c 代替各点的曲率半径 x 代入式(7-37)，并乘以修正系数 α_0，可得

$$\Delta z = \alpha_0\int_{r_1}^{r_2}\frac{v^2}{gr_c}dx = \frac{\alpha_0 v^2}{gr_c}(r_2 - r_1) = \frac{\alpha_0 v^2}{gr_c}B \tag{7-38}$$

式中　B——水面宽度；

　　a_0——修正系数，为 1.01～1.1。

二、断面环流

弯道水流的另一重要特性是在和弯道中心线正交的横断面上水流具有横向分速。在水流的表面横向分速指向凹岸，靠近底部的横向分速指向凸岸，这种横向流动叫做断面环流。断面环流是怎么产生的呢？可以在横断面上任意取一微小柱体，分析微分柱体单位体积的受力情况，如图 7-21 所示。

作用于水面下任一深度处的水质点的离心力与该点的纵向流速的平方成正比，即作用于单位体积上的离心力 $f=\rho\frac{u^2}{r}$。因为沿垂线上的纵向流速一般呈抛物线分布，则离心惯性力沿垂线亦呈抛物线分布，如图 7-21(a)所示。作用在微分柱体两侧的动水压强可认为按静水压强分布，那么水柱两侧的压强差的分布，如图 7-21(b)所示。离心惯性力与动水压强差沿垂线分布进行叠加，可得到微分柱体所受横向力沿垂线的分布图，如图 7-21(c)所示。图 7-21 表明，微分柱体上部的横向力指向凹岸，下部指向凸岸，故在横断面上，上部流动朝向凹岸，下部朝向凸岸，形成断面环流。横向分速和纵向流速的综合，就形成了弯道中的螺旋式流动。凹岸常被水流淘刷，塌下的泥沙又常常被底部水流推移到凸岸

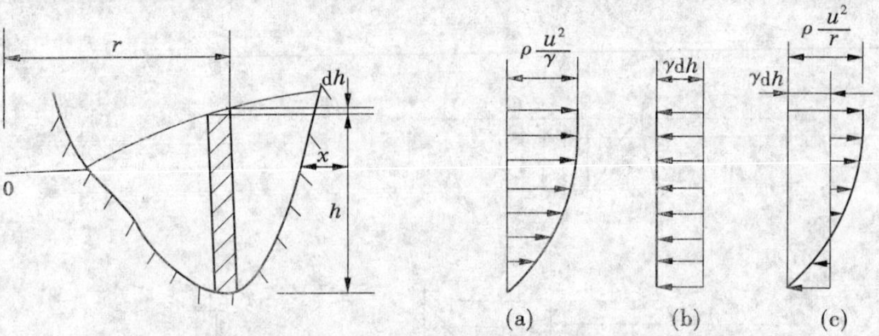

图 7-21

下游形成淤积，这就是弯道水流的运动特征。

三、能量损失

弯道中的流动水头损失比同等长度顺直河（渠）道要大，这是因为弯道中存在断面环流，受到的河床阻力较直段大，并且在弯道下游端的凸岸附近有时会发生水流分离现象，这些都会增大能量损失。弯道水流的局部水头损失仍按下式计算

$$h_j = \zeta\frac{v^2}{2g} \tag{7-39}$$

试验结果表明，局部水头损失系数主要与弯道轴线的曲率半径 r_c、水面宽度 B、水深 h、弯段长度 L、河槽糙率 n 有关，渠道的局部水头损失系数可采用以下经验公式确定

$$\zeta = \frac{19.62L}{C^2R}\left(1+\frac{3}{4}\sqrt{\frac{B}{r_c}}\right) \tag{7-40}$$

式中 R——水力半径；

B——水面宽度；

r_c——弯道轴线曲率半径；

L——弯道长度；

C——谢才系数。

在天然河道中，河宽一般远远大于水深，由于河床阻力的影响，环流引起的能量损失很小且可以忽略不计。

本章考试内容

记公式：$v_w=\sqrt{g\bar{h}}$；$Fr=\frac{v}{v_w}=\frac{v}{\sqrt{g\frac{A}{B}}}=\frac{v}{\sqrt{g\bar{h}}}$；$E_s=h+\frac{\alpha v^2}{2g}$；$h_k=\sqrt[3]{\frac{\alpha q^2}{g}}$；$\frac{\alpha Q^2}{g}=\frac{A_k^3}{B_k}$；$h''=\frac{h'}{2}\left(\sqrt{1+\frac{8q^2}{gh'^3}}-1\right)$；$\frac{dh}{dl}=\frac{i-J}{1-Fr^2}$；$\Delta l=\frac{\Delta E_s}{i-J}$。

会计算：矩形断面临界水深；矩形渠道的跃前水深、跃后水深、跃长；渠道、河道的水面曲线的定性分析和计算；判别水流流态。

记概念：水流流态（缓流、临界流、急流）；弗劳德数；断面能量；临界水深；临界底坡；缓坡、陡坡；水跌、水跃。

技能训练题

7-1　某梯形渠道，底宽 $b=5$ m，边坡系数 $m=1.5$，当通过流量 $Q=28$ m^3/s 时，正常水深 $h_0=2.58$ m。求：①微波的波速；②弗劳德数；③判别水流的流态。

7-2　一梯形渠道，底宽 $b=20$ m，边坡系数 $m=2$。①试绘制流量 $Q=30$ m^3/s 和 $Q=50$ m^3/s 的断面比能曲线（绘于同一图上），并由比能曲线确定临界水深 h_k；②若将渠道底宽改为 $b=15$ m，问相同流量下的临界水深如何变化？

7-3　一矩形渠道，已知 $Q=40$ m^3/s，底宽 $b=10$ m，糙率 $n=0.025$，底坡 $i=0.000\,35$。试分别用临界水深、临界坡度及弗劳德数判别渠道中为均匀流动时的流态。

7-4　已知无压圆管，$d=4$ m，$Q=15.3$ m^3/s 时的正常水深 $h_0=3.25$ m。求：①临界水深；②临界流速；③弗劳德数；④判别均匀流动的流态。

7-5　有一梯形断面渠道，底宽 $b=6$ m，边坡系数 $m=2.0$，糙率 $n=0.022\,5$，通过流量 $Q=12$ m^3/s，求临界坡度 i_k。

7-6　一矩形断面渠道，已知底宽 $b=8$ m，通过的流量 $Q=45$ m^3/s。求：①绘制水跃函数曲线；②由曲线查出临界水深及跃前水深分别为 $h'=0.60$ m、$h'=0.75$ m 所对应的跃后水深 h''。

7-7　试验水槽中的水流现象如图 7-22 所示，流量保持不变，若升高或降低尾门，试分析水跃位置是否移动，如果移动，向哪边移动？为什么？若流量增大，调整闸门和尾门，使闸后收缩断面的水深 h_c 和跃后水深 h_t 不变，问水跃位置是否变化？为什么？

7-8　如图 7-23 所示，在溢洪道坡脚处的水平护坦上发生水跃，跃前水深 $h'=2.6$ m，溢洪道断面为矩形，宽 24.38 m，通过的流量 $Q=1\,588.53$ m^3/s，下游水深 $h_t=19.0$ m。求：①跃后水深 h''；②水跃长度 L_j；③判别属何种水跃。

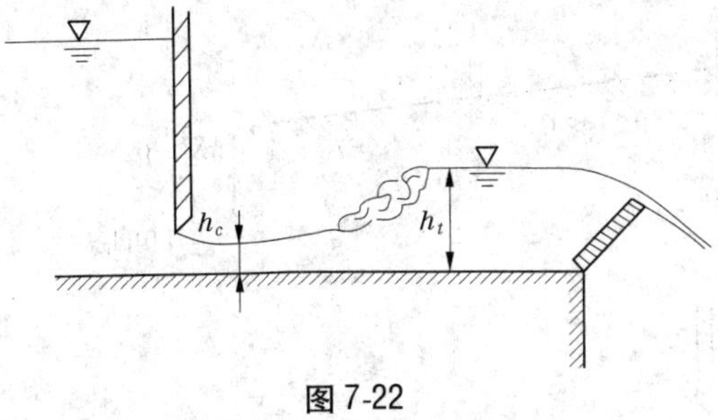

图 7-22

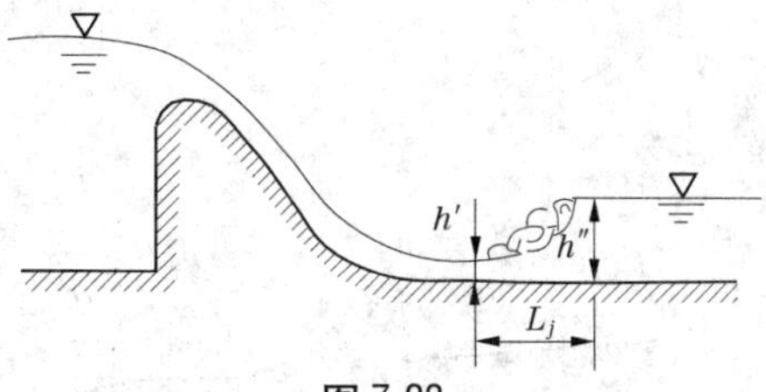

图 7-23

7-9　已知梯形断面渠道的底宽 $b=1$ m，边坡系数 $m=1$。在水平渠段上的水跃共轭水深为 $h_1=0.2$ m，$h_2=0.6$ m，求通过渠道的流量 q_v（梯形断面形心的深度 $h_c=\dfrac{h(3b+2bh)}{6(b+mh)}$）。

7-10　试定性分析图 7-24 渠道纵坡变化时，上下游渠道水面线的型式并注出其名称。已知渠道为断面形状、尺寸及糙率沿程不变的长直棱柱体渠道(各段均充分长)。

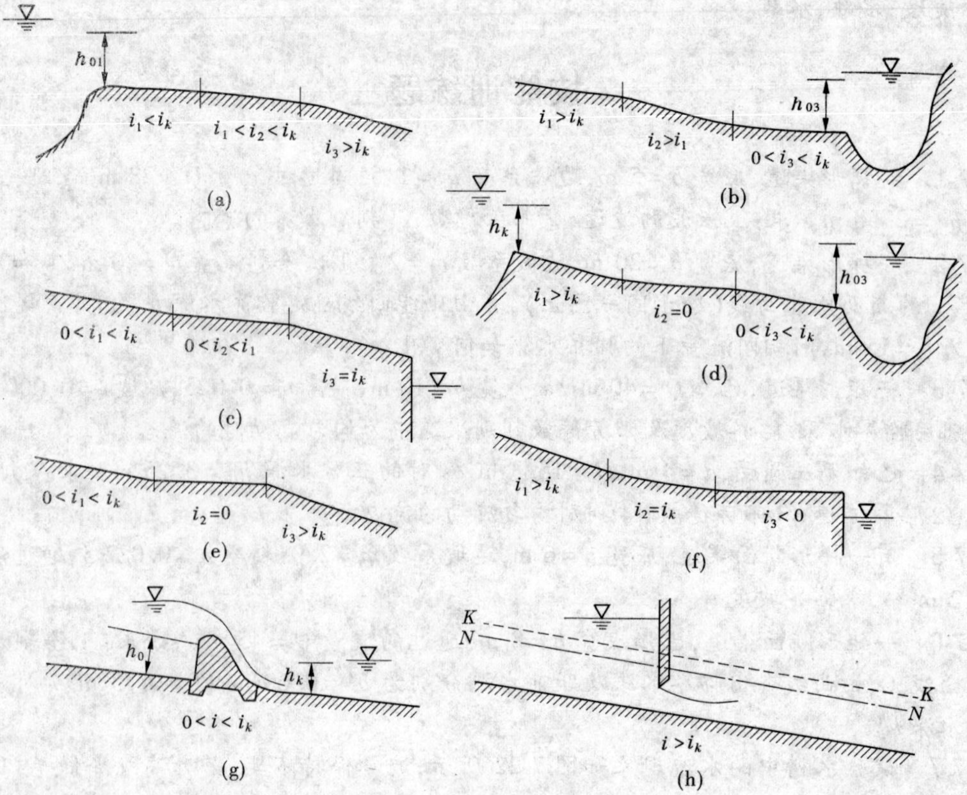

图 7-24

7-11　试定性分析图 7-25 所示渠道中的水面线,并指出不同型式的水面线其断面比能沿流程如何变化。已知渠道的断面型式及尺寸沿流程不变,且各段均充分长。

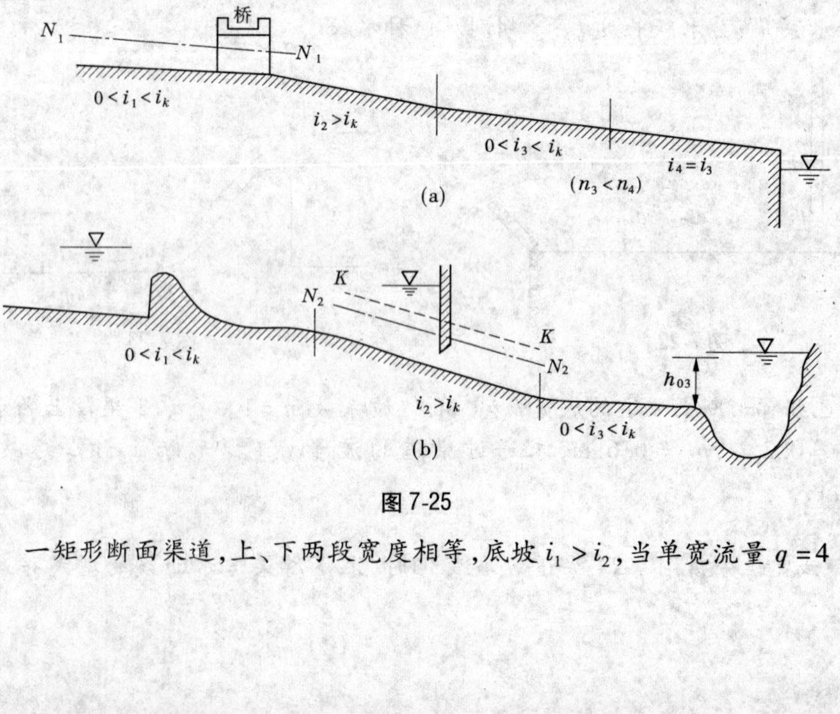

图 7-25

7-12　一矩形断面渠道,上、下两段宽度相等,底坡 $i_1>i_2$,当单宽流量 $q=4\ m^3/s$ 时,

正常水深分别为 $h_{01}=0.66\ \mathrm{m}$，$h_{02}=1.55\ \mathrm{m}$，试绘制水面曲线，并确定水跃发生在哪段渠道中。

7-13　有一梯形断面的土渠，底宽 $b=7.5\ \mathrm{m}$，边坡系数 $m=2$，底坡 $i=0.000\ 35$，糙率 $n=0.025$，试作该渠道水深与流量的关系曲线。当流量 $Q=40\ \mathrm{m^3/s}$ 时，正常水深等于多少？今在该渠道上修建一节制闸，已知当水闸通过上述流量时的闸前水深 $h=3.8\ \mathrm{m}$，试计算节制闸上游水面线的壅水长度并绘制水面线。（注：水深从大于 h_0 趋近于 h_0 时，水面线计算长度可计算到 $h=1.01h_0$；水深从小于 h_0 趋近 h_0 时，水面线可计算到 $h=0.99h_0$。）

7-14　某溢洪道由三段组成，断面为矩形，底宽 $b=12\ \mathrm{m}$，糙率 $n=0.015$，流量 $Q=600\ \mathrm{m^3/s}$。各渠段的长度及底坡如图 7-26 所示。求：①1、2 渠段的水面线；②若下游水深 $h_t=6.5\ \mathrm{m}$，确定下游水跃发生的位置，并绘制出溢洪道的水面曲线。

7-15　如图 7-27 所示，为了减小溢洪道末端的单宽流量，利于消能，在溢洪道的末端建一水平扩散段，断面为矩形。已知 1—1 断面的水深 $h_1=3.0\ \mathrm{m}$，宽度 $b=40\ \mathrm{m}$，扩散段按直线扩散至 60 m，扩散角 $\alpha=7.5°$，试计算当通过流量 $Q=1\ 450\ \mathrm{m^3/s}$ 时扩散段的水面线。

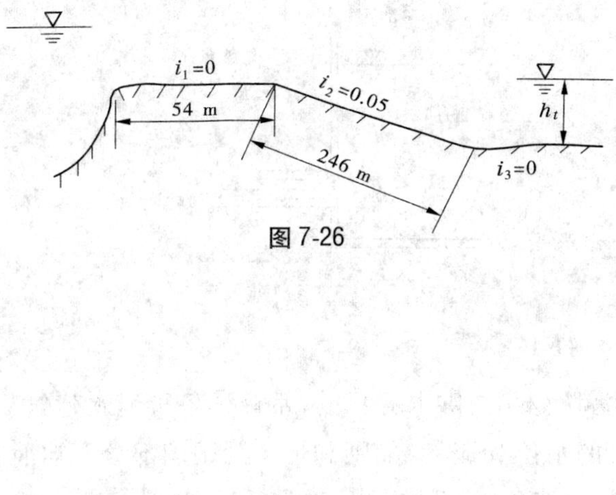

图 7-26

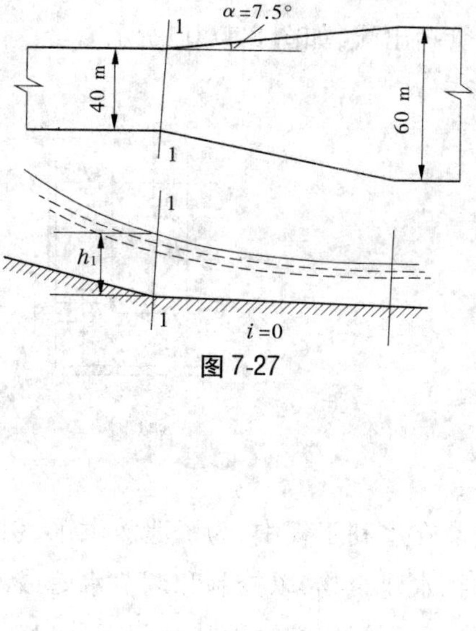

图 7-27

第八章　泄水建筑物的水力计算

职业技能

通过本章学习，掌握分析和判别闸孔出流和堰流的水流类型、流态；能够正确选择相应的公式和系数计算闸孔出流和堰流的过水能力；学会正确应用经验公式或查表进行流量系数、侧收缩系数和淹没系数的计算；理解堰、自由出流、淹没出流的概念。

第一节　概　述

实际工程中有各种泄水建筑物。在装有液体的容器壁上开设孔口，液体经孔口泄流的水力现象，称为孔口出流，如图 8-1(a)所示。若器壁较厚或在孔口上加设短管，且器壁厚度或加设短管的长度是孔口尺寸的 3～4 倍，则叫管嘴，液体经管嘴泄出的水流现象称为管嘴出流，如图 8-1(b)所示。

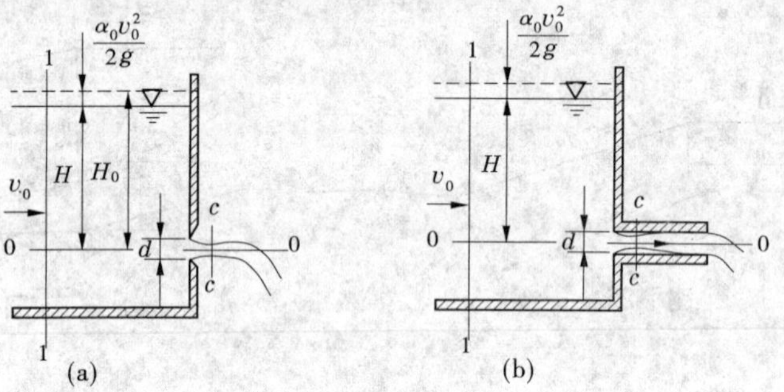

图 8-1

在水利工程中，为了泄放洪水、引水灌溉、发电、供水等目的，常修建各种泄水建筑物和挡水建筑物，以控制和调节水库或河渠的水位和流量，如闸和堰。当闸门部分开启时，水流受到闸门控制而从闸门下孔口泄出的水流称为闸孔出流，如图 8-2(a)、(c)所示。闸孔出流实质上就是一种孔口出流，通常把孔口出流与闸孔出流统称为孔流。

凡对水流有局部约束且顶部自由溢流的建筑物，称为堰。经堰顶自由下泄的水流称堰流，如图 8-2(b)、(d)所示。堰流与闸孔出流是两种不同的水力现象，但它们既有区别又有联系。堰流由于不受闸门的控制，水面线为一光滑连续的降水曲线；闸孔出流由于受闸门的控制，闸孔上、下游的水面是不连续的。正

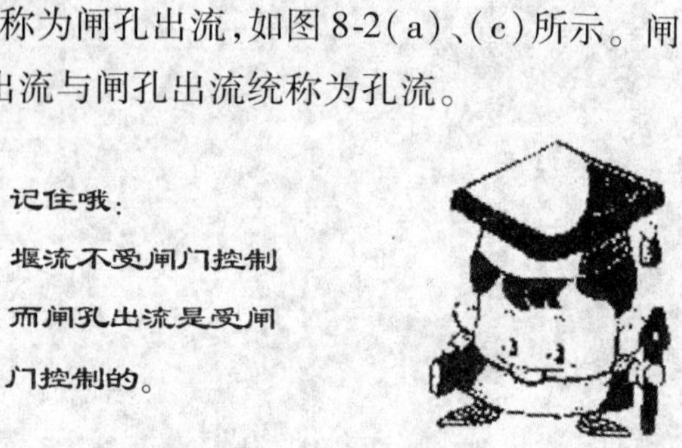

是由于堰流及闸孔出流这种边界条件的差异，它们的水流特征及过水能力也各不相同。

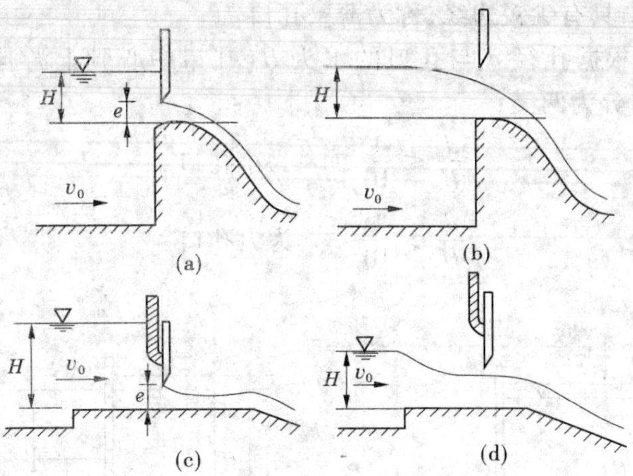

图 8-2

堰流与闸孔出流的相同点：首先，堰流和闸孔出流都是建筑物对水流的局部阻碍，使上游水位壅高，从能量的角度上看，出流的过程都是一种势能转化为动能的过程；其次，这两者都是在较短的距离内流线发生急剧弯曲的急变流，离心惯性力对建筑物表面的压强分布及建筑物的过水能力均有一定影响，能量损失主要是局部水头损失，沿程水头损失可忽略不计。

在实际工程中，装有闸门的堰上可能发生堰流或闸孔出流，这两种水流转换时与闸底坎型式、门型、闸门的相对开度、闸门在堰顶的位置等因素有关。可根据堰闸型式和实测的闸门相对开度$\frac{e}{H}$值进行判别：

闸底坎为平顶坎，$\frac{e}{H} \leqslant 0.65$ 时，为闸孔出流；$\frac{e}{H} > 0.65$ 时，为堰流。

闸底坎为曲线型坎，$\frac{e}{H} \leqslant 0.75$ 时，为闸孔出流；$\frac{e}{H} > 0.75$ 时，为堰流。

上述式中，e 为闸门开启度，H 为堰顶水头。

第二节　孔口与管嘴出流水力计算

孔口与管嘴在水利工程中应用广泛，如小型水库卧管放水，船闸充水、放水，农业喷灌，水力施工以及消防等。对于孔口、管嘴出流，如果出流不受下游水位影响，直接流入大气，则称为自由出流；出口在下游水面以下，受下游水位的影响，称为淹没出流。

一、恒定孔口出流水力计算

孔口出流分恒定流与非恒定流，本章主要说明恒定的孔口出流。

在实际工程中,孔口的断面形状以圆形为主。孔口边缘有薄壁(锐缘)、厚壁和修圆等不同情况。若孔口具有尖锐边缘,称为薄壁孔口。

对于圆形孔口,根据孔径 d 与孔口的水头 H(孔口中心到上游自由水面的高度,见图 8-3)之比,把孔口分为两类:

$$\frac{d}{H} \leqslant \frac{1}{10} \qquad \text{为小孔口}$$

$$\frac{d}{H} > \frac{1}{10} \qquad \text{为大孔口}$$

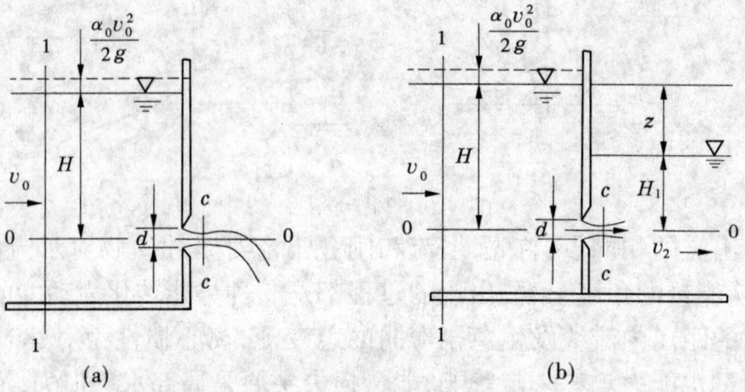

图 8-3

对于小孔口而言,由于孔口直径 d 比水头 H 小得多,故可假定孔口断面上各点的水头 H 均相等。上述假定对大孔口不适应。

(一)薄壁小孔口的自由出流

薄壁小孔口自由出流现象,如图 8-3(a)所示。由于惯性作用,出流时流线呈逐渐弯曲,水流在出口处产生收缩现象。收缩断面一般在离孔口约 $d/2$ 处,且流线呈平行直线,一般用 c—c 来表示,收缩程度用收缩系数 ε'来表示

$$\varepsilon' = \frac{A_c}{A} \tag{8-1}$$

式中 A——孔口过水断面面积;

A_c——收缩断面面积,小于孔口在完全收缩时的断面面积。

影响 ε'值的主要因素是孔口形状、边缘情况和孔口离开边界的距离(见图 8-4)。当孔口在位置Ⅰ时,液体经孔口出流,仅在局部发生收缩,称为不完全收缩。当孔口在位置Ⅱ时,水流在各边均发生收缩,称为完全收缩。不完全收缩的收缩系数要比完全收缩的大些。完全收缩又分为完善收缩和不完善收缩两种。经验证明,当孔口边界与最近的边界距离大于孔口尺寸的 3 倍以上时,边界则不再影响垂直收缩系数 ε',此时称为完善收缩;否则称为不完善收缩。

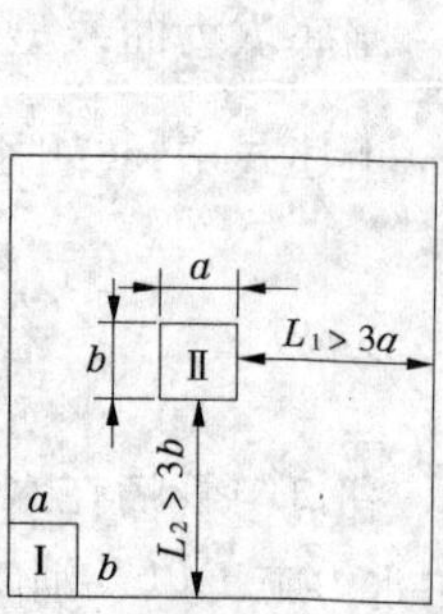

图 8-4

试验测得,薄壁圆形小孔口在完全完善收缩时,$\varepsilon' = 0.60 \sim 0.64$。

下面推导恒定薄壁小孔口自由出流的流量公式。

取符合渐变流条件的断面1—1与c—c，并取通过孔口中心的水平面0—0为基准面（见图8-3(a)），写出能量方程如下

$$H + 0 + \frac{\alpha_0 v_0^2}{2g} = 0 + 0 + \frac{\alpha_c v_c^2}{2g} + \zeta \frac{v_c^2}{2g}$$

式中　v_0——上游断面的行近流速；

v_c——收缩断面的流速；

ζ——孔口局部阻力系数。

令$H_0 = H + \frac{\alpha_0 v_0^2}{2g}$，上式整理得

$$v_c = \frac{1}{\sqrt{1+\zeta}}\sqrt{2gH_0} = \varphi\sqrt{2gH_0}$$

令$\varphi = \frac{1}{\sqrt{1+\zeta}}$，称为流速系数，$A_c = \varepsilon' A$，又$Q = A_c v_c$，则有

$$Q = A_c v_c = \varepsilon' A \varphi \sqrt{2gH_0}$$

令$\mu = \varepsilon'\varphi$，$\mu$称为流量系数，则薄壁小孔口自由出流流量公式为

$$Q = \mu A\sqrt{2gH_0} \tag{8-2}$$

式(8-2)说明，在孔口面积一定的情况下，孔口的过水能力与作用水头的平方根成正比。

薄壁圆形小孔口自由出流，在完全完善收缩情况下，孔口的局部阻力系数ζ、流速系数φ、垂直收缩系数ε'及流量系数μ等变化较小。试验资料表明，它们的数值分别为：$\zeta = 0.06$，$\varphi = 0.97$，$\varepsilon' = 0.60 \sim 0.64$，$\mu = 0.58 \sim 0.62$。初步计算时，流量系数可取$\mu = 0.60$。

（二）薄壁小孔口的淹没出流

当下游水位高出孔口，出流水股淹没在下游水面以下时，则为淹没出流（见图8-3(b)）。取符合渐变流条件的断面1—1及c—c，以通过孔口中心的水平线0—0为基准面，利用能量方程和连续性方程可推得

$$Q = \mu A\sqrt{2gz_0} \tag{8-3}$$

式中　z_0——上游总水头，$z_0 = z + \frac{\alpha_0 v_0^2}{2g}$，$z$为上下游水位差，$z = H - H_1$；

μ——孔口淹没出流时的流量系数，其值与孔口自由出流时的流量系数值相同。

式(8-3)表明，在淹没出流情况下，通过孔口的流量与上下游水位差z有关。

比较自由出流与淹没出流的计算公式可知，它们具有相同的形式，所不同的是，自由出流时，孔口的作用水头为H_0，而淹没出流时的作用水头为z_0。对于同一孔口而言，自由出流时的流量大于淹没出流时的流量。

【例8-1】　有一直径$d = 15$ cm的圆形锐缘孔口，其中心在水下的深度$H = 2.5$ m，出流前的行近流速$v_0 = 0.6$ m/s，孔口出流为完全完善收缩的自由出流，求孔口出流量。

解：因$\frac{d}{H} = \frac{0.15}{2.5} = 0.06 < 0.1$，则为小孔口出流。

$$A = \frac{\pi}{4}d^2 = \frac{\pi}{4} \times 0.15^2 = 0.0177(\text{m}^2)$$

$$H_0 = H + \frac{\alpha_0 v_0^2}{2g} = 2.5 + \frac{1.0 \times 0.6^2}{2 \times 9.8} = 2.52(\text{m})$$

取流量系数$\mu = 0.62$，所以孔口流量为

$$Q = \mu A\sqrt{2gH_0} = 0.62 \times 0.0177 \times \sqrt{2 \times 9.8 \times 2.52} = 0.077(\text{m}^3/\text{s})$$

二、恒定管嘴出流水力计算

（一）管嘴的分类及出流特征

管嘴出流也分恒定流与非恒定流，本章主要说明恒定的管嘴出流。

恒定管嘴出流又分自由出流与淹没出流两类。在图8-5中，(a)为恒定的圆柱形管嘴自由出流，(d)为管嘴淹没出流，(b)和(c)为管嘴的另外两种形式。

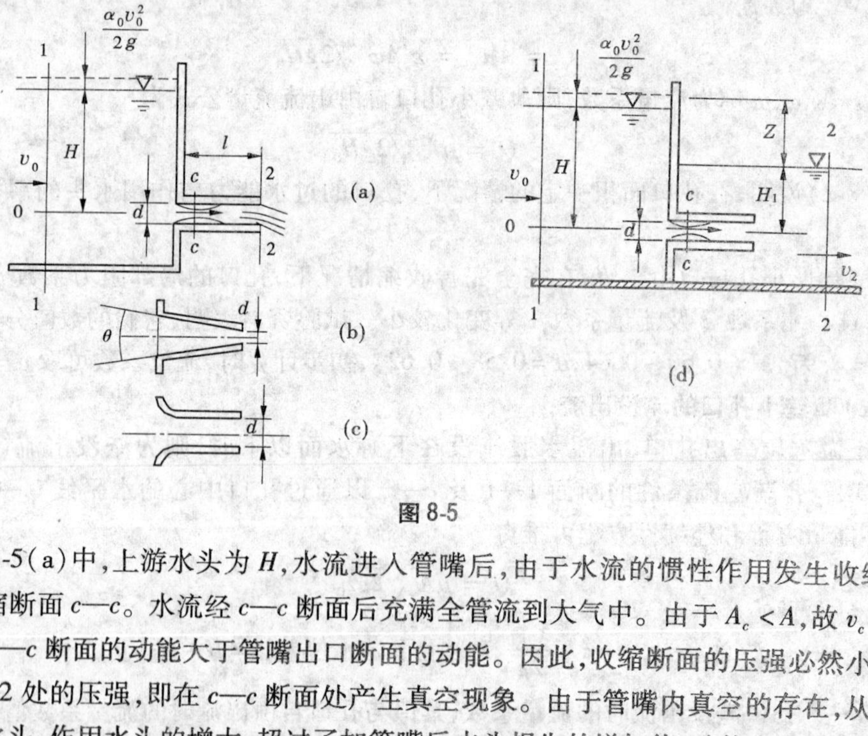

图8-5

图8-5(a)中，上游水头为H，水流进入管嘴后，由于水流的惯性作用发生收缩现象，形成收缩断面$c—c$。水流经$c—c$断面后充满全管流到大气中。由于$A_c < A$，故$v_c > v_2$，即水流在$c—c$断面的动能大于管嘴出口断面的动能。因此，收缩断面的压强必然小于出口断面2—2处的压强，即在$c—c$断面处产生真空现象。由于管嘴内真空的存在，从而加大了作用水头，作用水头的增大，超过了加管嘴后水头损失的增加值，致使在相同的条件下，管嘴比孔口出流的过流能力大。

对断面1—1及断面$c—c$列能量方程，则可得到$c—c$断面真空表达式，然后列$c—c$断面与2—2断面的连续性方程，可得管嘴内收缩断面处的真空度为$h_{真} = 0.75H_0$。

保证管嘴正常工作应满足的条件：

(1)管嘴的长度$l = (3 \sim 4)d$。若$l < (3 \sim 4)d$，则水股不与管壁接触，这时的水流仍为孔口出流。

(2)断面$c—c$处的真空度不能过大。理论上最大真空值为10 m水柱高，但实际上，

当管嘴内收缩断面的真空值大于7 m时，管段中的液体会发生汽化作用，使水流不稳定，并且空气将从管嘴出口处进入，导致收缩断面处真空破坏，从而会失去管嘴的作用。由 $h_{真}=0.75H_0$ 可知，圆柱形外管嘴的作用水头 H_0 不能大于9.0 m。

要理解管嘴出流的工作条件。

（二）管嘴自由出流与淹没出流的流量公式

在图8-5(a)中，取管嘴上游符合渐变流条件的断面1—1与管嘴出口断面2—2，以管嘴中心线为基准面，列能量方程

$$H+\frac{\alpha_0 v_0^2}{2g}=\frac{\alpha v^2}{2g}+\zeta\frac{v^2}{2g}$$

令 $H_0=H+\frac{\alpha_0 v_0^2}{2g}$，整理得

$$v=\frac{1}{\sqrt{\alpha+\zeta}}\sqrt{2gH_0}$$

令 $\varphi_{管}=\frac{1}{\sqrt{\alpha+\zeta}}$，$\varphi_{管}$ 为管嘴的流速系数，则通过管嘴的流量为

$$Q=vA=\varphi_{管}A\sqrt{2gH_0}$$

令 $\mu_{管}$ 为管嘴的流量系数，此时 $\mu_{管}=\varphi_{管}$

$$Q=\mu_{管}A\sqrt{2gH_0} \tag{8-4}$$

式中 A——管嘴出口2—2断面面积。

v——2—2断面的断面平均流速。

因管嘴出口断面为满流，不发生收缩，$\varepsilon'=1.0$。对于圆柱形管嘴，可取 $\zeta=0.5$，设 $\alpha=1.0$，则管嘴流量系数为

$$\mu_{管}=\varphi_{管}=\frac{1}{\sqrt{\alpha+\zeta}}=\frac{1}{\sqrt{1.5}}=0.82$$

同理，管嘴淹没出流时的流量公式可推导得

$$Q=\mu_{管}A\sqrt{2gz_0} \tag{8-5}$$

式中 z_0——淹没出流时的作用水头，$z_0=z+\frac{\alpha_0 v_0^2}{2g}$。

从式(8-5)可看出，淹没出流公式与自由出流时的流量公式的形式一样，流量系数也相同，自由出流的作用水头为 H_0，而淹没出流的作用水头为 z_0。

在实际工程中，管嘴有许多不同的类型，它们的流量系数也各不相同，如锥形管（见图8-5(b)）流量系数为0.94，流线型管嘴（见图8-5(c)）流量系数为0.98。

【例8-2】 有一圆形薄壁孔口，直径 $d=18$ mm，在作用水头 $H=2$ m条件下，恒定自由出流。试求：①孔口出流的流量；②在孔口处外接一等直径的圆柱形管嘴后的流量；③管嘴收缩断面处的真空高度。

解：1. 求孔口出流的流量

因$\frac{d}{H}=\frac{0.018}{2}=0.009<0.1$，为小孔口出流。

取孔口流量系数$\mu=0.62$，$H_0\approx H=2$ m，则有

$$Q=\mu A\sqrt{2gH_0}=0.62\times\frac{\pi}{4}\times0.018^2\times\sqrt{2\times9.8\times2}=0.99\times10^{-3}(\mathrm{m^3/s})=0.99\ \mathrm{L/s}$$

2. 求管嘴出流量

取圆柱形外管嘴的流量系数$\mu_{管}=0.82$，则

$$Q=\mu_{管}A\sqrt{2gH_0}=0.82\times\frac{\pi}{4}\times0.018^2\times\sqrt{2\times9.8\times2}=1.31\times10^{-3}(\mathrm{m^3/s})=1.31\ \mathrm{L/s}$$

3. 求管嘴收缩断面处的真空高度

$$h_{真}=0.75H_0=0.75\times2=1.5(\mathrm{m}\ 水柱)$$

第三节　堰流水力计算

如前所述，凡是对水流有局部约束，且顶部溢流的建筑物称为堰。水流经过堰顶溢流称堰流。堰流的水力特征是：上游水位壅高，水流趋近堰顶时，流线收缩，流速增大，具有明显的水面降落。

一、堰流的类型及基本计算公式

（一）堰流的类型

在实际工程中，根据不同的使用要求和施工条件，常将堰做成不同的形状，如图8-6所示。

一般根据堰顶厚度δ与堰顶水头H的比值$\frac{\delta}{H}$分类。

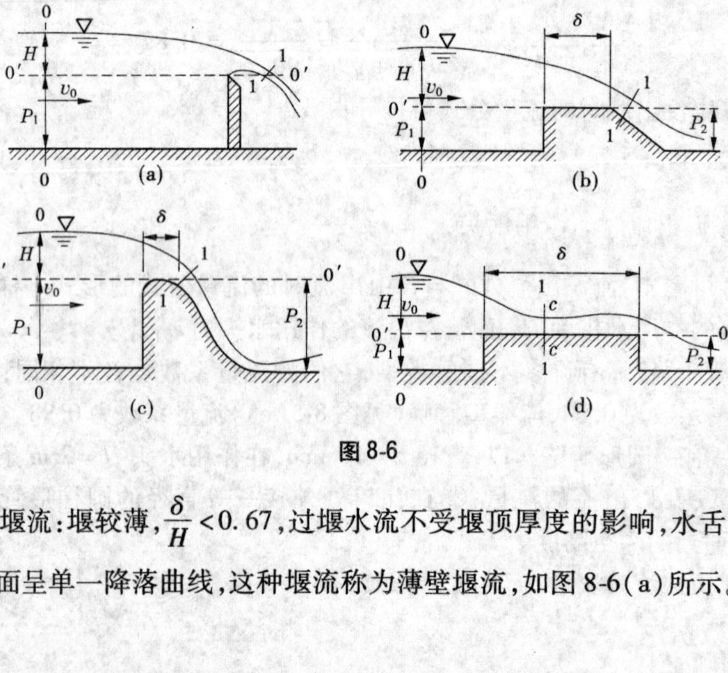

图8-6

（1）薄壁堰流：堰较薄，$\frac{\delta}{H}<0.67$，过堰水流不受堰顶厚度的影响，水舌下缘与堰顶呈线性接触，水面呈单一降落曲线，这种堰流称为薄壁堰流，如图8-6(a)所示。

(2)实用堰:堰顶厚度加大,$0.67<\frac{\delta}{H}<2.5$。过堰水流受到堰的约束和顶托作用,水舌与堰顶呈面接触,但顶托力影响很小,溢流水面仍为单一的降水曲线,这种堰流称为实用堰流。工程中的实用堰分曲线型和折线型两种,如图 8-6(b)、(c)所示。

(3)宽顶堰:堰顶厚度较大,$2.5<\frac{\delta}{H}<10$。过堰水流受堰顶顶托力的约束明显,使得水流在进口处有第一次跌落,形成收缩断面,然后在堰顶形成与堰顶接近平行的水面,堰后下游水面较低时,出堰时形成第二次水面降落,如图 8-6(d)所示。

当$\frac{\delta}{H}>10$时,水流的主要特征不再属于堰流,而变为明渠渐变流。

注意:δ 为堰顶沿水流方向的厚度;H 为堰顶水头,为距堰上游$(3\sim5)H$处的水面与堰顶的高差;P_1、P_2 为上、下游堰高;v_0 为上游行近流速。

由于三种堰流具有不同的水流特征,影响水流的因素不相同,因此需要分别研究。

(二)堰流通用公式

如图 8-6 所示,对各种堰取堰顶水平面为基准面,列 0—0、1—1 断面的能量方程如下

$$z_0+\frac{p_0}{\gamma}+\frac{\alpha_0 v_0^2}{2g}=z_1+\frac{p_1}{\gamma}+\frac{\alpha_1 v_1^2}{2g}+\zeta\frac{v_1^2}{2g}$$

令

$$H_0=H+\frac{\alpha_0 v_0^2}{2g}$$

式中 v_0、v_1——0—0、1—1 断面的流速;

α_0、α_1——0—0、1—1 断面的动能修正系数。

堰前断面 0—0 符合渐变流条件,而 1—1 断面为急变流断面,断面上有垂直收缩,该断面上的压强不按静水压强分布,则测压管水头不为常数,故用$\overline{z_1+\frac{p_1}{\gamma}}$表示 1—1 断面的平均测压管水头,则有

$$H_0=\overline{z_1+\frac{p_1}{\gamma}}+(\alpha_1+\zeta)\frac{v_1^2}{2g}$$

令$\overline{z_1+\frac{p_1}{\gamma}}=\xi H_0$,$\varphi=\frac{1}{\sqrt{\alpha_1+\zeta}}$,经整理可得

$$v_1=\varphi\sqrt{2g(H_0-\xi H_0)}=\varphi\sqrt{1-\xi}\sqrt{2gH_0}$$

又设堰顶过水断面净宽度为 B,1—1 断面的水舌厚度为 kH_0,则 1—1 断面的面积为 $A_1=kH_0B$,通过 1—1 断面的流量为

$$Q=A_1v_1=kH_0B\varphi\sqrt{1-\xi}\sqrt{2gH_0}=k\varphi B\sqrt{1-\xi}\sqrt{2g}H_0^{3/2}$$

令 $m=\varphi k\sqrt{1-\xi}$为堰流的流量系数,则

$$Q=mB\sqrt{2g}H_0^{3/2} \tag{8-6}$$

式(8-6)说明,过堰流量与堰上总水头的 3/2 次方成正比,即 $Q\propto H^{3/2}$。流量系数 m 与 φ、k、ξ 系数值有关。流速系数 φ 值主要反映流速分布不均匀的程度和局部阻力对堰流的影响;k 值主要反映过堰水流垂直收缩程度;ξ 值反映急变流过水断面 1—1 上动水压

强不按直线分布的影响。由以上分析可知，φ、k、ξ 三个系数的值主要取决于堰的边界条件及堰前水头 H。而堰的边界条件变化多样，因此堰流流量系数对于不同的边界具有不同的试验数值。在后面的内容中对于具体堰型，将分别讲解。

注意：

(1)根据下游水位是否影响堰的过流将堰流分为两类：自由出流和淹没出流。自由出流是指下游水位较低，不影响堰的过流能力时的水力现象；而当下游水位较高，影响堰的过流能力时，称淹没出流。但在什么情况下，下游水位才影响堰的过流能力，对于不同的堰型有不同的确定方法，在计算时用淹没系数 σ_s 来表示淹没程度。当堰流为淹没出流时 $\sigma_s<1.0$，为自由出流时 $\sigma_s=1.0$。

(2)当堰顶的过流宽度 B 小于堰前的引水渠宽 B_0 时（如堰顶设有闸墩和边墩等），如图 8-7 所示，引起过流的侧向收缩，影响了堰的过流能力，这种堰流称为有侧收缩的堰流。侧收缩的影响程度用侧收缩系数 ε 来表示。当有侧向收缩时 $\varepsilon<1.0$，当无侧向收缩时 $\varepsilon=1.0$。

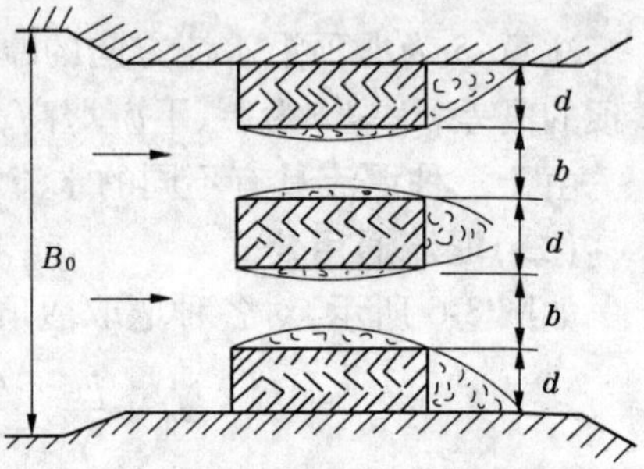

图 8-7

(3)当为低堰且进口不正时，则水流的流态将发生变化，其对流量的影响用流态系数 K 来表示。本教材均按进水渠顺直、正向进流条件，$K=1$ 计算。

考虑各种因素的影响，堰流的一般流量公式为

$$Q = K\sigma_s m\varepsilon B\sqrt{2g}H_0^{3/2} \tag{8-7}$$

式中，当有闸墩时，$B=nb$ 为堰顶过水断面总净宽，其中 n 为孔数，b 为单孔宽度。

堰流的水力计算，关键是根据不同类型的几何边界条件和水流条件，确定相应的流量系数 m、淹没系数 σ_s 和侧收缩系数 ε。

二、薄壁堰流的水力计算

常见的薄壁堰，根据堰板的开口形状，分为矩形薄壁堰、三角形薄壁堰和梯形堰等，如图 8-8 所示。

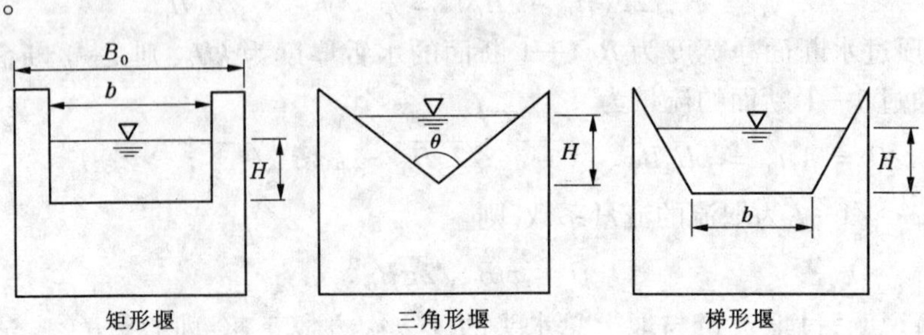

图 8-8　薄壁堰

由于薄壁过堰水流不受堰顶厚度的影响，水舌下缘与堰顶呈线性接触，水面为单一跌落曲线。实践证明，自由出流时具有稳定的压强分布和流速分布，作用水头与流量的关系非常稳定，量测流量的精度高，故薄壁堰一般用于实验室和小型渠道上的流量测量。

(一) 矩形薄壁堰流

利用矩形薄壁堰测流量时，为了得到较高的测量精度，一般要求：

(1) 单孔无侧收缩。

(2) 自由出流（下游水位较低，不影响堰的出流）。当下游水位超过堰顶一定高度时，堰的过水能力开始减小，这种溢流状态为淹没出流。在淹没出流时，水面有较大的波动，水头不易测准，作为测流设备不宜在淹没条件下工作。为了保证薄壁堰不被淹没，一般要求 $z/P_2>0.7$。其中 z 为上、下游水位差，P_2 为下游堰高。

(3) 堰上水头 $H>2.5$ cm。因为当 H 过小时，水流将贴堰溢出，不起挑，出流将不稳定，如图 8-9 所示。

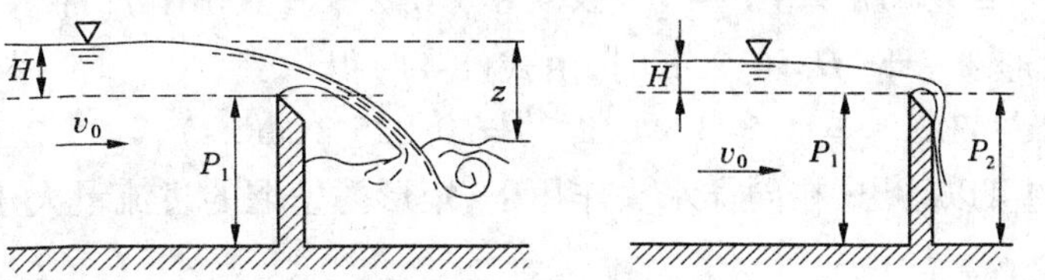

(a)矩形薄壁堰自由出流 $H>2.5$ cm　(b)矩形薄壁堰 $H<2.5$ cm时的水力现象

图 8-9　矩形薄壁堰流

(4) 自由水舌下缘的空间应与大气相通。否则，由于溢流水舌把空气带走，压强降低，水舌下面形成局部真空，出流将不稳定。

在无侧收缩、自由出流时，矩形薄壁堰流的流量公式可用式(8-6)计算。但实践中，为使用方便，将行近流速的影响计入流量系数，则把式(8-6)改写成为

$$H>0.025\ \text{m}\qquad Q=m_0B\sqrt{2g}H^{3/2}\tag{8-8}$$

式中　m_0——考虑行近流速影响在内的流量系数，可用雷伯克公式计算

$$m_0=0.403\,4+0.053\,4\frac{H}{P}+\frac{1}{1\,610H-4.5}\tag{8-9}$$

适用条件：$H\geqslant0.025$ m。

有侧收缩的矩形薄壁堰的流量系数可用板谷－手岛公式确定

$$m_0'=0.403\,2+\frac{0.006\,6}{P}+0.053\,4\frac{H}{P}-0.096\,7\sqrt{\frac{(B_0-B)H}{B_0P}}+0.007\,68\sqrt{\frac{B_0}{P}}\tag{8-10}$$

(二) 三角形薄壁堰流

在实验室量测较小流量时，若用矩形堰时水头过小，测量精度降低。为了提高测量精度，常采用三角形薄壁堰，见图 8-8。三角形薄壁堰在小水头时堰口水面宽度较小，流量的微小变化将引起显著的水头变化，在量测小流量时比矩形堰的精度高。

直角($\theta=90°$)三角形薄壁堰的流量计算公式

$$Q=1.343H^{2.47}\tag{8-11}$$

式中,H 以 m 计,Q 以 m^3/s 计。

适用条件:渠宽 $B_0 > 5H$;堰高 $P \geqslant 2H$;$H = 0.06 \sim 0.65$ m。

【例 8-3】 当堰口断面水面宽度为 60 cm,堰高 $P = 50$ cm,水头 $H = 20$ cm 时,分别计算无侧收缩矩形薄壁堰、直角三角形薄壁堰的过流量。

解:(1)无侧收缩矩形薄壁堰:$B = b = 0.6$ m,$H = 0.2$ m,$P = 50$ cm $= 0.5$ m,由式(8-9)得流量系数

$$m_0 = 0.403\,4 + 0.053\,4\frac{H}{P} + \frac{1}{1\,610H - 4.5}$$

$$= 0.403\,4 + 0.053\,4 \times \frac{0.2}{0.5} + \frac{1}{1\,610 \times 0.2 - 4.5}$$

$$= 0.428$$

由式(8-8)得

$$Q = m_0B\sqrt{2g}H^{3/2} = 0.428 \times 0.6 \times \sqrt{2 \times 9.8} \times 0.2^{3/2} = 0.101\,7(\mathrm{m^3/s}) = 101.7\ \mathrm{L/s}$$

(2)直角三角形薄壁堰:$H = 0.2$ m 时,由式(8-11)得

$$Q = 1.343H^{2.47} = 1.343 \times 0.2^{2.47} = 0.025\,2(\mathrm{m^3/s}) = 25.2\ \mathrm{L/s}$$

由上面的例题可以看出,在同样水头作用下,矩形薄壁堰的过流量大于三角形薄壁堰的过流量。

三、实用堰的水力计算

在实际工程中,实用堰根据剖面形状,可分为折线型实用堰和曲线型实用堰两类。折线型常用于中、小型溢流坝,具有取材方便和施工简单等优点。曲线型实用堰在水利工程中应用广泛,常用于混凝土修筑的中、高水头溢流坝,堰顶的曲线形状与自由溢流水舌下缘形状相符合,可提高过水能力。下面主要介绍曲线型实用堰。曲线型实用堰,常有边墩和中墩,同时下游水位对堰的过流能力也可能产生影响,因此须考虑侧收缩和淹没出流,故计算公式仍按式(8-7)

$$Q = K\sigma_s m\varepsilon B\sqrt{2g}H_0^{3/2}$$

(一)曲线型实用堰的剖面组成

曲线型实用堰的剖面形状如图 8-10(a)所示。一般由上游直线段 AB、堰顶曲线段 BC、下游斜坡段 CD 和反弧段 DE 组成。上游直线段 AB 可以做成铅直,也可以做成倾斜坡线;下游斜坡段 CD 的坡度主要依据堰的稳定和强度要求选定,一般采用 1∶0.6 ~ 1∶0.7;反弧段 DE 的反弧半径可根据堰的设计水头及下游堰高确定。

(二)曲线型实用堰堰面分类

堰顶曲线段 BC 对过流能力影响最大,是设计曲线型实用堰剖面形状的关键。堰顶曲线段常根据矩形薄壁堰自由出流时水舌下缘面的形状来设计,分为真空堰和非真空堰两类。

真空堰即水流溢过堰顶时,溢流水舌部分脱离堰面,堰顶表面出现真空(负压)现象的剖面,如图 8-10(b)所示。其优点是:堰顶真空的存在可相应地增大堰的溢流量。缺点是:堰面可能受到正负压力的交替作用,增加了动荷载,且造成水流的不稳定;当真空达到

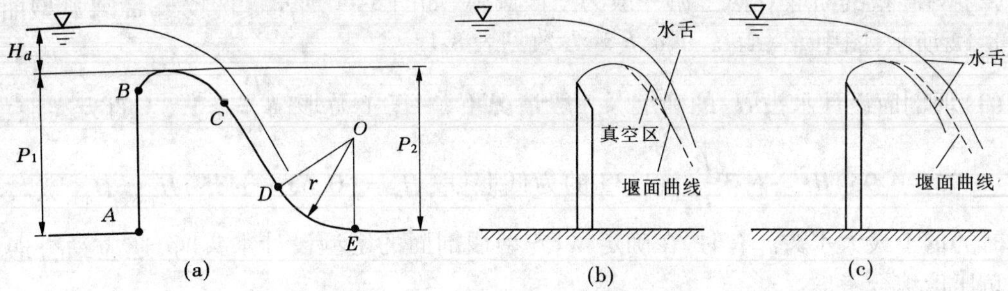

图 8-10 曲线型实用堰示意图

一定的程度时，堰面还可能发生气蚀而遭到破坏。所以，真空剖面堰一般较少使用。非真空型堰是水流溢过堰顶时不出现负压现象的剖面，如图 8-10(c)所示。

曲线型实用堰有许多剖面形状，其流量系数的确定与堰的剖面形状、特征尺寸(如标准堰的定型水头 H_d)、堰高(包括上游堰高 P_1 和下游堰高 P_2)及实际水头等因素有关。本节重点介绍常用的 WES 型剖面实用堰，公式参照《标准》"水利水电卷：普通建筑物设计"195 页和"水文卷：水工建筑物测流规范"中相应的图表。

四、WES 型实用堰水力计算

(一) WES 型实用堰堰顶曲线确定*

WES 型实用堰是美国陆军工程兵团水道试验站(Waterways Experiment Station)研究出的标准剖面。其剖面为曲线方程，便于施工控制，且堰的剖面较瘦，可节省工程量。下面主要介绍 WES 型剖面实用堰的水力设计及计算问题。

(1) WES 型剖面实用堰堰顶 O 点下游采用幂曲线，按如下方程计算

$$x^n = kH_d^{n-1}y \tag{8-12}$$

式中 H_d——堰剖面的设计水头；

x、y——原点下游堰面曲线横、纵坐标；

n——与上游堰坡有关的指数，见表 8-1；

k——系数，当 $P_1/H_d > 1$ 时，k 值见表 8-1，当 $P_1/H_d \leqslant 1.0$ 时，取 $k = 2.0 \sim 2.2$。

表 8-1 WES 型剖面堰堰面曲线参数

上游堰面坡度 $\Delta y:\Delta x$	k	n	R_1	a	R_2	b
3:0	2.000	1.850	$0.50H_d$	$0.175H_d$	$0.20H_d$	$0.282H_d$
3:1	1.936	1.836	$0.68H_d$	$0.139H_d$	$0.21H_d$	$0.237H_d$
3:2	1.939	1.810	$0.48H_d$	$0.115H_d$	$0.22H_d$	$0.214H_d$
3:3	1.873	1.776	$0.45H_d$	$0.119H_d$		

(2) WES 型剖面堰 O 点上游一般为三段圆弧，如图 8-11 所示。两段复合圆弧型曲线如图 8-12 所示，图中 R_1、R_2、k、n、a、b 等参数见表 8-1。

(3) 堰剖面设计水头 H_d 的确定。一般情况下，对于上游堰高 $\frac{P_1}{H_d} \geqslant 1.33$ 的为高堰，取 $H_d = (0.75 \sim 0.95) H_{max}$；对于 $\frac{P_1}{H_d} < 1.33$ 的为低堰，取 $H_d = (0.65 \sim 0.85) H_{max}$，$H_{max}$ 为校核流量时的堰上最大水头。有时，在确定 WES 型堰剖面的定型设计水头时，还应结合堰面允许负压值综合考虑。

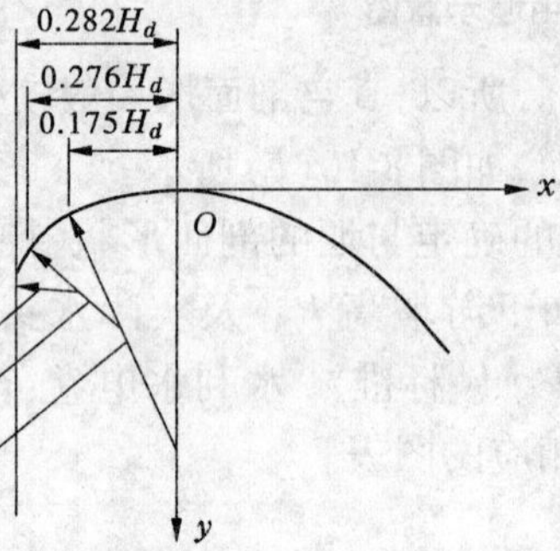

图 8-11

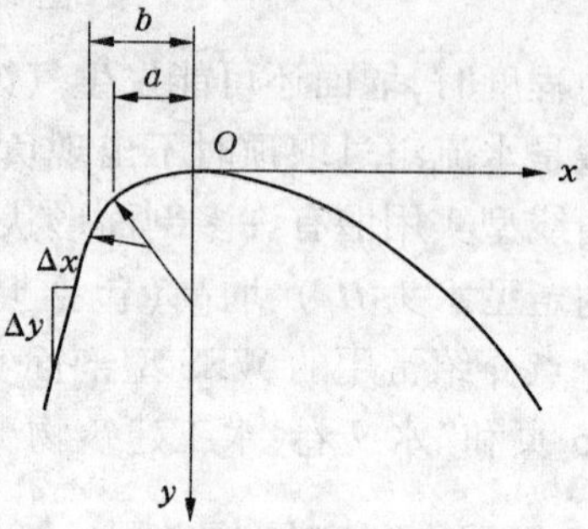

图 8-12

(二) WES 型剖面实用堰流量系数 m

(1) 试验表明，当上游堰面为铅直时，WES 型剖面实用堰的流量系数 m 主要取决于上游堰高与堰剖面设计水头之比 P_1/H_d（称为相对堰高）和堰顶全水头与设计水头之比 H_0/H_d（称为相对水头），m 值可按表 8-2 确定。

注意：在高堰时，可不计行近流速水头的影响，但低堰时要考虑行近流速水头。

表 8-2　WES 型剖面实用堰的流量系数 m

H_0/H_d	P_1/H_d				
	0.2	0.4	0.6	1.0	≥1.33
0.4	0.425	0.430	0.431	0.433	0.436
0.5	0.438	0.442	0.445	0.448	0.451
0.6	0.450	0.455	0.458	0.460	0.464
0.7	0.458	0.463	0.468	0.472	0.476
0.8	0.467	0.474	0.477	0.482	0.486
0.9	0.473	0.480	0.485	0.491	0.494
1.0	0.479	0.486	0.491	0.496	0.501
1.1	0.482	0.491	0.496	0.502	0.507
1.2	0.485	0.495	0.499	0.506	0.510
1.3	0.496	0.498	0.500	0.508	0.513

注：表中 m 值适用于二圆弧、三圆弧和椭圆曲线堰头。

(2)当 WES 型剖面为高堰时(上游堰面铅直),其流量系数也可用下面经验公式计算

$$m = 0.385 + 0.149\frac{H}{H_d} - 0.040\left(\frac{H}{H_d}\right)^2 + 0.004\left(\frac{H}{H_d}\right)^3 \tag{8-13}$$

上式适用范围:$\frac{H}{H_d}=0\sim1.8$。

(三)上游堰坡影响系数 C

当上游堰面为斜坡时,流量系数将受到影响,则在流量系数前乘以一个上游坡面影响系数 C 即可,C 值可查表 8-3。上游坡面为铅直时,$C=1.0$,则流量公式可写成

$$Q = Cm\sigma_s\varepsilon B\sqrt{2g}H_0^{3/2} \tag{8-14}$$

表 8-3　上游堰面坡度影响系数 C 值

上游堰面坡度 $\Delta y:\Delta x$	P_1/H_d						
	0.3	0.4	0.6	0.8	1.0	1.2	1.3
3:1	1.009	1.007	1.004	1.002	1.000	0.998	0.997
3:2	1.015	1.011	1.005	1.002	0.999	0.996	0.993
3:3	1.021	1.014	1.007	1.002	0.998	0.993	0.988

(四)WES 型堰侧收缩系数 ε

实践证明:侧收缩系数 ε 与边墩、闸墩头部的型式,闸孔的尺寸和数目以及堰前总水头 H_0 有关。可用下面经验公式计算

$$\varepsilon = 1 - 0.2[\zeta_k + (n-1)\zeta_0]\frac{H_0}{nb} \tag{8-15}$$

式中　n——闸孔数;

H_0——上游全水头;

b——单孔宽度;

ζ_k、ζ_0——边墩、闸墩形状系数。

ζ_k 取决于边墩头部形状及进流方向。对于正向进水情况,可按图 8-13 选取。ζ_0 值取决于闸墩头部形状、闸墩伸向上游堰面的距离 L_u 及淹没程度 h_s/H_0,可查表 8-4。闸墩头部形状如图 8-14 所示。

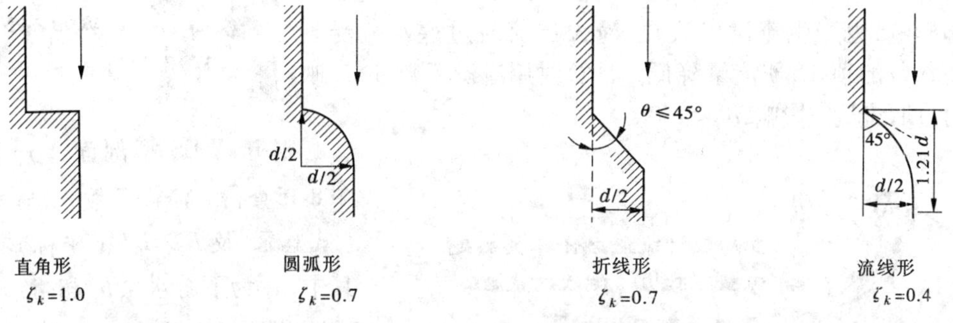

图 8-13　边墩形状平面示意图及形状系数

注意：式(8-15)在应用中，若$\frac{H_0}{b}>1.0$，不论$\frac{H_0}{b}$数值为多少，均按$\frac{H_0}{b}=1.0$计算。

表 8-4　闸墩形状系数 ζ_0 值

墩头形状	$L_u=H_0$	$L_u=0.5H_0$	$L_u=0$			
			$h_s/H_0\leqslant0.75$	$h_s/H_0=0.80$	$h_s/H_0=0.85$	$h_s/H_0=0.90$
矩形	0.20	0.40	0.80	0.86	0.92	0.98
楔形或半圆形	0.15	0.30	0.45	0.51	0.57	0.63
尖圆形	0.15	0.15	0.25	0.32	0.39	0.46

注：h_s 为超过堰顶的下游水深。

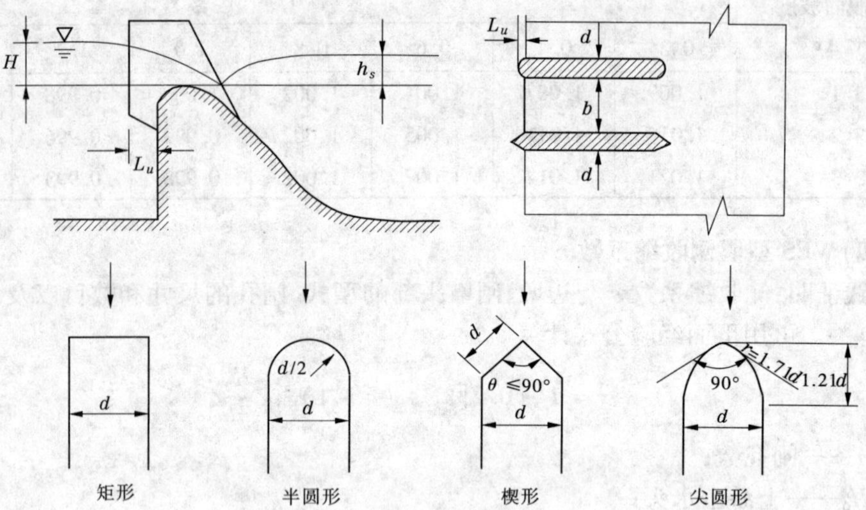

图 8-14　闸墩形状平面示意图

(五)淹没条件及淹没系数 σ_s

在实际工程中，一般高堰多为自由出流，而低堰存在淹没出流现象。以下两种情况可以导致淹没出流：①当下游水位超过堰顶，且 $h_s/H_0>0.15$ 时；②当 $h_s/H_0<0.15$ 同时$P_2/H_0<2$ 时(这种情况属于下游护坦较高，即下游堰高 P_2 较小，使下游水位低于堰顶，受护坦影响，也产生淹没出流)。淹没出流时过堰水流受到下游水位的顶托，使流量降低。计算时用淹没系数 σ_s 反映其对过堰流量的影响，$\sigma_s<1.0$。

注意：淹没出流的条件。

实用堰过流能力计算关键是流量系数 m、侧收缩系数 ε、淹没系数 σ_s的确定。

对于 WES 型剖面，σ_s 可由图 8-15查得。淹没系数 σ_s 与 h_s/H_0(纵坐标)及 P_2/H_0(横坐标)有关。其中，h_s 为下游水深 h_t 超过堰顶的高度，即 $h_s=h_t-P_2$。由图 8-15 可知，当 $h_s/H_0\leqslant0.15$，并且同时

$P_2/H_0 \geqslant 2$ 时，为自由出流，$\sigma_s = 1.0$。

【例 8-4】 某水利枢纽溢流坝采用 WES 型标准实用堰，如图 8-16 所示。闸墩头部为半圆形，边墩头部为圆弧形，共 17 孔，每孔净宽 $b = 14.0$ m。已知堰顶高程为 110.0 m，上下游河床均为 30.0 m，当上游设计水位为 125.0 m 时，相应下游水位为 52.0 m，流量系数 $m = 0.502$，求过堰流量。

解：(1)因下游水位比堰顶低很多，则应为自由出流，$\sigma_s = 1.0$。

(2)因 $P_1/H_d = 80/15 = 5.33 > 1.33$，则为高堰，可不计行近流速的影响，$H_0 \approx H$。

(3)计算侧收缩系数。

利用式(8-15)

$$\varepsilon = 1 - 0.2[\zeta_k + (n-1)\zeta_0]\frac{H_0}{nb}$$

查图 8-13 得圆角形边墩的形状系数 $\zeta_k = 0.7$，查表 8-4 得闸墩形状系数 $\zeta_0 = 0.45$，则侧收缩系数为

$$\varepsilon = 1 - 0.2 \times [0.7 + (17-1) \times 0.45] \times \frac{15}{17 \times 14} = 0.90$$

则

$$Q = \sigma_s \varepsilon m B\sqrt{2g}H_0^{3/2}$$
$$= 1.0 \times 0.90 \times 0.502 \times 14 \times 17 \times 4.43 \times 15^{3/2} = 27\ 673(\text{m}^3/\text{s})$$

所以，过堰的流量为 27 673 m^3/s。

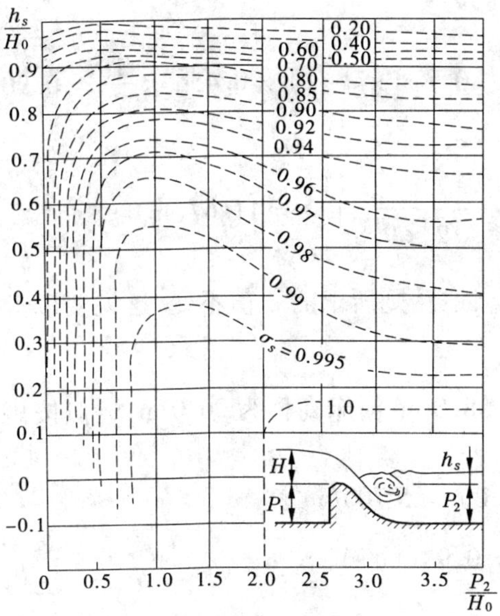

图 8-15

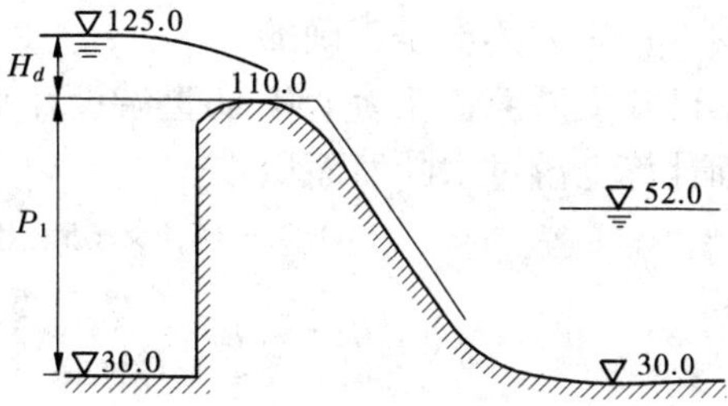

图 8-16 (单位：m)

【例 8-5】 某河道宽 150 m，设有 WES 型实用堰，上游堰面垂直，如图 8-17 所示。闸墩头部为圆弧形，边墩为半圆形，共 7 孔，每孔净宽 10 m。当设计流量为 5 600 m^3/s 时，相应的上游水位为 58.0 m，下游水位为 40 m，上下游河床高程均为 20.0 m。确定该实用堰堰顶高程。

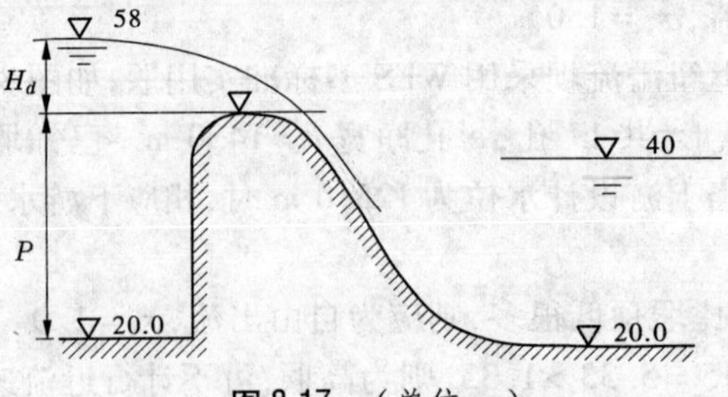

图 8-17　（单位:m）

解:因堰顶高程等于上游水位减去堰上水头,则应先计算设计水头,再计算堰顶高程。

由堰流公式可得

$$H_0 = \left(\frac{Q}{\sigma_s \varepsilon m B \sqrt{2g}}\right)^{2/3}$$

(1)初步估算 H。可假定 $H_0 \approx H$。由于侧收缩系数与上游作用水头有关,则可先假设侧收缩系数 ε,求出 H,再核算侧收缩系数 ε 值。因堰顶高程和水头 H_0 未知,先按自由出流计算,则取$\sigma_s = 1.0$,然后再校核。由题意可知 $Q = 5\ 600\ \text{m}^3/\text{s}$,设 $\varepsilon = 0.90$,则

$$H_0 = \left(\frac{5\ 600}{1.0 \times 0.90 \times 0.502 \times 7 \times 10 \times \sqrt{2 \times 9.8}}\right)^{2/3} = 11.70(\text{m})$$

(2)计算实际水头 H。查图 8-13 及表 8-4 得边墩形状系数为 0.7,闸墩形状系数为 0.45,因$\frac{H_0}{b} = \frac{11.70}{10} = 1.17 > 1.0$,应按$\frac{H_0}{b} = 1.0$ 计算。

$$\varepsilon = 1 - 0.2[\zeta_k + (n-1)\zeta_0]\frac{H_0}{nb} = 1 - 0.2 \times [0.7 + (7-1) \times 0.45] \times \frac{1}{7} = 0.903$$

用求得的 ε 近似值代入上式重新计算 H_0

$$H_0 = \left(\frac{5\ 600}{1.0 \times 0.903 \times 0.502 \times 70 \times \sqrt{2 \times 9.8}}\right)^{2/3} = 11.67(\text{m})$$

又因$\frac{H_0}{b} = \frac{11.67}{10} = 1.167 > 1.0$,仍按$\frac{H_0}{b} = 1.0$ 计算,则所求的 ε 值不变,这说明以上所求的 $H_0 = 11.67$ m 是正确的。

已知上游河道宽为 150 m,上游设计水位为 58.0 m,河床高程为 20.0 m,近似按矩形断面计算上游过水断面面积

$$A_0 = 150 \times (58.0 - 20.0) = 5\ 700(\text{m}^2)$$

$$v_0 = \frac{Q}{A_0} = \frac{5\ 600}{5\ 700} = 0.98(\text{m/s})$$

则堰的设计水头

$$H_d = H_0 - \frac{v_0^2}{2g} = 11.67 - \frac{0.98^2}{2 \times 9.8} = 11.67 - 0.049 = 11.62(\text{m})$$

(3)堰顶高程 = 上游设计水位 $- H_d = 58.0 - 11.62 = 46.38(\text{m})$。

因下游堰高 $P_2 = 46.38 - 20.0 = 26.38(\text{m})$,$\frac{P_2}{H_0} = \frac{26.38}{11.67} = 2.26 > 2.0$,下游水面比堰顶

低，$\frac{h_s}{H_0}<0.15$，满足自由出流条件，以上按自由出流计算的结果是正确的。

则最终确定该实用堰的堰顶高程为 46.38 m。

【例 8-6】 在河道上修建拦河坝一座，溢流坝采用 WES 型实用剖面。已知上游水头 $H=10$ m，上、下游堰高均为 35 m，溢流坝上设闸，闸墩头部为半圆形，边墩为圆弧形，溢流量为 3 000 m^3/s。初选闸门宽度不大于 8 m。求闸孔总净宽、孔数和单孔宽度。按自由出流计算。

解：根据实用堰流量计算公式 $Q=\sigma_s\varepsilon mB\sqrt{2g}H_0^{3/2}$ 得

$$B=\frac{Q}{\sigma_s\varepsilon m\sqrt{2g}\,H_0^{3/2}}$$

(1)初估孔数。因已知 $Q=3\ 000\ m^3/s$，$H=10$ m，$P_1=35$ m，则 $P_1/H=3.5>1.33$，为高堰，则可忽略行近流速水头的影响，$H_0\approx H$。在设计情况下的流量系数 $m=0.502$，初选闸门宽 $b=8$ m，侧收缩系数 $\varepsilon=0.90$，$\sigma_s=1.0$，则闸孔总净宽为

$$B=\frac{Q}{\sigma_s\varepsilon m\sqrt{2g}H^{3/2}}=\frac{3\ 000}{1.0\times0.90\times0.502\times\sqrt{19.6}\times10^{3/2}}=47.43(\mathrm{m})$$

则孔数 $n=\frac{B}{b}=\frac{47.43}{8}=5.93$，因孔数不能为小数，则取孔数为 6 孔。

(2)计算总净宽和单孔宽度。根据闸墩形状和边墩形状查得：$\zeta_k=0.7$，$\zeta_0=0.45$，则侧收缩系数

$$\varepsilon=1-0.2[\zeta_k+(n-1)\zeta_0]\frac{H_0}{nb}=1-0.2\times[0.7+(6-1)\times0.45]\times\frac{10}{6b}$$

$$=1-\frac{0.983\ 3}{b}$$

将此值代入式 $Q=\sigma_s\varepsilon mB\sqrt{2g}H_0^{3/2}$ 并将所有已知数代入有

$$3\ 000=1.0\times\left(1-\frac{0.983\ 3}{b}\right)\times0.502\times6\times b\times\sqrt{19.6}\times10^{3/2}$$

解得：$b=8.1$ m，则闸门总净宽 $B=8.1\times6=48.6$(m)。

该溢流坝经计算得闸门总净宽为 48.6 m，单孔宽为 8.1 m，孔数为 6 孔。

五、宽顶堰水力计算

泄水建筑物和引水建筑物中，除采用曲线型实用堰外，采用宽顶堰的也很多，如水库的溢洪道进口，闸门全开或无压涵管和涵洞进口、隧洞进口、施工围堰的水流等均发生宽顶堰流，如图 8-18 所示。

宽顶堰流量计算公式与实用堰相同为：$Q=m\sigma_s\varepsilon B\sqrt{2g}H_0^{3/2}$。

(一)有坎宽顶堰流量系数 m

宽顶堰的流量系数取决于堰的进口形状和相对高度$\frac{P_1}{H}$，进口堰头形式有直角进口、圆角进口、斜坡式进口等(如图 8-19 所示)。流量系数的确定，可按表 8-5 和表 8-6 查得，也

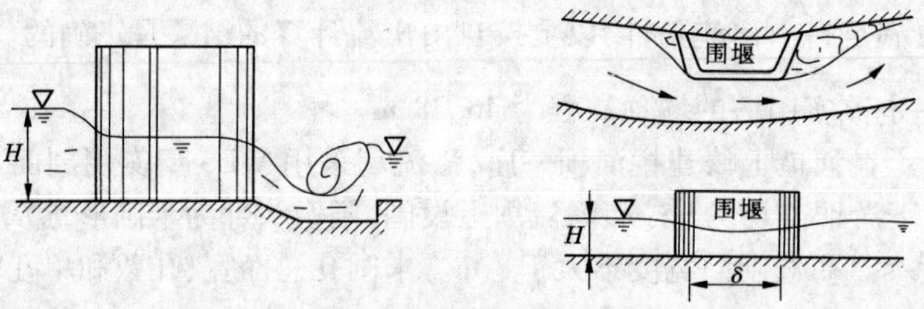

(a) (b)

图 8-18　宽顶堰示意图

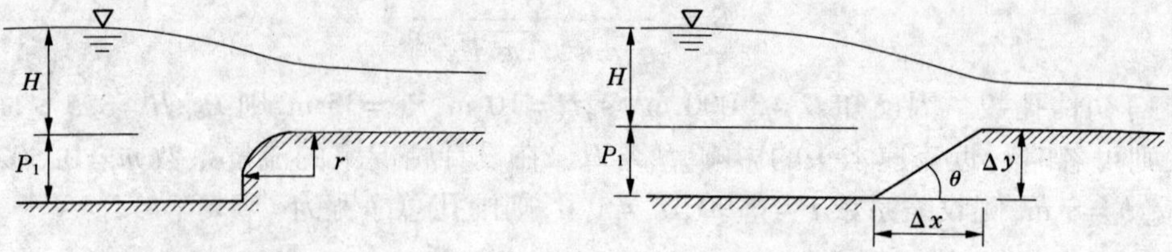

(a)圆角进口　(b)斜坡式进口

图 8-19

表 8-5　直角和斜坡式进口的宽顶堰流量系数 m 值

P_1/H	$\cot\theta(\Delta x/\Delta y)$					
	0	0. 5	1. 0	1. 5	2. 0	≥2. 5
≈0	0. 385	0. 385	0. 385	0. 385	0. 385	0. 385
0. 2	0. 366	0. 372	0. 377	0. 380	0. 382	0. 382
0. 4	0. 356	0. 365	0. 373	0. 377	0. 380	0. 381
0. 6	0. 350	0. 361	0. 370	0. 376	0. 379	0. 380
0. 8	0. 345	0. 357	0. 368	0. 375	0. 378	0. 379
1. 0	0. 342	0. 355	0. 367	0. 374	0. 377	0. 378
2. 0	0. 333	0. 349	0. 363	0. 371	0. 375	0. 377
4. 0	0. 327	0. 345	0. 361	0. 370	0. 374	0. 376
6. 0	0. 325	0. 344	0. 360	0. 369	0. 374	0. 376
8. 0	0. 324	0. 343	0. 360	0. 369	0. 374	0. 376
≈∞	0. 320	0. 340	0. 358	0. 368	0. 373	0. 375

可按下式计算：

(1)直角进口，如图 8-18(a)所示

$$m = 0.32 + 0.01 \times \frac{3 - \frac{P_1}{H}}{0.46 + 0.75\frac{P_1}{H}} \tag{8-16}$$

当 $P_1/H \geqslant 3.0$ 时，取 $m = 0.32$。

(2)圆角进口，如图 8-19(a)所示

$$m = 0.36 + 0.01 \times \frac{3 - \frac{P_1}{H}}{1.2 + 1.5\frac{P_1}{H}} \tag{8-17}$$

当 $P_1/H \geqslant 3.0$ 时，取 $m = 0.36$。

表 8-6　圆角进口的宽顶堰流量系数 m 值

P_1/H	r/H							
	0.025	0.05	0.100	0.200	0.400	0.600	0.800	≥1.00
≈0	0.385	0.385	0.385	0.385	0.385	0.385	0.385	0.385
0.2	0.372	0.374	0.375	0.377	0.379	0.380	0.381	0.382
0.4	0.365	0.368	0.370	0.374	0.376	0.377	0.379	0.381
0.6	0.361	0.364	0.367	0.370	0.374	0.376	0.378	0.380
0.8	0.357	0.361	0.364	0.368	0.372	0.375	0.377	0.379
1.0	0.355	0.359	0.362	0.366	0.371	0.374	0.376	0.378
2.0	0.349	0.354	0.358	0.363	0.368	0.371	0.375	0.377
4.0	0.345	0.350	0.355	0.360	0.366	0.370	0.373	0.376
6.0	0.344	0.349	0.354	0.359	0.366	0.369	0.373	0.376
≈∞	0.340	0.346	0.351	0.357	0.364	0.368	0.372	0.375

(二)有坎宽顶堰侧收缩系数 ε

宽顶堰的侧收缩系数仍可用实用堰的侧收缩系数计算公式(8-15)计算。

(三)有坎宽顶堰淹没条件和淹没系数 σ_s

当下游水位较低，宽顶堰自由出流时，水面呈两次跌落，从堰口到堰顶有一次跌落，并在距进口约 $2H$ 处形成收缩断面且收缩断面水深 $h_c < h_k$，堰顶水流为急流；从堰顶到下游又一次跌落，为自由出流；当下游水位高于堰顶（$h_s/H_0 < 0.8$），但低于临界水深 K—K 线时，收缩断面水深仍小于临界水深，堰顶水流继续保持急流状态，仍为自由出流，如图 8-20(a)所示。

当下游水位继续上升至高于临界水深线时，堰顶产生波状水跃，如图 8-20(b)所示。随着下游水位不断上升，水跃位置向上移动。实践证明：当堰顶以上水深 $h_s \geqslant (0.75 \sim 0.85)H_0$ 时，水跃移至收缩断面上游，收缩断面水深大于临界水深，堰顶水流为缓流状态，堰流为淹没出流，如图 8-20(c)所示。故宽顶堰淹没出流的判别条件为 $h_s \geqslant 0.8H_0$。淹没系数 σ_s 可根据表 8-7 查得。

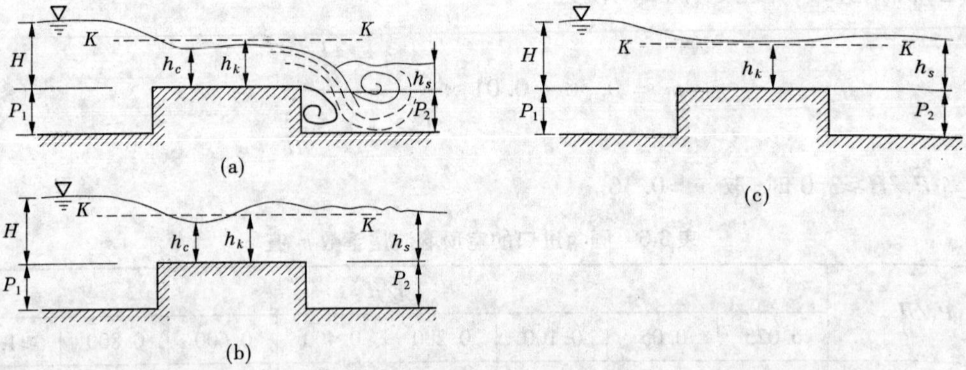

图 8-20　宽顶堰淹没过程示意图

表 8-7　宽顶堰淹没系数 σ_s 值

h_s/H_0	≤0.80	0.81	0.82	0.83	0.84	0.85	0.86	0.87	0.88	0.89
σ_s	1.00	0.995	0.990	0.98	0.97	0.96	0.95	0.93	0.90	0.87
h_s/H_0	0.90	0.91	0.92	0.93	0.94	0.95	0.96	0.97	0.98	
σ_s	0.84	0.82	0.78	0.74	0.70	0.65	0.59	0.50	0.40	

(四)无底坎宽顶堰

实际工程中,当明渠水流流经桥墩、渡槽、隧洞的进口建筑物时,由于进口段的过水断面在平面上收缩,过水断面减小,流速加大,部分势能转化为动能,也会形成水面跌落,这种水流现象称为无坎宽顶堰流(见图 8-21)。无坎宽顶堰流的流量计算时,仍可使用宽顶堰的公式。但在计算中不再单独考虑侧向收缩的影响,而是把它包含在流量系数中,即

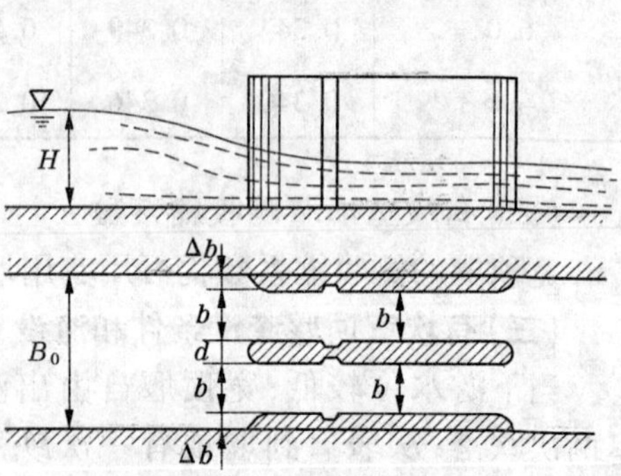

图 8-21　无坎宽顶堰

$$Q = \sigma_s m_0 nb\sqrt{2g}\,H_0^{3/2} \tag{8-18}$$

式中　m_0——包含侧收缩影响在内的流量系数,可根据上游翼墙和闸墩的形状、闸孔宽度 b 与行近槽宽 B_0 的比值等因素,查表 8-8 得到。

(1)多孔闸堰流,流量系数按下式计算(参考《标准》)

$$m_0 = \frac{m_p(n-1)+m_a}{n} \tag{8-19}$$

式中　m_p——中孔流量系数,查表 8-8 时,$\frac{b}{B_0}$用$\frac{b}{b+d}$代替,d 为墩厚;

m_a——边孔流量系数，查表 8-8 时，$\frac{b}{B_0}$用$\frac{b}{b+\Delta b}$代替。当多孔闸只开少数孔时，Δb 为边墩边缘与上游引渠水边线之间的水平距离。

(2)单孔闸堰流流量系数。因进口翼墙形式(见图 8-22)不同而异，查表 8-8。

无坎宽顶堰的淹没系数 σ_s 可由表 8-7 查得。

注意：宽顶堰计算时，要注意行近流速水头的影响。宽顶堰在堰高较小或无坎的情况下，行近流速水头往往可占总水头相当大的比重。

表 8-8　无坎宽顶堰的流量系数 m_0 值

b/B_0	直角形翼墙	八字形翼墙				圆角形翼墙				
		$\cot\theta$				R/b				
		0.5	1.0	2.0	3.0	0.1	0.2	0.3	0.4	≥0.5
0	0.320	0.343	0.350	0.353	0.350	0.342	0.349	0.354	0.357	0.360
0.1	0.322	0.344	0.351	0.354	0.351	0.344	0.350	0.355	0.358	0.361
0.2	0.324	0.346	0.352	0.355	0.352	0.345	0.351	0.356	0.359	0.362
0.3	0.327	0.348	0.354	0.357	0.354	0.347	0.353	0.357	0.360	0.363
0.4	0.330	0.350	0.356	0.358	0.356	0.349	0.355	0.359	0.362	0.364
0.5	0.334	0.352	0.358	0.360	0.358	0.352	0.357	0.361	0.363	0.366
0.6	0.340	0.356	0.361	0.363	0.361	0.354	0.360	0.363	0.365	0.368
0.7	0.346	0.360	0.364	0.366	0.364	0.359	0.363	0.366	0.368	0.370
0.8	0.355	0.365	0.369	0.370	0.369	0.365	0.368	0.371	0.372	0.373
0.9	0.367	0.373	0.375	0.376	0.375	0.373	0.375	0.376	0.377	0.378
1.0	0.385	0.385	0.385	0.385	0.385	0.385	0.385	0.385	0.385	0.385

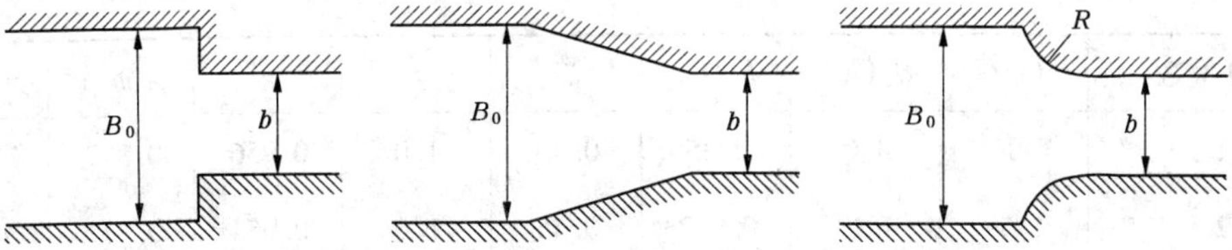

(a)直角形翼墙　(b)八字形翼墙　(c)圆角形翼墙

图 8-22　无坎宽顶堰翼墙形式

【例 8-7】 某灌溉渠道上的进水闸，闸底坎为具有圆角进口的宽顶堰，堰顶高程为 25.0 m，渠底高程为 24.0 m。共 7 个孔，每孔净宽 8 m，闸墩头部为半圆形，边墩头部为流线形。当闸门全开时，上游水位为 29.0 m，下游水位为 25.0 m，闸前河道宽度为 90 m，求过闸流量。

解：(1)求流量系数 m。因是圆角进口，则采用式(8-17)计算

堰高　　$P_1 = 25.0 - 24.0 = 1.0(\mathrm{m})$

堰顶水头　　$H = 29.0 - 25.0 = 4.0(\mathrm{m})$

$$m = 0.36 + 0.01 \times \frac{3 - \frac{P_1}{H}}{1.2 + 1.5\frac{P_1}{H}} = 0.36 + 0.01 \times \frac{3 - \frac{1}{4}}{1.2 + 1.5 \times \frac{1}{4}} = 0.377$$

(2)求侧收缩系数。查图 8-13 得边墩形状系数 $\zeta_k = 0.4$，又因 $h_s = 25.0 - 24.0 = 1.0$ (m)，先忽略行近流速水头的影响，$h_s/H = 1.0/3.5 = 0.2857 < 0.75$，则查表 8-4 得 $\zeta_0 = 0.45$，则侧收缩系数为

$$\varepsilon = 1 - 0.2[\zeta_k + (n-1)\zeta_0]\frac{H_0}{nb} = 1 - 0.2 \times [0.4 + (7-1) \times 0.45] \times \frac{4}{7 \times 8} = 0.956$$

(3)判别下游是否淹没。因 $h_s/H_0 = 1.0/4 = 0.25 < 0.8$，则为自由出流，$\sigma_s = 1.0$。

(4)因为流量未知，则行近流速无法求出，则先设 $H_0 \approx H$，求第一次流量。

$$Q = m\sigma_s \varepsilon B\sqrt{2g}H_0^{3/2} = 0.377 \times 1.0 \times 0.956 \times 7 \times 8 \times \sqrt{19.6} \times 4.0^{3/2} = 714.83(\mathrm{m^3/s})$$

(5)计入上游行近流速，求第二次流量。

$$v_0 = \frac{Q}{A} = \frac{Q}{B_0(H+P)} = \frac{714.83}{90 \times (4.0+1)} = 1.59(\mathrm{m/s})$$

$$H_0 = H + \frac{v_0^2}{2g} = 4.0 + \frac{1.59^2}{19.6} = 4.13(\mathrm{m})$$

$\frac{h_s}{H_0} = \frac{1.0}{4.13} = 0.242 < 0.8$，为自由出流，淹没系数为 1.0。

查表 8-4 得 $\zeta_0 = 0.45$，则侧收缩系数为

$$\varepsilon = 1 - 0.2[\zeta_k + (n-1)\zeta_0]\frac{H_0}{nb} = 1 - 0.2 \times [0.4 + (7-1) \times 0.45] \times \frac{4.13}{7 \times 8} = 0.954$$

则流量

$$Q = m\sigma_s \varepsilon B\sqrt{2g}H_0^{3/2} = 0.377 \times 1.0 \times 0.954 \times 7 \times 8 \times \sqrt{19.6} \times 4.13^{3/2} = 748.40(\mathrm{m^3/s})$$

由于第二次流量值与第一次的流量值不等，故再求流量，方法同上，列表计算如下：

试算次数	v_0(m/s)	H_0(m)	h_s/H_0	ζ_0	σ_s	ε	m	Q(m³/s)
1	0	4.0	0.25	0.45	1.0	0.956	0.377	714.83
2	1.59	4.13	0.242	0.45	1.0	0.954	0.377	748.40
3	1.66	4.14	0.242	0.45	1.0	0.954	0.377	751.11
4	1.67	4.14	0.242	0.45	1.0	0.954	0.377	751.11

最后确定闸孔出流量为 751.11 $\mathrm{m^3/s}$。

【例 8-8】 某单孔的进水闸，闸底坎为宽顶堰式，如图 8-23 所示，边墩墩头为圆弧形，

上游引水水渠为矩形过水断面，宽度 $B_0=25$ m，渠底高程为 100.0 m，闸底坎高程为 102.5 m，闸的设计流量为 110.0 m^3/s，相应的上、下游水位分别为 105.5 m 和 104.5 m，求闸的溢流宽度。

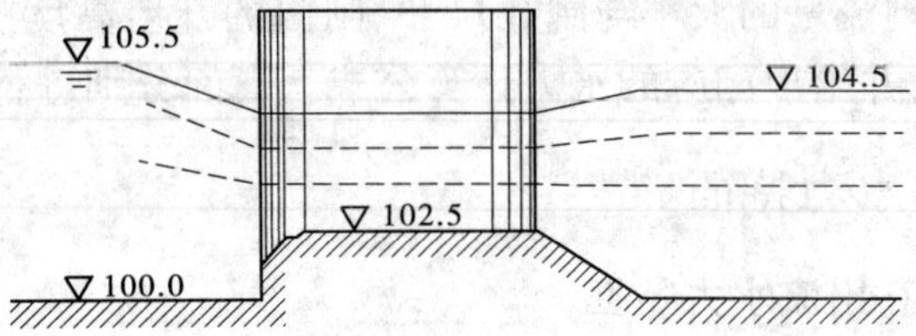

图 8-23

解：1. 判别宽顶堰的出流情况

堰前水头 $H = 105.5 - 102.5 = 3.0(\mathrm{m})$

上游引渠过水断面面积

$$A = B_0(P-H) = 25\times(105.5-100.0) = 137.5(\mathrm{m}^2)$$

行近流速 $v_0 = \dfrac{Q}{A} = \dfrac{110}{137.5} = 0.80(\mathrm{m/s})$

堰前总水头 $H_0 = H + \dfrac{v_0^2}{2g} = 3.0 + \dfrac{0.80^2}{19.6} = 3.03(\mathrm{m})$

下游超高 $h_s = 104.5 - 102.5 = 2.0(\mathrm{m})$

则 $h_s/H_0 = 2.0/3.03 = 0.66 < 0.8$，宽顶堰为自由出流，$\sigma_s = 1.0$。

2. 流量系数确定

$$m = 0.36 + 0.01\times\frac{3-\dfrac{P_1}{H}}{1.2+1.5\dfrac{P_1}{H}} = 0.36+0.01\times\frac{3-\dfrac{2.5}{3}}{1.2+1.5\times\dfrac{2.5}{3}} = 0.369$$

3. 确定闸的溢流孔宽度

根据堰流公式 $Q = m\sigma_s\varepsilon B\sqrt{2g}H_0^{3/2}$ 可得闸的溢流宽度。

由上式可知闸的溢流宽度 B 与堰的收缩系数 ε 有关，而要求 ε，闸的溢流宽度 B 就必须为已知，故只能试算求解。查图 8-13 得边墩形状系数为 $\zeta_k = 0.7$，则

$$\varepsilon = 1 - 0.2[\zeta_k + (n-1)\zeta_0]\frac{H_0}{nb} = 1 - 0.2\times0.7\times\frac{3.03}{B} = 1 - \frac{0.4242}{B}$$

将已知数据代入流量公式

$$110 = 0.369\times1.0\times\left(1-\frac{0.4242}{B}\right)\times B\times\sqrt{19.6}\times3.03^{3/2}$$

解得：$B = 13.2$ m。

因 $H_0/b = 3.03/13.2 = 0.30 < 1$，则所得结果正确。

第四节　闸孔出流的水力计算

在实际水利工程中，引水建筑物、分水建筑物以及泄水建筑物中常设置闸门来控制水

位和流量。水闸底坎有宽顶堰型和实用堰型两种;闸门型式主要有平板闸门和弧形闸门两类。如果闸前水头 H 和闸门的开启高度 e 不随时间而变,则闸孔出流的流速和流量也不随时间变化,为恒定闸孔出流,否则为非恒定闸孔出流。闸孔出流水力计算的目的是:研究恒定闸孔出流过闸流量的大小与闸孔尺寸、闸门的开启高度、上下游水位、闸门类型及底坎型式等的关系,并给出相应的水力计算公式。下面分别进行阐述。

一、闸孔出流的水力特征

(一)宽顶堰上闸孔出流水力特征

为了简化,先分析平底渠槽的平板闸门闸孔出流,如图 8-24 所示。水流经闸孔出流后,由于水流惯性作用,受闸门的约束,在距闸门 $(0.5\sim1.0)e$ 处出现水深最小的收缩断面。收缩断面 $c—c$ 处的水深 h_c 一般小于临界水深 h_k,水流为急流状态,而闸孔下游渠槽中的水深 h_t 一般大于临界水深 h_k,水流为缓流,因此闸后必然发生水跃现象。水跃的位置随下游水深的大小而变,发生的位置不同对闸孔出流的影响就不一样,使得闸孔出流分为自由出流和淹没出流两类。

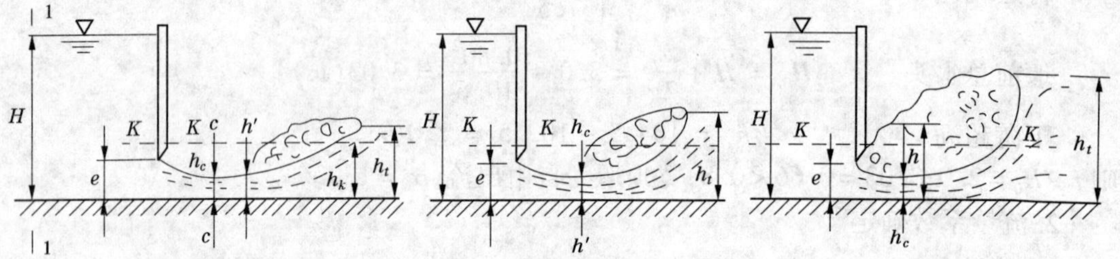

(a)闸孔自由出流　　(b)闸孔临界流　　(c)闸孔淹没出流

图 8-24

设 h''_c 为收缩断面水深 h_c 的跃后共轭水深。当下游水深较小,$h_t < h''_c$ 时,闸后发生远离式水跃,如图 8-24(a)所示;而当 $h_t = h''_c$ 时,闸后发生临界式水跃,如图 8-24(b)所示。以上两种水跃下游水位不影响闸孔的过流能力,闸孔为自由出流。当下游水深较大,$h_t > h''_c$ 时,闸后产生淹没式水跃(见图 8-24(c)),下游水位影响了闸孔泄流,称为闸孔的淹没出流。

注意:对于有坎宽顶堰上的闸孔出流,只要闸孔断面位于宽顶堰进口后一定距离处,且收缩断面仍位于堰顶之上(见图 8-25),上述判别条件也完全适用。

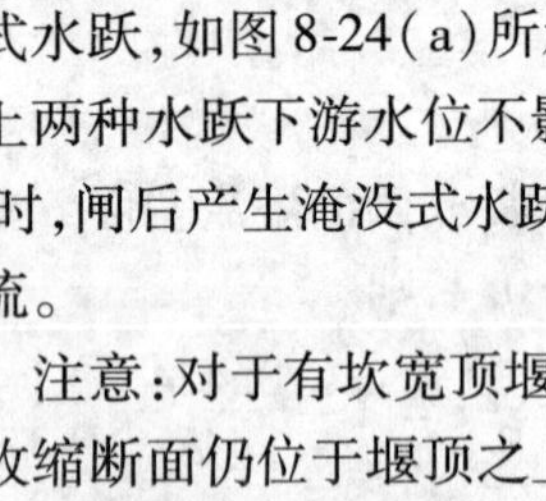

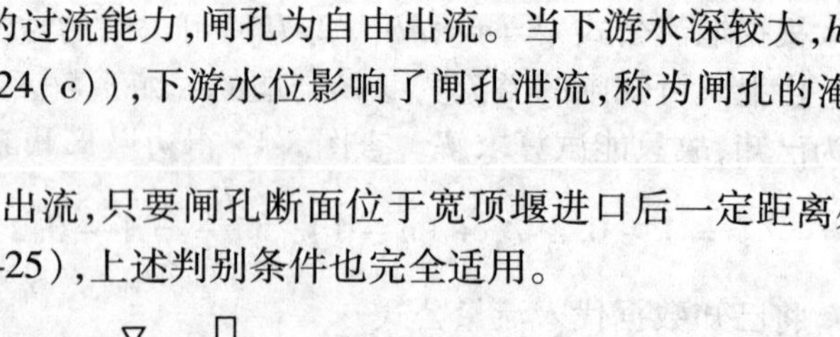

图 8-25

闸孔出流收缩程度可用垂直收缩系数 ε' 表示，其值的大小主要取决于闸门门型、闸门的相对开度 $\frac{e}{H}$ 以及闸底坎形式。

$$\varepsilon' = \frac{A_c}{A} = \frac{h_c}{e} \tag{8-20}$$

平板闸门的垂直收缩系数可由理论分析求得，并已经试验验证，可按表 8-9 选用。

表 8-9 平板闸门垂直收缩系数 ε'

e/H	0.10	0.15	0.20	0.25	0.30	0.35	0.40
ε'	0.615	0.618	0.620	0.622	0.625	0.628	0.630
e/H	0.45	0.50	0.55	0.60	0.65	0.70	0.75
ε'	0.638	0.645	0.650	0.660	0.675	0.690	0.705

闸底板为平底的弧形闸门垂直收缩系数 ε' 主要取决于闸门底缘切线与水平线的夹角 θ。ε' 与 θ 之间的关系（见图 8-26）可查表 8-10。

表 8-10 弧形闸门的垂直收缩系数 ε'

$\theta(°)$	35	40	45	50	55	60	65	70	75	80	85	90
ε'	0.789	0.766	0.742	0.720	0.698	0.678	0.662	0.646	0.635	0.627	0.62	0.620

θ 值可按下式计算

$$\cos\theta = \frac{c - e}{R} \tag{8-21}$$

式中 c——弧形闸门的转轴高度；

R——弧形闸门的旋转半径。

（二）曲线型实用堰上的闸孔出流水力特征

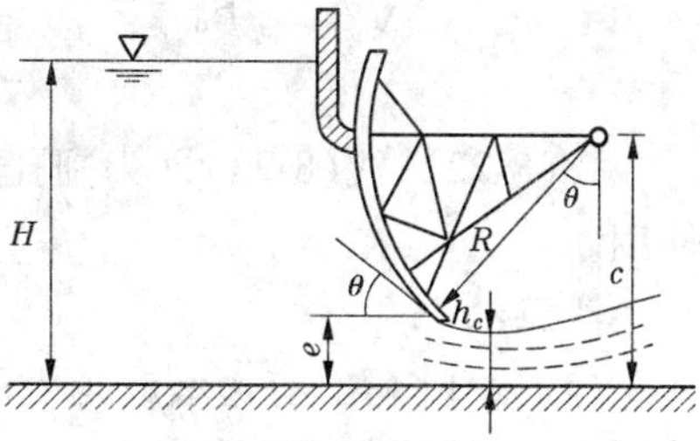

图 8-26

曲线型实用堰上的闸孔泄流时，由于闸前水流是在整个堰前水深范围内向闸孔汇集，因此出孔水流的收缩比平底上的闸孔出流更充分、更完善。但是，出闸后的水舌在重力作用下，紧贴堰面下泄，无明显的收缩断面。

曲线型实用堰上的闸孔出流也分有自由出流和淹没出流（如图 8-27 所示）。当闸下水位高于闸门底坎，闸下出现淹没式水跃，水跃前端接触闸门底缘时，则产生闸孔淹没出流。但一般情况下，实用堰为高堰，闸孔出流多为自由出流，只有为低堰闸孔出流时，才可能产生淹没出流。

二、闸孔出流的通用公式

如图 8-24(a) 所示平板闸门下自由出流，在上游取断面 1—1 和闸后 c—c 断面列能量方程

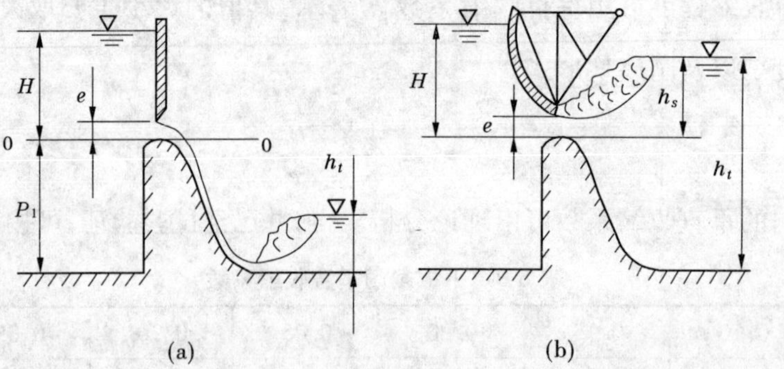

图 8-27

$$H+0+\frac{\alpha_0 v_0^2}{2g}=h_c+\frac{\alpha_c v_c^2}{2g}+\zeta\frac{v_c^2}{2g}$$

整理得

$$v_c=\frac{1}{\sqrt{1+\zeta}}\sqrt{2g(H_0-h_c)}$$

令 $\varphi=\frac{1}{\sqrt{1+\zeta}}$,称为流速系数,设闸孔的宽度为 b,则收缩断面面积 $A_c=b\varepsilon' e$,则通过闸孔的流量为

$$Q=\varphi\varepsilon' be\sqrt{2g(H_0-h_c)} \tag{8-22}$$

为了便于应用,式(8-22)还可以简化为更简单的形式。整理上式

$$Q=\varphi\varepsilon'\sqrt{1-\varepsilon'\frac{e}{H_0}}be\sqrt{2gH_0}$$

令 $\mu=\varphi\varepsilon'\sqrt{1-\varepsilon'\frac{e}{H_0}}$,$\mu$ 称为闸孔出流的流量系数,则得

$$Q=\mu be\sqrt{2gH_0} \tag{8-23}$$

式(8-22)、式(8-23)即为闸孔自由出流的基本计算公式。式(8-23)形式简单,更方便使用。

注意:

(1)对于多孔、有边墩或闸墩的闸孔出流,因为侧向收缩相对垂直收缩程度来说,影响很小,一般情况下不必考虑,但流量公式中的 b 应变为 $B=nb$。n 为闸孔数,b 为单孔宽度。

$$Q=\mu Be\sqrt{2gH_0} \tag{8-24}$$

(2)对于有坎宽顶堰、实用堰底坎的闸孔出流,上述公式同样适用,主要区别在于出流边界条件发生变化,造成流量系数的不同。

(3)由式(8-24)可知,闸孔出流的流量与上游作用水头 H 的 1/2 次方成正比,即 $Q\propto H_0^{1/2}$。这一点与堰流的流量水头关系 $Q\propto H_0^{3/2}$ 不同。

(4)当闸前水头 H 较大或上游闸底坎高度 P_1 较大而开度 e 较小时,行近流速水头可忽略不计,即可取 $H_0\approx H$ 代入公式计算。

三、闸孔出流的水力计算

(一)流量系数μ

1. 宽顶堰上闸孔出流流量系数

由上述推导过程可知,平底宽顶堰上的闸孔出流流量系数的表达式为

$$\mu = \varphi\varepsilon'\sqrt{1 - \varepsilon'\frac{e}{H_0}} \tag{8-25}$$

式中 ε'——垂直收缩系数,查表8-9、表8-10;

φ——流速系数,反映了过闸水流的局部水头损失和收缩断面或闸孔断面的流速分布不均匀性的影响,φ值取决于闸孔入口的边界条件,与闸坎型式、闸门底缘形状和闸门的相对开度$\frac{e}{H}$等因素有关,目前尚无准确的计算方法,一般可查相应资料中的表格,见表8-11。

表8-11 平板闸门的流速系数φ值

闸坎型式	水流图形	φ
闸孔出流的跌水	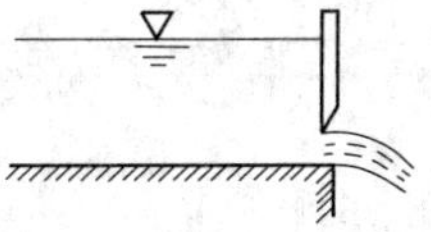	0.97~1.00
闸下底孔出流	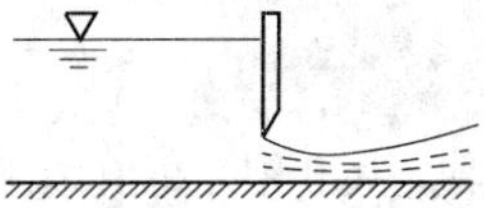	0.95~1.00
堰顶有闸门的曲线型实用堰流	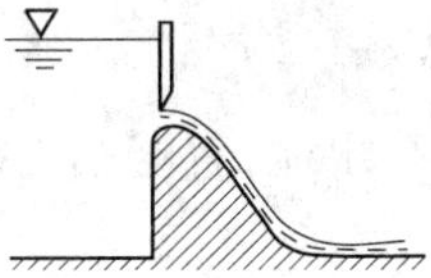	0.85~0.95
闸底坎高于渠底的闸孔出流	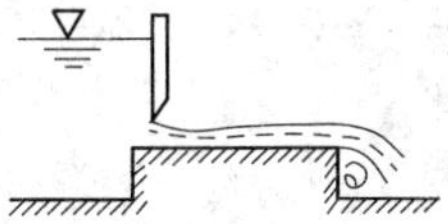	0.85~0.95

流量系数也可以由经验公式计算(根据《标准》中公式):

(1)平底平板闸门(下游平坡)

$$\mu = 0.454\left(\frac{e}{H}\right)^{-0.138} \tag{8-26}$$

(2)平底弧形闸门(下游平坡)

$$\mu = 1 - 0.0166\theta^{0.723} - (0.582 - 0.0371\theta^{0.547})\frac{e}{H} \tag{8-27}$$

经验公式中$\frac{e}{H} \geqslant 0.03$。

2. 曲线型实用堰上闸孔出流流量系数

对于曲线型实用堰上的闸孔出流，如果取闸孔断面代替 $c—c$ 断面，类似上述推导可得其流量系数的表达式为

$$\mu = \varphi \sqrt{1 - \beta \frac{e}{H_0}} \tag{8-28}$$

式中 β——闸孔断面的平均测压管水头与闸孔开度的比值，它也取决于闸孔入孔边界条件和闸孔的相对开度$\frac{e}{H}$。

综上所述，闸孔自由出流的流量系数μ 值取决于闸坎型式、闸门型式及闸孔相对开度$\frac{e}{H}$的大小。

利用经验公式求μ 值：

（1）平板门曲线型实用堰闸

$$\mu = 0.530\left(\frac{e}{H}\right)^{-0.120} \tag{8-29}$$

（2）弧形门曲线型实用堰闸

$$\mu = 0.531\left(\frac{e}{H}\right)^{-0.139} \tag{8-30}$$

经验公式中$\frac{e}{H} \geqslant 0.03$。

【例 8-9】 某矩形渠道中修建一水闸，共 3 孔，每孔宽度 3 m，闸门为平板闸门，闸底板与渠底齐平，闸前水深 5 m，闸门开度 1.2 m，求闸孔自由出流时的流量。

解：1. 判别是否为闸孔出流

因为$\frac{e}{H} = \frac{1.2}{5} = 0.24 < 0.65$，故为闸孔出流，忽略闸上游流速水头的影响，$H \approx H_0$。

2. 计算流量系数

（1）利用公式$\mu = \varphi\varepsilon'\sqrt{1 - \varepsilon'\frac{e}{H_0}}$。由$\frac{e}{H} = 0.24$，查表 8-9 内插得 $\varepsilon' = 0.621\ 6$，查表 8-11 取流速系数 $\varphi = 0.97$，则流量系数为

$$\mu = \varphi\varepsilon'\sqrt{1 - \varepsilon'\frac{e}{H_0}} = 0.97 \times 0.621\ 6 \times \sqrt{1 - 0.621\ 6 \times 0.24} = 0.556$$

（2）用经验公式计算流量系数

$$\mu = 0.454\left(\frac{e}{H}\right)^{-0.138} = 0.454 \times 0.24^{-0.138} = 0.553$$

由上可知，两种计算流量系数的方法，所得的值基本相同。

3. 计算流量

$$Q = \mu Be\sqrt{2gH_0} = 0.55 \times 3 \times 3 \times 1.2 \times \sqrt{2 \times 9.8 \times 5} = 58.8\ (\text{m}^3/\text{s})$$

【例 8-10】 某水闸底坎与渠底齐平，如图 8-28 所示。闸底板高程为 104.00 m，共 3 孔，每孔宽度 $b=5$ m，闸前水位为 110.00 m，弧形门半径 $R=7.0$ m，转轴高程为 107.00 m。当闸门开度 $e=1.2$ m 时，闸下水位较低不影响出流，不计闸前行近流速，试计算过闸流量。

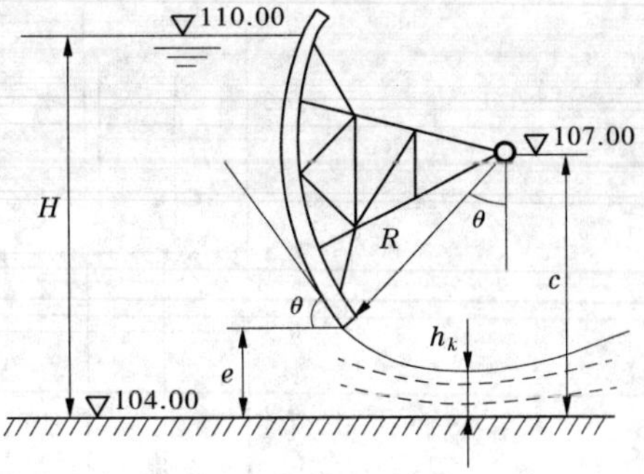

图 8-28

解：因 $H=110.0-104.0=6.0(\text{m})$，$\dfrac{e}{H}=\dfrac{1.2}{6.0}=0.2<0.65$，则为闸孔出流。由于下游水位不影响泄流，则为自由出流。

$$c=107.00-104.0=3.0(\text{m}),e=1.2,R=7.0\ \text{m},\text{则}$$

$$\cos\theta=\frac{c-e}{R}=\frac{3-1.2}{7}=0.257$$

则
$$\theta=75.11^\circ$$

$$\mu=1-0.016\,6\theta^{0.723}-(0.582-0.037\,1\theta^{0.547})\frac{e}{H}$$
$$=1-0.016\,6\times75.11^{0.723}-(0.582-0.037\,1\times75.11^{0.547})\times0.2$$
$$=0.585$$

闸孔出流量

$$Q=\mu Be\sqrt{2gH_0}=0.585\times3\times5\times1.2\times\sqrt{2\times9.8\times6.0}=114.19(\text{m}^3/\text{s})$$

（二）淹没条件及淹没系数

如图 8-24(c)所示，闸孔出流的淹没条件为：下游水深 h_t 较大，且 $h_t>h''_c$ 时，闸后产生淹没式水跃，闸孔为淹没出流。闸孔淹没出流时下游水位变化将影响闸孔过流能力，淹没出流时的流量计算公式为

$$Q=\sigma_s\mu be\sqrt{2gH_0} \tag{8-31}$$

式中 σ_s——闸孔出流的淹没系数，它反映下游水深对过闸水流的淹没影响程度。

注意：闸孔淹没出流时，流量系数 μ 与自由出流时的值相同。

对于平板闸门判别为淹没出流时，可利用 e/H、$\Delta z/H$ 查图 8-29 得淹没系数。

【例 8-11】 在例 8-9 中，当下游水深升高为 4.0 m 时，其他条件不变，求闸孔出流量。

解：(1)判别闸后水跃形式。因闸后的水深 $h_t=4.0\ \text{m}>e=1.20$ m，则可能为淹没出流。

由 $\dfrac{e}{H}=0.24$ 查表 8-9 内插得 $\varepsilon=0.621\,6$，查表 8-11 得流速系数 $\varphi=0.97$，则

$$h_c=\varepsilon' e=0.621\,6\times1.2=0.746(\text{m})$$

$$v_c=\varphi\sqrt{2g(H_0-h_c)}=0.97\times\sqrt{2\times9.8\times(5-0.746)}=8.86(\text{m/s})$$

$$h''_c=\frac{h_c}{2}\left(\sqrt{1+8\frac{v_c^2}{gh_c}}-1\right)=\frac{0.746}{2}\times\left(\sqrt{1+8\times\frac{8.86^2}{9.8\times0.746}}-1\right)=3.10(\text{m})<h_t$$

即下游水深大于临界式水跃的跃后水深，为淹没水跃，则闸孔为淹没出流。

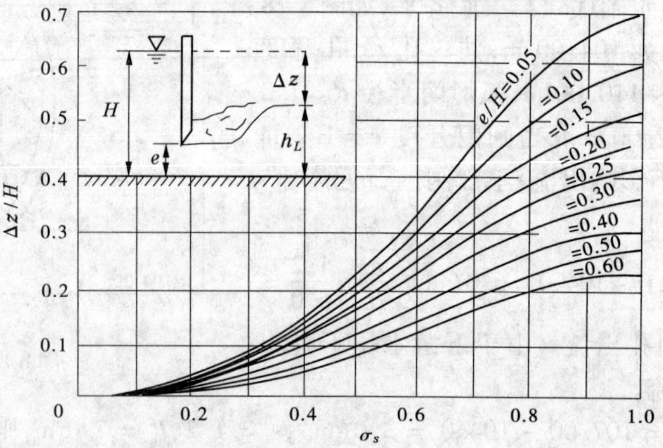

图 8-29

(2)查淹没系数 σ_s。由 $\dfrac{\Delta z}{H}=\dfrac{5-4}{5}=0.2$,$\dfrac{e}{H}=0.24$,查图 8-29 得 $\sigma_s=0.56$。

(3)实际流量 Q

$$Q=\sigma_s\mu be\sqrt{2gH_0}=0.56\times0.556\times3\times3\times1.2\times\sqrt{2\times9.8\times5}=33.3(\mathrm{m^3/s})$$

本章考试内容

记公式:$Q=\mu A\sqrt{2gH_0}$;$Q=\sigma_s m\varepsilon B\sqrt{2g}H_0^{3/2}$;$Q=\sigma_s\mu be\sqrt{2gH_0}$。

会计算:薄壁小孔口出流和管嘴出流流量、水头;堰流出流、闸孔出流流量、水头、流量系数、淹没系数、侧收缩系数。

记概念:堰流和闸孔出流的判别条件;淹没出流与自由出流的判别条件;堰的类型及判别条件;流量系数和淹没系数及侧收缩系数的含义;管嘴出流的条件。

技能训练题

8-1 什么叫堰和堰流?

8-2 堰流和闸孔出流有何区别和联系?

8-3 在孔口断面面积和上游水头相等的条件下,为什么管嘴比孔口过流能力大?

8-4 宽顶堰下游产生淹没水跃时,是否一定是淹没出流?宽顶堰的淹没出流如何判别?

8-5 闸孔出流发生淹没出流时,下游是否一定为淹没水跃?

8-7 堰流流量计算时关键要确定哪些系数?这些系数各自有哪些影响因素?

8-8 图 8-30 中的溢流坝只是作用水头不同,其他条件完全相同,试问:流量系数哪个大?哪个小?为什么?

8-9 什么是 WES 型实用堰的设计水头 H_d 和设计流量系数 m_d?当其他条件相同时,实际作用水头小于或大于设计水头时,对实用堰过流能力产生什么影响?

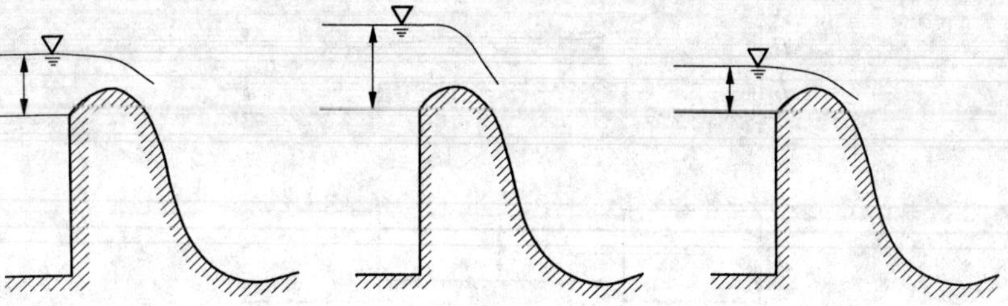

图 8-30

8-10　有一薄壁小孔口，直径 $d=20$ mm，水头 $H=2.0$ m，现测得收缩断面的直径 $d_c=18$ mm，在 20 s 时间内，经孔口流出的水量为 24.5 L，试求孔口的收缩系数 ε'、流速系数 φ、流量系数 μ。

8-11　在一矩形渠槽中，设置一无侧收缩的矩形薄壁堰。已知堰宽 $b=0.5$ m，上下游堰高相同，$P_1=0.70$ m，下游水深 $h_t=0.6$ m，当堰上水头 $H=0.4$ m 时，试求过堰流量。

8-12　某直角三角形薄壁堰，堰高 $P_1=0.65$ m，上游渠槽水面宽度 $B=1.0$ m。今测得堰上水头 $H=0.3$ m，求自由出流时的过堰流量。

8-13　某电站溢洪道拟采用 WES 型实用堰（见图 8-31）。已知：上游设计水位高程为 267.85 m；设计流量 $Q_d=684$ m³/s，对应的下游水位 210.5 m；筑坝处河底高程为 180 m；上游河道近似为矩形断面，水面宽度 $B=200$ m，已确定溢流坝做成 3 孔，每孔净宽 $b=16$ m；闸墩头部为半圆形，边墩头部为圆弧形。试确定：①堰顶高程；②当上游水位分别为 267.0 m 和 269.0 m 时，自由出流情况下通过堰的泄流量。

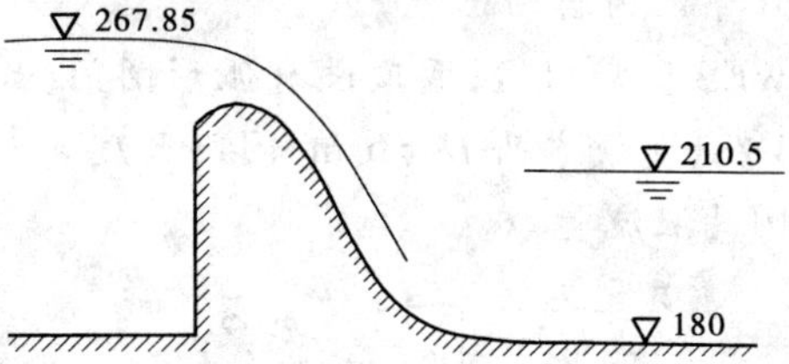

图 8-31　（单位：m）

8-14　某河中筑有单孔 WES 型溢流坝。已知：筑堰处河底高程为 12.2 m，堰顶高程为 20.00 m，上游设计水位为 21.30 m，下游水位为 16.45 m，坝前河道断面近似为矩形，河道宽度 $B=100$ m，边墩头部为圆弧形。试求上游为设计水位时，通过流量 $Q=100$ m³/s 所需的堰顶宽度 b。

8-15　某矩形断面渠道上修建一宽顶堰（见图 8-32）。堰宽 $b=2$ m，堰高 $P_1=P_2=1.0$ m，边墩头部为方形，堰顶头部为直角形。当 $H=2$ m 时，求下列情况下的过堰流量：①渠道宽度 $B=2$ m，堰顶以上的下游水深 $h_s=1.0$ m；②$B=3$ m，$h_s=1.0$ m；③$B=3$ m，$h_s=1.6$ m。

8-16　某拦河闸共 7 孔，每孔净宽为 14 m；闸墩厚为 3.5 m，闸墩头部为半圆形，边墩迎水面为圆弧形，圆弧半径 $r=5$ m，计算厚度为 3 m；闸前水位为 18 m，闸底板与上游河底平齐，高程为 6 m；闸前行近流速为 3 m/s；下游水位不影响出流。试确定闸门全开时的过

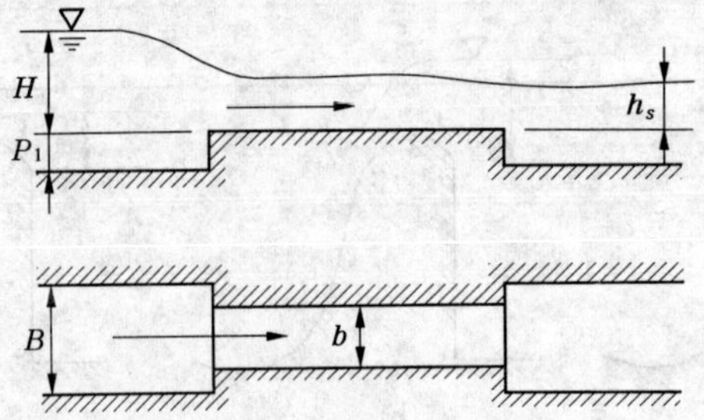

图 8-32

闸流量。

8-17　在一梯形长渠道上建闸，建闸处为矩形断面，下游用渐变段与梯形渠道相连。过闸流量 $Q=40\ m^3/s$，渠道底宽 $b=12$ m，边坡系数 $m=1.5$，渠底坡度 $i=0.0004$，糙率 $n=0.025$。每孔闸宽 $b=4$ m，共两孔，当闸门开度 $e=1.0$ m 时，问闸前水深 H 等于多少？（提示：判别闸孔出流形式时，需要计算梯形渠道的正常水深 h_0）

8-18　某水利枢纽设有平底冲沙闸，用弧形闸门控制流量。闸孔宽 $b=10$ m，弧形门半径 $R=15$ m，门轴高程为 16.0 m，上游水位为 18.0 m，闸底板高程为 6.0 m。试计算：闸孔开度 $e=2.0$ m，下游水位为 8.5 m 及 14.0 m 时，通过闸孔的流量（不计行近流速水头的影响）。

8-19　在底宽 $b=6.8$ m，边坡系数 $m=1.0$ 的梯形渠道中，设置有两孔水闸，用平板闸门控制流量。闸底坎高度为零，闸孔为矩形断面，闸墩头部为半圆形，墩厚 $d=0.8$ m；边墩头部为矩形。试求闸孔开度 $e=0.6$ m，闸前水深 $H=1.6$ m，保证通过流量 $Q=10.0\ m^3/s$ 时，所需的闸孔宽度 b（下游为自由出流）。

8-20　一泄水闸采用 WES 型实用堰，堰顶设有弧形闸门，如图 8-33 所示。已知单孔宽度 $b=8$ m，泄水闸共有 3 孔，堰顶水头 $H=6$ m，闸门开度 $e=1.5$ m，不计行近流速，闸下游为自由出流。求泄水闸的泄流量 Q。

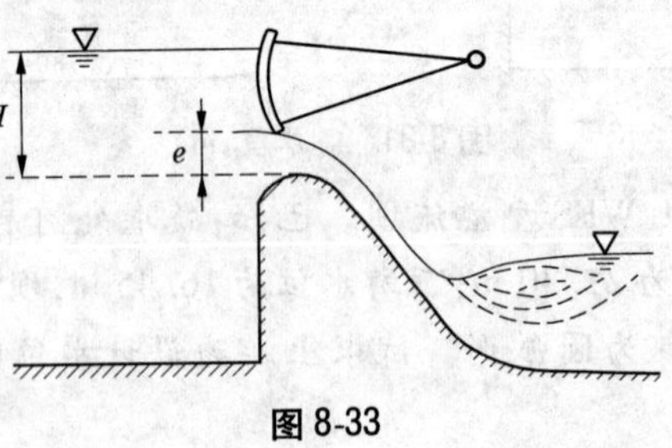

图 8-33

* 第九章　泄水建筑物下游水流消能计算

职业技能

会判别泄水建筑物下游水流衔接形式并进行主要消能形式计算。

第一节　概　述

第八章我们学习了泄水建筑物的水力计算，那么水流在经过泄水建筑物后，下泄水流与建筑物及下游河道还有着密不可分的关系，处理得好，泄水建筑物本身会得到安全，下游河床不会遭到冲刷破坏。这是我们水利工作者期望的结果。本章即讨论和解决这个问题。

一、泄水建筑物下游水流衔接问题的重要性

为了控制、利用水流，在河、渠中修建了堰、闸、跌坎等泄水建筑物，使上游水位抬高，上下游形成明显的落差，从而改变原河渠的水力特性。此外，考虑工程造价及建筑物的平面布置合理性等因素，泄水建筑物的泄流宽度一般都小于原河渠宽度，使下泄水流的流量集中，单宽流量增大，从而使下泄水流流速很高，动能很大，下泄至下游河道时与河道中的水流状态不相适应。若不妥善解决，将会导致以下严重后果：

(1)下游河床及其岸坡将遭受高速水流的冲刷破坏，会危及建筑物本身安全。

(2)因溢流宽度缩窄，单宽流量集中，下游水流运动的平面分布更加复杂，不利于整个枢纽的运行。

因此，从水力学角度看，必须解决下面两个问题：

(1)水流从高水位向低水位过渡时的水流衔接问题。

(2)因单宽流量集中以及较大的水位差转化为较大动能时对下游河道的冲刷，即消能问题。

只有解决好上述问题，才可保证建筑物的安全以及避免下泄水流对枢纽其他建筑物(电站和航运建筑物)的不利影响，这是研究水流衔接与消能的基本任务。

水流的衔接与消能是一个问题的两个方面，二者不是孤立的，一定的衔接形式恰好表明了相应消能机理的实质，解决消能问题，同时也伴随着解决水流的衔接问题。

若不采取有效的工程措施消除下泄水流能量，会冲刷紧接泄水建筑物的河槽，危及建筑物的安全。所以，需在泄水建筑物下游设置消能工程，以消除下泄水流能量，保护建筑物的安全。

二、泄水建筑物下游水流衔接与消能的主要形式

目前,实际工程中常采用的水流衔接与消能形式主要有三种。

(一)底流式衔接与消能

水流自闸、坝下泄时,势能逐渐转化为动能,流速增大,水深减小,到达 c—c 断面,水深最小,称该断面为收缩断面,其水深以 h_c 表示,h_c 一般都小于临界水深,水流属于急流,而下游河渠中的水深 h_t 常大于临界水深,属于缓流。由急流向缓流过渡,必然要发生水跃,如图 9-1(a)所示。底流式衔接与消能就是在建筑物下游修建消力池(即图 9-1(b)、(c)),控制水跃在消力池内发生,利用水跃消能(可消耗大部分下泄水流能量),同时可以减小急流范围,使水流安全地与下游缓流衔接。在这种衔接与消能过程中,因为水流主流靠近河床底部,因此称这种衔接与消能为底流式衔接与消能。底流式衔接与消能多用于中、低水头及下游地质条件较差的泄水建筑物的消能。

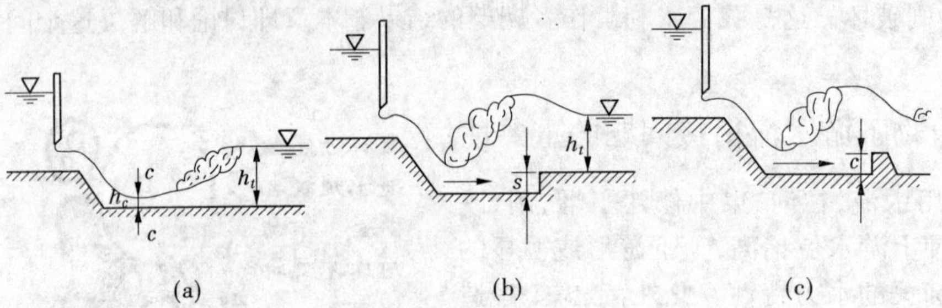

图 9-1

(二)挑流式衔接与消能

这种消能方式是利用在泄水建筑物末端修建反弧坎,将下泄的水流挑离建筑物,使之落入下游较远的河道中,如图 9-2 所示。挑射的水流在空中受到空气阻力,水舌扩散,消耗一部分能量,落入下游水流中后,与下游水体碰撞,产生剧烈的混掺紊动,又消耗大量的能量,从而达到消能目的。因为是被挑向下游与下游水流进行衔接,因此称这种衔接与消能为挑流式衔接与消能。挑流式衔接与消能多用于高水头且下游河床地质条件好的泄水建筑物下游的消能。

(三)面流式衔接与消能

当下游水深较大且较稳定时,常将建筑物末端做成垂直跌坎,跌坎顶部低于下游水位,如图 9-3 所示。下泄的水流被送到下游水流表层,底部形成巨大的旋滚,然后主流

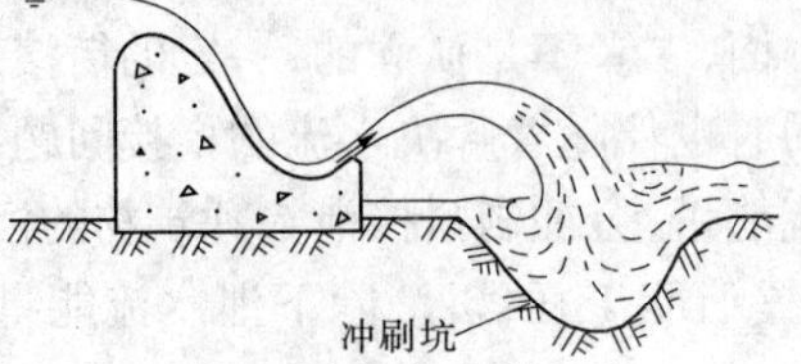

图 9-2

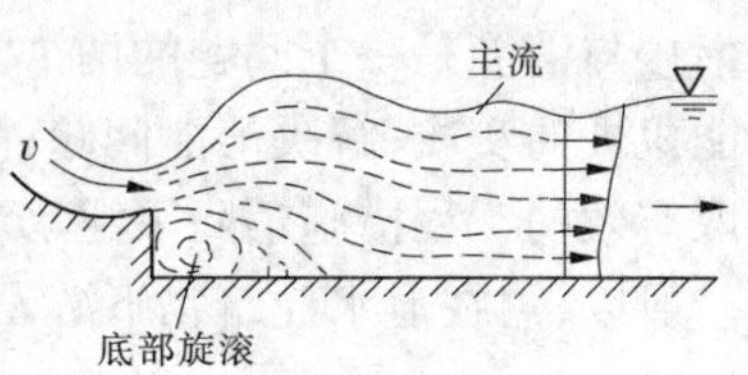

图 9-3

在垂直方向逐渐扩散，并与下游水流衔接。其消能是在底部旋滚和主流扩散的过程中实现的。因为高流速的主流位于表层，故称这种消能衔接形式为面流式衔接与消能。

实际工程中采用的衔接消能形式除上述三种基本形式外，还有戽流式消能、孔板式消能、竖井涡流消能、对冲式消能等形式，这些消能形式一般是基本消能方式的结合或者是在工程具体条件下的发展应用。例如图 9-4 所示就是一种底流与面流相结合的形式，称为戽流式衔接与消能。消能方式的选择是比较复杂的问题，需要根据每个工程的泄流条件、工程运用要求以及下游河道的地形、地质条件进行综合分析研究。

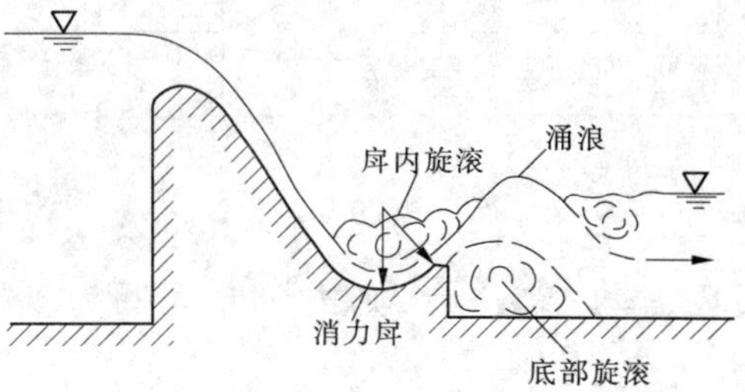

图 9-4

重要的水利工程往往需要进行水工模型试验确定消能方式。本章只介绍常用的底流式衔接与消能的水力计算方法。其他消能方式只作简单介绍。

第二节　底流式衔接与消能的水力计算

由前述可知，闸、坝等泄水建筑物下泄水流要经过 c—c 收缩断面并且发生水跃，以水跃的形式与下游水流衔接，研究表明：水跃发生在收缩断面前后的位置不同，则发生不同的水跃衔接形式，而水跃衔接形式决定了是否需要采取消能措施，判断会发生哪一种水跃衔接形式又与收缩断面水深 h_c 有关，所以底流式衔接与消能的水力计算第一步要求计算 h_c，第二步由 h_c 计算 h_c''并判别水跃衔接形式，由水跃衔接形式决定是否需要进行消能，第三步才是进行消能计算。下面按步骤分别叙述。

一、收缩断面水深 h_c 的计算

以图 9-5 所示的溢流坝为例，建立收缩断面水深计算的基本方程。通过收缩断面底部的水平面为基准面，对断面 0—0 和断面 c—c 列能量方程，可得

$$E_0 = h_c + \frac{\alpha_c v_c^2}{2g} + h_w \tag{9-1}$$

式中　h_c、v_c——收缩断面的水深与流速；

h_w——0—0 断面至 c—c 断面的水头损失；

E_0——堰前总水头。

由图 9-5 可以看出

$$E_0 = P_2 + H_0 = P_2 + H + \frac{\alpha_0 v_0^2}{2g}$$

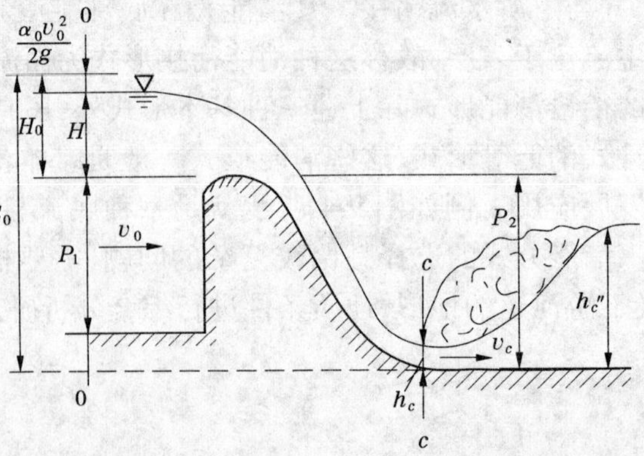

图 9-5

令 $h_w=\zeta v_c^2/(2g)$，流速系数 $\varphi=1/\sqrt{\alpha_c+\zeta}$，则式(9-1)可写为

$$E_0 = h_c + \frac{v_c^2}{2g\varphi^2} = h_c + \frac{Q^2}{2g\varphi^2 A_c^2} \tag{9-2}$$

式中 Q——下泄流量；

A_c——收缩断面面积。

式(9-2)为计算 h_c 的一般公式，可以看出，求 h_c 要解高次方程，需要用试算法求解。

对于矩形断面：$A_c=bh_c$，取单宽流量 $q=\dfrac{Q}{b}$，则

$$E_0 = h_c + \frac{q^2}{2g\varphi^2 h_c^2} \tag{9-3}$$

得

$$h_c = \frac{\dfrac{q}{\varphi\sqrt{2g}}}{\sqrt{E_0 - h_c}} \tag{9-4}$$

式(9-3)虽是针对溢流堰导出的公式，但对闸下出流也完全适用。

φ 为泄水建筑物的流速系数，φ 值的大小主要取决于建筑物的型式和尺寸，初估可按表 9-1 选用；也可用经验公式计算，对于高坝可采用式(9-5)计算；对于坝前水流无明显掺气，且 $P_1/H<30$ 的曲线型实用堰，可采用式(9-6)计算。

$$\varphi = \left(\frac{q^{2/3}}{s}\right)^{0.2} \tag{9-5}$$

$$\varphi = 1 - 0.015\,5\,\frac{P_1}{H} \tag{9-6}$$

式(9-4)是 h_c 的三次方程，不便直接求解，一般采用逐次渐近法或图解法求解 h_c。

(一)渐近法

渐近法的计算步骤如下：

(1)将 $h_c=0$ 代入式(9-4)的右边计算得 h_{c1}。

(2)将 h_{c1} 仍代入式(9-4)的右边计算得 h_{c2}，比较 h_{c1} 和 h_{c2}，若二者相等，则 h_{c2} 即为所求 h_c；否则，再将 h_{c2} 代入式(9-4)的右边计算得 h_{c3}，再比较，若不满足，再计算，就这样逐

次渐近，直至二者近似相等为止。求出收缩断面水深 h_c 之后，可由水跃方程算出 h_c''。

表 9-1　泄水建筑物的流速系数 φ 值

建筑物泄流方式	图形	φ 值
表面光滑的曲线型实用堰平板闸闸孔自由出流	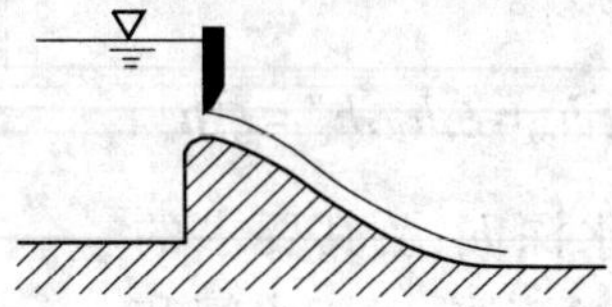	0.85～0.95
表面光滑的曲线型实用堰自由出流： 1. 溢流面长度较短 2. 溢流面长度中等 3. 溢流面长度较长	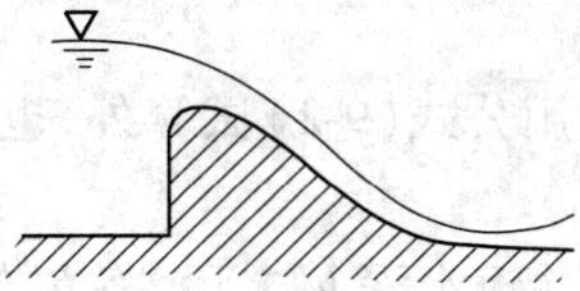	 1.00 0.95 0.90
平板闸闸孔自由出流	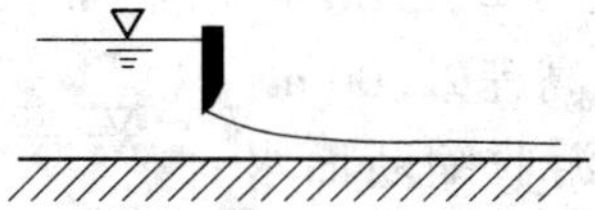	0.97～1.00
折线型断面实用堰自由出流	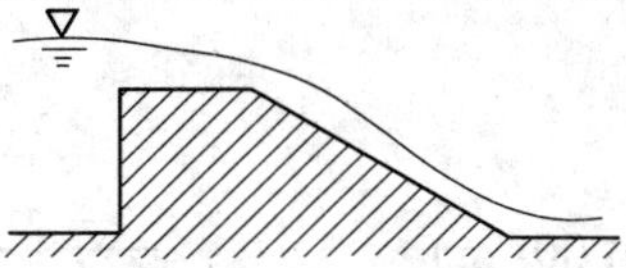	0.80～0.90
宽顶堰自由出流	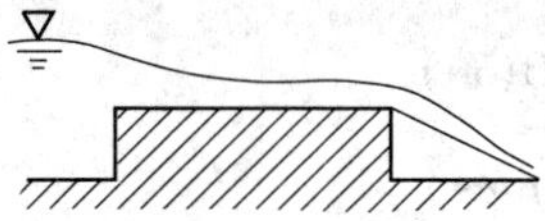	0.85～0.95
无闸门跌水	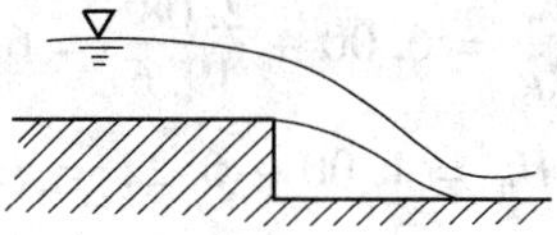	1.00
末端设闸门的跌水	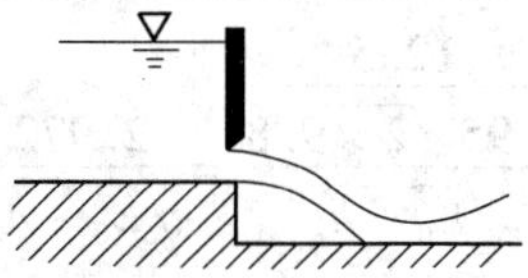	0.97～1.00

(二)图解法

对于矩形断面的 h_c，还可借助本书附录Ⅳ的曲线求解，图 9-6 为附录Ⅳ的示意图，图中右侧曲线是以流速系数 φ 为参数的 $\xi_c = f_1(\xi_0)$ 关系曲线；左单支曲线为 $\xi_c'' = f_2(\xi_0)$ 关系曲线。步骤如下：

(1)根据已知条件计算 h_k（$h_k = \sqrt[3]{\dfrac{q^2}{g}}$）和 $\xi_0 = \dfrac{E_0}{h_k}$。

(2)在附录Ⅳ的横坐标上找出与 ξ_0 值对应的点 c,通过 c 点作垂线,交已知 φ 值对应的曲线于 d 点,由 d 点作水平线,交左单支曲线于 f 点,f 点对应的横坐标为 ξ_c'',f 点对应的纵坐标为 ξ_c。

(3)由 $\xi_c=\dfrac{h_c}{h_k}$ 和 $\xi_c''=\dfrac{h_c''}{h_k}$,解得 $h_c=\xi_c h_k$,$h_c''=\xi_c'' h_k$。

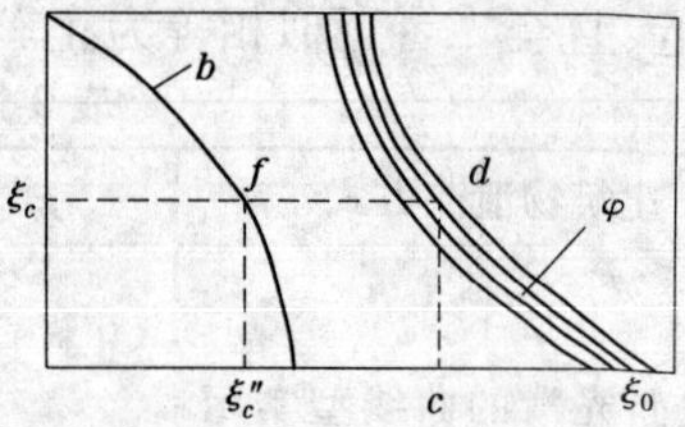

图 9-6

以上给出的求解收缩断面水深 h_c 及其要求的共轭水深 h_c'' 的方法,不仅适用于溢流堰,对于水闸和其他泄水建筑物也完全适用。

对于梯形断面,求 h_c 及 h_c'',除用公式(9-2)试算外,也可用图表求解。有关这方面的内容可参考有关的水力学书籍。

求出收缩断面的水深 h_c 及其共轭水深 h_c'' 之后,将 h_c'' 与下游水深 h_t 进行比较,即可判别建筑物下游水流的衔接形式。

【例 9-1】 某水闸单宽流量 $q=12.50\ m^3/(s\cdot m)$,上游水位 28.00 m,下游水位 24.50 m,渠底高程 21.00 m,闸底高程 22.00 m,$\varphi=0.95$,如图 9-7 所示,求闸下游收缩断面水深 h_c。

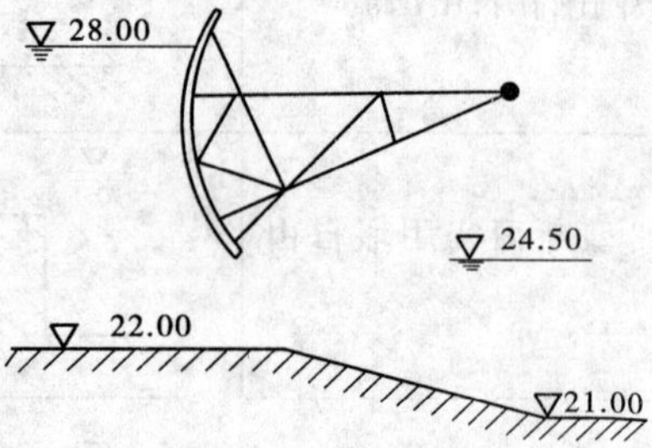

图 9-7 (单位:m)

解:首先计算 E_0。

计算下游坝高 P_2

$$P_2=22.00-21.00=1.00(m)$$

计算闸前水深 H_0

$$H=28.00-22.00=6.00(m)$$

$$v_0=\frac{q}{H}=\frac{12.50}{6.00}=2.08(m/s)$$

$$H_0=H+\frac{v_0^2}{2g}=6.00+\frac{2.08^2}{19.6}=6.22(m)$$

故

$$E_0=P_2+H_0=1.00+6.22=7.22(m)$$

(1)渐进法求 h_c。

计算

$$h_c=\frac{\dfrac{q}{\varphi\sqrt{2g}}}{\sqrt{E_0-h_c}}=\frac{\dfrac{12.5}{0.95\sqrt{2\times 9.8}}}{\sqrt{E_0-h_c}}=\frac{2.972}{\sqrt{E_0-h_c}}$$

令式中根号内的 $h_c=0$,则

第一次 $$h_{c1}=\frac{2.972}{\sqrt{7.22-0}}=1.106(m)$$

第二次 $$h_{c2}=\frac{2.972}{\sqrt{7.22-1.106}}=1.202(m)$$

第三次 $$h_{c3}=\frac{2.972}{\sqrt{7.22-1.202}}=1.211(m)$$

第四次 $h_{c4}=\dfrac{2.972}{\sqrt{7.22-1.211}}=1.212(\mathrm{m})$

因 h_{c4} 与 h_{c3} 很接近，故取 $h_c=1.212$ m。

(2)图解法求 h_c。

计算临界水深 h_k（对于矩形断面） $h_k=\sqrt[3]{\dfrac{q^2}{g}}=\sqrt[3]{\dfrac{12.5^2}{9.8}}=2.52(\mathrm{m})$

计算 ξ_0 $\xi_0=\dfrac{E_0}{h_k}=\dfrac{7.22}{2.52}=2.87$

根据 $\xi_0=2.87$ 和 $\varphi=0.95$，查附录Ⅳ得 $\xi_c=0.477$，则

$$h_c=\xi_c h_k=0.477\times2.52=1.202(\mathrm{m})$$

二、水跃衔接形式的判断

闸、坝等泄水建筑物下游发生水跃，水跃发生的位置有三种情况：正好在收缩断面处开始发生；在收缩断面以前发生；在收缩断面以后发生。这是三种不同的水跃形式，会发生何种形式的水跃，取决于建筑物下游收缩断面水深 h_c 的共轭水深 h_c'' 与下游水深 h_t 的孰大孰小。判断方法是：先以 $h_c=h'$（即以收缩断面水深作为跃前水深），将 h_c 代入水跃方程求得跃后水深 h_c''，然后将求得的 h_c'' 与下游水深 h_t 比较，可出现 $h_t=h_c''$，$h_t<h_c''$，$h_t>h_c''$ 三种情况，由此可判断出发生何种水跃（h_c'' 求解方程见第七章第三节）。

（一）$h_t=h_c''$

$h_t=h_c''$ 表明此时下游水深 h_t 正好等于收缩断面水深 h_c 所对应的跃后水深 h_c''，水跃恰好在收缩断面处开始发生，称这种水跃为临界式水跃，这种水流衔接称为临界式水跃衔接，如图 9-8(a)所示。

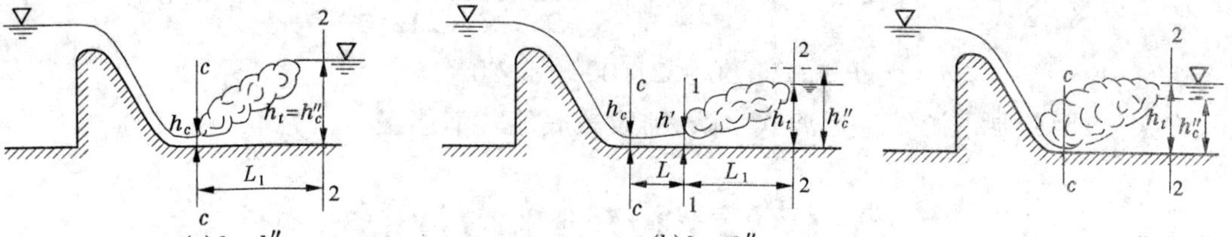

(a) $h_t=h_c''$ (b) $h_t<h_c''$ (c) $h_t>h_c''$

图 9-8

（二）$h_t<h_c''$

当 $h_t<h_c''$ 时，下游水深 h_t 小于与收缩断面水深 h_c 相对应的共轭水深 h_c''。下游水深 h_t 即为实际跃后水深，由水跃函数曲线可知，较小的跃后水深要求较大的跃前水深与之相对应，因而 h_t 应大于 h_c，所以应从收缩断面后、在水深增大到正好等于 h_t 的共轭水深 h' 时开始发生水跃，如图 9-8(b)所示。这种水跃称为远离式水跃，这种衔接称为远离式水跃衔接。

（三）$h_t>h_c''$

这种情况与上一种情况正好相反，即收缩水深要求的跃后水深比下游实际水深小，水

跃被水深较大的下游水流向前推移，收缩断面被淹没，因而称这种水跃为淹没式水跃，这种衔接为淹没式水跃衔接，如图 9-8(c)所示。

令 $\sigma=\dfrac{h_t}{h_c''}$，称 σ 为水跃的淹没系数。它表示水跃的淹没程度。

理论和试验研究表明，临界式水跃的水流能量损失最大，其消能效果最好。但临界式水跃不稳定，当流量稍有增大或下游水深稍有减小时，很容易转变为远离式水跃。而远离式水跃的消能效果较差。而且从收缩断面到跃前断面为急流，流速较大，对河床的冲刷能力很强，不利于建筑物的安全。对于淹没式水跃，当淹没系数 $\sigma>1.2$ 时，消能率降低，但当淹没系数 $\sigma=1.05\sim1.10$ 时，淹没式水跃的消能效果接近临界式水跃，而且不易变为远离式水跃。

综上所述，远离式水跃衔接形式最为不利，工程中应避免出现；临界式水跃衔接形式不稳定，很容易转变为远离式水跃衔接，也应避免出现。所以，选取淹没系数 $\sigma=1.05\sim1.10$ 的稍有淹没程度的淹没式水跃衔接形式为最好。因此，当建筑物下游水流的自然衔接形式经判断为远离式水跃或临界式水跃衔接时，则需要设置消能工（消能工程），即要进行相应的消能水力计算，避免出现这两种水流衔接形式。设置底流式消能工的目的就是迫使建筑物下游发生淹没系数 $\sigma=1.05\sim1.10$ 的稍有淹没程度的淹没式水跃，使水流成为稍有淹没程度的淹没式水跃衔接。

【例 9-2】 按例 9-1 题意判断闸下游水流衔接形式。

解：将 $h_c=1.212$ m 代入水跃方程得

$$h_c''=\frac{h_c}{2}\left(\sqrt{1+\frac{8q^2}{gh_c^3}}-1\right)=\frac{1.212}{2}\left(\sqrt{1+\frac{8\times12.5^2}{9.8\times1.212^3}}-1\right)=4.56(\text{m})$$

$$h_t=24.50-21.00=3.50\ (\text{m})$$

$h_t<h_c''$，因此闸下游发生远离式水跃，需设置底流式消能工。

第三节　消力池水力计算

如果判定泄水建筑物下游发生临界式水跃或远离式水跃，则需增加下游水深迫使其能发生淹没系数 $\sigma=1.05\sim1.10$ 的淹没式水跃，但没有必要增加整个河道的水深，只需在靠近建筑物下游的较短的距离内建一消力池（即水池），使池内水深增大到能够产生 $\sigma=1.05\sim1.10$ 的淹没式水跃即可，底流式消能就是利用上述建消力池的方法，使池内恰好产生淹没式水跃以达到消能的目的。消力池的水力计算就是求消力池的池深和池长。由于池内水流湍急，池底需进行强化加固，这种加固结构称为护坦。

实际工程中常见的消力池有三种：

(1)挖深式消力池（又称消力池）：主要适用于河床易开挖且造价又比较经济的情况，在泄水建筑物下游原河床下挖即降低护坦高程，形成所需消力池，使池内产生所需水跃，见图 9-9(a)。

(2)坎式消力池(又称消力坎):当河床不易开挖或开挖太深造价不经济时,可在原河床上修建一道坎(墙),使坎前形成消力池,壅高池内水深,使池内产生所需水跃。见图 9-9(b)。

(3)综合式消力池:若单纯开挖,开挖量太大,单纯建坎,坎又太高,不经济,且坎后易形成远离式水跃,冲刷河床,可二者兼用。这种既降低护坦高程,又修建消力坎的消力池称为综合式消力池,如图 9-9(c)所示。

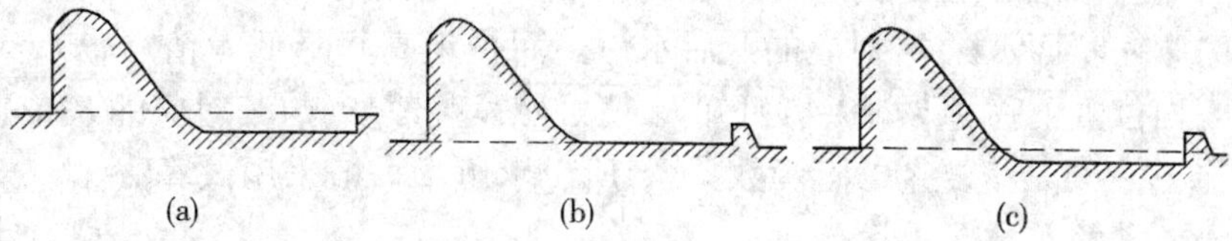

图 9-9

本节只讨论矩形断面的挖深式消力池和坎式消力池的水力计算。消力池的水力计算主要包括池深(或坎高)及池长的计算。

一、挖深式消力池的水力计算

(一)消力池池深 S 的确定

将下游河床下挖一深度 S 后,形成消力池,池内水流现象如图 9-10 所示。出池水流由于垂向收缩,过水断面减小,动能增加,形成一水面跌落 ΔZ,其出池水流可视为宽顶堰流,由图 9-10 中可得池末水深 h_T。

$$h_T = S + h_t + \Delta z \tag{9-7}$$

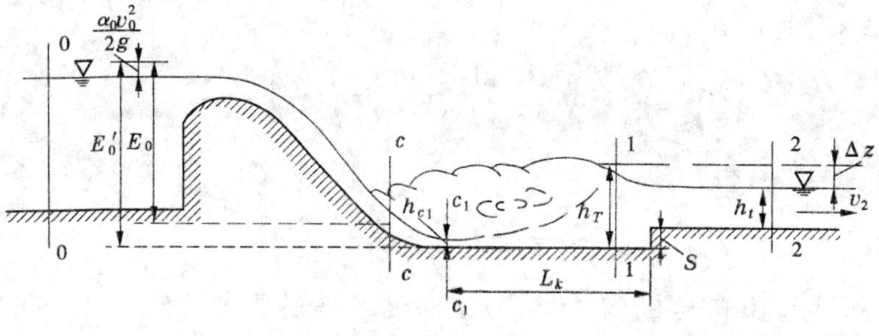

图 9-10

为保证池内发生稍有淹没的淹没式水跃,要求池末水深 $h_T > h_c''$,即要求

$$h_T = \sigma h_c'' = S + h_t + \Delta z$$

式中　σ——淹没系数,通常取 1.05 ~ 1.10。

由上述条件可得池深 S 的计算公式为

$$S = \sigma h_c'' - (h_t + \Delta z) \tag{9-8}$$

水面跌落 Δz 的计算公式可通过对消力池出口断面 1—1 及下游断面 2—2 列能量方程(以通过断面 2—2 底部的水平面为基准面)得

$$\Delta z + \frac{v_1^2}{2g} = \frac{v_2^2}{2g} + \zeta\frac{v_2^2}{2g}$$

以 $v_1 = \frac{q}{h_T}, v_2 = \frac{q}{h_t}, \varphi' = \frac{1}{\sqrt{1+\zeta}}$代入上式得

$$\Delta z = \frac{q^2}{2g}\left[\frac{1}{(\varphi' h_t)^2} - \frac{1}{(\sigma h_c'')^2}\right] \tag{9-9}$$

式中 φ'——消力池出口的流速系数,一般取 0.95。

应当注意的是,应用式(9-8)和式(9-9)求解池深 S 时,式中的 h_c''应是护坦降低以后的收缩断面水深 h_c 对应的跃后水深。而护坦高程降低 S 值后,E_0 增至 $E_0' = E_0 + S$,收缩断面位置下移,据式(9-4)可知 h_c 值必然发生改变,与其对应的 h_c''值也随之改变。显然,S 与 h_c''之间是一复杂的隐函数关系,所以求解 S 一般采用试算法。

求解 S 试算步骤:

(1)估算池深 S。初估时可用略去 Δz 的近似式

$$S = \sigma h_c'' - h_t \tag{9-10}$$

式中 σ——水跃的淹没系数,取 $\sigma = 1.05$;

h_c''——近似用建池前的 h_c''代替建池后的 h_c'',仅供估算用。

(2)计算建池后的 h_c 和 h_c''。

$$h_c = \frac{\frac{q}{\varphi\sqrt{2g}}}{\sqrt{E_0' - h_c}} \quad (\text{式中 } E_0' = E_0 + S) \tag{9-11}$$

$$h_c'' = \frac{h_c}{2}\left(\sqrt{1 + \frac{8q^2}{gh_c^3}} - 1\right)$$

(3)计算 Δz(建池后 h_c'')。

$$\Delta z = \frac{q^2}{2g}\left[\frac{1}{(\varphi' h_t)^2} - \frac{1}{(\sigma h_c'')^2}\right]$$

(4)计算 σ(建池后 h_c'')。

$$\sigma = \frac{S + h_t + \Delta z}{h_c''} \tag{9-12}$$

若 σ 在 1.05~1.10 的范围内,则消力池深度 S 满足要求,否则调整 S,重复(2)~(4)步,直到满足要求为止。

(二)消力池长度 L_k 的计算(适用于消力池、消力坎)

消力池除需具有足够的深度外,还需有足够的长度以保证水跃不冲出池外,从而不会对下游河床产生不利影响。试验表明,池内淹没水跃因受池末端竖立壁坎产生的反向力作用,由池内收缩断面算起的水跃长度 L_j' 比平底渠道中产生的自由水跃长度 L_j 短 20%~30%,即

$$L_j' = (0.7 \sim 0.8)L_j$$

当泄水建筑物为曲线型实用堰时,消力池长度 L_k 等于池内水跃长度 L_j',即

$$L_k = L_j' = (0.7 \sim 0.8)L_j \tag{9-13}$$

式中　L_j——平底渠中自由水跃长度，详见第七章第三节，$L_j=6.9(h_c''-h_c)$（h_c''和 h_c 为建池后跃后水深和跃前水深）。

当泄水建筑物为跌坎或宽顶堰时，消力池长度还应考虑跌坎或宽顶堰到收缩断面间的距离，具体计算请参阅《水力计算手册》或其他有关水力学书籍。

（三）消力池的设计流量 Q_S、Q_L

上述消力池池深、池长的计算是在固定某一流量情况下进行的，而建好后的消力池要通过一定范围内的各种流量，那么用哪一个流量来计算池深和池长才能使全部流量变化范围内都能保证在池内发生稍有淹没的淹没式水跃呢？显然，应考虑最不利的情况，即要选取具有最大池深和最大池长的流量作为消力池的设计流量（Q_S 为池深设计流量、Q_L 为池长设计流量）。

由简化公式（$S=\sigma h_c''-h_t$）可知，$\sigma h_c''-h_t$ 的值最大时池深 S 最大，因此 $\sigma h_c''-h_t$ 的值最大时所对应的流量就是设计流量，所以只要在包含 Q_{max}、Q_{min} 在内的流量变化范围内选取几个 Q 值，算出相应的 h_c''、h_t，绘出 Q 与 $\sigma h_c''-h_t$ 的关系曲线，从曲线上选取最大 $\sigma h_c''-h_t$ 值对应的流量，即为消力池池深的设计流量 Q_S。实践表明，池深的设计流量一般比 Q_{max} 小。

需注意，池长的设计流量不等于池深的设计流量，即 $Q_L\neq Q_S$，一般情况，水跃长度随流量增大而增大，因此池长的设计流量 Q_L 就是建筑物所通过的最大流量 Q_{max}。

综上所述，给出底流式衔接与消能水力计算的思路步骤如下：

（1）求建池前 h_c：用公式（9-4）。

（2）求建池前 h_c''，判断水跃衔接形式，依据式（7-23）。

（3）经判别为临界或远离式水跃时拟建消力池：

①求池深 S，依次应用式（9-9）、式（9-10）、式（7-23）、式（9-11）、式（9-12）五个公式；

②求池长 L_k，用公式（9-13）。

【例 9-3】　已知条件同例 9-1、例 9-2，拟在闸下游建一挖深式消力池，求消力池尺寸（出池水流流速系数 $\varphi'=0.95$）。

解：1. 确定池深 S

（1）估算池深 S。

$$S=\sigma h_c''-h_t=1.05\times4.56-3.50=1.288(\text{m})$$

（2）计算建池后的 h_c''。

$$E_0'=E_0+S=7.22+1.288=8.508\ (\text{m})$$

将 E_0'、q、φ 代入 $h_c=\dfrac{\dfrac{q}{\varphi\sqrt{2g}}}{\sqrt{E_0'-h_c}}$，经计算求得 $h_c=1.091$ m。

$$h_c''=\frac{h_c}{2}\left(\sqrt{1+\frac{8q^2}{gh_c^3}}-1\right)=\frac{1.091}{2}\times\left(\sqrt{1+\frac{8\times12.5^2}{9.8\times1.091^3}}-1\right)=4.89(\text{m})$$

（3）计算 Δz。

$$\Delta z=\frac{q^2}{2g}\left[\frac{1}{(\varphi' h_t)^2}-\frac{1}{(\sigma h_c'')^2}\right]$$

$$= \frac{12.5^2}{2\times 9.8}\times\left[\frac{1}{(0.95\times 3.5)^2}-\frac{1}{(1.05\times 4.89)^2}\right]=0.419(\text{m})$$

(4)计算 σ。

$$\sigma = \frac{S + h_t + \Delta z}{h_c''} = \frac{1.288 + 3.5 + 0.419}{4.89} = 1.065$$

σ 在 1.05 ~1.10 范围内,所以池深满足要求,为方便施工,池深取 $S = 1.3$ m。

2. 确定池长

$$L_k = (0.7 \sim 0.8)L_j$$

$$L_j = 6.9(h_c'' - h_c) = 6.9\times(4.89 - 1.091) = 26.21(\text{m})$$

$$L_k = (0.7 \sim 0.8)L_j = 0.7\times 26.21 \sim 0.8\times 26.21 = 18.35 \sim 20.97(\text{m})$$

取池长 $L_k = 20$ m。

二、坎式消力池的水力计算

(1)坎高 C 的计算。当河床不易开挖或开挖不经济时,可在护坦末端修筑消力坎,壅高坎前水位形成消力池,以保证在建筑物下游产生稍有淹没的淹没式水跃。池内水流现象如图 9-11 所示。坎式消力池池内水流现象与挖深式消力池基本相同,但出池水流是折线型实用堰流。同理,为保证池内产生稍有淹没的淹没式水跃,坎前水深 h_T 应为

$$h_T = \sigma h_c''$$

由图 9-11 可知

$$h_T = C + H_1$$

式中 C——坎高;

H_1——坎顶水头。

则坎高

$$C = \sigma h_c'' - H_1$$

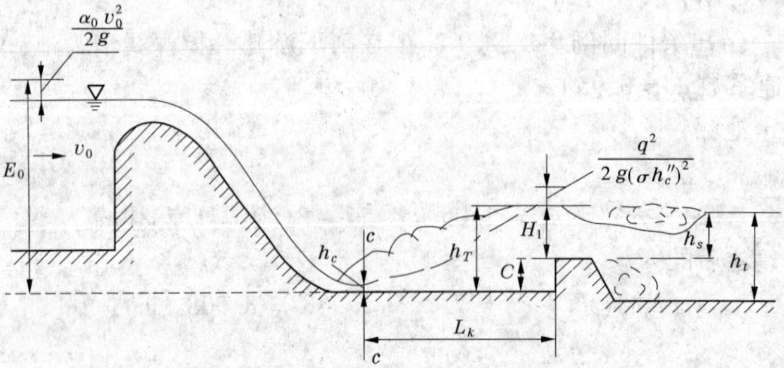

图 9-11

坎顶水头 H_1 可用堰流公式计算

$$H_1 = H_{10} - \frac{v_0^2}{2g} = \left(\frac{q}{\sigma_s m_1\sqrt{2g}}\right)^{2/3} - \frac{q^2}{2g(\sigma h_c'')^2}$$

则

$$C = \sigma h_c'' + \frac{q^2}{2g(\sigma h_c'')^2} - \left(\frac{q}{\sigma_s m_1\sqrt{2g}}\right)^{2/3} \tag{9-14}$$

式中　m_1——折线型实用堰的流量系数，一般取 $m_1=0.42$；

σ_s——消力坎淹没系数，其大小与下游水深和坎高有关，$\sigma_s=f\left(\frac{h_t-C}{H_{10}}\right)=f\left(\frac{h_s}{H_{10}}\right)$。

试验表明：当$\frac{h_s}{H_{10}}\leqslant 0.45$ 时，出池水流为堰流自由出流，$\sigma_s=1$；当$\frac{h_s}{H_{10}}>0.45$ 时，出池水流为堰流淹没出流，σ_s 值可根据相对淹没度$\frac{h_s}{H_{10}}$查表 9-2 确定。

表 9-2　消力坎的淹没系数 σ_s 值

h_s/H_{10}	≤0.45	0.50	0.55	0.60	0.65	0.70	0.72	0.74	0.76	0.78
σ_s	1.00	0.990	0.985	0.975	0.960	0.940	0.930	0.915	0.900	0.885
h_s/H_{10}	0.80	0.82	0.84	0.86	0.88	0.90	0.92	0.95	1.00	
σ_s	0.865	0.845	0.815	0.785	0.750	0.710	0.651	0.535	0.000	

计算时，开始坎高尚未确定，无法判别过坎水流是否为堰流淹没出流，一般先按堰流自由出流考虑，取 $\sigma_s=1$，利用式(9-14)可求出坎高 C_1，而后再求出$\frac{h_t-C_1}{H_{10}}$的数值，判别过坎水流是否为堰流自由出流。

若$\frac{h_t-C_1}{H_{10}}\leqslant 0.45$，为堰流自由出流，$C_1$ 即为所求的消力坎高度。

应当指出的是，如果消力坎出池水流为自由出流，则应校核坎后的水流衔接情况，若坎后为临界式或远离式水跃衔接，必须设置第二道消力坎或采取其他消能措施。

若$\frac{h_t-C_1}{H_{10}}>0.45$，为堰流淹没出流。淹没的影响会使坎上水头 H_1 增大，要使消力池内水跃的淹没系数 σ_s 不变，需要降低坎高 C_1。重新计算坎高(见例 9-4)。消力坎的流速系数一般取 0.90～0.95。

(2)坎式消力池池长 L_k 的计算(方法同挖深式消力池)。

(3)坎式消力池设计流量 Q_C、Q_L 的确定。

坎高 C 的设计流量 Q_C 的确定：选取包括 Q_{max} 和 Q_{min} 在内的若干 Q 值，分别计算出其相应的坎高 C 值，绘制 $Q\sim C$ 曲线，最大 C 值对应的流量即为坎高的设计流量。实践表明，一般情况下 $Q_C<Q_{max}$。

坎式消力池池长的设计流量 Q_L 即是消力池通过的最大流量，须知 $Q_L\neq Q_C$。

【例 9-4】　某 WES 型剖面堰堰顶高程 456.50 m，下游河床底部高程 420.00 m，泄流单宽流量为 20.00 m³/(s·m)时，堰上水头 4.50 m，下游水深 8.30 m，流速系数 $\varphi=0.9$，试判断是否需建消力池，若需建请按消力坎式消力池设计尺寸。

解：1. 判断下游水流衔接情况

因为
$$\frac{P_1}{H}=\frac{456.50-420.00}{4.50}=8.11>1.33$$

所以为高坝，可忽略行近流速水头，$H_0\approx H=4.50$ m。

$$E_0 = P_2 + H_0 = (456.50 - 420.00) + 4.50 = 41.00(\text{m})$$

$$h_c = \frac{\dfrac{q}{\varphi\sqrt{2g}}}{\sqrt{E_0 - h_c}} = \frac{\dfrac{20}{0.9 \times \sqrt{19.6}}}{\sqrt{41.00 - h_c}}$$

经计算得 $h_c = 0.79$ m。

$$h_c'' = \frac{h_c}{2}\left(\sqrt{1 + \frac{8q^2}{gh_c^3}} - 1\right) = \frac{0.79}{2} \times \left(\sqrt{1 + \frac{8 \times 20^2}{9.8 \times 0.79^3}} - 1\right) = 9.78(\text{m}) > h_t = 8.30(\text{m})$$

故下游发生远离式水跃，需建消力池。

2. 确定消力坎式消力池尺寸

(1)坎高计算。

$$C = \sigma h_c'' + \frac{q^2}{2g(\sigma h_c'')^2} - H_{10}$$

$$H_{10} = \left(\frac{q}{\sigma_s m_1 \sqrt{2g}}\right)^{2/3}$$

设消力坎为自由出流，$\sigma_s = 1$，取 $m_1 = 0.42$，则

$$H_{10} = \left(\frac{20}{0.42 \times \sqrt{2 \times 9.8}}\right)^{2/3} = 4.87(\text{m})$$

$$C_1 = 1.05 \times 9.78 + \frac{20^2}{2 \times 9.8 \times (1.05 \times 9.78)^2} - 4.87 = 5.59(\text{m})$$

$$h_s = h_t - C_1 = 8.30 - 5.59 = 2.71(\text{m})$$

$$\frac{h_s}{H_{10}} = \frac{2.71}{4.87} = 0.556 > 0.45$$

所以，消力坎为淹没出流，$\sigma_s < 1$，采用逐次渐近法重算坎高。

据 $\frac{h_s}{H_{10}} = 0.556$，查表 9-2 得 $\sigma_s = 0.984$，则有

$$H_{10} = \left(\frac{20}{0.984 \times 0.42 \times \sqrt{2 \times 9.8}}\right)^{2/3} = 4.92(\text{m})$$

$$C_2 = 1.05 \times 9.78 + \frac{20^2}{2 \times 9.8 \times (1.05 \times 9.78)^2} - 4.92 = 5.54(\text{m})$$

$$h_s = h_t - C_2 = 8.30 - 5.54 = 2.76(\text{m})$$

据 $\frac{h_s}{H_{10}} = \frac{2.76}{4.92} = 0.561$，查表 9-2 得 $\sigma_s = 0.983$，则有

$$H_{10} = \left(\frac{20}{0.983 \times 0.42 \times \sqrt{2 \times 9.8}}\right)^{2/3} = 4.93(\text{m})$$

$$C_3 = 1.05 \times 9.78 + \frac{20^2}{2 \times 9.8 \times (1.05 \times 9.78)^2} - 4.93 = 5.53(\text{m})$$

因 C_3 与 C_2 很接近，故取 $C = 5.53$ m，实际坎高可取为 5.50 m。

(2)池长计算。

$$L_k = (0.7 \sim 0.8)L_j$$

$$L_j = 6.9(h_c'' - h_c) = 6.9 \times (9.78 - 0.79) = 62.03(\text{m})$$

$$L_k = 0.7 \times 62.03 \sim 0.8 \times 62.03 = 43.42 \sim 49.62(\text{m})$$

取池长为 46 m。

三、底流式衔接与消能微机求解法简介*

目前,底流式衔接与消能的微机求解法有好几种,这里只介绍一种,即 Mi－crosoft Excel(简称 Excel)计算方法。

(一)Excel 常用数值计算方法

“拖动填充”是 Excel 的重要计算工具,操作为:在活动单元格或当前选定区域的右下角有一个黑色的小方框“#”,将鼠标移到黑色的小方框“#”附近,当鼠标指针变成黑十字形时,按住鼠标左键拖动至需要填充数据的单元格,最后放开鼠标按键。在拖动过程中引用的相对单元格会随行和列的变化而变动,如果引用绝对单元格,则单元格不随行和列的改变而变化。实现 Excel 拖放填充操作,必须保证“单元格拖放功能”处于打开状态,如果处于关闭状态,可以按以下操作步骤打开:在“工具”菜单上单击“选项”,再单击“编辑”选项卡,选中或清除“单元格拖放功能”复选框,Excel 默认功能处于启动状态。见图 9-12。

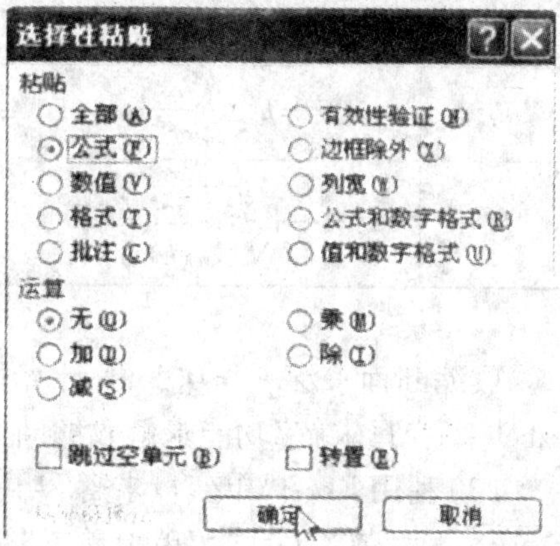

图 9-12　公式粘贴设置图

“单变量求解”是一组命令的组成部分,这些命令有时也称做假设分析工具。如果已知单个公式的预期结果,而确定此公式结果的输入值未知,则可使用“单变量求解”功能反求输入值。使用“单变量求解”功能,通过单击“工具”菜单上的“单变量求解”即可。当进行“单变量求解”时,Microsoft Excel 会不断改变特定单元格中的值,直到依赖于此单元格的公式返回所需的结果为止。

(二)应用举例

【例 9-5】　在矩形河槽中筑一曲线型溢流堰,单宽流量 $q = 15\ \text{m}^3/(\text{s} \cdot \text{m})$,坝顶高出下游河床 $P_2 = 15$ m,堰上全水头 $H_0 = 3.63$ m,下游水深 $h_t = 5.5$ m,流速系数 $\varphi = 0.936$。试判断:

(1)溢流堰下游是否需要修建消力池?

(2)如果需要修建消力池,试设计挖深式消力池的尺寸。

解:判断是否需要修建消力池。

1. 计算收缩断面水深 h_c

收缩断面水深 h_c 的计算公式为式(9-3),即

$$E_0 = h_c + \frac{q^2}{2g\varphi^2 h_c^2}$$

式中

$$E_0 = H_0 + P_2 = 3.63 + 15 = 18.63\ (\text{m})$$

式(9-3)是关于收缩断面水深 h_c 的 3 次方程。应利用 Excel 的“单变量求解”功能求解收缩断面水深 h_c。

(1)输入已知数据。将 $q = 15\ m^3/(s \cdot m)$、$E_0 = H_0 + P_2 = 18.63$ m、$\varphi = 0.936$、$h_t = 5.5$ m,输入 B1、D1、F1、H1 中,如图 9-13 所示。

	A	B	C	D	E	F	G	H
1	$q=$	15	$E_0=$	18.63	$\varphi=$	0.936	$h_t=$	5.5

图 9-13 计算收缩断面水深已知数据填充图

(2)任意设收缩断面水深 h_c,求与之相应的堰上总水头 E_0。任意设收缩断面水深 $h_c = 0.5$ m,按表 9-3 在 B3 单元格中输入计算 E_0 的 Excel 计算公式,得堰前总水头 $E_0 = 52.912$ m,计算结果见图 9-14(a)。

表 9-3 收缩断面水深 h_c 和 h_c'' 的 Excel 计算公式

计算内容	计算公式	相应的 Excel 计算公式
E_0	$E_0 = h_c + \dfrac{q^2}{2g\varphi^2 h_c^2}$	= A3 + $ B $ 1 * $ B $ 1/(2 * 9.8 * $ F $ 1^2 * A3^2)
h_c''	$h_c'' = \dfrac{h_c}{2}\left(\sqrt{1 + \dfrac{8q^2}{gh_c^3}} - 1\right)$	= A3/2 * (SQRT(1 + 8 * $ B $ 1^2/(9.8 * A3^3)) - 1

收缩断面水深 $h_c = 0.5$ m,计算得到的 E_0 值和已知的 $E_0 = 18.63$ m 不相符,应利用 Excel“单变量求解”功能求解收缩断面水深 h_c。

(3)利用 Excel“单变量求解”功能求解收缩断面水深 h_c。单击 B3 单元格使之成为活单元格,然后在“工具”菜单上单击“单变量求解”,弹出“单变量求解”对话框,在“单变量求解”对话框中的“目标单元格”中输入 B3,在“目标值”中输入 18.63(堰上总水头 $E_0 = 18.63$ m),在“可变单元格”中输入 $A $3(收缩断面水深 h_c 所在单元格),单击“确定”按钮,弹出“单变量求解状态”对话框,单击“单变量求解状态”对话框的“确定”按钮,即可完成计算任务。收缩断面水深 $h_c = 0.859$ m,见图 9-14(b)。

	A	B	C	D	E	F	G	H
1	$q=$	15	$E_0=$	18.63	$\varphi=$	0.936	$h_t=$	5.5
2	h_c	E_0						
3	0.500	52.912						

(a)

	A	B	C	D	E	F	G	H
1	$q=$	15	$E_0=$	18.63	$\varphi=$	0.936	$h_t=$	5.5
2	h_c	E_0						
3	0.859	18.630						

(b)

图 9-14 收缩断面水深 h_c 计算图

2. 计算收缩断面水深 h_c 对应的跃后水深 h_c'',判断是否需要修建消力池

收缩断面水深 h_c 对应的跃后水深

$$h_c'' = \frac{h_c}{2}\left(\sqrt{1+\frac{8q^2}{gh_c^3}}-1\right)$$

计算跃后水深 h_c''，只要在 C3 单元格中输入表 9-3 提供的 Excel 计算公式，便可得到跃后水深 h_c''的数值，跃后水深 $h_c''=6.896$ m，如图 9-15 所示。

C3 　f_x =A3/2*(SQRT(1+8*B1^2/(9.8*A3^3))-1)

	A	B	C	D	E	F	G	H
1	$q=$	15	$E_0=$	18.63	$\varphi=$	0.936	$h_t=$	5.5
2	h_c	E_0						
3	0.859	18.630	6.896					

图 9-15　跃后水深 h_c''的计算成果图

因为 $h_c''>h_t=5.5$ m，所以下游发生远驱式水跃，需要修建消力池。

挖深式消力池池深计算。

(1)输入已知数据。将 $q=15\ m^3/(s\cdot m)$、$E_0=H_0+P_2=18.63$ m、$\varphi=0.936$、$h_t=5.5$ m，输入 B1、D1、F1、H1 中，如图 9-16(a)所示。

(2)假设消力池池深 S，计算挖深后的堰上水头 E_0'和下游收缩断面水深 h_c。

①任意设池深 $S=1.5$ m，输入到 A3 中，在 B3 中输入表 9-4 提供的 Excel 计算公式，得 $E_0'=20.130$ m，如图 9-16(a)所示。

表 9-4　计算消力池池深的 Excel 计算公式

计算内容	计算公式	相应的 Excel 计算公式	说明
E_0'	E_0+S	= \$ D \$ 1 + A3	
h_c	$\sqrt{\frac{q^2}{2g\varphi^2(E_0'-h_c)}}$	=SQRT(\$ B \$ 1 * \$ B \$ 1/(2 *9.8 * \$ F \$ 1 * \$ F \$ 1)/ \$ B \$ 3 - C3))	C4 单元格的公式
h_c''	$\frac{h_c}{2}\left(\sqrt{1+\frac{8q^2}{gh_c^3}}-1\right)$	= \$ C \$ 10/2 * (SQRT(1 +8 * \$ B \$ 1 * \$ B \$ 1/(9.8 * \$ C \$ 10^3)) - 1	
Δz_1	$\frac{q^2}{2g(\varphi' h_t)^2}$	= \$ B \$ 1 * \$ B \$ 1/(2 * 9.8 * 0.95^2 * \$ H \$ 1^2)	
Δz_2	$\frac{q^2}{2g(\sigma h_c'')^2}$	= \$ B \$ 1 * \$ B \$ 1/(2 * 9.8 * 1.05^2 * \$ D \$ 3 * \$ D \$ 3)	
Δz	$\frac{q^2}{2g(\varphi' h_t)^2}-\frac{q^2}{2g(\sigma h_c'')^2}$	= E3 - F3	
h_T	$S+h_t+\Delta z$	= A3 + G3 + \$ H \$ 1	
σ	$\frac{S+h_t+\Delta z}{h_c''}$	= H3/D3	

	A	B	C	D	E	F	G	H	I
1	$q=$	15	$E_0=$	18.63	$\varphi=$	0.936	$h_t=$	5.5	
2	S	E_0'	h_c	h_c''	Δz_1	Δz_2	Δz	h_T	σ
3	1.500	20.130	2.0000						
4			0.8501						
5			0.8244						
6			0.8238						
7			0.8238						
8			0.8238						
9			0.8238						
10			0.8238						

(a)

	A	B	C	D	E	F	G	H	I
1	$q=$	15	$E_0=$	18.63	$\varphi=$	0.936	$h_t=$	5.5	
2	S	E_0'	h_c	h_c''	Δz_1	Δz_2	Δz	h_T	σ
3	1.500	20.130	2.0000	7.065	0.420	0.209	0.212	7.212	1.021
4			0.8501						
5			0.8244						
6			0.8238						
7			0.8238						
8			0.8238						
9			0.8238						
10			0.8238						

(b)

	A	B	C	D	E	F	G	H	I
1	$q=$	15	$E_0=$	18.63	$\varphi=$	0.936	$h_t=$	5.5	
2	S	E_0'	h_c	h_c''	Δz_1	Δz_2	Δz	h_T	σ
3	1.810	20.440	2.0000	7.099	0.420	0.207	0.214	7.524	1.060
4			0.8430						
5			0.8177						
6			0.8172						
7			0.8172						
8			0.8172						
9			0.8172						
10			0.8172						

(c)

图 9-16　挖深式消力池池深计算图

②用迭代法计算 $S=1.5$ m 的下游收缩断面水深 h_c。将式(9-3)改写成下面的迭代公式,即

$$h_c = \sqrt{\frac{q^2}{2g\varphi^2(E_0' - h_c)}}$$

其迭代过程为:任意设收缩断面水深 h_{c1} 代入上式右端,算出 h_{c2};再用 h_{c2} 代入上式右端,算出 h_{c3};再用 h_{c3} 代入上式右端,算出 h_{c4},重复上述步骤,直到最后两次迭代的收缩断面水深的误差能满足精度要求为止。

设初始的收缩断面水深 $h_{c1}=2$ m,输入 C3 单元格中,在 C4 单元格中输入表 9-4 中所列的 Excel 计算公式,得 $h_{c2}=0.850\ 1$ m,见图 9-16(a);用 h_{c2} 计算 h_{c3} 以及后面的迭代计算可以使用 Excel 的“拖动填充”功能。方法是:单击 C4 单元格下拖动填充 C5 ~ C10 单元

格（见图 9-16（a））。

收缩断面水深的初始值设置为多少对最终计算结果的影响极小，由图 9-16（b）的迭代过程可以看出，迭代次数的多少取决于计算精度的要求。工程中，一般只要迭代 3 ~ 4 次就能得到较为准确的结果。本例中选中 C4 单元格为活动单元格，向下拖动填充至 C10 单元格。经多次迭代的 C10 单元格中的数值作为收缩断面水深 h_c 的最终计算值，一般能满足计算精度要求。所以，设池深 $S = 1.5$ m，下游收缩断面水深 $h_c = 0.8238$ m。

（3）计算池深 $S = 1.5$ m，下游收缩断面水深 $h_c = 0.8238$ m 时所对应的跃后水深 h_c'' 及 Δz_1、Δz_2、Δz、h_T、σ，判断池深 $S = 1.5$ m 是否满足消能要求。

在 D3 ~ I3 单元格中输入表 9-4 提供的 Excel 计算公式，依次计算 h_c''、Δz_1、Δz_2、Δz、h_T、σ，见图 9-16（b）。

由图 9-16（b）可知，当池深 $S = 1.5$ m 时，淹没系数 $\sigma = 1.021$，不在 1.05 ~ 1.1 范围内，所以假设的消力池深度 $S = 1.5$ m 不满足消能要求，需要利用 Excel“单变量求解”功能求解使 σ 在 1.05 ~ 1.1 范围内的消力池深度。

（4）计算使淹没系数 σ 在 1.05 ~ 1.1 范围内的池深 S。

①单击 I3 单元格，使其成为活动单元格。

②在“工具”菜单上，单击“单变量求解”，弹出“单变量求解”对话框。

③在“单变量求解”对话框的“目标单元格”中输入 I3（淹没系数所在单元格），淹没系数 σ 在 1.05 ~ 1.1 范围内，可以任取一值，假设取 $\sigma = 1.06$，输入到“目标值”中，“可变单元格”中输入 \$ A \$ 3（池深 S 所在单元格），单击“确定”按钮，弹出“单变量求解状态”对话框。

④在“单变量求解状态”对话框中，单击“确定”按钮，即可完成计算任务，池深 $S =$ 1.81 m，结果见图 9-16（c）。

从图 9-16（c）可知，池深 $S = 1.81$ m 时，淹没系数 $\sigma = 1.06$，因此消力池深度 S 满足要求。

四、底流式消能的其他形式及辅助设施

（一）特例的消力池型式

1. 斜坡消力池

所谓斜坡消力池是指消力池护坦不采用平底，而采用有一定坡度的倾斜护坦，如图 9-17所示。当下游水位偏高时，水跃发生在倾斜护坦较后的某个位置。

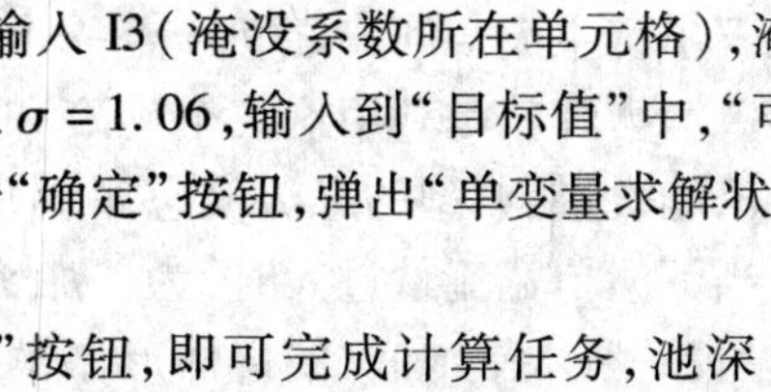

图 9-17

目前，斜坡护坦上水跃的水力计算尚无完善的方法。设计时可采用试算法，先假定跃前水深 h'，计算跃前断面的弗劳德数 Fr_1；根据 Fr_1 和护坦的倾斜坡度 i_0 值，由图 9-18（a）求出两个共轭水深的比值$\frac{h''}{h'}$，进而求得 h''；由图 9-18（b）可求出水跃长度 L_j 与第二共轭水深 h''的比值 L_j/h''，算出水跃长度 L_j；根据 h''和 L_j 反求跃前水深 h'，用以与假定的跃前水深 h'相比较，若不符

合，则重设 h'，再次计算，直到假定的 h' 与算得的 h' 近似相等为止。

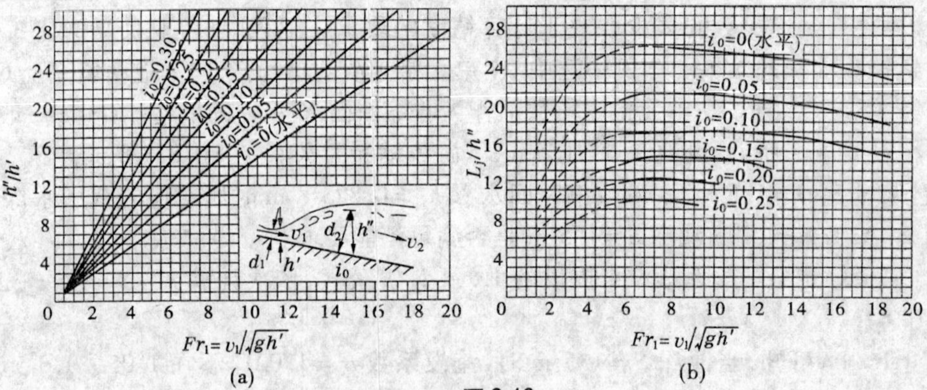

图 9-18

2. 戽式消力池

当下游水深较大且有一定变化范围时，可在泄水建筑物末端修建一个具有较大反弧半径和挑角的低鼻坎的凹面戽斗，即消力戽。受一定下游水深的顶托作用，从泄水建筑物下泄的高速水流在戽内形成剧烈的表面旋滚，主流沿鼻坎挑起，形成涌浪并向下游扩散，戽坎下出戽主流与河床之间产生一个反向旋滚，有时涌浪之后还会产生一个微弱的表面旋滚。消力戽就是利用这三个旋滚和一个涌浪产生强烈的紊动摩擦和扩散作用，取得良好的消能效果，典型的戽流流态如图 9-19 所示。

当下泄单宽流量过大时，为了加大戽内旋滚体积、增加消能效果，从戽体最低断面开始，设置一段水平池底，使戽体形似消力池，但却保持戽流特点，因而称为戽式消力池，如图 9-20 所示。其水力计算请参阅有关水力计算手册或文献。

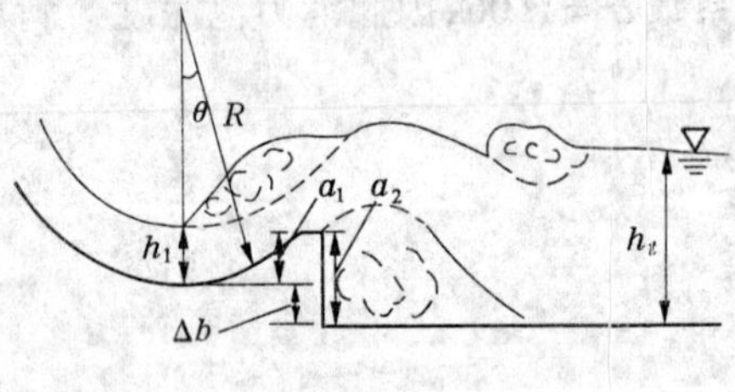

图 9-19

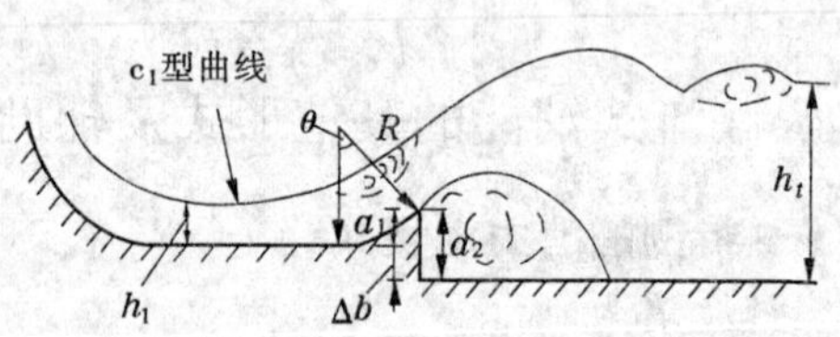

图 9-20

3. 窄缝式消能工

窄缝式消能工是一种高效的收缩式消能工，它借助侧壁的收缩，迫使水流变形，增强紊动和掺气，形成竖向和纵向扩散的挑流流态，减小单位面积的入水能量，减轻对下游河床的冲刷，特别适合解决高山峡谷河流的消能泄洪问题。另外，窄缝式消能工也便于水流转向，容易顺应下游河道。自 1954 年葡萄牙的卡勃利尔（Cabril）拱坝首先采用窄缝消能工以来，至少已有 20 多个枢纽采用了窄缝消能技术，但是到现在为止，窄缝消能工并无成熟的设计方法，一般都是参照已有的工程经验，选择收缩段的体型和尺寸，然后通过水力模型试验进行检验、修改和最终定案。

(二)底流消能的辅助消能工

为提高消能效果,可在消力池中设置辅助消能工,如趾墩、消力墩、池末齿坎等,如图 9-21 所示。

1. 趾墩

趾墩又称分流墩,常布置在消力池入口处。它的作用是发散入池水股,加剧消力池中水流的紊动混掺作用,提高消能效率。对于单独加设的趾墩,可以增大收缩断面水深 h_c,使共轭水深 h_c''减小,因此可以减小消力池的深度 S。

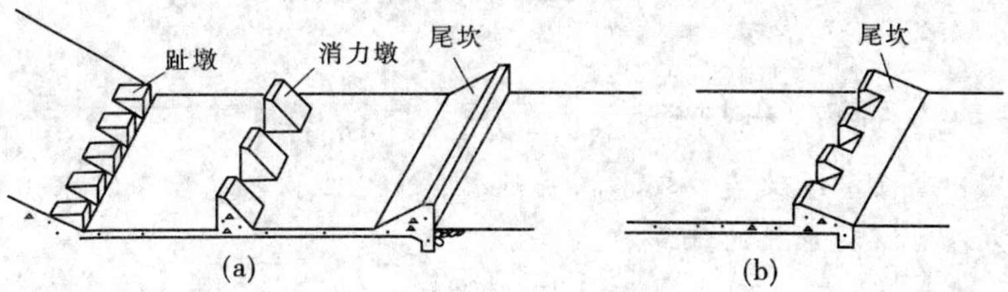

图 9-21

2. 消力墩

消力墩常布置在消力池内的护坦上,除分散水流、形成更多旋涡以提高消能效果外,还有迎拒水流、对水流产生反冲击力的作用。根据动量方程分析可知,消力墩对水流的反冲击力将降低水跃的共轭水深,从而可以减小消力池的池深 S。

3. 尾坎

尾坎的作用是将池末流速较大的底部水流挑起,改变下游的流速分布,使面层流速较大、底部流速较小,从而减轻出池水流对池后河床或海漫的冲刷作用。

辅助消能工的水力计算可查阅有关水力计算手册。

4. 护坦下游的河床加固

由于出消力池水流紊动仍很剧烈,底部流速较大,故对河床仍有较强的冲刷能力。所以,在消力池后,除岩质较好,足以抵抗冲刷外,一般都要设置较为简易的河床保护段,这段保护段称为海漫。海漫不是依靠旋滚来消能的,而是通过加糙、加固过流边界,促使流速加速衰减,并改变流速分布,使海漫末端的流速沿水深的分布接近天然河床,以减小水流的冲刷能力,保护河床。因此,海漫通常用粗石料或表面凹凸不平的混凝土块铺砌而成,如图 9-22 所示。海漫长度一般采用经验公式估算。

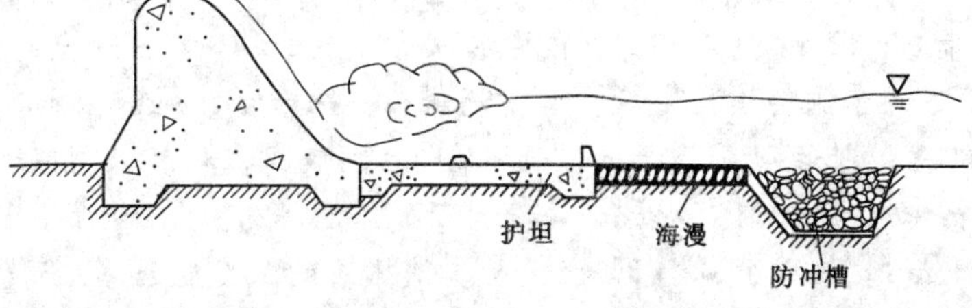

图 9-22

海漫下游水流仍具有一定冲刷能力,会在海漫末端形成冲刷坑。为保护海漫基础的稳定,海漫后一般应设置比冲刷坑略深的齿槽或防冲槽。具体设计可参阅有关书籍。

本章考试内容

记公式:$E_0 = h_c + \dfrac{q^2}{2g\varphi^2 h_c^2}\left(h_c = \dfrac{\dfrac{q}{\varphi\sqrt{2g}}}{\sqrt{E_0 - h_c}}\right)$;$h_c'' = \dfrac{h_c}{2}\left(\sqrt{1+\dfrac{8q^2}{gh_c^3}}-1\right)$;

$S = \sigma h_c'' - (h_t + \Delta z)$;$\Delta z = \dfrac{q^2}{2g}\left[\dfrac{1}{(\varphi' h_t)^2} - \dfrac{1}{(\sigma h_c'')^2}\right]$;$\sigma = \dfrac{S + h_t + \Delta z}{h_c''}$。

会计算:收缩断面水深及其共轭水深的计算;判别泄水建筑物下游水流衔接形式;消力池池深及池长的计算。

记概念:底流式、挑流式、面流式衔接与消能形式;临界式、远离式、淹没式水跃;挖深式、坎式、综合式消力池;满足要求的 $\sigma = 1.05 \sim 1.10$。

泄水建筑物下游的水跃衔接形式:
- 需建消能工:
  - $h_c'' > h_t$ 远离式
  - $h_c'' = h_t$ 临界式
- 不需建消能工 $h_c'' < h_t$ 淹没式

技能训练题

9-1 自闸、坝下泄的水流有何特点?对建筑物有什么影响?

9-2 工程中常见的水流衔接和消能措施有哪些?其消能原理是什么?如何防止冲刷破坏的发生?

9-3 底流式消能要求泄水建筑物下游的水流衔接形式是什么?若不满足可采取哪些工程措施?

9-4 计算 h_c 的目的是什么?简介常用的计算方法。

9-5 底流式消能工的作用是什么?

9-6 在河道上建一无侧收缩曲线型实用堰,堰高 $P_1 = P_2 = 10$ m。当单宽流量 $q = 8$ m^3/(s·m)时,堰的流量系数 $m = 0.45$,流速系数 $\varphi = 0.95$。若下游水深分别为:$h_{t1} = 5.00$ m,$h_{t2} = 4.61$ m,$h_{t3} = 3.5$ m,试分别判别下游水流衔接形式。

9-7 某矩形单孔引水闸,闸门宽等于河底宽,闸前水深 $H = 8$ m。闸门开度 $e = 2.5$ m 时,下泄单宽流量 $q = 12$ m^3/(s·m),下游水深 $h_t = 3.5$ m,闸下出流的流速系数 $\varphi = 0.97$。要求判明下游水流的衔接情况。若需消能,请设计消力池池深、池长。

9-8 一单孔平板泄洪闸,上游水位为 27.90 m,闸底高程和河床高程均为 24.0 m,下游水位为 27.0 m,初步设计消力池底部高程为 22.5 m,消能段与闸孔等宽(见图 9-23)。当闸门开度 $e = 1$ m 时,不计闸前行近流速,验算消力池的深度能否满足消能要求。

9-9 在矩形河槽中筑一曲线型溢流坝,下游坝高 $P_2 = 12.5$ m,流量系数 $m = 0.502$,侧收缩系数 $\varepsilon = 0.95$,溢流时坝上水头 $H = 3.5$ m,下游水深 $h_t = 5$ m,坝的流速系数 $\varphi =$

0.95，试判别是否需建消力池，如需要请按消力坎式设计消力池尺寸。

9-10　在某矩形渠道修建单孔泄洪闸，闸底板与渠底齐平，平板闸门，闸上游水深 $H=5$ m，下游水深 $h_t=2.5$ m，闸门开度 $e=2$ m，不计闸前行近流速。(1)试判断下游的衔接形式；(2)若为远驱式水跃，试设计消力坎式消力池。

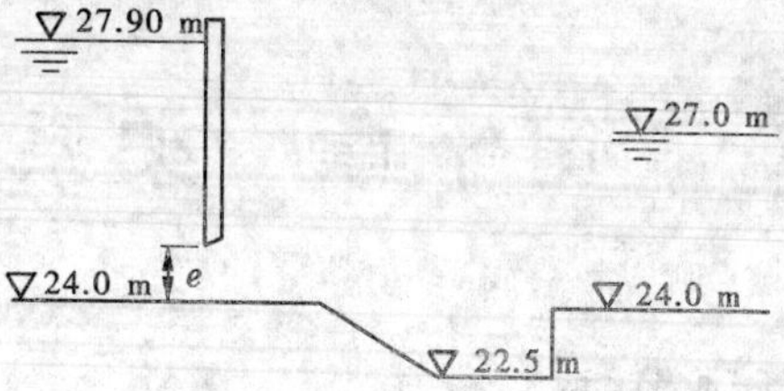

图 9-23

* 第十章　渠系连接建筑物的水力计算

职业技能

会计算明槽渐变段上下游水位差及长度；渡槽断面尺寸及进出口高程；消力池尺寸。

当渠道与山谷、河流、公路或铁路交叉时，为使渠道正常工作和发挥其各种功能，需要在渠道上兴建渡槽、涵洞、倒虹吸管等建筑物来跨越这些障碍；当渠道通过地面坡度较陡或存在天然跌坎时，常利用天然地形，在落差集中处做成跌水或陡槽，以避免大量的挖方或填方。一般情况下，渡槽、涵洞、跌水和陡槽等建筑物的横断面型式与上下游渠道断面型式不同，而且断面尺寸总是比上下游渠道断面尺寸小，节省工程量。因此，在渠道与建筑物的连接处，需要设置适当的渐变段，以便将不同形状或大小的两种渠槽连接起来，使水流平顺过渡。渡槽、涵洞、倒虹吸管、跌水、陡槽以及渐变段等统称为渠系连接建筑物。

上述连接建筑物中，倒虹吸管、涵洞的水力计算已在前面章节有所介绍；陡槽进口段与跌水相同（本章第三节将要讨论），末端按泄水建筑物下游的消能与衔接问题处理，槽身段可按明槽非均匀流计算。本章只着重讨论明槽渐变段、渡槽和跌水的水力计算问题。

第一节　明槽渐变段的水力计算

凡是在渠道与渠系建筑物连接的地方，由于断面的形状和尺寸不同，都需要设置一定型式的渐变段连接。渐变段的作用是平顺过渡水流，避免产生过大的能量损失以及横向回流和水深的骤然变化，保证渠道及连接处的安全运行。明槽渐变段可分为急流渐变段和缓流渐变段两种。在急流明槽中，由于断面形状或尺寸的变化将伴随着产生冲击波，使水流流态恶化、水流现象复杂，本章暂不讨论急流渐变段问题，急流渐变段的水力计算可参阅其他有关书籍。本章只讨论缓流中明槽渐变段的水力计算问题。

一、渐变段的型式及局部水头损失系数 ζ

为保证水流平顺过渡，理想的渐变段应该是：水面为平缓、光滑的曲线；底宽、水面宽以及边坡系数沿水流方向都呈连续的曲线变化；底坡也应为曲线。这种渐变段称为曲线型渐变段，如表 10-1 中的（a）型所示。曲线型渐变段虽然具有良好的水力特性，但施工难度大、造价较高，因此一般只在水头十分宝贵的大型引水渠道中采用。对于中小型渠道或水头不是十分宝贵的大型渠道，常采用楔型、圆弧型、八字型等比较简单的型式，如表 10-1 中的（b）、（c）、（d）型所示。这种简单型式的渐变段既便于施工，也基本上能满足水力条件的要求，因此应用较为广泛。

现将不同型式渐变段的局部水头损失系数 ζ 值同列于表 10-1 中，供计算时参考。

表 10-1　渐变段的型式及局部水头损失系数 ζ 值

渐变段的型式	图示（以梯形断面与矩形断面连接为例）	ζ 值	
		收缩渐变段	扩散渐变段
(a) 曲线型	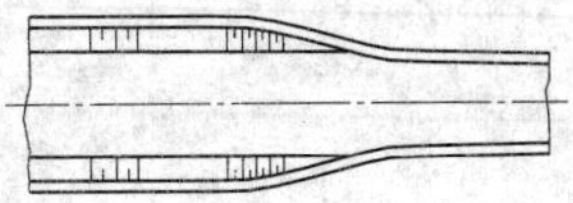	0.01	0.30
(b) 楔型	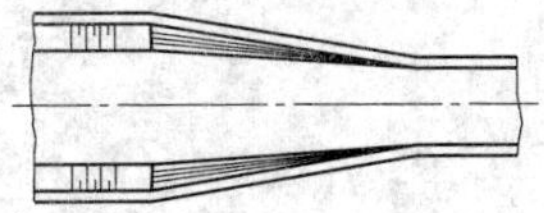	0.20	0.50
(c) 圆弧型	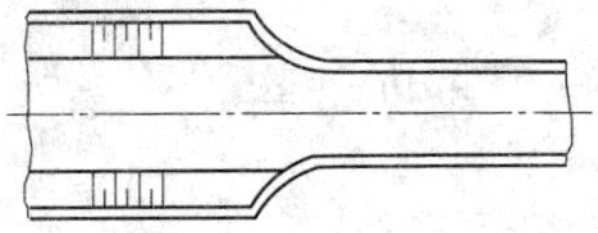	0.20	0.50
(d) 八字型	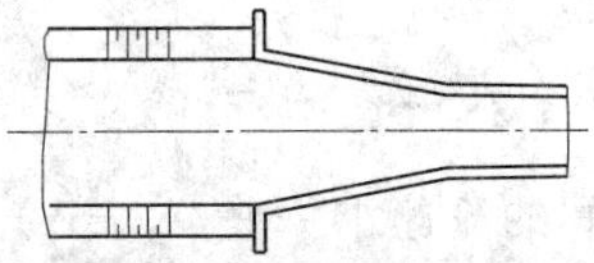	0.30	0.50

二、明槽渐变段的水力计算基本公式

明槽渐变段的水力计算是指：在流量和上下游渠道的断面形状、尺寸已知的条件下，根据工程对渐变段水流条件的要求，首先选定渐变段的型式和尺寸（即平面轮廓尺寸和底部轮廓尺寸），然后计算渐变段内的水面上升或下降值（即上下游水位差 Δz）以及渐变段所需的长度 L_t。如果上下游水位差 Δz 太大，不满足工程要求，则需要重新选择渐变段的型式和尺寸，重复上述计算，直到上下游水位差 Δz 满足工程要求为止。

（一）明槽渐变段上下游水位差

明槽渐变段是一种非棱柱体渠道，在一般情况下，可将水流视为渐变流。因此，可利用非棱柱体渠道中非均匀渐变流的基本公式进行水力计算。但由于渐变段的横断面变化显著，因此必须考虑局部水头损失。另外，由于渐变段的底坡线不一定是直线，用水面高程 z 表示水面变化比用水深 h 表示更为方便。所以，在这里采用水面高程 z 表示水面变化。

如图 10-1 所示，取长度为 $\mathrm{d}L$ 的微小流段来研究。选定 0—0 基准面后，设上游端 1—1 断面的平均流速为 v，水位为 z；由于非均匀流中各种水力要素沿流程改变，故微小流段下游端 2—2 断面的平均流速为 $v+\mathrm{d}v$，水位为 $z+\mathrm{d}z$；它们之间的水头损失为 $\mathrm{d}h_w=\mathrm{d}h_f+\mathrm{d}h_j$。可对微小流段的上、下游断面建立能量方程为

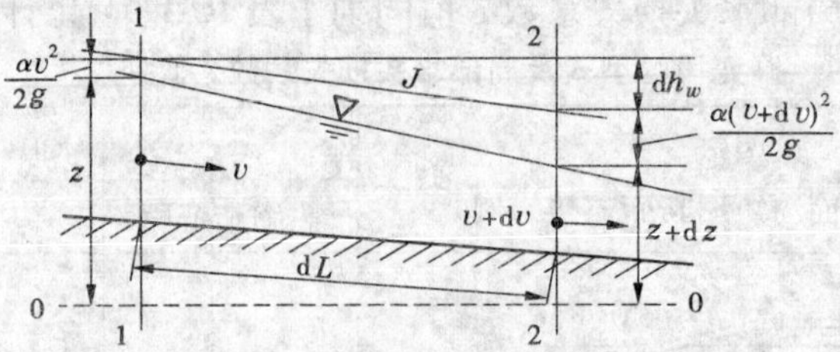

图 10-1

$$z + \frac{p_a}{\gamma} + \frac{\alpha_1 v^2}{2g} = z + dz + \frac{p_a}{\gamma} + \frac{\alpha_2 (v + dv)^2}{2g} \tag{10-1}$$

令 $\alpha_1 \approx \alpha_2 = \alpha$，又因

$$\frac{\alpha}{2g}(v + dv)^2 = \frac{\alpha}{2g}(v^2 + 2vdv + dv^2) \approx \frac{\alpha}{2g}(v^2 + 2vdv) = \frac{\alpha v^2}{2g} + d(\frac{\alpha v^2}{2g})$$

将上式代入式(10-1)，化简得 1—1 断面与 2—2 断面间的水位差为

$$-dz = d(\frac{\alpha v^2}{2g}) + dh_f + dh_j \tag{10-2}$$

将上式中各项用差分量代替，可得

$$-\Delta z = \Delta(\frac{\alpha v^2}{2g}) + \Delta h_f + \Delta h_j \tag{10-3}$$

式中 Δz——2—2 断面与 1—1 断面间的水位差，$\Delta z = z_2 - z_1$；

$\Delta(\frac{\alpha v^2}{2g})$——2—2 断面与 1—1 断面间的流速水头差，$\Delta(\frac{\alpha v^2}{2g}) = \frac{\alpha v_2^2}{2g} - \frac{\alpha v_1^2}{2g}$；

Δh_f——1—1 断面与 2—2 断面间的沿程水头损失 $\Delta h_f = \bar{J}\Delta L$，$\bar{J} = \frac{1}{2}(J_1 + J_2)$，$J_1 = \frac{Q^2}{K_1^2}$，$J_2 = \frac{Q^2}{K_2^2}$；

Δh_j——1—1 断面与 2—2 断面间的局部水头损失，对于收缩渐变段 $\Delta h_j = \zeta(\frac{\alpha v_2^2}{2g} - \frac{\alpha v_1^2}{2g})$，对于扩散渐变段 $\Delta h_j = \zeta(\frac{\alpha v_1^2}{2g} - \frac{\alpha v_2^2}{2g})$；

ζ——渐变段的局部水头损失系数，决定于渐变段的型式，由表 10-1 查用。

将以上各量代入式(10-3)，并取 ΔL 等于渐变段的长度 L_t，则得不同型式渐变段进出口水位差的计算公式。

收缩渐变段进出口水位差的计算公式为

$$z_1 - z_2 = (1 + \zeta)(\frac{\alpha v_2^2}{2g} - \frac{\alpha v_1^2}{2g}) + \bar{J}L_t \tag{10-4}$$

扩散渐变段进出口水位差的计算公式为

$$z_2 - z_1 = (1 - \zeta)(\frac{\alpha v_1^2}{2g} - \frac{\alpha v_2^2}{2g}) - \bar{J}L_t \tag{10-5}$$

式(10-4)和式(10-5)即为渐变段水力计算的基本公式。

由式(10-4)可以看出：对于收缩渐变段(如渡槽进口的渐变段)，由于水流自低流速向高流速流动，动能增大，势能将减小，因此水面要下降，式(10-4)计算值为正值，即 $z_1>z_2$，如图 10-2(a)所示；由式(10-5)可以看出：对于扩散渐变段(如渡槽出口的渐变段)，由于水流自高流速向低流速流动，动能减小恢复为势能，因此水面将上升，式(10-5)计算值也为正值，即 $z_2>z_1$，如图 10-2(b)所示。

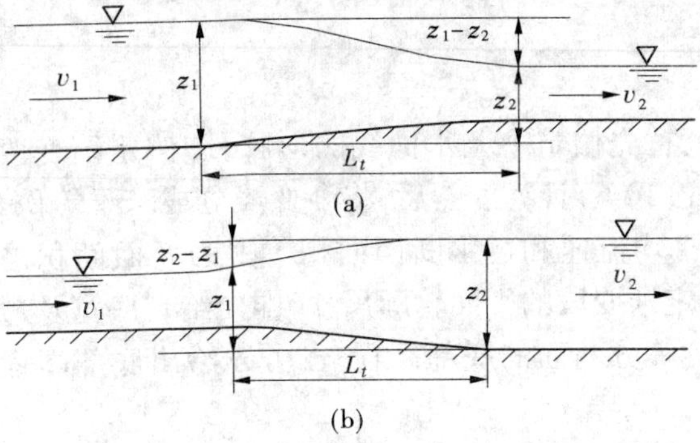

图 10-2

(二)渐变段的长度 L_t

渐变段的长度 L_t 对形成良好的水流条件有较大影响。试验表明，明槽渐变段的长度 L_t 与被连接的两个断面的尺寸有关。可用下面的经验公式计算，即

$$L_t=\eta(B_{max}-B_{min}) \tag{10-6}$$

式中 B_{max}——渐变段进口和出口断面中较大的一个水面宽度；

B_{min}——渐变段进口和出口断面中较小的一个水面宽度；

η——系数，对于进口的收缩段 η 取 1.5～2.5，对于出口的扩散段 η 取 2.5～3.0。

对于扩散渐变段，由于横断面上的流速分布极不均匀，当扩散渐变段的长度取得过小，则相应的扩散角就会过大，这就很容易引起主流扩散不及、脱离边界而产生回流和折冲水流。在这种情况下，主流过分集中，流速较大，很可能使下游渠道遭受冲刷和破坏。所以，要求扩散渐变段的长度比收缩渐变段的长度长一些为好，即扩散段的 η 值比收缩段的 η 值大。

三、直线型渐变段的水力计算

对于中小型引水渠道，为了便于施工，常将渐变段做成表 10-1 中所示的楔型、圆弧型或八字型。这些渐变段的底部轮廓多采用直线型，是直接连接上下游渠道的底部高程所得，因此称这些渐变段为直线型渐变段。直线型渐变段的水力计算比较简单，当流量和所连接的上下游渠道断面尺寸已知时，一般只需要计算渐变段的长度、总的水位变幅值(上升或降落)和相应的上下游渠底高差。

直线型渐变段的长度仍然用式(10-6)计算。

直线型渐变段上下游总的水位升降值由式(10-4)或式(10-5)计算，而且在许多情况下可以不单独考虑沿程水头损失。

同时,参照图 10-2,可推出直线型渐变段上下游底部高差 Δz 的计算公式如下

$$\Delta z = (h_1 - h_2) - (z_1 - z_2) \tag{10-7}$$

式中 h_1、h_2——渐变段上、下游断面的水深;

z_1、z_2——渐变段上、下游断面的水位。

一般情况下,对于进口收缩渐变段,Δz 的计算值不小于 0,说明底部高程将上升或不变;对于出口扩散渐变段,Δz 的计算值不大于 0,说明底部高程将降落或不变。

四、曲线型渐变段水力计算简介

设计曲线型渐变段时,常用的方法是:首先假定一条水面线的形状,即假定渐变段内各断面的水面高程。渐变段的长度则按式(10-6)计算。然后,将渐变段分成若干等份,并利用式(10-4)和式(10-5)计算各断面的平均流速和过水断面面积。因为断面面积是水深、底宽和边坡系数的函数,这时,可先假定渐变段的平面轮廓尺寸,即先给定底宽及边坡系数值,计算出水深后,由此再计算得到各等分断面的底部高程,也可先给出底部高程后再反求平面轮廓尺寸。

因为事先假定的水面曲线的形状和平面轮廓尺寸都是任意的,由此所求出的底部轮廓不一定合适,有可能不是一条光滑曲线。这时,必须调整所假设的平面轮廓尺寸,重新进行计算。因此,上述计算是一个反复的过程,直至所求得的底部轮廓光滑、合理为止。

有关曲线型渐变段水力计算的具体方法和步骤可查阅有关参考书籍。

第二节　渡槽的水力计算

渡槽是输送渠道水流跨越河渠、道路、山冲、谷口等的架空输水建筑物,是渠系建筑物中应用最广的交叉建筑物之一,俗称"水桥"。

如图 10-3 所示,渡槽的过水部分主要由三部分组成:1 ~2 进口渐变段、2 ~3 槽身段和 3 ~4 出口渐变段。1 ~2 进口渐变段是连接上游渠道和渡槽中水流,使其平顺过渡,进口渐变段一般为收缩渐变段,水面跌落。2 ~3 槽身段是渡槽的主要部分,它输运水流跨越山谷或河流。在实际工程中,为了减小工程量,常取槽身段的断面面积小于上下游渠道的断面面积,而底坡则比上下游渠道的底坡为陡。当渡槽的长度大于 10 倍以上上游渠道中的水深时,槽身段水流可视为均匀流。3 ~4 出口渐变段是连接渡槽和下游渠道中的水流,使其平顺过渡,出口渐变段一般为扩散渐变段,水面有所回升。这是因为当水流自上游渠道通过渡槽流向下游渠道时,由于进、出口段的横断面尺寸和底部高程均沿程变化,水深和流速也将沿程变化。在进口渐变段,随着过水断面的减小,水流的动能逐渐增大,势能将减小,再加上渐变段内的能量损失,因此水面将要跌落。水流进入槽身段后,如果槽身有足够长度,则水流基本上可以保持为均匀流。在出口扩散段,随着过水断面的扩大,水流的动能逐渐减小。其中,一部分消耗于扩散渐变段的能量损失,另一部分则转化为势能,形成水面回升。渡槽的水流状态如图 10-3 所示。

渡槽水力计算的任务是:根据设计流量、允许的水位落差以及上下游渠道均匀流的正常水深和流速,选定进、出口渐变段的型式和尺寸,确定渡槽的横断面尺寸和纵坡。同时

调整渡槽进、出口的底部高程,使其通过设计流量时,上、下游渠道中基本上能保持为均匀流。

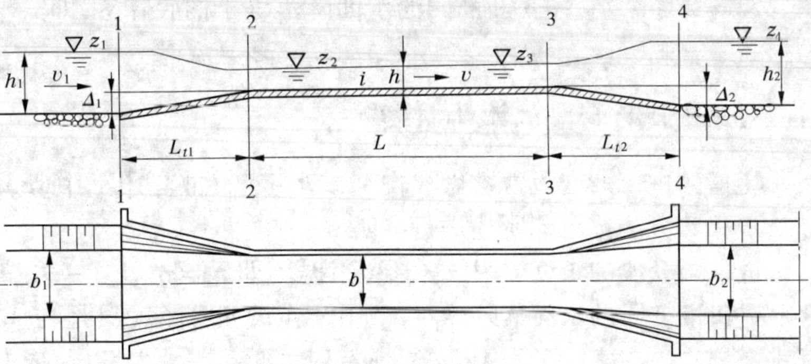

图 10-3

一、槽身段的水力计算

槽身段的水力计算采用明槽均匀流的公式,即

$$Q = AC\sqrt{Ri} \tag{10-8}$$

式中 Q——通过渡槽的流量;

C——谢才系数;

A——渡槽的横断面面积;

R——渡槽的水力半径;

i——渡槽的底坡。

在(10-8)式中,横断面尺寸和底坡 i 均为未知数。一般可先选定渡槽底坡 i,然后再根据设计流量 Q_d 确定断面型式和尺寸。

(一)槽身底坡 i 的确定

在相同设计流量下,槽身底坡 i 越大,流速越大,过水断面就小。为了节省渡槽的造价,渡槽的横断面面积常比上下游渠道的横断面面积小。因此,渡槽的底坡往往比渠道的底坡陡,但是过大的底坡将产生较大的水头损失,并容易引起上下游渠道的冲刷。一般常采用底坡 $i = 1/500 \sim 1/1\ 500$,流速 $v = 1 \sim 2$ m/s;有通航要求的渡槽流速控制在 1.5 m/s 以内,底坡小于 1/2 000。

(二)槽身断面设计

常用的槽身断面型式有矩形和半圆形两种。

1. 矩形断面

计算方法是选定槽身底坡 i 后,初步拟出断面尺寸,应用明槽均匀流公式计算流量,若该流量与设计流量相同,而且流速为 1 ~ 2 m/s,则可初定此尺寸。需要说明的是,初步拟定断面尺寸时,可先给定底宽 b,再由式(10-8)计算出水深 h,底宽 b 常根据施工及应用条件选定。初步拟出断面尺寸后,应对加大流量进行校核,看是否满足超高和流速的要求,若不能满足则修改断面尺寸或底坡,重新计算,直到满足要求为止。

2. 半圆形断面

对于半圆形断面渡槽,可直接由式(10-8)计算出半径。

（三）槽身段的水面降落值计算

断面尺寸和底坡确定后，即可计算槽身段的水面降落值。因为槽身段的水流为均匀流，故2—2断面与3—3断面间的水面降落等于槽底降落，即

$$z_2 - z_3 = iL \tag{10-9}$$

二、进口渐变段的水力计算

渡槽的进口渐变段常被做成楔型或八字型，如表10-1中(b)型、(d)型所示。其水力计算步骤和方法按上节所述进行，即：

进口渐变段的长度 L_t 由式(10-6)计算，即 $L_t = \eta(B_{max} - B_{min})$。

进口渐变段的水面落差 $(z_1 - z_2)$ 由式(10-4)计算，只是在一般情况下不单独考虑沿程水头损失。在实际工程中，一般不希望水面落差太大，以免损失过多的水头而影响发电量或灌溉面积。通常将水面落差控制在0.05～0.15 m。当计算所得的水面落差过大时，可加大渡槽的横断面尺寸或改变进口渐变段的型式，重新计算，直到水面落差满足要求为止。

进口渐变段的底部升高值由式(10-7)计算。

三、出口渐变段的水力计算

渡槽的出口渐变段也是常被做成楔型或八字型，其水力计算步骤和方法按上节所述进行即可。但是应该注意到，在一般情况下，由式(10-7)计算的出口渐变段的底部升高值为负值，说明出口渐变段的底部高程是降落的。对照图10-3，出口渐变段的底部高程降落值为

$$\Delta z = (h_4 - h_3) - (z_4 - z_3) \tag{10-10}$$

式中，各变量的意义如图10-3所示。

四、进出口底板高程的确定

进出口底板高程的确定，主要是保证通过设计流量时，上下游渠道保持均匀流，而不致产生较大的壅水或降水。

如图10-4(a)所示，槽身进口高程 ∇_2 由下式计算

$$\nabla_2 = \nabla_1 - \Delta z_1 + h_{01} - h_0 \tag{10-11}$$

式中 ∇_1——上游渠道与进口渐变段起始点相接处高程；

Δz_1——进口水面降落值；

h_{01}——设计流量时上游渠道正常水深；

h_0——设计流量时槽身正常水深。

如图10-4(b)所示，出口渐变段末端高程 ∇_4 由下式计算

$$\nabla_4 = h_0 + \Delta z_3 - h_{02} + \nabla_3 \tag{10-12}$$

式中 ∇_3——槽身出口处高程，$\nabla_3 = \nabla_2 - iL$；

Δz_3——出口水面回升值；

h_{02}——设计流量时下游渠道正常水深。

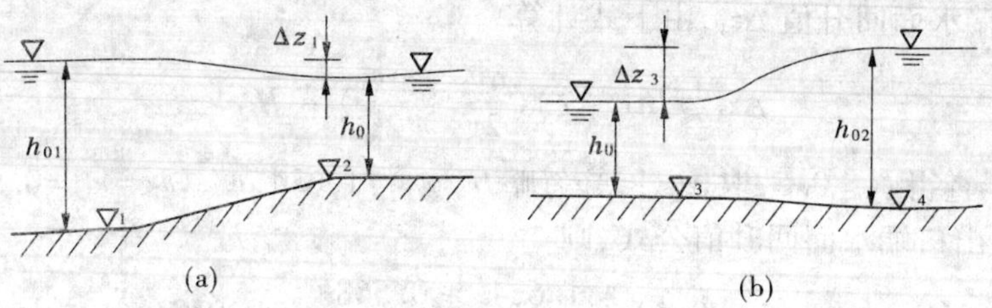

图 10-4

若算出的∇_4小,表明下游渠道降低过大,则可能使灌区自流灌溉面积减小较多,可适当抬高下游渠底高程∇_4。这时若仍需要保持槽身为均匀流,则应加大槽身断面,以减小底坡。

【例 10-1】 根据项目规划要求,拟设计一钢筋混凝土矩形断面渡槽,渡槽长 $L=120$ m,底坡 $i=1/1\ 000$,糙率 $n=0.014$,上下游渠道断面相同,通过设计流量时,其正常水深 $h_{01}=1.62$ m,水面宽度为 7.9 m,流速 $v_1=v_3=0.568$ m/s,进出口渐变段采用八字型,设计流量为 5 m^3/s,加大流量为 7 m^3/s,为避免冲刷渡槽出口下游渠道和水头损失过大,槽内流速要求小于 2 m/s。试确定:

(1)槽身的断面尺寸。

(2)进出口高程。

(3)进出口渐变段长度。

解:1. 槽身断面尺寸的确定

根据均匀流公式,取设计流量,经过试算,当取槽宽 $b=2.1$ m 时,相应的正常水深为 $h_0=1.455$ m,相应的槽内流速 $v=1.624$ m/s。

在槽宽 $b=2.1$ m 的情况下,算出加大流量时的正常水深为 1.925 m,相应的流速为 1.746 m/s。

由此可以看出,通过设计流量和加大流量时,槽内流速都小于 2 m/s,因此可以确定槽身尺寸为:槽身宽度 $b=2.1$ m,高度为 2.0 m(已包括安全超高)。

2. 进出口高程的确定

(1)进口水面降落值 Δz_1,由下式计算

$$\Delta z_1 = (1+\zeta)\left(\frac{\alpha v_2^2}{2g}-\frac{\alpha v_1^2}{2g}\right)+\bar{J}L_1$$

上式中,$v_1=0.568$ m/s,为上游渠道通过设计流量时的流速;$v_2=1.624$ m/s,为槽内通过设计流量时的流速。

进口渐变段为八字型,由表 10-1 查得 $\zeta_1=0.3$,取 $\alpha=1$,并忽略$\bar{J}L_1$。

把以上各参数代入进口水面降落值公式,则

$$\Delta z_1 = (1+0.3)\times\frac{1.624^2-0.568^2}{2\times 9.8}=0.154(\text{m})$$

(2)槽身段水面降落值 Δz_2,由下式计算

$$\Delta z_2 = iL = \frac{1}{1\ 000}\times 120 = 0.12(\text{m})$$

(3)出口端水面回升值 Δz_3，由下式计算

$$\Delta z_3 = (1-\zeta)\left(\frac{\alpha v_2^2}{2g}-\frac{\alpha v_3^2}{2g}\right)-\bar{J}L_2$$

由表 10-1 查得 $\zeta_2=0.5$，取 $\alpha=1$，并忽略 $\bar{J}L_2$，$v_2=1.624$ m/s，$v_3=v_1=0.568$ m/s，把以上各参数代入出口端水面回升值公式，则

$$\Delta z_3 = (1-0.5)\times\frac{1.624^2-0.568^2}{2\times 9.8}=0.059(\text{m})$$

(4)取上游渠道与进口渐变段相接处高程为 ∇_1，则渡槽进口高程 ∇_2 为

$$\begin{aligned}\nabla_2 &= \nabla_1-\Delta z_1+h_{01}-h_0\\ &= \nabla_1-0.154+1.62-1.455\\ &= \nabla_1+0.011\ \text{m}\end{aligned}$$

槽身出口断面高程 ∇_3 为

$$\nabla_3=\nabla_2-\Delta z_2=\nabla_1+0.011-0.12=\nabla_1-0.109\ \text{m}$$

出口渐变段末端高程 ∇_4 为

$$\begin{aligned}\nabla_4 &= h_0+\Delta z_3-h_{02}+\nabla_3\\ &= 1.455+0.059-1.62+\nabla_1-0.109\\ &= \nabla_1-0.215\ \text{m}\end{aligned}$$

3. 进出口渐变段长度计算

进出口渐变段长度采用公式 $L_t=\eta(B_{\max}-B_{\min})$ 计算。本设计中，进口渐变段 η 取 2.0，出口渐变段 η 取 3.0。

进口渐变段长度 L_1 为

$$L_1=\eta(B_1-B_2)=2\times(7.9-2.1)=11.6(\text{m})$$

取 $L_1=12$ m。

出口渐变段长度 L_2 为

$$L_2=\eta(B_3-B_2)=3\times(7.9-2.1)=17.4(\text{m})$$

取 $L_2=18$ m。

第三节　跌水的水力计算

引水渠道的底坡通常是根据天然地形和冲淤平衡条件决定的，一般坡度不是很大。但是当渠道通过天然坡度陡峻或有集中落差的地段时，为了避免由于过大的地面落差而引起的大量挖方或填方，可将天然地形的落差适当集中，人为地修建成跌水，使水流自跌水处自由跌落，用来连接两段高程不同的渠道。然后通过一定的消能措施使跌落水流与下游渠道中的水流安全地衔接起来。此外，在水库的河岸溢洪道或电站引水渠中的侧堰下游，有时也需要修建跌水与下游水流相衔接。

根据天然地面落差的具体情况可决定修建单级跌水或多级跌水。当天然地面落差小于 3 ~5 m 时，常做成单级跌水，如图 10-5 所示；当地面落差太大时，不宜做一次跌水，否则将会造成消能方面的困难。这时可将地面落差等分成高差相同的若干级，使水流呈阶

梯状逐级下跌，称为多级跌水，如图 10-6 所示。

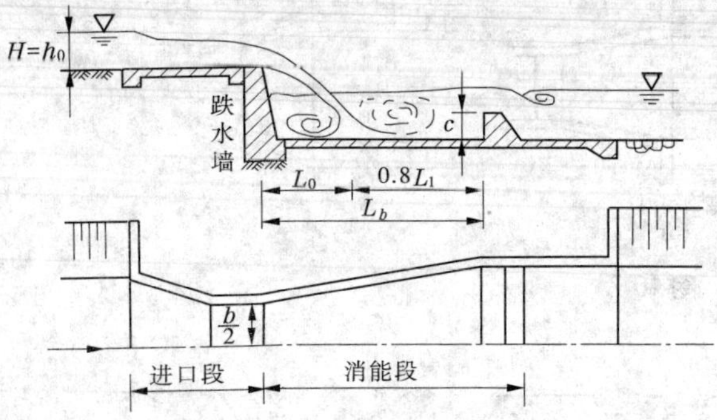

图 10-5

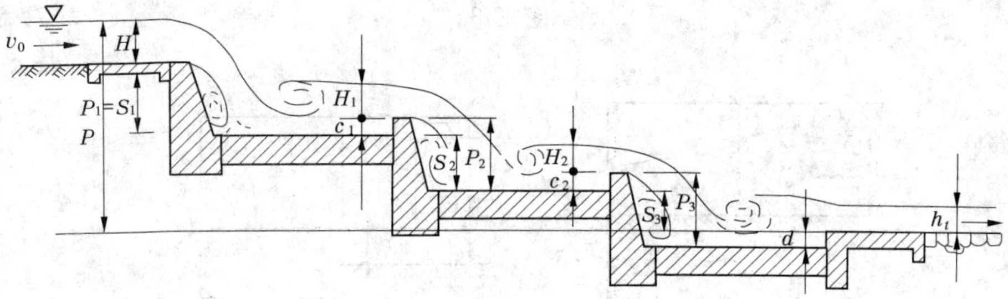

图 10-6

一、单级跌水的水力计算

单级跌水由进口段、跌水墙和消能段三部分组成，如图 10-5 所示。以下将分别介绍单级跌水各部分的作用及水力特点。

(一)进口段的水力计算

进口段是连接上游渠道与跌水墙的一个连接段，其作用是使水流平顺地通过跌水，并控制上游渠道的水位，避免产生过大的跌落或壅高。

当水流自由跌落时，上游渠道将发生水面跌落，流速加大，很可能产生冲刷。所以，进口段在平面上常做成一个收缩段，如图 10-7 所示。收缩段前水面有所壅高，减小或避免了上游渠道中的水位跌落。但是，收缩程度也不能太大，否则又会造成上游渠道壅水过高，引起淤积。进口段的横断面常做成矩形或梯形，有时也做成曲线型，以满足需要的上游水位和流量关系，如图 10-8 所示。

进口段的水力设计任务就是确定合理的进口段型式和尺寸，使上游渠道中的水流基本上保持为均匀流。通过进口段的水流特性与自由出流的堰流相同，如图 10-9 所示。

下面分别介绍不同横断面型式进口段的水力计算方法。

1. 矩形断面进口

矩形断面进口如图 10-8(a)所示，根据自由出流的堰流计算公式，即

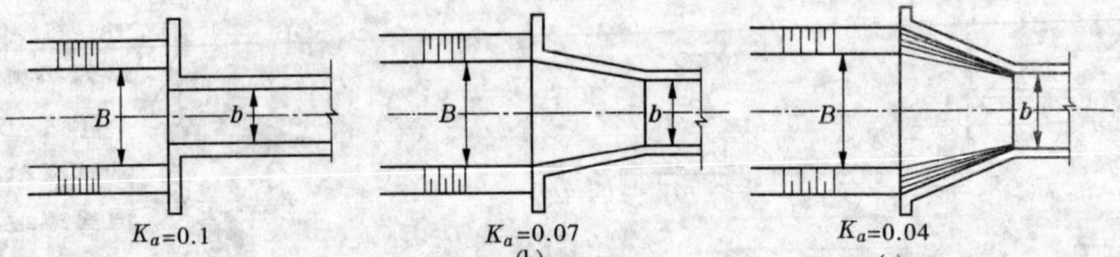

图 10-7

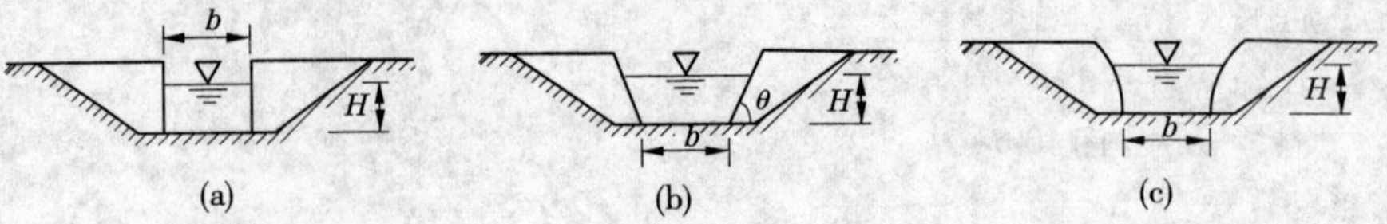

图 10-8

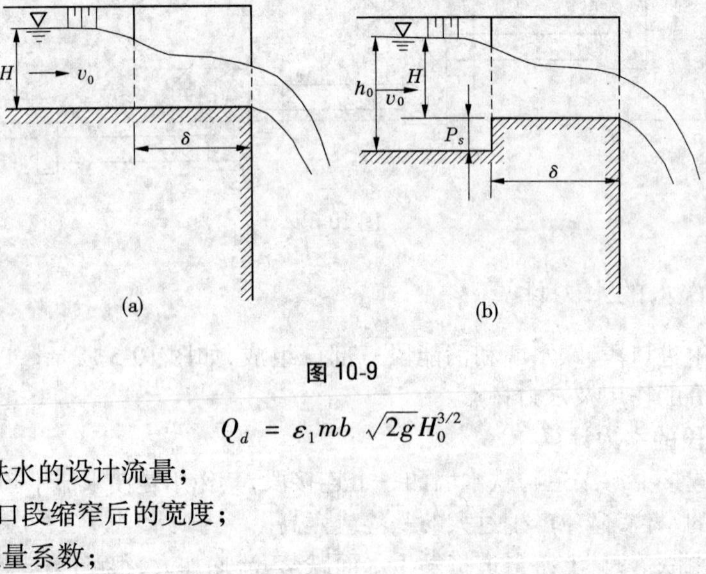

图 10-9

$$Q_d = \varepsilon_1 mb \sqrt{2g} H_0^{3/2} \tag{10-13}$$

式中　Q_d——跌水的设计流量；

b——进口段缩窄后的宽度；

m——流量系数；

ε_1——侧收缩系数；

H_0——堰顶全水头。

跌水的设计流量计算公式中各参数可根据以下方法确定。

1）堰顶全水头 H_0

堰顶全水头 H_0 的计算公式为

$$H_0 = H + \frac{\alpha v_0^2}{2g} \tag{10-14}$$

式中　H——堰上水头，当进口段无底坎时（如图 10-9（a）所示）$H = h_0$，当进口段有底坎时（如图 10-9（b）所示），$H = h_0 - P_s$，P_s 为底坎高度；

v_0——上游渠道中的流速。

2）流量系数 m

根据进口段的长度 δ 和堰上水头 H 的比值大小可将进口段视为实用堰或宽顶堰两种类型：

当 $0.67<\dfrac{\delta}{H}<2.5$ 时，可视为实用堰；

当 $2.5<\dfrac{\delta}{H}<10$ 时，可视为宽顶堰。

流量系数 m 可按实用堰或宽顶堰的方法具体确定，此处不再赘述。

3）侧收缩系数 ε_1

对于实用堰或宽顶堰型进口，均可近似由下式计算侧收缩系数，即

$$\varepsilon_1 = 1 - 2K_a \frac{H_0}{b} \tag{10-15}$$

式中 K_a——形状系数，取决于进口段的收缩型式，按图 10-7 所示选用。

当设计流量 Q_d 为已知时，利用式(10-13)即可求出进口收缩段的底宽，但由此确定的底宽，只有在实际通过的流量恰好为 Q_d 时，上游渠道中的水流才能保持均匀流。往往实际上渠道中通过的流量是经常变化的，一般 $Q\neq Q_d$，则当实际通过的流量 $Q<Q_d$ 时，上游渠道将发生降水；而当流量 $Q>Q_d$ 时，将发生壅水，如图 10-10 所示。图 10-10 中曲线 $Q=f_1(h_0)$ 表示上游渠道均匀流水深与流量的关系，曲线 $Q=f_2(H+P_s)$ 表示堰前水深与流量的关系。当 $Q=Q_{\min}$ 时，上游渠道水面跌落值 Δh_1 最大；当 $Q=Q_{\max}$ 时，上游渠道水面壅高值 Δh_2 最大。因此，选择设计流量 Q_d 时，应该尽可能使 Δh_1 和 Δh_2 均为较小。

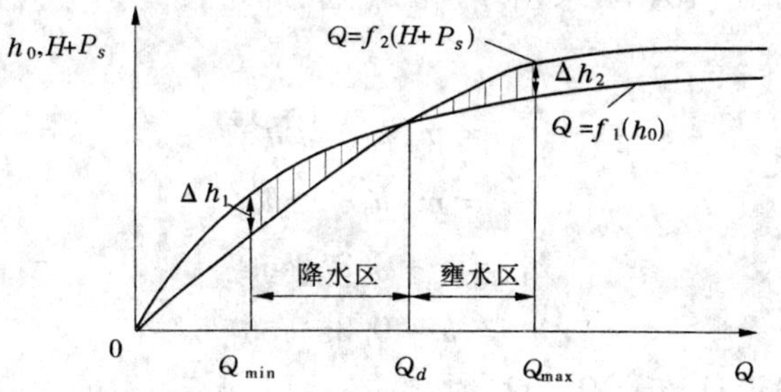

图 10-10

2. 梯形断面进口

为使通过任何流量时上游渠道中均保持为均匀流，进口收缩段的横断面形状应该设计成如图 10-8(c)所示的曲线型。但这样的断面型式施工难度太大，不便采用。因此，工程上常采用施工简单的梯形断面进口来近似代替曲线型断面进口。

梯形断面进口的水力计算仍然可采用堰流公式计算，即

$$Q_d = m\bar{b}\sqrt{2g}H_0^{3/2} \tag{10-16}$$

式中 m——流量系数，初步计算时可按表 10-2 选用。

$\bar{b}$——梯形堰口的平均过水宽度，$\bar{b}=b+0.8H\cot\theta$，其中 b 为梯形堰口的底宽。

当设计流量 Q_d 为已知时，利用式(10-16)可进行梯形堰口尺寸的计算。但是，由于梯形堰口尺寸包括底宽 b 和边坡系数 $\cot\theta$ 两个未知数，通常的办法应该是先设定一个，再计

算出另外一个。但这样推求的结果太任意，要保证最大流量 Q_{max} 和最小流量 Q_{min} 通过时上游渠道的水面壅高和跌落值均为最小，需要重复多次计算。下面介绍的经验方法可以避免重复计算，节省工作量。

表 10-2　梯形堰口的流量系数 m 值

h/b	0.5	1	1.5	2	2.5
m	0.37	0.415	0.43	0.435	0.45

实践证明，适当选择两个设计流量 Q_{d1} 和 Q_{d2} 进行梯形堰口尺寸的设计可以使实际运行时，在给定的流量变化范围（$Q_{min} \sim Q_{max}$）内，上游渠道的水面壅高值和跌落值均为最小。

设计流量 Q_{d1} 和 Q_{d2} 值根据经验可按下述方法确定。

1）确定 h_{01} 和 h_{02}

首先应确定通过设计流量 Q_{d1} 和 Q_{d2} 时上游渠道中的正常水深 h_{01} 和 h_{02}，可用下式计算，即

$$h_{01} = h_{0max} - 0.25(h_{0max} - h_{0min}) \tag{10-17}$$

$$h_{02} = h_{0max} + 0.25(h_{0max} - h_{0min}) \tag{10-18}$$

式中　h_{01}、h_{02}——相应于通过设计流量 Q_{d1} 和 Q_{d2} 时上游渠道中的正常水深；

h_{0max}、h_{0min}——相应于通过最大、最小流量 Q_{max} 和 Q_{min} 时上游渠道中的正常水深。

2）计算设计流量 Q_{d1} 和 Q_{d2}

利用式（10-17）和式（10-18）求出 h_{01} 和 h_{02} 后，即可按均匀流公式求得相应的设计流量 Q_{d1} 和 Q_{d2}，即

$$Q_{d1} = m_1 \bar{b}_1 \sqrt{2g} h_{01}^{3/2} \tag{10-19}$$

$$Q_{d2} = m_2 \bar{b}_2 \sqrt{2g} h_{02}^{3/2} \tag{10-20}$$

其中

$$\bar{b}_1 = b + 0.8 h_1 \cot\theta \tag{10-21}$$

$$\bar{b}_2 = b + 0.8 h_2 \cot\theta \tag{10-22}$$

式中　h_1、h_2——通过设计流量 Q_{d1}、Q_{d2} 时相应的堰上水头，按前述方法确定。

流量系数 m_1、m_2 取决于 h_1/b_1、h_2/b_2，查表 10-2 确定。

将式（10-21）和式（10-22）代入式（10-19）和式（10-20），联解可得梯形堰口的底宽 b 和边坡系数 $\cot\theta$。由于 m_1、m_2 均为 b 的函数，联解式（10-19）和式（10-20）时需要试算才能求出 b 和 $\cot\theta$。

（二）跌水墙的设计

跌水墙一般做成垂直或略有倾斜的墙，如图 10-11 所示。跌水墙设计时在水力学方面没有特殊要求，可按墙体的结构稳定性要求进行设计。

（三）消能段的水力计算

跌水墙下游，常做成消力墙式消力池或降低护坦高程形式的消力池，用以消除跌落水流的剩余能量，使下游渠道免受冲刷。下面介绍消力池的水力计算，包括消力池深度及长度的确定。

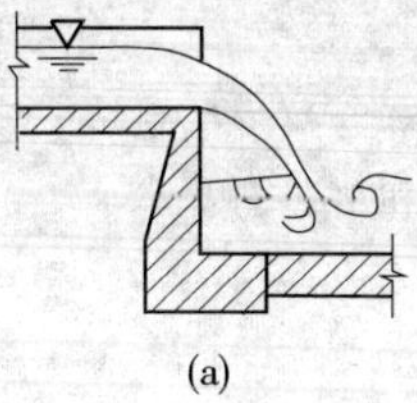

图 10-11

1. 消力池深度 c(又称消力墙高度)的确定

消力池深度 c 可用下式计算

$$c = 1.05h_c'' - h_t \tag{10-23}$$

式中 h_c''——降低护坦前收缩断面水深的共轭水深;

h_t——下游渠道水深。

2. 消力池长度 L_b 的确定

在水流自由跌落的情况下,消力池长度 L_b 可用下式计算

$$L_b = L_0 + 0.8L_j \tag{10-24}$$

式中 L_j——水跃长度,按前面所述方法计算;

L_0——水流跌落时的射程,可近似应用质点抛射运动原理进行计算。

取 xoy 坐标如图 10-12 所示,可求得断面 $A—A$ 中心点的射程 L_0 为

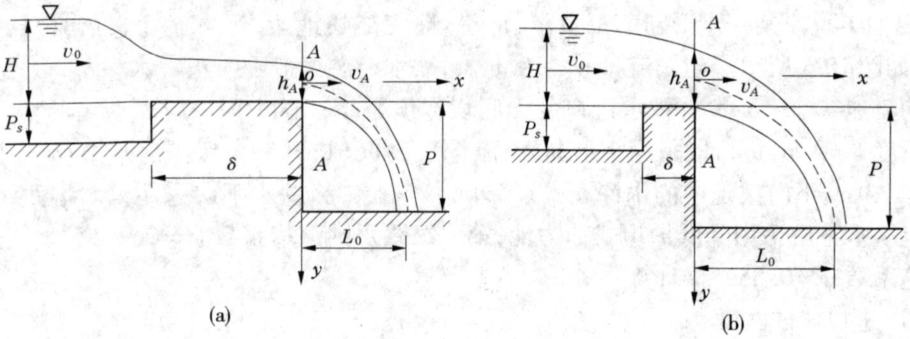

图 10-12

$$L_0 = \frac{2mH_0^{3/2}}{h_A}\sqrt{P + \frac{h_A}{2}} \tag{10-25}$$

式中 m——进口堰的流量系数;

P——跌水墙的高度;

h_A——堰顶部 $A—A$ 断面的水深。当进口为宽顶堰(见图 10-12(a))时,$h_A \approx 0.5H_0$,当进口为实用堰(见图 10-12(b))时,$h_A \approx 0.6H_0$。

将 h_A 值代入式(10-25),即可得射程 L_0 的计算公式。

当进口为宽顶堰时,射程 L_0 为

$$L_0 = 4.0m\sqrt{(P + 0.25H_0)H_0} \tag{10-26}$$

当进口为实用堰时，射程 L_0 为

$$L_0 = 3.34m\sqrt{(P+0.3H_0)H_0} \tag{10-27}$$

求得 L_0 后，即可代入式(10-24)计算消力池的长度 L_b。

二、多级跌水的水力计算

当总落差比较大时，如果还做成单级跌水，则所需要的消力池尺寸就很大，一旦设计不当将会引起下游渠道冲刷。这时可将总的渠道落差分成几等份，形成多级跌水。每级跌落应不大于 3 ~ 5 m 为好。

设总落差为 P，跌水的级数为 n，则各级跌水的渠底落差为

$$S_1 = S_2 = S_3 = \cdots = S_n = \frac{P}{n} \tag{10-28}$$

如图 10-6 所示，第一级跌水墙的高度为

$$P_1 = S_1 = \frac{P}{n} \tag{10-29}$$

第二级和以后各级跌水墙的高度为

$$P_i = S_i + c_{i-1} \tag{10-30}$$

式中　c_{i-1}——第 $i-1$ 级跌水消力墙的高度。

多级跌水的进口段和消能段的计算与单级跌水相同，中间各级台阶的长度即为消力池的长度 L_b。

【例 10-2】　某一矩形断面渠道经过天然坡度陡峻地段，经方案比选后，拟修建三级跌水，如图 10-6 所示。已知流量 $Q=10\ m^3/s$；跌水上游渠道中的正常水深 $h_0=1.29$ m，断面平均流速 $v_0=0.8$ m/s；跌水进口为无底坎宽顶堰，采用如图 10-7(c)所示的型式，进口段的长度 $\delta=4$ m，进口段采用矩形断面，流量系数 $m=0.385$；各级渠底落差相等，即 $S_1=S_2=S_3=3$ m；下游渠道中的水深 $h_t=1.33$ m；第一、二级跌水下游采用消力墙式消力池；第三级跌水下游采用降低护坦式消力池；第一级跌水的流速系数 $\varphi=0.9$，第二、三级跌水的流速系数 $\varphi=0.85$。试计算：

(1)进口段的宽度 b；

(2)各级跌水的消力池尺寸。

解：1. 跌水进口段的宽度 b 的确定

进口段采用矩形断面，且为无坎宽顶堰，其宽度可联立下列两式计算得到

$$Q_d = \varepsilon_1 mb\sqrt{2g}H_0^{3/2}$$

$$\varepsilon_1 = 1 - 2K_a\frac{H_0}{b}$$

则进口段的宽度 b 的计算公式为

$$b = \frac{Q_d}{m\sqrt{2g}H_0^{3/2}} + 2K_aH_0$$

$$H_0 = h_0 + \frac{\alpha_0 v_0^2}{2g} = 1.29 + \frac{1\times 0.8^2}{2\times 9.8} = 1.32(\text{m})$$

跌水进口采用图 10-7(c)所示的型式,则 $K_a = 0.04$。

流量系数 $m = 0.385$。$Q_d = Q = 10\ \text{m}^3/\text{s}$,将上述各参数代入进口段的宽度 b 的计算公式,则

$$b = \frac{Q_d}{m\sqrt{2g}H_0^{3/2}} + 2K_a H_0$$

$$= \frac{10}{0.385 \times \sqrt{2 \times 9.8} \times 1.32^{3/2}} + 2 \times 0.04 \times 1.32$$

$$= 3.97(\text{m})$$

取进口段宽度 $b = 4.0$ m。

2. 第一级跌水计算

跌水单宽流量为

$$q = Q/b = 10/4 = 2.5(\text{m}^3/(\text{s} \cdot \text{m}))$$

以第一级跌水消力池底部为基准面的上游渠道水流总能量

$$E_{01} = S_1 + H_0 = 3 + 1.32 = 4.32(\text{m})$$

计算收缩断面水深 h_c 的公式为

$$E_0 = h_c + \frac{q^2}{2g\varphi^2 h_c^2}$$

将各参数代入上式,计算得收缩断面水深 $h_c = 0.313$ m。

其共轭水深的计算公式为

$$h_c'' = \frac{h_c}{2}\left(\sqrt{1 + 8 \times \frac{q^2}{gh_c^3}} - 1\right)$$

计算得共轭水深 $h_c'' = \frac{0.313}{2}\left(\sqrt{1 + 8 \times \frac{2.5^2}{9.8 \times 0.313^3}} - 1\right) = 1.868(\text{m})$。

为使第一级跌水下游平台上产生淹没程度不大的水跃,必须在平台末端设置消力墙,墙前形成消力池。所需的消力墙高度用下式计算

$$c_1 = 1.05h_c'' - H_1$$

而 $H_1 = H_{01} - \frac{\alpha q^2}{2g(1.05h_c'')^2}$,为消能坎顶水头。$m_1$ 为消力墙的流量系数,取 $m_1 = 0.42$。

又
$$H_{01} = \left(\frac{q}{m_1\sqrt{2g}}\right)^{2/3} = \left(\frac{2.5}{0.42 \times \sqrt{2 \times 9.8}}\right)^{2/3} = 1.22(\text{m})$$

则
$$H_1 = 1.22 - \frac{1 \times 2.5^2}{2 \times 9.8 \times (1.05 \times 1.868)^2} = 1.14(\text{m})$$

则消力墙高度为

$$c_1 = 1.05h_c'' - H_1 = 1.05 \times 1.868 - 1.14 = 0.82(\text{m})$$

第一级跌水下游消力池长度用下式计算

$$L_{b1} = L_{01} + 0.8L_{j1}$$

L_{01} 用下式计算

$$L_{01} = 4.0m\sqrt{(S_1 + 0.25H_0)H_0}$$

$$= 4.0 \times 0.385 \times \sqrt{(3 + 0.25 \times 1.32) \times 1.32}$$
$$= 3.23(\text{m})$$

L_{j1}用下式计算

$$L_{j1} = 10.8h_c(Fr_1 - 1)^{0.93} = 10.8 \times 0.313 \times \left(\sqrt{\frac{2.5^2}{9.8 \times 0.313^3}} - 1\right)^{0.93}$$
$$= 11.01(\text{m})$$

则第一级跌水下游消力池长度为

$$L_{b1} = L_{01} + 0.8L_{j1} = 3.23 + 0.8 \times 11.01 = 12.04(\text{m})$$

3. 第二级跌水计算

第二级跌水下游消力墙顶水头应与第一级跌水下游消力墙顶水头相同,即

$$H_{02} = H_{01} = 1.22 \text{ m}$$
$$E_{02} = S_2 + c_1 + H_{01} = 3 + 0.82 + 1.22 = 5.04(\text{m})$$

第二级跌水 $\varphi = 0.85$,其余与第一级跌水计算方法相同,可计算出:$h_c = 0.305$ m,$h_c'' = 1.898$ m。

$$H_2 = H_{02} - \frac{2.5^2}{2 \times 9.8 \times (1.05 \times 1.898)^2} = 1.14(\text{m})$$

第二级跌水下游消力墙高度为

$$c_2 = 1.05h_c'' - H_2 = 1.05 \times 1.898 - 1.14 = 0.85(\text{m})$$

第二级跌水下游消力池长度仍用公式 $L_b = L_0 + 0.8L_j$ 计算。

$$L_{02} = 3.34m_1\sqrt{(P_2 + 0.3H_{01})H_{01}}$$
$$= 3.34 \times 0.42 \times \sqrt{(0.82 + 3 + 0.3 \times 1.22) \times 1.22}$$
$$= 3.17(\text{m})$$
$$L_{j2} = 10.8h_c(Fr_2 - 1)^{0.93}$$
$$= 10.8 \times 0.305 \times \left(\sqrt{\frac{2.5^2}{9.8 \times 0.305^3}} - 1\right)^{0.93}$$
$$= 11.24(\text{m})$$

则第二级跌水下游消力池长度为

$$L_{b2} = L_{02} + 0.8L_{j2} = 3.17 + 0.8 \times 11.24 = 12.16(\text{m})$$

4. 第三级跌水计算

$$E_{03} = S_3 + c_2 + H_{02} = 3 + 0.85 + 1.22 = 5.07(\text{m})$$

第三级跌水 $\varphi = 0.85$,其余与第一级跌水计算方法相同,可计算出 $h_c = 0.304$ m,$h_c'' = 1.901$ m。

先按下式估算所需消力池深度

$$d = 1.05h_c'' - h_t = 1.05 \times 1.901 - 1.33 = 0.666(\text{m})$$

设消力池深度 $d = 0.67$ m,可算得

$$E_{03}' = E_{03} + d = 5.07 + 0.67 = 5.74(\text{m})$$

计算得 $h_c = 0.284$ m,$h_c'' = 1.982$ m。

取消力池出口流速系数 $\varphi'=0.95$，得

$$\Delta z = \frac{q}{2g}\left[\frac{1}{(\varphi' h_t)^2} - \frac{1}{(1.05h_c'')^2}\right]$$
$$= \frac{2.5}{2\times 9.8}\times\left[\frac{1}{(0.95\times 1.33)^2} - \frac{1}{(1.05\times 1.982)^2}\right]$$
$$= 0.05(\text{m})$$

则消力池的深度为

$$d = 1.05h_c'' - h_t - \Delta z = 1.05\times 1.982 - 1.33 - 0.05 = 0.70(\text{m})$$

再设 $d=0.70$ m，重复以上计算步骤，可得：

$$E_{03}' = 5.77\ \text{m} \qquad h_c' = 0.283\ \text{m}$$
$$h_c'' = 1.986\ \text{m} \qquad \Delta z = 0.05\ \text{m}$$
$$d = 0.705\ \text{m} \approx 0.70\ \text{m}$$

则 $d=0.70$ m

第三级跌水下游消力池长度仍用公式 $L_b = L_0 + 0.8L_j$ 计算。

$$L_{03} = 3.34m_2\sqrt{(P_3 + 0.3H_{02})H_{02}}$$
$$= 3.34\times 0.42\times\sqrt{(0.85+3+0.3\times 1.22)\times 1.22}$$
$$= 3.18(\text{m})$$
$$L_{j3} = 10.8h_c(Fr_3 - 1)^{0.93}$$
$$= 10.8\times 0.284\times\left(\sqrt{\frac{2.5^2}{9.8\times 0.284^3}} - 1\right)^{0.93}$$
$$= 11.85(\text{m})$$

则第三级跌水下游消力池长度为

$$L_{b3} = L_{03} + 0.8L_{j3} = 3.18 + 0.8\times 11.85 = 12.66(\text{m})$$

本章考试内容

记公式：$z_1 - z_2 = (1+\zeta)\left(\frac{\alpha v_2^2}{2g} - \frac{\alpha v_1^2}{2g}\right) + \bar{J}L_t$；$z_2 - z_1 = (1-\zeta)\left(\frac{\alpha v_1^2}{2g} - \frac{\alpha v_2^2}{2g}\right) - \bar{J}L_t$；$L_t = \eta(B_{max} - B_{min})$；$\Delta z = (h_1 - h_2) - (z_1 - z_2)$；$\nabla_2 = \nabla_1 - \Delta z_1 + h_{01} - h_0$；$\nabla_4 = h_0 + \Delta z_3 - h_{02} + \nabla_3$；$Q_d = \varepsilon_1 mb\sqrt{2g}H_0^{3/2}$。

会计算：明槽渐变段上下游水位差及长度；渡槽断面尺寸及进出口高程；跌水下游消力池尺寸。

记概念：渐变段上下游水位差推导思路（根据能量方程计算）；渡槽断面尺寸确定及进出口渐变段水力计算思路；不同类型跌水下游消力池尺寸的计算方法。

技能训练题

10-1 对于收缩渐变段，若不考虑渐变段进出口断面间的沿程水头损失，试推导收缩

渐变段进出口水位差的计算公式。

10-2　试叙述渡槽进出口断面高程的计算思路。

10-3　矩形断面进口的跌水设计流量计算公式中，侧收缩系数是如何确定的？

10-4　多级跌水设计中，第一级跌水下游消力池的深度和长度如何计算？第一级跌水的各项参数对下级跌水有何影响？

10-5　有一矩形断面混凝土渡槽，粗糙系数 $n=0.014$，底宽 $b=1.5$ m，槽长 $L=120$ m。进口处槽底高程 $\nabla_1=52.06$ m，当通过设计流量 $Q=8.2$ m^3/s 时，槽中均匀流水深 $h_0=1.8$ m，试求出口槽底高程 ∇_2。

10-6　某一矩形渡槽长 20 m，通过流量 $Q=1.0$ m^3/s，底坡 $i=1/500$，底宽 $b=0.8$ m，粗糙系数 $n=0.014$；上下游均为梯形土渠，底宽 $b_1=b_2=1.0$ m，正常水深 $h_1=h_2=0.7$ m，边坡系数 $m=1$。进、出口渐变段均采用楔型。设上游渠道末端底部高程为 110.0 m，试计算渡槽进出口的底部高程及渡槽内的水深。

10-7　某渠道流量 $Q=1.0$ m^3/s，底宽 $b=1.0$ m，正常水深 $h_0=0.8$ m，边坡系数 $m=1$。在某处存在一集中落差 $P=2.0$ m，下游渠道与上游渠道相同。拟设计一单级跌水，进口采用无坎宽顶堰，堰口做成如图 10-7(b) 所示的型式。试确定消力池的深度和长度。

10-8　一矩形渠道经过天然陡坡地段，为减少挖填方工程量，拟修建三级跌水。进口段的横断面为矩形，并做成有坎宽顶堰，坎高 $P_s=0.6$ m；上下游渠底落差 $P=12$ m；流量 $Q=20$ m^3/s；上游渠道中的正常水深 $h_0=2.5$ m，行近流速水头可以忽略不计；下游渠道中的正常水深 $h_t=1.7$ m。试计算各级跌水下游消力池的深度和长度。

第十一章　渗流基础

职业技能

熟练计算土坝、井的渗流量；绘制地下河槽渗流浸润线。

第一节　渗流基本概念

一、水利工程中的渗流问题

由颗粒状或碎块状的固体材料组成，其内部包含着许多互相连通的孔隙或裂隙的物质，称为孔隙介质，液体在孔隙介质中的运动称为渗流，在水利、土建、石油、化工、采矿、地质等许多部门，都涉及渗流的问题。尤其对于水利工程建设，研究渗流问题有极其重要的意义。在水利工程中渗流的液体是水，孔隙介质是土壤、石子和岩基等。本章主要研究水在土壤孔隙中的运动规律，并应用这些规律来分析工程中的渗流问题。

水利工程中遇到的渗流问题是多方面的。在透水地基上修建的水闸（坝）挡水后，在上、下游水位差的作用下，水将从上游河底进入建筑物的地基，通过地基土壤（或岩层）中的孔隙逐步渗向下游，从下游河床逸出。闸（坝）的基础一般是混凝土或其他不透水材料，闸（坝）地基的渗流一方面会对闸（坝）底面有压力作用，它是闸（坝）设计必须考虑的荷载之一；另一方面，会造成水量的损失，特别当渗流流速过大时，会将构成立体骨架的土颗粒带走，造成闸（坝）失稳。

土（石）坝是由土壤、石子、砾石和块石堆积而成的。土（石）坝挡水后，水由上游坝面渗入坝体，并沿着坝体孔隙渗向下游，从下游坝面逸出，坝体中的渗流自由水面线称为浸润线。浸润线以下的坝体浸没在水中，正确确定坝体内浸润线的位置对于研究土（石）坝的稳定、水量损失是十分重要的，是土（石）坝设计的重要内容。

在灌溉或工业与民用给水中，常用井或廊道等汇集地下水，只有掌握了地下水的流动规律，才能正确选择集水建筑物的尺寸，计算集水建筑物的供水能力。

当水库建成蓄水后，通过渗流会使库区周围地下水位抬高，容易引起附近农田沼泽化和盐碱化，同时也会造成水库水量损失。

上述各方面的渗流问题，从工程水力学的角度，归纳起来要求解决的主要有以下几方面的问题：

（1）确定渗流流量。

（2）确定渗流浸润线的位置。

（3）确定渗流压力。

（4）估算渗流对土壤的破坏作用。

在水利工程建设中,必须正确估计可能出现的渗流问题,采取相应的处理措施,否则可能导致工程事故的发生。

二、水在土壤中的存在形式及土壤的渗流特性

(一)水在土壤中的存在形式

渗流既然是水在土壤孔隙中的运动,它的运动规律也就和水及土壤这两种物质的性质有关。水在土壤中有以下几种存在形式:汽态水、附着水、薄膜水、毛细水和重力水。

汽态水以水蒸气形式存在于土壤孔隙中,数量极微;附着水和薄膜水均受分子引力作用而包围在土壤颗粒四周,数量少而且运动困难。水利工程中一般不考虑汽态水、附着水和薄膜水的作用。

毛细水是通过毛细管的作用而移动的水,它可以传递静水压力。由于毛细管的作用,将使地下水位高于重力水的水位。毛细作用的大小决定于土壤孔隙比的大小,在堆石中的作用极小,但在黏土中毛细水的高度可达数米。因此,在研究黏土渗流问题时,要注意毛细水的作用,对于一般的水利工程可以忽略不计。

重力水是指受重力作用在土壤孔隙中运动的水,它在工程实践中具有重要意义,本章主要研究重力水在土壤孔隙中的运动规律。

(二)土的渗流特性

土壤的性质对渗流有很大的影响,一切土壤均能透水,但不同的土壤透水性是不同的,有时相差很大。

透水性的大小主要与土壤的密实度和土壤颗粒的不均匀程度有关,密实的土壤比疏松的土壤透水性小,土壤颗粒均匀的土壤比不均匀的土壤的透水性大。土壤的密实度是用土壤的孔隙率反映的。孔隙率是一定体积的土壤中,孔隙的体积 ω 与土壤的总体积 W 的比值

$$n = \frac{\omega}{W} \tag{11-1}$$

n 值越大,土壤的孔隙率就越大,土壤越疏松;n 值越小,土壤的孔隙率越小,土壤越密实。土壤颗粒的不均匀程度一般用土壤的不均匀系数 η 表示,即

$$\eta = \frac{d_{60}}{d_{10}} \tag{11-2}$$

式中 d_{60}——对土壤进行筛分后,占60%重量的土壤颗粒能通过的筛孔的直径;

d_{10}——占10%重量的土壤颗粒能通过的筛孔直径。

一般土壤的不均匀系数总大于1,η 值越大,土壤颗粒越不均匀。土壤颗粒均匀时,η 值趋近于1。自然界中的土壤结构相当复杂,按照渗流特性可以把土壤分为均质土和非均质土、各向同性土和各向异性土。若土壤中的渗流特性不随空间的位置而变化,称为均质土;否则称为非均质土。若土壤中各个方向的渗流特性都相同,称为各向同性土;否则称为各向异性土。自然状态下的土壤一般都是非均质各向异性的,但本章着重研究最简单的均质各向同性土的渗流问题,这是研究渗流的基础,掌握了它就不难分析和解决非均

质各向异性土中的渗流问题。

三、渗流模型

土壤孔隙的形状及其大小是非常复杂的,要知道水在孔隙中真实的流动是难以实现的(见图 11-1(a)),而且对于解决工程中的渗流问题又无必要。工程中注意的是研究范围内渗流的平均效果,为了使问题简化同时又能满足工程上的要求,对实际渗流问题进行了简化。

(1)不考虑渗流的实际路径,只考虑它的主要流向。

(2)假定渗流是充满了整个孔隙介质区域的连续水流,包括土壤颗粒所占据的空间在内均有水充满,好像无土壤颗粒存在一样(见图 11-1(b))。

渗流简化模型的实质在于,把实际上并不充满全部空间的渗流运动看做是连续空间内的连续介质运动。这样就可以把水力学的一般概念引进到研究渗流中来,如过水断面、流线、断面平均流速等。根据渗流简化模型的概念,某一微小过水断面上的渗流流速定义为

$$v = \frac{\Delta Q}{\Delta A} \tag{11-3}$$

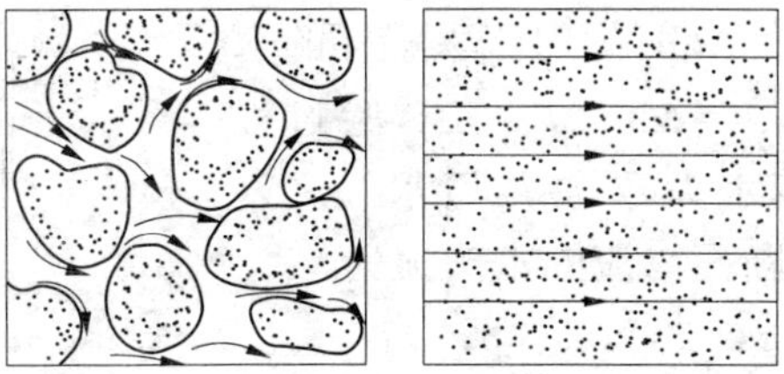

(a) (b)

图 11-1

而实际水流仅发生在相应于断面面积 ΔA 中所包含的孔隙面积 $\Delta A'$ 上,所以实际流速为

$$v' = \frac{\Delta Q}{\Delta A'} \tag{11-4}$$

根据水流运动的连续原理和孔隙率的定义可以得到

$$v = \frac{\Delta A'}{\Delta A} v' = nv'$$

式中 n——土壤孔隙率。

孔隙率 $n<1.0$,所以 $v<v'$,即模型流速小于真实渗流流速。今后研究的渗流流速就是指模型流速。

以渗流简化模型取代真实的渗流,必须遵守以下几个原则:

(1)通过渗流模型的流量必须和实际渗流的流量相等。

(2)对于某一确定的作用面,从渗流模型所得的动水压力应当和真实渗流的动水压力相等。

(3)渗流模型的阻力和实际渗流的阻力应当相等,也就是说水头损失应当相等。

四、渗流类型

引入了渗流的简化模型之后,就可以像研究一般水流运动一样把渗流分为恒定渗流

和非恒定渗流、均匀渗流和非均匀渗流、有压渗流和无压渗流等。

第二节　达西定律

一、达西试验与达西定律

早在 1855 年，首先由法国工程师达西通过试验研究，提出了渗流运动的基本规律——达西定律。

达西试验所用设备如图 11-2 所示：一横截面面积为 A 的直立圆筒 G，上端开口，在相距为 L 的 1—1 断面和 2—2 断面分别装有测压管，筒底装一滤板 D，其上填以砂土。试验时水由管 a 注入圆筒，多余的水从溢流管 b 溢出，筒内水位不变，以保持通过筒内砂土的渗流为恒定渗流。经过砂层渗至筒底的水流入量杯 C，用来测量渗流量。若在 Δt 时间内流入量杯的水体体积为 ΔW，则渗流量为 $Q=\Delta W/\Delta t$。在试验过程中同时读取两断面的测压管水头，两测压管水头之差 ΔH 即是 1—1 断面和 2—2 断面渗流的水头损失

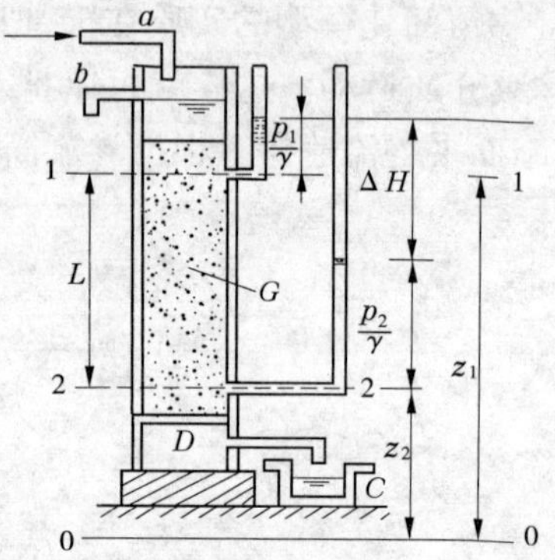

图 11-2

$$\Delta H = h_w = \left(z_1 + \frac{p_1}{\gamma}\right) - \left(z_2 + \frac{p_2}{\gamma}\right)$$

达西用不同尺寸的圆筒和不同类型的土壤做试验，大量试验资料表明，渗流量 Q 与圆筒断面面积 A 及水头损失 h_w 成正比，与断面间距 L 成反比，即

$$Q \propto A\frac{h_w}{L}$$

引入比例系数

$$Q = kA\frac{h_w}{L} = kAJ \tag{11-5}$$

或

$$v = \frac{Q}{A} = kJ \tag{11-6}$$

式中　J——1—1 断面、2—2 断面之间的平均水力坡度，也称渗流坡降，$J=h_w/L$；

k——反映土壤的透水性质的比例系数，称为渗流系数，它具有流速的量纲。

式(11-5)和式(11-6)所表示的关系称为达西定律，它是渗流的基本定律。

如果在任一过水断面 A 上围绕某点取一微小面积 $\mathrm{d}A$，通过 $\mathrm{d}A$ 的渗流量为 $\mathrm{d}Q$，利用式(11-6)可得到渗流点流速的表达式为

$$u = \frac{\mathrm{d}Q}{\mathrm{d}A} = kJ \tag{11-7}$$

如果取间距为 $\mathrm{d}s$ 的两个断面，其间水头损失为 $\mathrm{d}h_w$，以 H 表示断面上渗流的总水头，$\mathrm{d}H$ 为沿渗流方向总水头的增量，式(11-7)可表示为

$$u = k\frac{\mathrm{d}h_w}{\mathrm{d}s} = -k\frac{\mathrm{d}H}{\mathrm{d}s} \tag{11-8}$$

因为沿渗流方向总水头的增量为负值,为使流速为正值,需加负号。

一般渗流流速很小,渗流流速水头可以忽略不计,总水头 H 可用测压管水头代替,$\mathrm{d}H$ 则为测压管水头的增量。

二、达西定律的适用条件

由达西定律可知,渗流的水头损失和流速的一次方成正比。经研究证明,达西定律仅在一定范围内才能适用。很明显,水头损失和流速的一次方成正比是液体做层流运动所遵循的规律,由此可见达西定律只适用于层流渗流。在水利工程中除堆石坝等大孔隙介质中的渗流为紊流外,绝大多数渗流均属于层流范围,达西定律都可使用。

经许多学者研究,达西定律的适用界限仍以渗流临界雷诺数来表示。由层流到紊流的临界雷诺数不是一个常数,而是随着颗粒直径、孔隙率等因素而变化。H. H. 巴甫洛夫斯基指出,当 $Re < Re_k$ 时,渗流为层流。Re 为渗流的实际雷诺数,Re_k 为渗流的临界雷诺数。

$$Re = \frac{1}{0.75n + 0.23}\frac{vd}{\nu} \tag{11-9}$$

式中 n——土壤的孔隙率;

d——土壤的有效粒径,cm,一般可用 d_{10} 来代表。

$$Re = 7 \sim 9 \tag{11-10}$$

对于发生在大孔隙介质中的非层流渗流,需要选用根据试验成果所拟定的公式进行渗流计算。应当指出,上述讨论的渗流规律都是对没有发生渗流变形的情况而言的,对于土壤颗粒因渗流作用失去稳定而发生运动的情况,均不符合上述规律。本章所讨论的内容仅限于符合达西定律的渗流。

三、渗流系数

在应用达西定律进行渗流计算时,需确定土壤的渗流系数 k 值。由式(11-6)可知,当 $J=1$ 时,$k=v$,所以 k 的物理意义是表示水力坡度等于 1 的渗流速度。

渗流系数 k 是反映土壤渗水能力的系数。其值与土壤及水的性质有关,主要包括土壤的颗粒形状、粒径大小、孔隙大小、水的黏滞性及容重等。实际应用中准确确定渗流系数 k 的值是比较困难的。一般可通过以下三种方法得到。

(一)经验法

初步估算时,由于没有获得可靠的实际资料,可以参照有关规范或采用类比的方法来选定 k 值。各类土壤的 k 的参考值见表 11-1。

(二)实验室测定法

将需要测定 k 值的土壤带到实验室,采用达西试验装置测得渗流系数 k 的值。为准确、真实地反映原状土壤的渗透性质，现场取土样时不加扰动并密封以保持原土壤含水状况，在运输和试验操作过程中不让土壤的结构状态遭破坏。

表 11-1　土壤的渗流系数

土壤名称	渗流系数	
	m/昼夜	cm/s
黏土	<0.005	$<6\times10^{-6}$
亚黏土	0.005～1	$6\times10^{-6}\sim1\times10^{-4}$
轻亚黏土	0.1～0.5	$1\times10^{-4}\sim6\times10^{-4}$
黄土	0.25～0.5	$3\times10^{-4}\sim6\times10^{-4}$
细砂	0.5～1.05	$6\times10^{-4}\sim1\times10^{-3}$
粉砂	1.0～5.0	$1\times10^{-3}\sim6\times10^{-3}$
中砂	5.0～20.0	$6\times10^{-3}\sim2\times10^{-2}$
均质中砂	35～50	$4\times10^{-2}\sim6\times10^{-2}$
粗砂	20～50	$2\times10^{-2}\sim6\times10^{-2}$
均质粗砂	60～75	$7\times10^{-2}\sim8\times10^{-2}$
圆砾	50～100	$6\times10^{-2}\sim1\times10^{-1}$
卵石	100～500	$1\times10^{-1}\sim6\times10^{-1}$
无填充物卵石	500～1 000	$6\times10^{-1}\sim1\times10$
稍有裂隙岩石	20～60	$2\times10^{-2}\sim7\times10^{-2}$
裂隙多的岩石	>60	$>7\times10^{-2}$

由于天然土壤不可能是完全均匀土，所取试验土样也不可能太多，因此试验成果不可能完全反映真实情况。但这种方法是利用现场土样测得的，比经验法可靠，且设备简单、易操作，在水利工程中测定渗流系数多用此法。

（三）野外测定法

在所研究的渗流区域的现场进行钻井或挖坑，进行抽水或压水试验，将试验数据代入相应的计算公式，即可求得大面积的平均渗流系数值。本法所得试验成果比较可靠，故对大型水利工程在研究地基、土坝体、库区等渗流问题时，多采用野外测定法确定 k 值。

第三节　地下河槽中的无压恒定均匀渗流

若位于地下不透水层上的透水区域内有地下水流动，且水流具有自由表面，如图 11-3 所示，这种水流称为地下河槽无压渗流。

一、基本概念

像明渠水流一样，地下河槽中的渗流也可分为均匀渗流和非均匀渗流。若渗流的流线为互相平行的直线，称为均匀渗流。

二、地下河槽中的均匀渗流

自然界中，地下不透水层的表面一般是不规则的，为了简单起见，假定不透水层为平面。图 11-3 所示为在底坡 i 的地下河槽中发生的均匀渗流，因均匀渗流的水深沿流程不变，断面平均流速在各断面上是相等的，水力坡度 J 和底坡 i 相等。按照达西定律，断面平均流速为

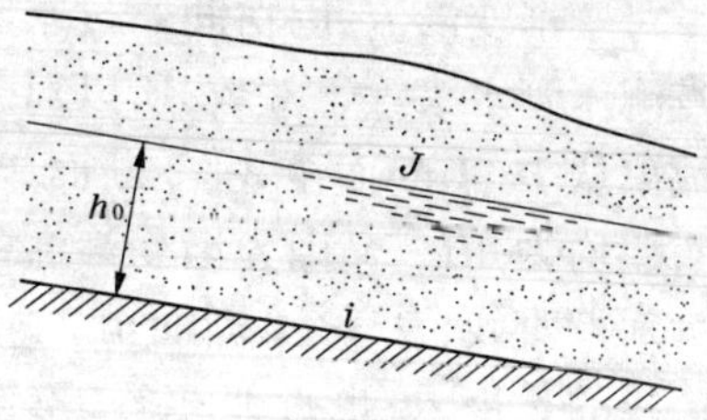

图 11-3

$$v = ki \tag{11-11}$$

通过过水断面的渗流量为

$$Q = kiA_0 \tag{11-12}$$

式中 A_0——均匀渗流时地下河槽的过水断面面积。

设地下河槽为矩形断面，宽度为 b，令 h_0 为均匀渗流的正常水深，则 $A_0 = bh_0$，于是

$$Q = kibh_0 \tag{11-13}$$

通过地下河槽的单宽流量则为

$$q = kih_0 \tag{11-14}$$

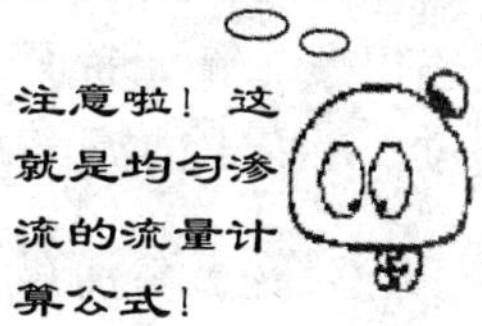

第四节　地下河槽中的无压恒定非均匀渐变流

一、基本概念

渗流的流线为不互相平行的直线，称为非均匀渗流。对于非均匀渗流，当流线的曲率小，近乎平行直线时，则称为渐变渗流，否则称为急变渗流。地下河槽中的渗流自由表面称为浸润面。浸润面与纵剖面的交线称为浸润线。均匀渗流的浸润线为直线，非均匀渗流的浸润线为曲线。

二、地下河槽中的无压渐变渗流

达西定律所给出的计算公式(11-6)及式(11-8)，是对于均匀渗流的断面平均流速及渗流区域内任意点上的渗流流速的计算公式。为了研究非均匀渐变渗流的运动规律，还必须建立非均匀渐变渗流的计算公式。图 11-4 所示为一非均匀渐变渗流，在相距为 ds 的过水断面 1—1 和过水断面 2—2 之间任意取微小流束 AB，在 A 点的测压管水头设为 H_1，B 点的测压管水头为 H_2，从 1 点至 2 点测压管水头的增量为 $\mathrm{d}H = H_1 - H_2$。按照式(11-8)，微小流束在 A 点处的流速为

$$u = -k\frac{\mathrm{d}H}{\mathrm{d}s} \tag{11-15}$$

1—1 断面上的断面平均流速应为

$$v = \frac{1}{A}\int_A u\mathrm{d}A = \frac{1}{A}\int_A\left(-k\frac{\mathrm{d}H}{\mathrm{d}s}\mathrm{d}A\right) \tag{11-16}$$

对于渐变渗流,因在同一过水断面上的各点测压管水头等于常数,所以对于任意微小流束从1—1断面至2—2断面,其测压管水头差均为 dH。又因为渐变渗流的流线近似为平行直线,从1—1断面至2—2断面间各流线的长度 ds 也近似相等,不同微小流束的水力坡度 dH/ds 为一常数,式(11-15)可写做

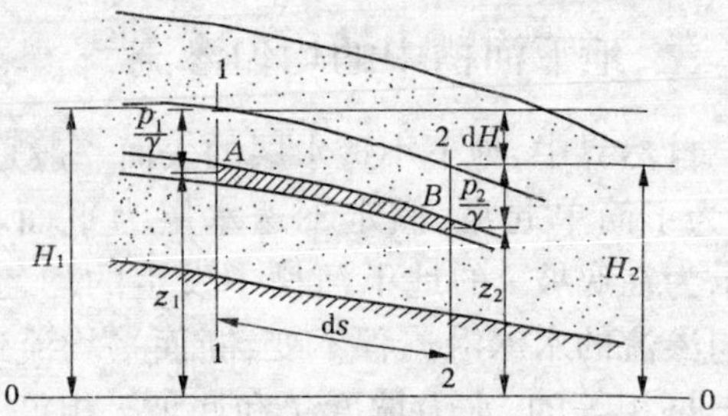

图 11-4

$$v = -k\frac{dH}{ds} \tag{11-17}$$

式(11-17)就是渐变渗流的基本公式,是法国学者杜比(Dupuit. J)于1857年首先推导出来的,故称为杜比公式。杜比公式表明,在渐变渗流中,过水断面上各点流速相等并等于断面平均流速,流速分布为矩形,但不同过水断面上的流速大小则是不相等的(见图11-5)。

三、渐变渗流的基本微分方程

图11-6所示为一渐变渗流。1—1线表示透水土层与不透水岩层的分界面,其坡度为 i。取基准面0—0及任意两个相距为 ds 的过水断面1—1及过水断面2—2。由图可见,水头 H 为渗流水深 h 与不透水层面至基准面之间的铅直距离 z 之和,即

$$H = h + z$$

所以
$$\frac{dH}{ds} = \frac{d}{ds}(h+z) = \frac{dh}{ds} + \frac{dz}{ds}$$

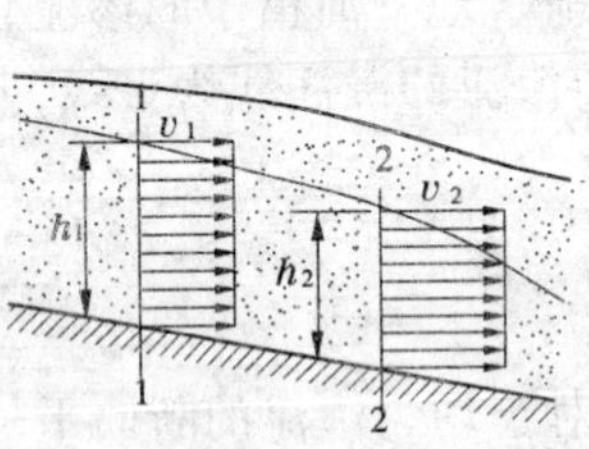

图 11-5

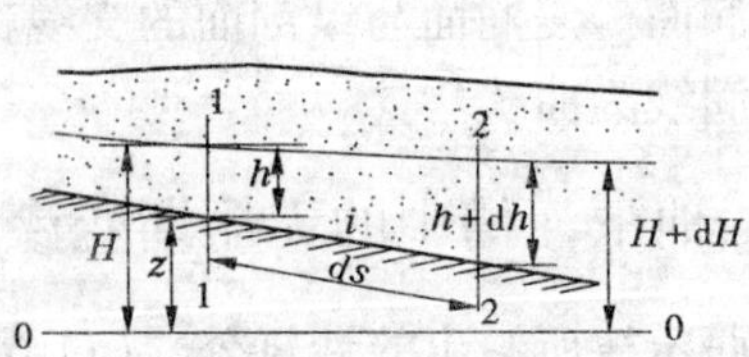

图 11-6

由于底坡
$$i = -\frac{dz}{ds}$$

故
$$\frac{dH}{ds} = \frac{dh}{ds} - i$$

代入杜比公式得
$$v = -k\left(\frac{dh}{ds} - i\right) = k\left(i - \frac{dh}{ds}\right) \tag{11-18}$$

渗透流量为
$$Q = Av = Ak\left(i - \frac{dh}{ds}\right) \tag{11-19}$$

这就是渐变渗流的基本微分方程,可用以分析和计算非均匀渐变渗流浸润曲线。

第五节 地下河槽中的恒定非均匀渐变渗流浸润曲线

求解地下河槽无压渐变渗流的关键在于确定浸润线。这是因为对于渐变渗流过水断面上的各点的流速都相等,都等于断面平均流速,只要求出浸润线,就可知道各断面的水深,则渗流各断面上的平均运动要素即可求出。

分析浸润线的形式与明渠渐变流水面曲线的分析方法相似。在研究明渠渐变流水面曲线时可知,对于不同类型底坡的明渠,有不同的水面线形式。对于同一类型的底坡因控制水深、临界水深和正常水深所处的位置不同,水面曲线的形式也是不相同的。地下河槽中的浸润线也同样因底坡的类型不同有不同的形式。但是渗流的流速水头非常小,和水深 h 相比可以忽略不计,断面单位能量 E_s 就等于渗流水深 h,E_s 随 h 呈线性变化,不存在极小值,自然也就没有临界水深,从而也就无所谓临界底坡。这样分析地下河槽浸润线,只需区分底坡的类型。地下河槽的底坡同样可分为正坡、平坡和逆坡三种。

正坡可发生均匀渗流,即存在一个均匀渗流正常水深 h_0,但因没有临界水深 h_k,所以水深 h 的变化范围仅有两种,即 $h>h_0$ 和 $h<h_0$。对于平坡和逆坡,不存在正常水深 h_0,水深的变化范围为 $h>0$。下面分别讨论正坡、平坡和逆坡上的浸润线的计算。

一、正坡($i>0$)地下河槽中浸润曲线

如在正坡地下河槽中发生均匀渗流,由式(11-12)可知 $Q=kA_0i$,代入式(11-19)可得

$$kiA_0 = kA\left(i - \frac{\mathrm{d}h}{\mathrm{d}s}\right)$$

即

$$\frac{\mathrm{d}h}{\mathrm{d}s} = i\left(1 - \frac{A_0}{A}\right) \tag{11-20}$$

式中 A_0——正常水深 h_0 所对应的过水断面面积。

地下河槽可视为矩形断面,令宽度为 b,式(11-20)可改写为

$$\frac{\mathrm{d}h}{\mathrm{d}s} = i\left(1 - \frac{h_0}{h}\right) \tag{11-21}$$

用式(11-21)可以分析非均匀渐变渗流浸润线的形状。

在渗流区内,作正常水深线 N—N,将渗流划分为 a、b 两个区域。在 N—N 线以上的为 a 区,$h>h_0$;在 N—N 线以下的为 b 区,$h<h_0$,见图 11-7。

当浸润线位于 a 区时,因为 $h>h_0$,由式(11-21)不难看出 $\mathrm{d}h/\mathrm{d}s>0$,水深沿流程增加,即浸润线为壅水曲线。向上游,$h$ 越来越小,当 $h\to h_0$ 时,$\mathrm{d}h/\mathrm{d}s\to 0$,即浸润线上游以 N—N 线为渐近线;向下游,h 越来越大,理论上可达无穷大,当 $h\to\infty$ 时,$\mathrm{d}h/\mathrm{d}s\to i$,故浸润线下游以水平线为渐近线。

在 b 区,$h<h_0$,由式(11-21)可知,$\mathrm{d}h/\mathrm{d}s<0$,水深沿流程减小,浸润线为降水曲线。向上游,$h$ 增大,当 $h\to h_0$ 时,$\mathrm{d}h/\mathrm{d}s\to 0$,即浸润线上游以 N—N 为渐近线;向下游,h 越来越小,当 $h\to 0$ 时,$\mathrm{d}h/\mathrm{d}s\to -\infty$,即浸润线下游与底坡有正交的趋势,这种情况实际上是不

可能存在的,实际的浸润线必是以某一水深为终点的。

以上分析了浸润线的形状,为了进行浸润曲线计算,还需对式(11-21)进行积分。

令 $h/h_0 = \eta$,则 $dh = h_0 d\eta$,代入式(11-21)得

$$\frac{h_0 d\eta}{ds} = i\left(1 - \frac{1}{\eta}\right)$$

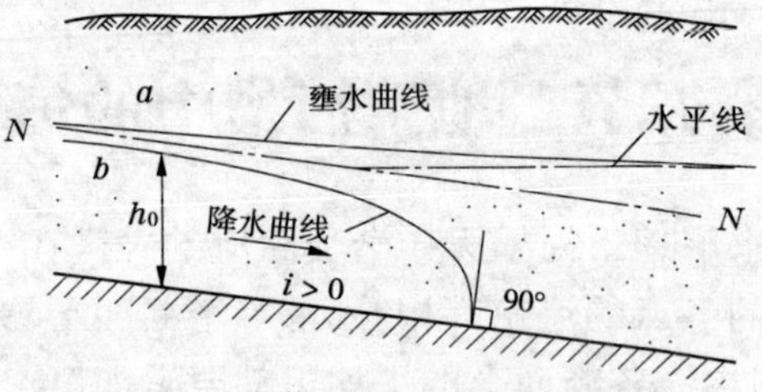

图 11-7

分离变量得 $\frac{ids}{h_0} = d\eta + \frac{d\eta}{\eta - 1}$ (11-22)

从断面1—1到断面2—2进行积分,得

$$\frac{is}{h_0} = \eta_2 - \eta_1 + \ln\frac{\eta_2 - 1}{\eta_1 - 1} \tag{11-23}$$

化为常用对数

$$s = \frac{h_0}{i}\left(\eta_2 - \eta_1 + 2.3\lg\frac{\eta_2 - 1}{\eta_1 - 1}\right) \tag{11-24}$$

这就是底坡 $i>0$ 的浸润线方程,式中 s 为1—1、2—2两断面间的距离。利用式(11-24)可计算顺坡情况下的浸润线。计算步骤见例11-1。

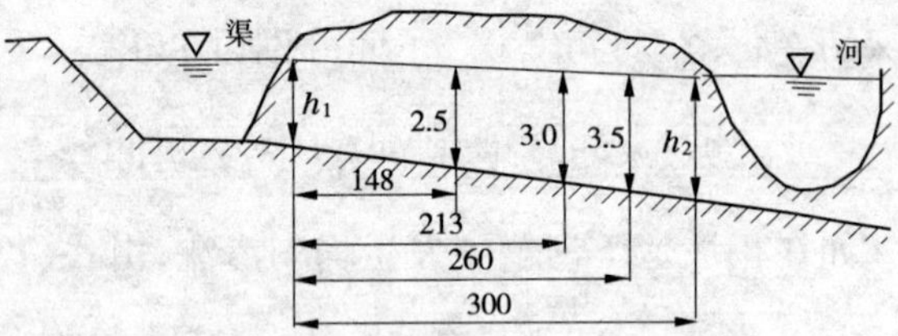

图 11-8

【例11-1】 如图11-8所示,有一段长2 km平行于河道的人工渠道距河道300 m,渠道水深 $h_1 = 2$ m,河道水深 $h_2 = 4$ m,不透水层底坡 $i = 0.025$,土壤的渗流系数 $k = 0.002$ cm/s,试求由渠道渗入河道的渗流量,并绘制浸润曲线。

解:因 $i>0$,$h_2>h_1$,可知此浸润线是 a 型壅水曲线,将各数据代入式(11-24),得

$$T = is = 0.025 \times 300 = h_0\left(\frac{4}{h_0} - \frac{2}{h_0} + 2.3\lg\frac{\frac{4}{h_0} - 1}{\frac{2}{h_0} - 1}\right) = 7.5(\text{m})$$

根据上式用试算法求 h_0。计算列于表11-2。

表11-2 计算表

设 h_0	$\eta_2 = 4/h_0$	$\eta_1 = 2/h_0$	T
1.80	2.222	1.111	6.31
1.85	2.162	1.081	6.92
1.90	2.105	1.053	7.76
1.95	2.051	1.026	9.20

由表 11-2 中计算结果绘 $h_0 \sim T$ 的关系曲线，如图 11-9 所示。由曲线可查得 $h_0 = 1.88$ m。将 h_0 的值代入式(11-12)，得

$$Q = kA_0 i = 0.002 \times 188 \times 200\,000 \times 0.025$$
$$= 1\,880\ (\mathrm{cm^3/s})$$
$$= 1.88\ \mathrm{L/s}$$

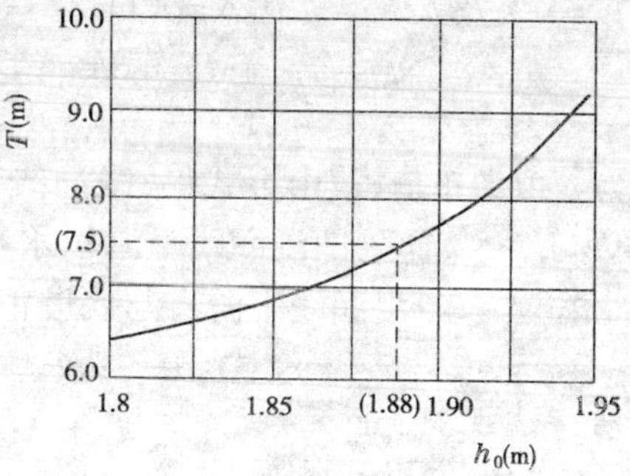

图 11-9

将 h_0 代入式(11-24)，得

$$s = \frac{1.88}{0.025} \times \left[\frac{h_2}{1.88} - \frac{2}{1.88} + 2.3\lg \frac{\dfrac{h_2}{1.88} - 1}{\dfrac{2}{1.88} - 1} \right]$$

设 $h_2 = 2.5$ m、$h_2 = 3.0$ m 和 $h_2 = 3.5$ m，按上式可计算出相应的 s（由渠道算起），$s =$ 144 m、210 m 和 255 m。由此可绘出浸润线，如图 11-8 所示。

二、平坡（$i = 0$）地下河槽中的浸润曲线

对于平坡，基本微分方程式(11-19)可写为

$$Q = -kA\frac{\mathrm{d}h}{\mathrm{d}s} \tag{11-25}$$

由式(11-25)可知 $\mathrm{d}h/\mathrm{d}s = -Q/kA < 0$，所以浸润线为降水曲线，如图 11-10 所示。在平坡上由于不存在正常水深 h_0，所以水深 h 的变化仅在$(0, +\infty)$区间。这一区间为 b 区，向上游，水深增加，当 $h \to \infty$ 时，$A \to \infty$，$\mathrm{d}h/\mathrm{d}s \to 0$，即浸润线上游以水平线为渐近线；向下游，水深减小，当 $h \to 0$ 时，$A \to 0$，$\mathrm{d}h/\mathrm{d}s \to -\infty$，浸润线有与槽底正交的趋势。下面对式(11-25)进行积分，以单宽流量表示，则式(11-25)可改写为

$$\frac{\mathrm{d}h}{\mathrm{d}s} = -\frac{q}{kh}$$

分离变量得

$$\mathrm{d}s = -\frac{k}{q}h\mathrm{d}h$$

从断面 1—1 到断面 2—2 进行积分，得

$$s = \frac{k}{2q}(h_1^2 - h_2^2) \tag{11-26}$$

这就是底坡 $i = 0$ 时的浸润线方程，可用来计算平坡情况下的浸润曲线。

三、逆坡（$i < 0$）地下河槽中的浸润曲线

逆坡和平坡一样，也没有正常水深线，只有 b' 区。为了便于分析和计算，可设想有一个正坡 $i' = -i$。单宽流量可用均匀流的关系来表示，其正常水深为 h_0'，则有

$$q = kh_0' i'$$

于是式(11-19)可写为

$$kh_0' i' b = hbk\left(i - \frac{\mathrm{d}h}{\mathrm{d}s}\right) \tag{11-27}$$

以 $i' = -i$ 及 $h/h_0' = \zeta$ 代入式(11-27),可得

$$\frac{\mathrm{d}h}{\mathrm{d}s} = -i'\left(1 + \frac{1}{\zeta}\right) \tag{11-28}$$

因为 ζ 恒为正值,故由上式得,浸润线为降水曲线。向上游,水深增大,当 $h\to\infty$ 时,$\zeta\to\infty$,$\mathrm{d}h/\mathrm{d}s\to -i' = i$,即浸润线上游以水平线为渐近线;向下游,水深减小,当 $h\to 0$ 时,$\zeta\to 0$,$\mathrm{d}h/\mathrm{d}s\to -\infty$,浸润线下游有与底坡正交的趋势,如图 11-11 所示。

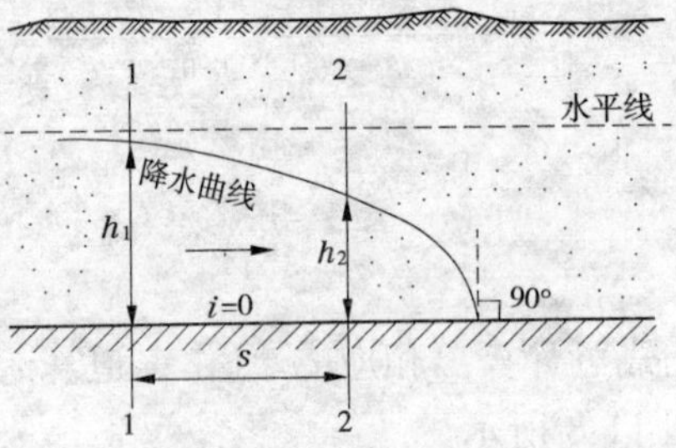

图 11-10

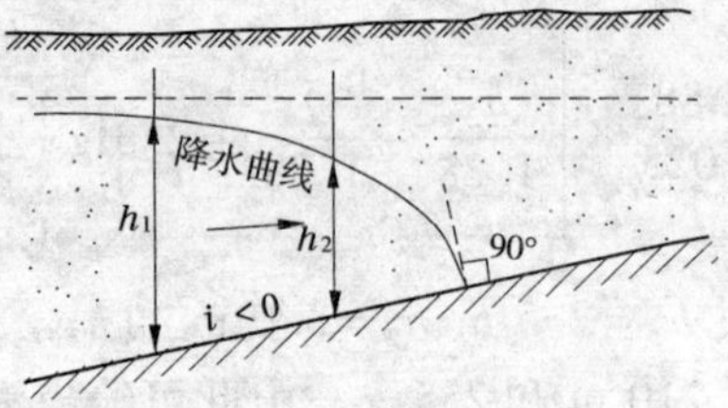

图 11-11

将 $\mathrm{d}h = h_0'\mathrm{d}\zeta$ 代入式(11-28)得

$$\frac{h_0'\mathrm{d}\zeta}{\mathrm{d}s} = -i'\left(1 + \frac{1}{\zeta}\right)$$

分离变量得

$$\mathrm{d}s = -\frac{h_0'}{i'}\frac{1}{1+\frac{1}{\zeta}} = -\frac{h_0'}{i'}\left(\mathrm{d}\zeta - \frac{\mathrm{d}\zeta}{1+\zeta}\right)$$

从断面 1—1 到断面 2—2 积分,得

$$s = \frac{h_0'}{i'}\left(\zeta_1 - \zeta_2 + \ln\frac{1+\zeta_2}{1+\zeta_1}\right) = \frac{h_0'}{i'}\left(\zeta_1 - \zeta_2 + 2.3\lg\frac{1+\zeta_2}{1+\zeta_1}\right) \tag{11-29}$$

这就是底坡 $i<0$ 的浸润线方程,可用来计算负坡情况下的浸润曲线。

第六节　普通井及井群的渗流计算

井是开发地下水资源,用于灌溉、供水或抽取地下水,降低地下水位的取水建筑物,其在水利工程建设中的应用非常广泛。在地表透水层中打井,抽取无压地下水的井叫普通井;穿过一层或多层不透水层,在有压透水层中取水的井,叫承压井。这里主要对普通井的水力计算进行分析。普通井又分为完全井和非完全井。井底直达不透水层的井,称为完全井;没有达到不透水层的井,叫不完全井。

一、普通完全井

图 11-12 所示为水平不透水层上的普通完全井。当不从井中取水时,井内水面与原地下水位 H 齐平。从井中取水时,井中水位降低,周围的地下水向井中汇集,形成漏斗状浸润面。如果能够保证从井中提取的流量 Q 保持不变,经过一定时间,井中水位下降某一高度 S 后保持不变,井四周就会形成恒定渗流。如果地下渗流区域广阔,水的蕴藏量丰

富，含水层为各向同性的均质土，那么井四周的渗流对井轴是对称的，渗流过水断面是半径不等的圆柱面，各径向的渗流情况相同，可以按一元流进行分析。在离井不远的地方，浸润线的曲率就很小，可视为非均匀渐变渗流，用杜比公式进行渗流分析和计算。设距井轴为 r 的浸润线高度为 z，则水力坡度可表示为 $J=\mathrm{d}z/\mathrm{d}r$，该断面上的径向平均流速为

$$v = kJ = k\frac{\mathrm{d}z}{\mathrm{d}r}$$

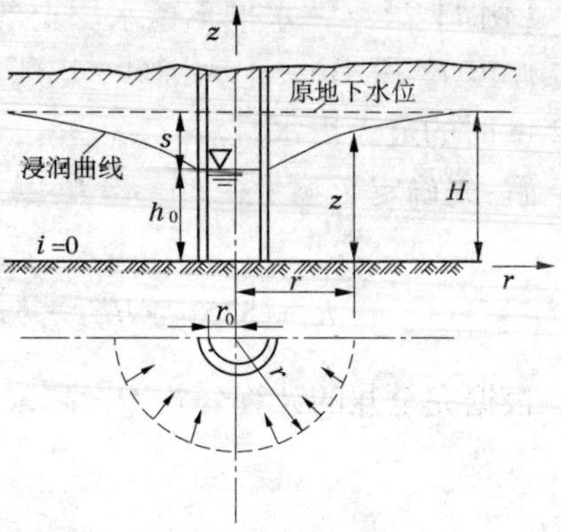

图 11-12

过水断面面积为 $A=2\pi rz$，故渗流量

$$Q = vA = 2\pi rzk\frac{\mathrm{d}z}{\mathrm{d}r} \qquad (11\text{-}30)$$

以 h_0 表示井中水深、r_0 表示井的半径，将式(11-30)分离变量，从 r_0 到 r 积分，得

$$z^2 - h_0^2 = \frac{Q}{\pi k}\ln\frac{r}{r_0} = \frac{0.73Q}{k}\lg\frac{r}{r_0} \qquad (11\text{-}31)$$

利用式(11-31)可确定浸润线的高度。由式(11-31)可以看出，离井越远，即 r 越大，浸润线越高。当浸润线的高度接近原地下水位 $H(z\geqslant 0.95H)$ 所对应的过水断面半径时，称为井的影响半径，用 R 表示。将 $r=R$、$z=H$ 代入式(11-31)，井的出水量可表示为

$$Q = 1.36\frac{k(H^2 - h_0^2)}{\lg\frac{R}{r_0}} \qquad (11\text{-}32)$$

计算井的出水量必须首先确定井的影响半径 R，一般通过试验或根据经验求解。在初步计算时，根据实践经验，细砂可采用 $R=100\sim200$ m，中砂可采用 $250\sim500$ m，粗砂可采用 $700\sim1\,000$ m。也可用以下经验公式计算

$$R = 3\,000s\sqrt{k} \qquad (11\text{-}33)$$

或

$$R = 575s\sqrt{Hk} \qquad (11\text{-}34)$$

式中 s——井中水位下降的高度，也叫抽水深度，$s=H-h_0$。

R、s、H 均以 m 计。将 s 代入式(11-32)，整理可得

$$Q = 2.73\frac{kHs}{\lg\frac{R}{r_0}}\left(1 - \frac{s}{2H}\right)$$

当抽水深度 s 不大而含水层厚度 H 较大时，略去 $\frac{s}{2H}$，上式可简化为

$$Q = 2.73\frac{kHs}{\lg\frac{R}{r_0}} \qquad (11\text{-}35)$$

由此可以看出，井的出水量主要取决于渗流系数 k、含水层厚度 H 和抽水深度 s。影响半径 R 的变化相对影响要小得多。

【例 11-2】 一水平不透水层上的普通完全井(见图 11-12),井的半径 r_0 为 10 cm,含水层厚度 $H=8.0$ m,土为细砂,实测渗透系数 k 为 0.001 m/s,试计算当井中水深 h_0 不小于 2 m 时的最大出水量。

解:先确定影响半径,由 $s=H-h_0$ 计算抽水深度

$$s = H - h_0 = 8 - 2 = 6(\mathrm{m})$$

则
$$R = 575s\sqrt{Hk} = 575 \times 6 \times \sqrt{8 \times 0.001} = 308.6(\mathrm{m})$$

根据完全井的计算公式 $Q=1.36\dfrac{k(H^2-h_0^2)}{\lg\dfrac{R}{r_0}}$,则井中水深不小于 2 m 时的最大出水量为

$$Q = 1.36\frac{k(H^2-h_0^2)}{\lg\dfrac{R}{r_0}} = 1.36 \times \frac{0.001 \times 10^{-2} \times (8^2-2^2)}{\lg\dfrac{308.6}{0.10}} = 2.36 \times 10^{-4}(\mathrm{m^3/s})$$

二、不完全井

如图 11-13 所示,普通不完全井周围的地下渗流,不仅从井壁向井内汇集,而且还来自井底,因而渗流计算要复杂得多,已不能按一元渗流进行计算。工程中多采用经验公式确定井的出水量,常用的公式为

$$Q = 1.36\frac{k(H'^2-t^2)}{\lg\dfrac{R}{r_0}}\left(1+7\sqrt{\frac{r_0}{2H'}}\cos\frac{\pi H'}{2H}\right) \tag{11-36}$$

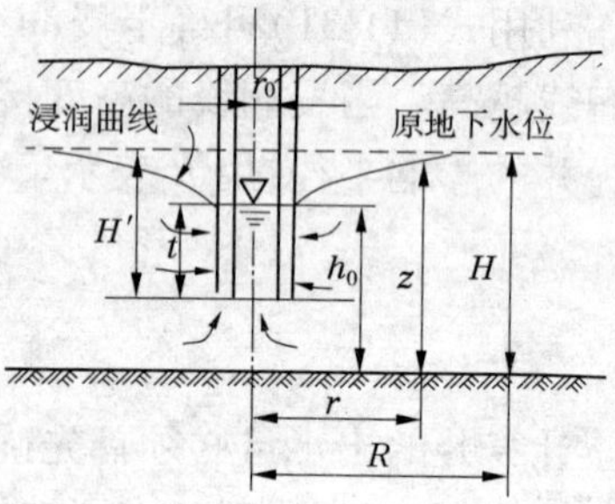

图 11-13

式中符号的意义见图 11-13。

【例 11-3】 有一建在水平不透水层上的普通非完全井如图 11-13 所示,$H=8$ m,$r_0=2.0$ m,$H'=7$ m,土为细砂,实测渗透系数 k 为 0.001 cm/s,试计算当井中水深 t 不小于 2 m 时的最大出水量。

解:
$$h_0 = t + (H - H') = 2 + 1 = 3(\mathrm{m})$$
$$s = H - h_0 = 8 - 3 = 5(\mathrm{m})$$

则影响半径

$$R = 575s\sqrt{Hk} = 575 \times 5 \times \sqrt{8 \times 0.001} = 257.15(\mathrm{m})$$

根据不完全井的流量公式得

$$\begin{aligned} Q &= 1.36\frac{k(H'^2-t^2)}{\lg\dfrac{R}{r_0}}\left(1+7\sqrt{\frac{r_0}{2H'}}\cos\frac{\pi H'}{2H}\right) \\ &= 1.36 \times \frac{0.001 \times 10^{-2} \times (7^2-2^2)}{\lg\dfrac{257.15}{2}} \times \left(1+7\times\sqrt{\frac{2}{2\times 7}}\cos\frac{\pi\times 7}{2\times 8}\right) \\ &= 1.05 \times 10^{-3}(\mathrm{m^3/s}) \end{aligned}$$

三、井群

在供水或基坑开挖中，常采用几个井同时抽水，井与井之间的距离又不很大，这种布置称为井群。多个井同时抽水时，由于存在相互干扰，渗流区域内的地下水浸润面非常复杂，其水力计算比单井要复杂得多。下面以普通完全井为例分析井群的近似计算方法。

设在一水平不透水层上打几个完全井，如图 11-14 所示。每个井单独抽水时所形成的浸润面均可按式(11-31)计算。如果所有的井同时抽水，就必然形成一个共同的浸润面，但浸润面上任一点的水位降落值并不等于各井单独工作时在该点形成的水位降落值之和。水力学中把不形成微小水质团转动的流动叫有势流动(也叫无涡流动)，可以证明，在均质同性土壤中符合达西定律的渗流运动为有势流动(详见有关水力学教科书)。因此，所有的井同时抽水所形成的浸润面，应满足势流的叠加原理。将式(11-31)分离变量，积分可以得到

$$\frac{1}{2}kz^2 = \frac{Q}{2\pi}\ln r + C$$

令 $\varphi = kz^2/2$，φ 称为完全井的势函数，则

$$\varphi = \frac{Q}{2\pi}\ln r + C$$

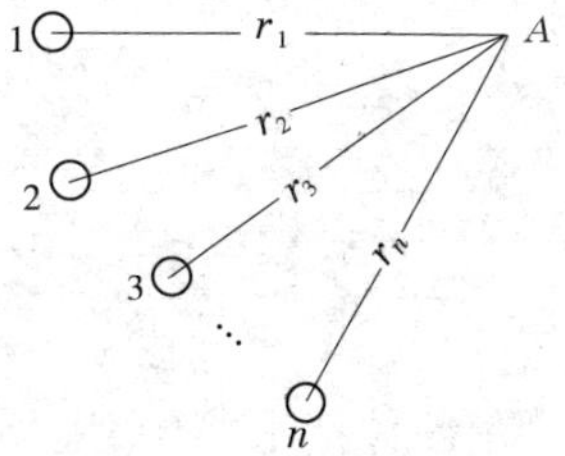

图 11-14

根据势流的叠加原理，n 个井同时工作时，任一点的势函数 φ 值等于各井单独工作时在该点的 φ 值之和，则

$$\varphi = \sum \varphi_i = \sum_{i=1}^{n} \frac{Q_i}{2\pi}\ln r_i + C$$

式中 Q_i——第 i 号井的抽水量；

r_i——该点距井轴的距离；

C——积分常量，由边界条件确定。

假定每个井的抽水量相同，均为 Q_0/n(Q_0 为 n 个井的总出水量)，代入上式得

$$\varphi = \frac{Q_0}{2\pi n}\ln(r_1, r_2, r_3, \cdots, r_n) + C$$

设井群的影响半径为 R，一般情况而言，井群的影响半径远大于井群相互间的距离。若近似认为在影响半径处

$$r_1 \approx r_2 \approx \cdots \approx r_n \approx R$$

代入上式，得井群影响半径处的势函数值为

$$\varphi_R = \frac{Q_0}{2\pi n}\ln R^n + C = \frac{Q_0}{2\pi}\ln R + C$$

$$\varphi_R - \varphi = \frac{Q_0}{2\pi}\left[\ln R - \frac{1}{n}\ln(r_1 r_2 \cdots r_n)\right]$$

把井群视为一个总体，按照势函数的定义

$$\varphi_R = \frac{1}{2}kH^2 \quad \varphi = \frac{1}{2}kZ^2$$

代入上式整理可得

$$z^2 = H^2 - 0.73\frac{Q_0}{k}\left[\lg R - \frac{1}{n}\lg(r_1 r_2 \cdots r_n)\right] \tag{11-37}$$

利用式(11-37)可求出渗流区域内任意一点的含水层厚度 z(浸润面高度)或已知某一点的含水层厚度,也可求出井群的出水量。

【例 11-4】 图 11-15 所示由 4 眼井组成的井群。每眼井的直径均为 0.5 m;A、B、C 三眼井距 D 井的距离相等,$r_A = r_B = r_C = 40$ m;井群的影响半径 $R = 100$ m。渗流系数 $k = 0.08$ cm/s,透水层厚度 $H = 6$ m,抽水时测得 4 眼井的水位下降值相等,$h = 2$ m。求 4 眼井的总出水量 Q_0。

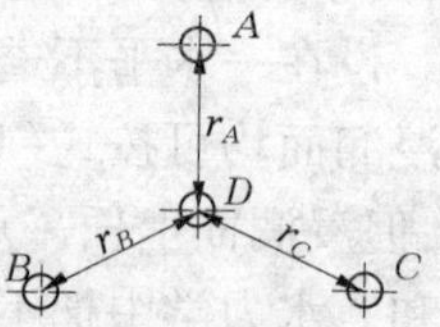

图 11-15

解:D 井的渗流深度 $z = H - h = 6 - 2 = 4$(m)。

将已知数据代入式(11-37),得

$$4^2 = 6^2 - 0.73 \times \frac{Q_0}{0.0008}\left(\lg 100 - \frac{1}{3}\lg 40^3\right)$$

$$Q_0 = \frac{(6^2 - 4^2) \times 0.0008}{0.73\lg\frac{100}{40}} = \frac{20 \times 0.0008}{0.73 \times 0.398} = 0.0550(\mathrm{m^3/s})$$

第七节 水平不透水层上均质土坝的渗流计算

在各种挡水坝中,土坝是应用最广泛的一种。土坝挡水后,水便从土坝上游面渗入坝体,直到从土坝下游面逸出。如果坝基是透水土层,则坝基内也有渗流,在土坝和两岸接头处,水也经过两岸山坡从上游渗向下游。土坝渗流具有浸润线,在浸润线以下的土体处于饱和状态,使坝体的自重由于水的浮力作用而减小;饱和区土壤的抗剪强度、黏着力等均较干土小,这些都对土坝的稳定性产生不利影响。此外,渗流可能导致坝体发生管涌或流土,甚至局部沉陷。根据国外 140 例失事的土坝统计,其中 45% 是由于渗流问题而引起的。可见,渗流对于土坝安全有重要影响。

土坝渗流计算的主要任务就是确定经过坝体的渗流量和坝体内浸润线的位置。一般情况下,坝轴线较长,沿轴线方向土坝各断面基本相同,故可把土坝渗流作为某一断面的平面渗流问题看待。在土坝的断面形状和地基条件比较简单的情况下,可认为坝体内的渗流符合渐变流条件。

一修筑于不透水地基上的均质土坝,其剖面如图 11-16 所示,若固定上、下游水位不变,在水位差的作用下,坝体内将形成恒定的渗流。水流从上游坝面 AB 入渗,由于不断损失能量,水头逐渐降低,到下游坝坡时,水流经下游坝面 CD 渗出,浸润线与下游坝面的交点 C 称为逸出点。

在实用上,常采用分段方法进行土坝渗流计算。观察浸润线的形状可将坝体渗流区划分为上游楔形段 ABE、中间段 $AEGC$ 和下游楔形段 CGD。对每一段采用杜比公式进行计算得出渗流量和逸出点的水深 H_k,从而可以确定浸润线的位置。

下面重点介绍由三段法简化而来的两段法,即将上游的楔形体简化为矩形体(不改

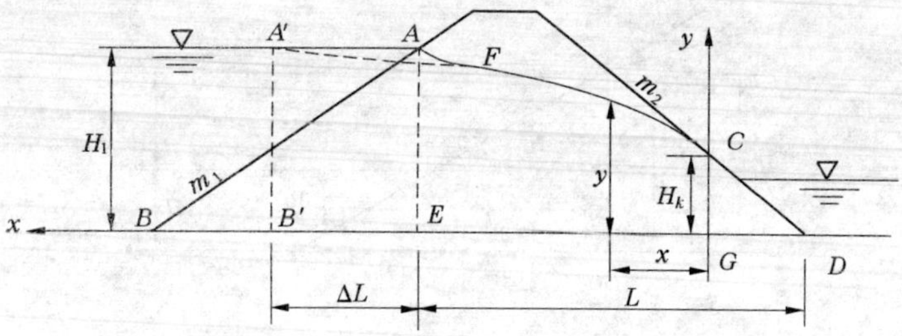

图 11-16

变渗流效果)，并且和中间段合并成上游段 $A'B'GC$。

根据试验得到等效矩形体宽度 ΔL 的计算公式为

$$\Delta L = \frac{m_1}{1 + 2m_1}H_1 \tag{11-38}$$

式中 m_1——上游坝面的边坡系数；

H_1——上游作用水头，m。

一、上游段的计算

分析上游段 $A'B'GC$，两过水断面 $A'B'$ 和 GC 的水头差 $\Delta H = H_1 - H_k$，两过水断面间的平均渗径 $\Delta s = L + \Delta L - m_2 H_k$（$m_2$ 为坝下游面的边坡系数)，故上游段的平均水力坡度为

$$J = \frac{\Delta H}{\Delta s} = \frac{H_1 - H_k}{L + \Delta L - m_2 H_k}$$

则上游段的平均渗流速度

$$v = kJ = k\frac{H_1 - H_k}{L + \Delta L - m_2 H_k}$$

单宽坝长的平均过水断面面积

$$A = \frac{1}{2}(H_1 + H_k)$$

上游段所通过的单宽流量为

$$q = vA = k\frac{H_1^2 - H_k^2}{2(L + \Delta L - m_2 H_k)} \tag{11-39}$$

式(11-39)中的逸出点水深 H_k 是未知的，因此不能直接利用式(11-39)计算流量。所以，必须要对下游段建立计算公式，以便和式(11-39)联解。

二、下游段的计算

设逸出点在下游水位以上的高度为 a_0，将下游段以下游水面为界分为两部分：下游水面以上的无压渗流和下游水面以下的有压渗流，分别进行计算。根据实际情况将下游段内的流线视为水平线，如图 11-17 所示。在下游水面以上距坝底的高度为 y 处取一水平微小流束，该微小流束由起始断面到末端断面的水头差应为 $a_0 + H_2 - y$，微小流束的长度为 $m_2(a_0 + H_2 - y)$。

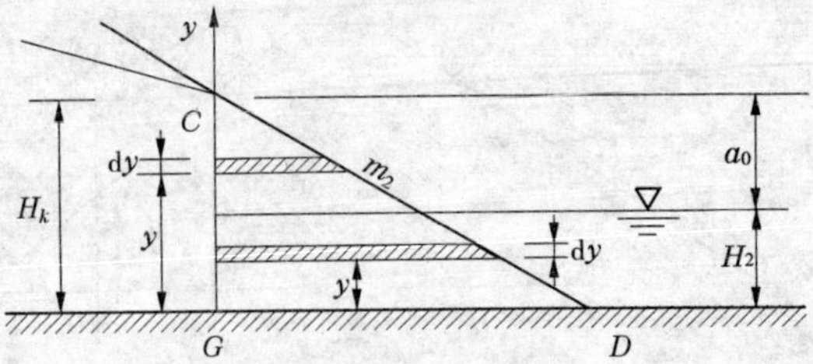

图 11-17

在水面以上渗流区微小流束的水力坡度 $J=\frac{1}{m_2}$，则通过微小流束的单位坝长流量为 $dq_1=kJdy=\frac{k}{m_2}dy$，整个水面以上部分单位坝长渗透流量为

$$q_1=\int dq_1=\int_{H_2}^{a_0+H_2}\frac{k}{m_2}dy=\frac{ka_0}{m_2} \tag{11-40}$$

在下游水面以下渗流区微小流束的水力坡度 $J=\frac{a_0}{m_2(a_0+H_2-y)}$，则通过微小流束的单位坝长流量为 $dq_2=kJdy=\frac{ka_0}{m_2(a_0+H_2-y)}dy$，整个水面以下部分单位坝长渗透流量为

$$q_2=\int dq_2=\int_0^{H_2}\frac{ka_0}{m_2(a_0+H_2-y)}dy=\frac{ka_0}{m_2}\ln\frac{a_0+H_2}{a_0} \tag{11-41}$$

叠加 q_1 和 q_2 就得出土坝下游的全部单位坝长的渗流量 q，即

$$q=q_1+q_2=\frac{ka_0}{m_2}\left(1+\ln\frac{a_0+H_2}{a_0}\right)=\frac{ka_0}{m_2}\left(1+2.3\lg\frac{a_0+H_2}{a_0}\right) \tag{11-42}$$

由图 11-17 可以看出，$a_0=H_k-H_2$，联解方程式(11-39)和式(11-42)就可以求出水平不透水层上的均质土坝的渗流量 q 和逸出点高程 H_k。

本章考试内容

记公式：$n=\frac{\omega}{W}$；$v=kA\frac{h_w}{L}=kAJ$；$q=kih_0$；$v=-k\frac{dH}{ds}$；$Q=1.36\frac{k(H^2-h_0^2)}{\lg\frac{R}{r_0}}$。

会计算：土坝、井的渗流量；绘制地下河槽渗流浸润线。

记概念：渗流、达西定律及其适用条件；均匀渗流、非均匀渗流；浸润线；井、普通井及其分类。

技能训练题

11-1　简述水在土壤中的存在形式。

11-2　什么是渗流模型？它与实际渗流有什么区别？

11-3 试分析渗流达西定律与杜比公式的相同和不同之处以及应用条件。

11-4 渗透系数 k 与哪些因素有关，如何确定？

11-5 某河流由地下水补给水量，地下不透水层坡度 $i=0.0025$，1—1 断面含水层厚度 h_1 为 3 m，2—2 断面含水层厚度 h_2 为 4 m，两断面间距离 s 为 500 m，土壤渗流系数 k 为 0.05 cm/s。计算地下水的单宽渗流量（见图 11-18）。

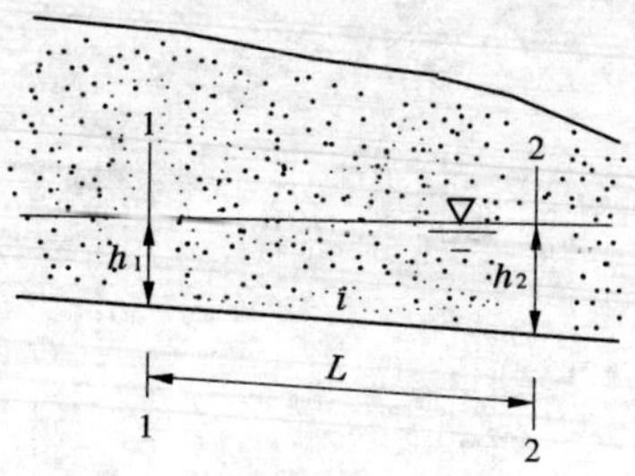

图 11-18

11-6 不透水层底坡 $i=0.0025$，土壤渗流系数 $k=5\times10^{-3}$ cm/s，在相距 550 m 的两个钻孔中水深分别为 $h_1=3$ m，$h_2=4$ m。求单宽流量并绘制浸润线。

11-7 在细砂层中有一普通无压完全水井，半径 $r_0=2$ m，含水层厚度 $H=10$ m。当井中水位降低 $s=3$ m 时，$Q=8$ m^3/h，求细砂的渗流系数 k。

11-8 为降低基坑地下水位，在基坑周围布设 8 个普通完全井，沿矩形边界排列，如图 11-19 所示。各井抽水流量相等，总流量 $Q_0=0.02$ m^3/s，井的半径 $r_0=0.015$ m，地下含水层厚度 $H=15$ m，渗流系数为 $k=0.001$ m/s。设井群的影响半径 $R=500$ m，求井群中心点 O 处地下水位降落值 Δh。

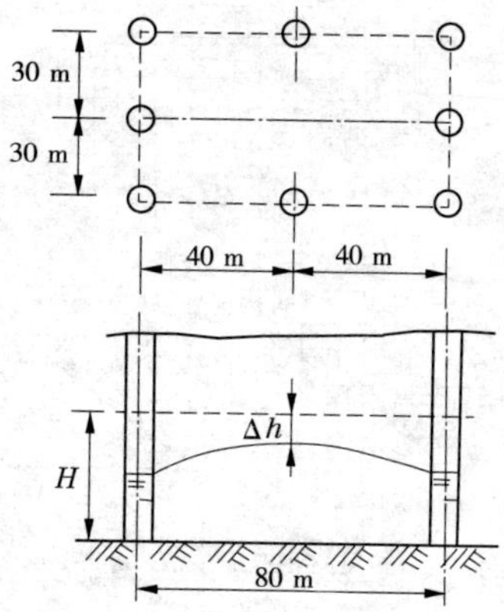

图 11-19

附录 I 梯形和矩形断面明渠正常水深求解图

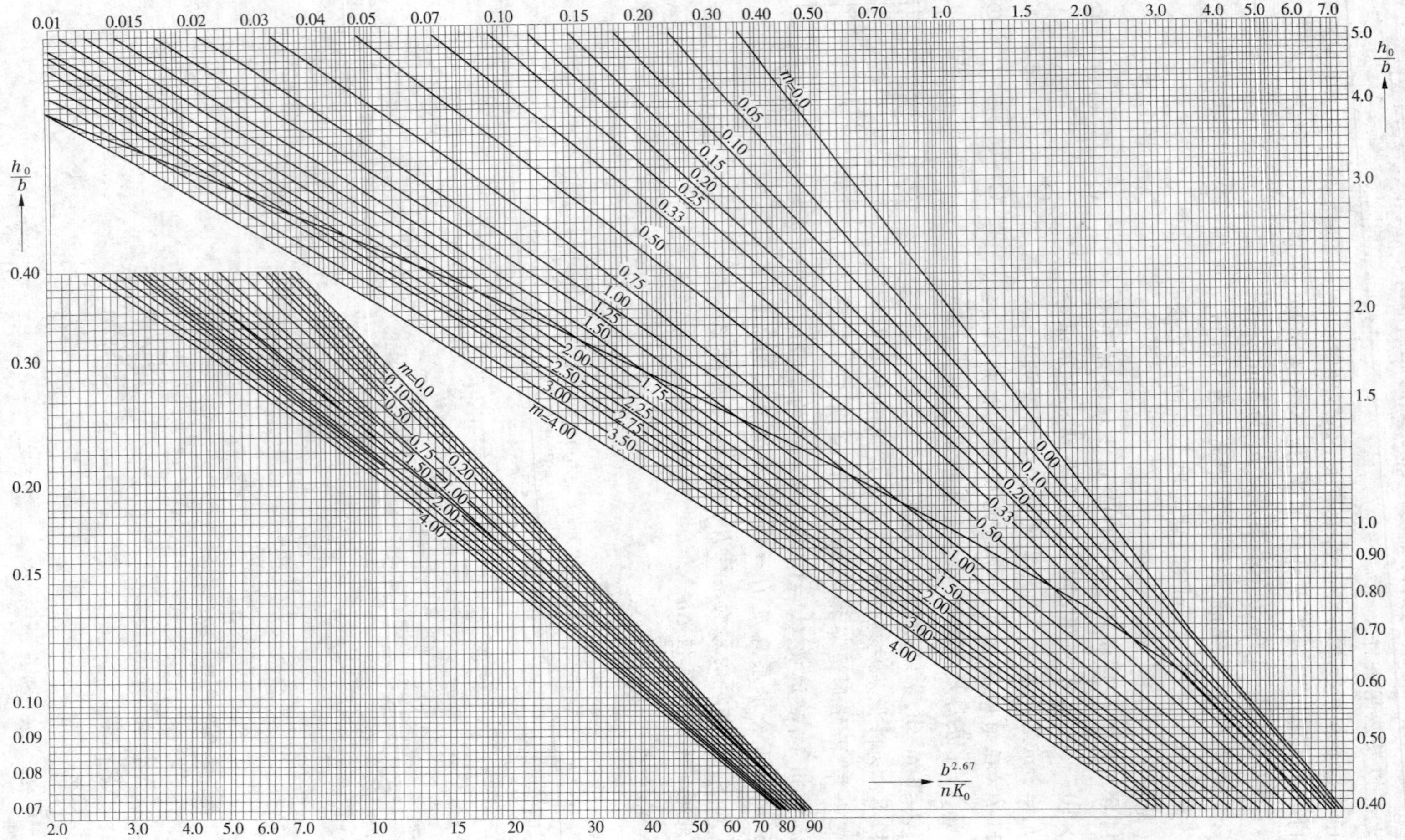

附录Ⅱ 梯形和矩形断面明渠底宽求解图

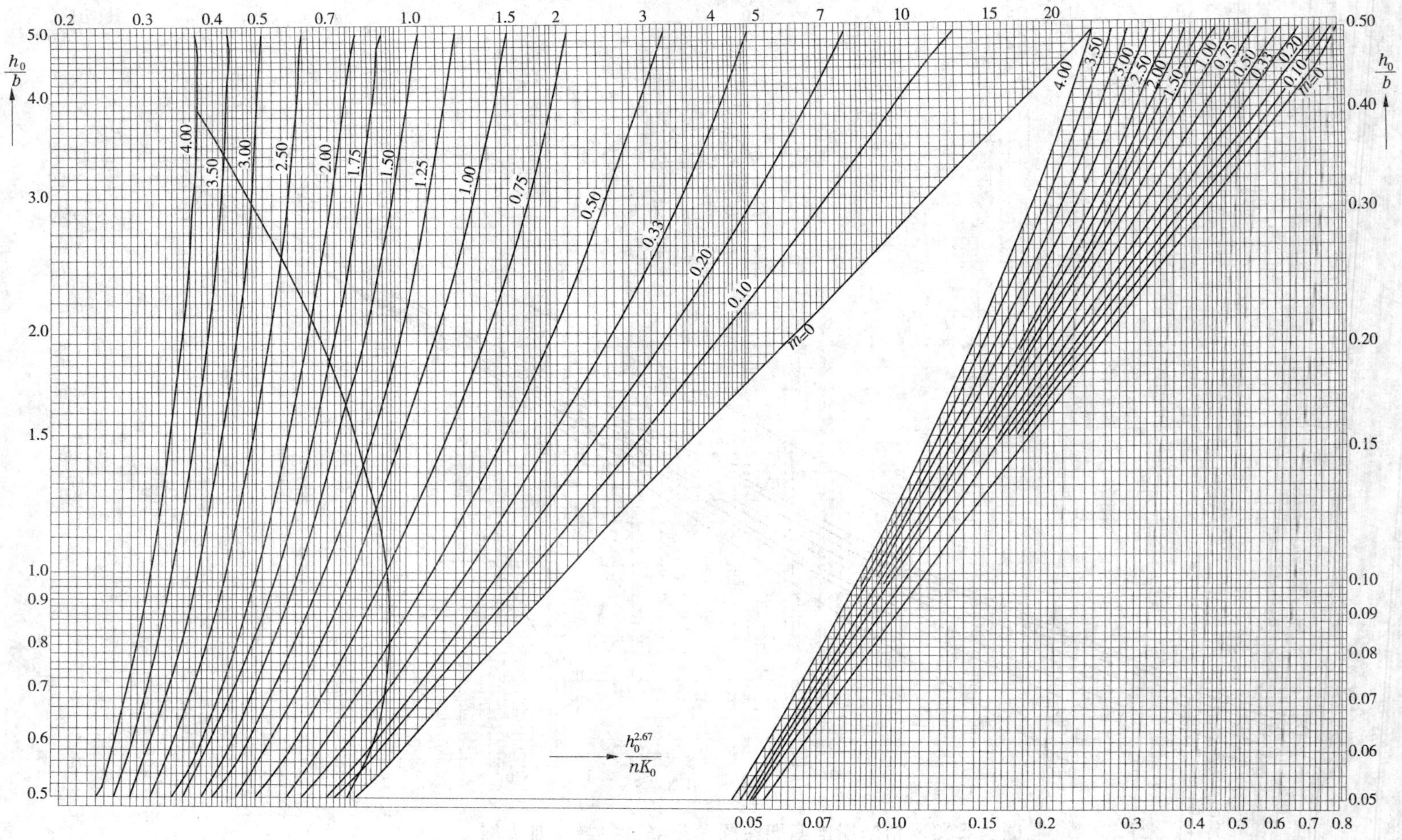

附录Ⅲ 梯形、矩形、圆形断面明槽临界水深求解图

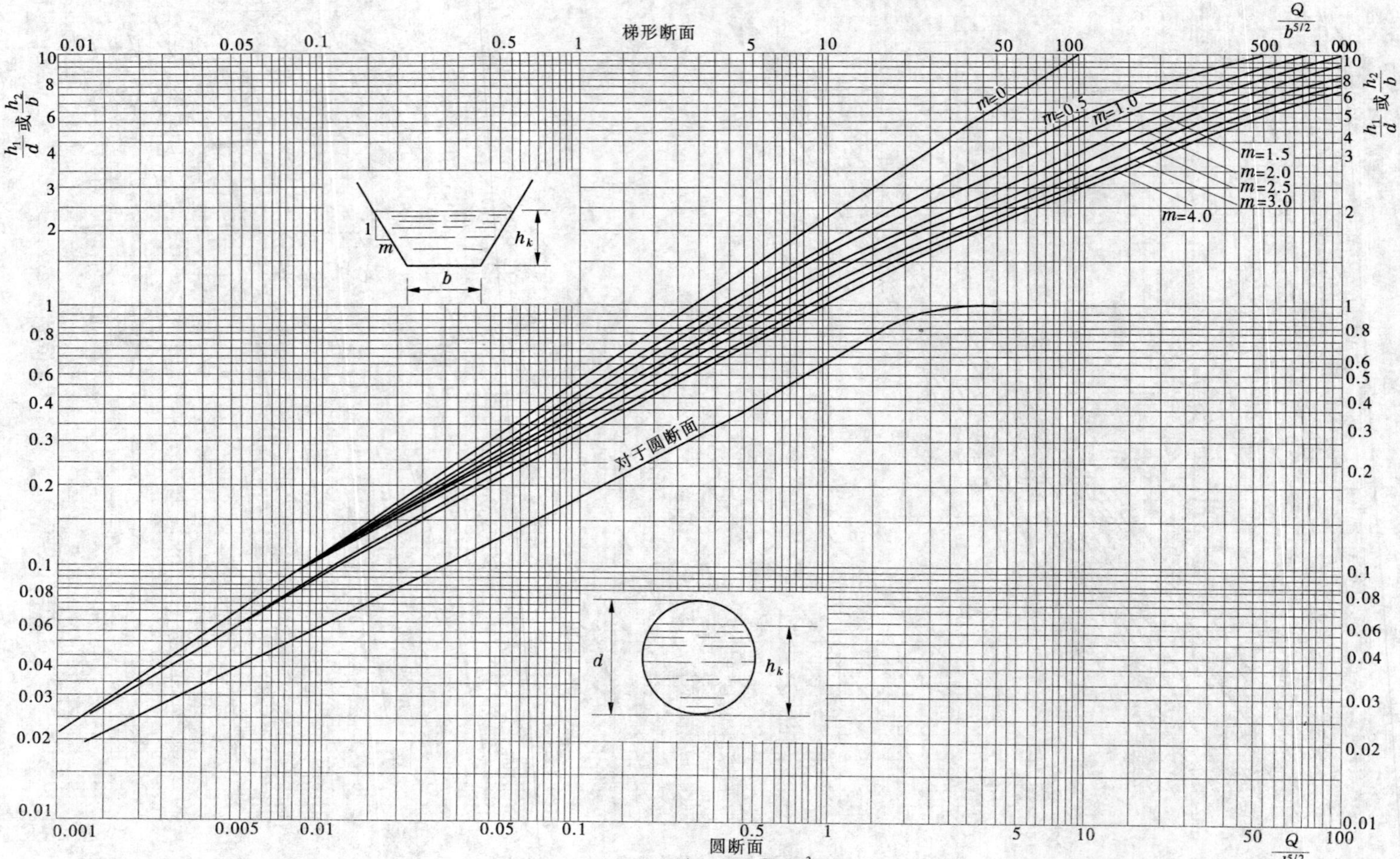

长度以m计，流量 Q以m^3/s计

附录Ⅳ　建筑物下游河槽为矩形时收缩断面水深及其共轭水深求解图

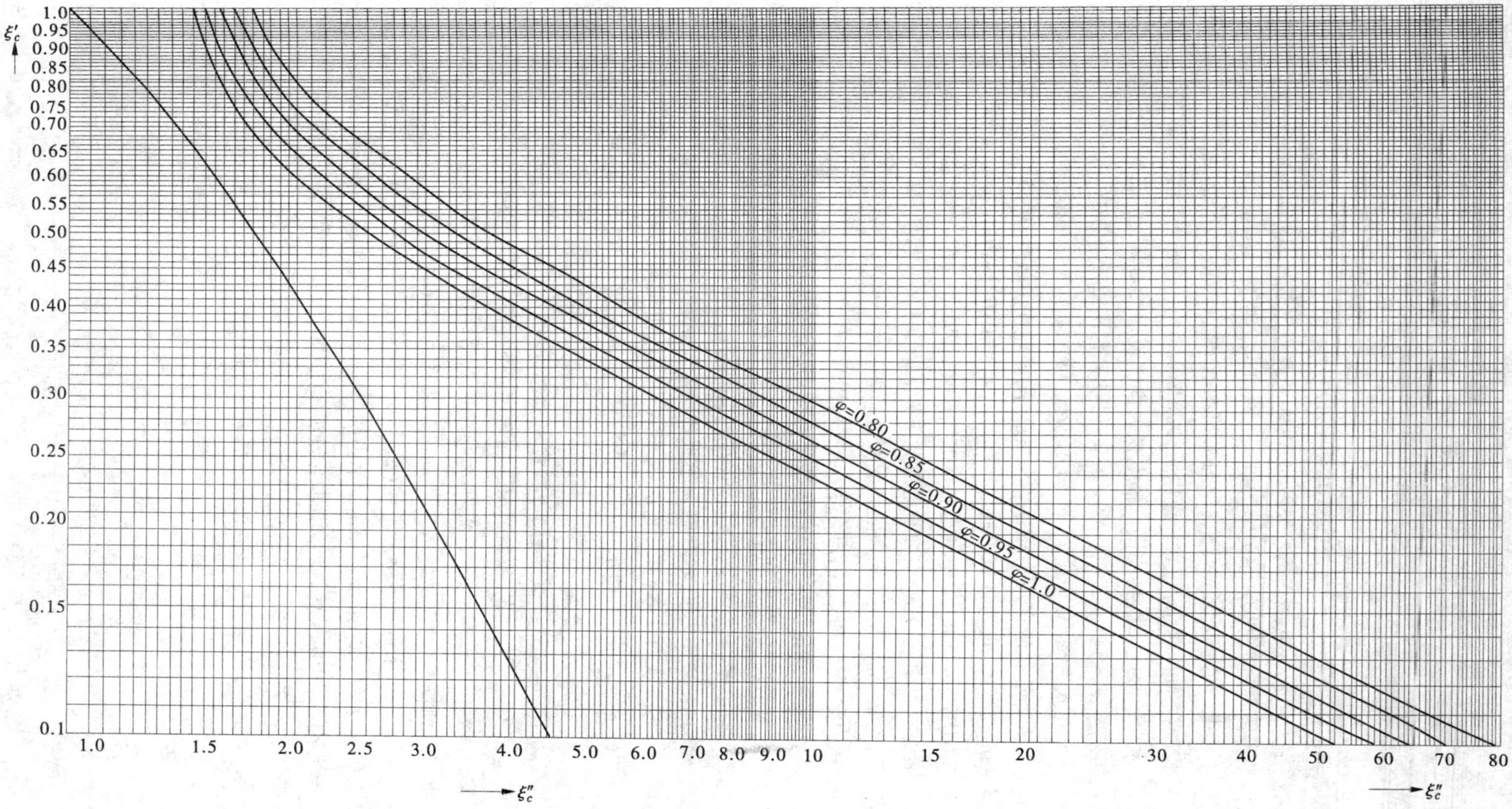

参考文献

[1] 吴持恭. 水力学[M]. 北京:高等教育出版社,1997.
[2] 清华大学水力学教研组. 水力学[M]. 北京:人民教育出版社,1980.
[3] 吴桢祥,杨玲霞,李国庆,等. 水力学[M]. 北京:气象出版社,1994.
[4] 刘纯义,张耀先. 水力学[M]. 北京:中国水利水电出版社,2001.
[5] 徐正凡. 水力学[M]. 北京:高等教育出版社,1986.
[6] 李国庆. 水力学[M]. 北京:中国广播电视大学出版社,2001.
[7] 许荫椿,胡德保,薛朝阳. 水力学[M]. 北京:科学教育出版社,1990.
[8] 华东水利学院. 水力学[M]. 北京:科学出版社,1983.
[9] 大连工学院水力学教研室. 水力学[M]. 北京:高等教育出版社,1985.
[10] 武汉水利电力学院. 水力计算手册[M]. 北京:水利出版社,1981.
[11] 李序量. 水力学[M]. 北京:中国水利水电出版社,1999.
[12] 大连工学院水力学教研室. 水力学解题指导及习题集[M]. 北京:高等教育出版社,1984.
[13] 孙道宗. 水力学[M]. 北京:水利电力出版社,1992.
[14] 刘润生. 水力学[M]. 南京:河海大学出版社,1992.
[15] 吴国钏. 串列叶栅理论[M]. 北京:国防工业出版社,1996.
[16] 武汉水利电力学院,华东水利学院. 水力学[M]. 北京:人民教育出版社,1980.
[17] 张耀先,丁新求. 水力学[M]. 郑州:黄河水利出版社,2002.
[18] 刘智均. 水力学[M]. 北京:水利电力出版社,1993.
[19] 罗全胜,张耀先. 水力计算[M]. 北京:中国水利水电出版社,2001.
[20] 南京水利科学研究院,水利水电科学研究院. 水工模型试验[M]. 2 版. 北京:水利电力出版社,1984.
[21] 张长高. 水动力学[M]. 北京:高等教育出版社,1997.
[22] 切尔陀乌索夫. 水力学专门教程[M]. 北京:高等教育出版社,1959.
[23] 冯广志. 水利技术标准汇编(灌溉排水卷)[G]. 北京:中国水利水电出版社. 2002.
[24] 刘雅鸣. 水利技术标准汇编(水文卷)[G]. 北京:中国水利水电出版社. 2002.
[25] 吴季松,冯广志. 水利技术标准汇编(供水节水卷)[G]. 北京:中国水利水电出版社,2002.
[26] 武汉水利电力学院,华东水利学院. 水力学[M]. 北京:水利电力出版社. 1980.
[27] 华东水利学院. 水工设计手册(泄水与过坝建筑物)[M]. 北京:科学出版社,1980.
[28] 黄文锽. 水力学[M]. 北京:高等教育出版社,1984.
[29] 丁新求. 水力学习题集[M]. 北京:中国水利水电出版社,1995.